Philosophische Bildung in Schule und Hochschule

AF168194

Reihe herausgegeben von

Bettina Bussmann, Philosophie (GW Fakultät), Universität Salzburg, Salzburg, Österreich

Markus Tiedemann, Institut für Philosophie, Technische Universität Dresden, Dresden, Deutschland

Philosophische Bildung hat seit den 2000er Jahren an gesellschaftlicher Relevanz gewonnen. Dies zeigt sich in der Zunahme institutioneller Verankerung sowie in der stärkeren wissenschaftlichen Durchdringung und Ausdifferenzierung ihrer Teilbereiche. Vom Philosophieren mit Kindern bis zum *Philosophicum elementare*, vom Leistungskurs in der Schule bis zum Oberseminar in der Hochschule, vom Philosophischen Café bis zum Ethikrat: Der Bedarf an philosophiedidaktischer Expertise in all diesen Bereichen steigt. Philosophiedidaktik ist heute eine theoretisch-konzeptionelle, eine methodisch-praktische und eine empirisch-kritische Wissenschaft. Sie diskutiert die Bedeutung und die Inhalte philosophischer Bildungsangebote, entwickelt Methoden zu deren Realisierung und evaluiert ihre Akzeptanz und Effizienz. Längst ist international ein breites Netz an Theorien, Lehrkonzepten und Forschungsansätzen für Schule und Universitäten entstanden. Die vorliegende Reihe informiert über aktuelle Forschungsprojekte, diskutiert unterschiedliche theoretische Modelle und erschließt neue Methoden für die sich verändernden schulischen und universitären Lehr- und Lernbedingungen. Sie möchte all denjenigen Orientierung und Diskussionsgrundlagen bieten, die der wachsenden Bedeutung philosophischer Bildung in Schule und Hochschule gerecht werden wollen.

The social relevance of philosophical literacy has become most important in recent years. This is clearly visible given its increasing penetration into various academic institutions and organizations. International collaborative networks have been established to develop theories, methods, materials, teaching concepts and research approaches around philosophical education. From 'philosophy for children' to philosophical cafés, from adult continuing education courses to ethics councils, the need for didactical and educational expertise outside of the ivory tower has grown. Philosophy Education today is a theoretical, practical and empirical discipline.

This series provides a venue for research projects that unlock new methods and ideas for those engaged in philosophy education wanting to understand the challenges of its ever greater societal importance.

Bettina Bussmann · Philipp Mayr
(Hrsg.)

Theoretisches Philosophieren und Lebensweltorientierung

Ein Wegweiser für Hochschule und Schule

 **J.B. METZLER**

Hrsg.
Bettina Bussmann
Fachbereich Philosophie
Universität Salzburg
Salzburg, Österreich

Philipp Mayr
Puchenau, Österreich

ISSN 2730-6585   ISSN 2730-6593   (electronic)
Philosophische Bildung in Schule und Hochschule
ISBN 978-3-662-67308-9   ISBN 978-3-662-67309-6   (eBook)
https://doi.org/10.1007/978-3-662-67309-6

Die Deutsche Nationalbibliothek verzeichnet diese Publikation in der Deutschen Nationalbibliografie; detaillierte bibliografische Daten sind im Internet über http://dnb.d-nb.de abrufbar.

Einbandabbildung: © wildpixel/Getty Images/iStock

Planung/Lektorat: Franziska Remeika
J.B. Metzler ist ein Imprint der eingetragenen Gesellschaft Springer-Verlag GmbH, DE und ist ein Teil von Springer Nature.
Die Anschrift der Gesellschaft ist: Heidelberger Platz 3, 14197 Berlin, Germany

Inhaltsverzeichnis

Herausgeber*innen- und Autor*innenverzeichnis

Die Herausgeber*innen und Autor*innen

Prof. Dr. Bettina Bussmann ist Professorin am Fachbereich Philosophie an der Gesellschaftswissenschaftlichen Fakultät der Universität Salzburg. Vor ihrer Habilitation zum lebensweltlich-wissenschaftsorientierten Ansatz studierte sie Philosophie und Volkswirtschaft in Hamburg, an der University of Pennsylvania und in München und war 8 Jahre Lehrerin für Philosophie der Klassenstufen 5 bis 12. Ihre Forschungsschwerpunkte sind die Didaktik der Philosophie, Wissenschaftsphilosophie und angewandte Philosophie, Weitere Schwerpunkte sind das Philosophieren mit Kindern sowie inter- und transdisziplinäre Didaktik.

MA, MEd Philipp Mayr studierte Philosophie und Lehramt mit den Fächern Latein und Psychologie/Philosophie in Salzburg. Seit 2021 ist er Doktorand am Massachusetts Institute of Technology (MIT) am Fachbereich Linguistics and Philosophy. Seine derzeitigen Forschungsschwerpunkte liegen in der Sprachphilosophie. Er interessiert sich besonders für den interdisziplinären Bereich zwischen Philosophie und Linguistik.

Die Autor*innen

Dr. Dominik Balg studierte Philosophie und Germanistik an der Universität zu Köln und an der Northwestern University in Chicago. Zurzeit ist er Juniorprofessor für Philosophiedidaktik an der Johannes Gutenberg-Universität Mainz. Seine Forschungsschwerpunkte betreffen Fragen der sozialen Erkenntnistheorie, der Vermittlung argumentativer Fähigkeiten und der moralischen Bildung.

Dr. Markus Bohlmann ist Studienrat und seit August 2020 abgeordnete Lehrkraft am Philosophischen Seminar der Westfälischen Wilhelms-Universität Münster. Seine Forschungsschwerpunkte sind die Didaktik der Philosophie, Wissenschaftstheorie und Technikphilosophie.

Dr. Frank Brosow ist akademischer Oberrat und Fachkoordinator für Philosophie/ Ethik am Institut für Philosophie der Pädagogischen Hochschule Ludwigsburg sowie Mit-Herausgeber der Zeitschrift für Didaktik der Philosophie und Ethik (ZDPE). Nach mehreren Veröffentlichungen zur Philosophie von David Hume umfassen seine gegenwärtigen Forschungsinteressen die Theorie philosophisch-ethischer Bildungsprozesse, die Berührungspunkte und Konflikte zwischen Weltanschauung und Wissenschaft sowie die hochschuldidaktischen Gelingsbedingungen erfolgreicher Lehrkräfteausbildung.

Dr. Alexander Christian ist seit 2022 wissenschaftlicher Mitarbeiter am Institut für Philosophie an der Heinrich-Heine-Universität Düsseldorf und Geschäftsführer der Gesellschaft für Wissenschaftsphilosophie e. V. Seine Arbeitsschwerpunkte sind gute wissenschaftliche Praxis in der biomedizinischen Forschung, ethische Probleme von CRISPR/Cas-basierten humanen Keimbahninterventionen (Habilitationsprojekt) und die Leugnung von Erkenntnissen der Epidemiologie und Virologie. Leitung eines wissenschaftsethisches Lehrprojekts für Studierende der Medizin-, Natur-, Rechts und Sozialwissenschaften sowie eines Projekts zur Erstellung von Open Educational Resources zur Wissenschaftsethik.

Prof. Dr. Alexander Hieke ist seit den 90er Jahren an der Universität Salzburg tätig und seit 2008 Professor für Philosophie ebenda. Seine Arbeitsschwerpunkte in Forschung und Lehre sind Sprachphilosophie, Erkenntnistheorie, Metaphysik und Politische Philosophie.

Dr. Romy Jaster ist seit 2016 wissenschaftliche Mitarbeiterin am Institut für Philosophie der Humboldt-Universität zu Berlin. Sie forscht auf der Schnittmenge von Metaphysik und Handlungstheorie zu den Themen Fähigkeiten, Dispositionen & Willensfreiheit und in der angewandten Erkenntnistheorie und Sprachphilosophie zu Fake News, Verschwörungstheorien, Echokammern und Bullshit.

Dr. Mario Kötter Lehrer für Biologie, Soziologie und Ökonomie am Westfalen-Kolleg, Dortmund hat in der Biologiedidaktik (WWU Münster promoviert ist assoziiertes Mitglied des Zentrums für Wissenschaftstheorie in Münster und arbeitet gegenwärtig als pädagogischer Mitarbeiter für die Medienberatung NRW in Münster. Promotion in Biologiedidaktik (2019) mit dem Thema „Epistemische Kompetenz - Befähigung zur Wissenschaftsreflexion als Bildungsaufgabe".

Dr. David Lanius ist wissenschaftlicher Mitarbeiter am Karlsruher Institut für Technologie (KIT) und vertritt seit 2020 die Professur für Philosophiedidaktik an der Johannes-Gutenberg -Universität Mainz. Seine Forschungsschwerpunkte liegen in der Didaktik der Philosophie und Ethik, der Wissenschafts- und Erkenntnistheorie sowie der Argumentationstheorie.

BA MA Benedikt Leitgeb ist seit Oktober 2022 Doktorand am Fachbereich Philosophie an der Gesellschaftswissenschaftlichen Fakultät der Universität Salzburg. Seine Arbeitsschwerpunkte umfassen Allgemeine Wissenschaftsphilosophie und Erkenntnistheorie.

Dr. Stefan Rinner ist seit April 2023 Wissenschaftlicher Mitarbeiter am Lehrstuhl für Praktische Philosophie und Ethik der Ludwig-Maximilians-Universität München. Zuvor war er für zwei Jahre Vertretungsprofessor in Theoretischer Philosophie an der Universität Hamburg. Seine Forschungsschwerpunkte liegen in der Sprachphilosophie und daran angrenzenden Gebieten. U. a. arbeitet er zur Semantik referierender Ausdrücke, zu den Wahrheitsbedingungen von Zuschreibungen mentaler Einstellungen, zur Semantik und Pragmatik von Slurs und Hassreden und zur Sprachphilosophie von Psychotherapie.

Einleitung

Bettina Bussmann und Philipp Mayr

1 Ziele des Buches

„Bitte nicht theoretische Philosophie, das ist viel zu abstrakt – wofür brauche ich das später?" Solche oder ähnliche Gedankengänge sind in der Philosophie- und Ethikausbildung häufig zu hören. Und es liegt zunächst auch nicht auf der Hand, warum es wichtig sein könnte, sich mit den theoretischen Grundlagen von Wissen, Sprache, Denken oder Wissenschaft auseinanderzusetzen, wenn man in diesen Gebieten nicht selbst Akademiker*in werden will. Es gibt drei Antworten, die man auf die Frage nach der Bedeutung theoretischer Philosophie für philosophische Bildungsprozesse gemeinhin geben kann: Erstens gehört die theoretische Philosophie zu den Grundlagen einer jeden Philosophieausbildung. Ohne dieses Fundament steht auch die praktische Philosophie auf schwachen Beinen. Zweitens sollte eine Bildung, die sich *philosophische* nennt, so umfassend sein, dass die wichtigsten Schriften und Denker*innen der europäischen Geistesgeschichte an die neue Generation weitergegeben werden. Aus diesem Grund sind wesentliche Auszüge aus den Disziplinen der theoretischen Philosophie, so drittens, auch in den Lehrplänen und Schulbüchern institutionell verankert.

Dennoch lasst sich die intrinsische Motivation von Studierenden und Schüler*innen eher weniger dadurch ankurbeln, dass theoretische Philosophie ein traditioneller Teil der europäischen Geistesgeschichte, und deswegen in den

B. Bussmann (✉)
Fachbereich Philosophie, Universität Salzburg, Salzburg, Österreich
E-Mail: bettina.bussmann@plus.ac.at

P. Mayr
Puchenau, Österreich
E-Mail: philmayr@mit.edu

Lehrplänen verankert ist. Traditionen können manchmal als unwichtig oder überholt erscheinen und Lehrpläne sind auch nicht in Stein gemeißelt. Derlei Bedenken stehen vermutlich im Hintergrund der Frage „Warum soll ich theoretische Philosophie lernen?" Den Philosophieausbildner*innen ist ohnehin bekannt, dass sich der Großteil der Studierenden auf die Praktische Philosophie konzentriert. Das möchten wir mit diesem Buch ändern.

Um Studierenden und Schüler*innen einen nachvollziehbaren Grund zu liefern, warum sie sich für theoretische Philosophie interessieren sollten, braucht es mehr als Verweise auf Traditionen und Lehrpläne. Daher steht in diesem Buch ein anderes Ziel im Vordergrund, das in der Fachdidaktik bisher noch nicht genug Beachtung gefunden hat: *lebensweltlich-problemorientiert* über Themen der theoretischen Philosophie das *Philosophieren* zu erlernen. Beide Paradigmen, Lebensweltbasierung sowie Problemorientierung, sind in der Fachdidaktik seit langem fest verankert. Schüler*innen sollen die Inhalte und Methoden des Philosophierens erlernen, um diese zur Orientierung und Bewältigung in ihrer späteren Lebenswelt einsetzen zu können – ob als Privatperson oder in ihrem beruflichen und gesellschaftlichen Leben. Aber es geht bei dieser Art von Philosophieren um mehr als um eine persönliche Orientierungshilfe für unsere immer komplexer werdenden, wissenschaftlich ausgerichteten Gesellschaften. Es geht darum, dass Demokratien auf Bürger*innen, Arbeiter*innen und Familien angewiesen sind, die mit geeigneten Mitteln Wissensansprüche prüfen und wohl überlegt handeln können. Ansonsten besteht die Gefahr, manipuliert, überwältigt und fehlinformiert zu werden – Tendenzen, die momentan in bestimmten Gesellschaften sehr deutlich werden. Demokratische Gesellschaften benötigen eine *epistemisch-kritische* und *wissenschaftsreflexive* Grundbildung.

Problemorientiert zu philosophieren bedeutet, dass man ausgehend von einem gesellschaftlichen Problem, beispielsweise der zunehmenden Verbreitung von Fake News, die philosophischen Grundsatzfragen erkennt und diese mit dem entsprechenden philosophischen Handwerkszeug sowie den Positionen aus der Fachphilosophie kontrovers diskutiert. Für die Lehramtsausbildung bedeutet das eine Akzentverschiebungen und für die fachdidaktische Forschung neue Aufgaben:

1. Nicht Autor*innen und deren Werke stehen im Vordergrund philosophischer Analyse, sondern gesellschaftliche Probleme. Diese Probleme ersetzen die Behandlung gewisser einflussreicher Personen und deren Werke als *Selbstzweck* des Philosophieunterrichts. Die Probleme führen in der Regel zu philosophischen Grundsatzfragen, die systematisch analysiert werden, um zunächst die philosophischen Probleme freizulegen. Antwortversuche (selbstverständlich auch von Philosoph*innen) werden geprüft und darauf aufbauend ein begründetes Urteil gebildet.
2. Texte haben nicht das alleinige Primat bei den philosophischen Unterrichtsmaterialien, sondern alle Materialien, die der Behandlung des lebensweltlichen Problems dienlich sind. Dies bedeutet aber keineswegs, dass Texte nur eine geringe Rolle spielen. Für tiefgreifende Behandlungen sind Texte nach wie

vor zentral und auch in diesem Buch wird auf philosophische Texte zurück-gegriffen.

3. Der Fokus verschiebt sich von historischen Positionen zu aktuellen Debatten. Der Aktualitätsanspruch ist nicht nur durch die Lebensweltorientierung und Problemorientierung motiviert. Der schulische Unterricht ist aufgefordert, an aktuelle gesellschaftliche Kontroversen anzuknüpfen. Das heißt freilich noch nicht, dass historische Positionen irrelevant wären. Gerade in der Philosophie greift die aktuelle Fachdisziplin oftmals historische Positionen auf.

4. Daraus ergibt sich die fachdidaktischer Aufgabe Themen, Methoden und Materialien zur Förderung *epistemischer Kompetenz* zu entwickeln (Bussmann 2014; Bussmann und Kötter 2018).

2 Zum fachdidaktischen Konzept

Ein fachdidaktisches Model muss die Grundsatzfrage beantworten, was Philo-sophie(ren) im *bildungsrelevanten Sinn* überhaupt leisten soll: Welche Aspekte von Philosophie sind berechtigt, in unserer Gesellschaft gelehrt und gelernt zu werden? Dieses Buch verpflichtet sich dem Primat der Lebensweltorientierung und gibt auf diese Frage folgende Antwort:

Philosophie(ren) im bildungsrelevanten Sinn ist ein grundsätzliches und systematisches Reflektieren über die aktuellen lebensweltlichen Verhältnisse mit dem Ziel, eine Orientierung zu erlangen, um eigenständig und angemessen Ver-antwortung für sich, die Mitmenschen und die gesamte Umwelt zu übernehmen.

Um dieser Auffassung gerecht zu werden, sind vor allem die Bedingungen miteinzubeziehen, welche diese aktuellen lebensweltlichen Verhältnisse kenn-zeichnen. Wir haben einige lebensweltlich relevante Thematiken der beiden philosophischen Disziplinen Erkenntnistheorie und Wissenschaftsphilosophie identifiziert, von denen wir annehmen, dass sie philosophisch knifflige Grund-satzfragen behandeln, gesellschaftlich drängend und daher für Studierende und Schüler*innen spannend und intrinsisch motivierend sind.

Zusammengefasst hat Philosophieren nach diesem Konzept folgende kenn-zeichnende Eigenschaften:

1. Es ist repräsentativ für Diskurse der internationalen akademischen Fachphilo-sophie, die sich ebenfalls an aktuellen Problemen orientiert.
2. Es ist problemorientiert und voraussetzungsarm in dem Sinne, dass auf nicht notwendige historische und akademische Einbettungen verzichtet wird, um den philosophischen Gedankengang in den Vordergrund zu stellen und die Studierenden und Schüler*innen zum eigenständigen Philosophieren anzu-regen.
3. Es ist thematisch offen, weil keine im Voraus festgelegten Themen, sondern eine Fragestellung im Vordergrund steht, die den Umgang mit Kontroversität übt, einen kritischen Geist entwickelt und Argumentationskompetenzen schult.

3   Das Arbeiten mit diesem Buch

Folgende Hintergrundinformationen sollen die Orientierung bei der Lektüre dieses Buches erleichtern:

1. Jeder Aufsatz kann unabhängig von den anderen gelesen werden. Kein Aufsatz setzt die Lektüre eines anderen Aufsatzes voraus, um verstanden werden zu können. Es steht allen Lesenden also frei, diejenigen Aufsätze zu lesen, für die sie sich interessieren.
2. Obwohl die Aufsätze unabhängig voneinander gelesen werden können, finden sich dennoch in allen Aufsätzen Querverweise auf andere Aufsätze, da alle behandelten Themen an gewissen Punkten ineinandergreifen. Die Lektüre mehrerer Aufsätze kann sich daher als vorteilhaft erweisen. So basieren gerade die Aufsätze zu aktuellen Kontroversen oft auf Überlegungen und Konzepten, die in den Aufsätzen zu den Grundsatzfragen näher diskutiert werden. Allgemein gibt es immer wiederkehrende Fragestellungen, die aus unterschiedlichen Perspektiven analysiert und beantwortet werden. Das Ziel dabei ist, dass man nicht nur die Vernetzung der Lebenswelt erkennt, sondern auch die Vernetzung der philosophischen Probleme und Themen. Dies soll einem Denken in Modulen entgegenwirken, das Inhalte unverbunden lässt.
3. Es gibt eine allgemeine Einleitung in die Erkenntnistheorie (s. Kap. 2) und in die Wissenschaftsphilosophie (s. Kap. 11) für all diejenigen, die sich einen kurzen Überblick über diese beiden philosophischen Disziplinen verschaffen wollen.
4. Die Aufsätze sind den Bereichen der Grundsatzfragen und der aktuellen Kontroversen zugeordnet. Die Grundsatzfragen diskutieren klassische philosophische Fragestellungen innerhalb konkreter gesellschaftlicher Herausforderungen. Die aktuellen Kontroversen behandeln Themen, die philosophisch eher neuartig sind, weil sie aufgrund aktueller globaler Entwicklungen und Vernetzungen entstanden oder inter- bzw. transdiziplinärer Natur sind.

Schließlich sind noch einige Punkte zur Struktur der einzelnen Aufsätze angebracht:

- Die Aufsätze sind keine klassischen Fachaufsätze, sondern stets mit Blick auf die Tauglichkeit der Thematik für den Einsatz in der Lehrerausbildung und in einem modernen Philosophieunterricht der Sekundarstufe II konstruiert worden. Man findet hier daher neben problemorientierten philosophischen Diskussionen zum jeweiligen Thema fachdidaktische Hinweise, Aufgabenstellungen und Unterrichtsvorschläge. Dennoch bleibt die individuelle „Handschrift" der Autor*innen erhalten. Manchmal steht die philosophische Diskussion stärker im Vordergrund, manchmal gibt es ein größeres Angebot an Umsetzungsvorschlägen.

- Konkret sind die einzelnen Aufsätze nach einem von zwei Modellen aufgebaut. Entweder ist der Aufsatz in einen problemorientierten ersten Teil und einen zweiten Anwendungsteil mit Arbeitsaufgaben geteilt, oder der Aufsatz bietet durchgehend problemorientierte philosophische Analysen an, die den gesamten Beitrag durchziehen. Hier wurde den Autor*innen die Freiheit gelassen, den ihrer Meinung nach besten Zugang zu wählen.
- Jeder Aufsatz nennt einige Lernziele. Diese decken die üblichen Anforderungs-bereiche Reproduktion, Transfer und Reflexion ab. Die Aufgabenstellungen haben unterschiedliche Niveaustufen, d. h., dass deren Bewältigung vom Aus-bildungsgrad und den Vorkenntnissen der Studierenden und Schüler*innen als auch von der Qualität und Tiefe der vorab vermittelten Grundlagen durch die Lehrpersonen abhängt. Diese müssen deshalb entscheiden, welche Arbeits-aufträge für ihre Lerngruppen angemessen sind, welche adaptiert werden müssen oder an welchen Stellen weitere Hilfestellungen notwendig sind. Ins-besondere weisen wir darauf hin, dass sich die Arbeitsaufgaben in den einzel-nen Beiträgen auf die höheren Kompetenzbereiche (Transfer und Reflexion) konzentrieren. Lehrpersonen, die neben diesen Bereichen auch Reproduktions-aufgaben für ihren Unterricht benötigen, können diese jedoch leicht selbst-ständig entwickeln. *Alle Aufgabenstellungen dieses Buches sind daher als Vorschläge zu verstehen und soll Lehrpersonen nicht die Autonomie nehmen, den konkreten Unterricht nach eigenen Überlegungen zu gestalten und an die Rahmenbedingungen ihrer Ausbildungsorte und ihrer Lerngruppen anzupassen.*

Wir hoffen, dass die Leser*innen in diesem Buch nützliche und inspirierende Anstöße zum Denken und zum Unterrichten finden. Theoretisches Philosophieren ist sicherlich nicht ganz einfach; aber wir sind davon überzeugt, dass es sich in Anbetracht so vieler komplexer lebensweltlicher Herausforderungen lohnt, mit Studierenden, Schüler*innen, und überhaupt allen eigenständig denkenden Bürger*innen, etwas tiefer in diese Materie einzutauchen.

Literatur

Bussmann, B. 2014. *Was heißt: Sich an der Wissenschaft orientieren? Untersuchungen zu einer lebensweltlich – wissenschaftsbasierten Philosophiedidaktik am Beispiel des Themas „Wissenschaft, Esoterik und Pseudowissenschaft".* Münster: LIT.
Bussmann, B., und M. Kötter. 2018. Between scientism and relativism: Epistemic competence as an important aim in science and philosophy education. RISTAL 01/2018.

Teil I
Erkenntnistheorie: Grundsatzfragen

Erkenntnistheoretischer Teil: Einführung und Überblick

Philipp Mayr

Warum, wenn überhaupt, sollen wir an die Wirksamkeit und Sicherheit zugelassener Impfstoffe glauben? Warum, wenn überhaupt, sollen wir mit einer Person diskutieren, die eine abstruse Verschwörungstheorie vertritt? Warum, wenn überhaupt, sollen wir glauben, dass die Migration stark zunehmen wird? Warum, wenn überhaupt, sollen wir Personen, die wir für inkompetent halten, anhören? Wen sollen wir anhören und wen nicht? Sollen wir in strittigen Fragen fest an irgendetwas glauben oder uns eher enthalten? Wissen wir überhaupt irgendetwas? Gibt es objektive Wahrheiten oder ist alles subjektiv? Diese Fragen nach dem, was wir glauben sollen, sind gesellschaftlich hochrelevant. Unsere Überzeugungen bilden die Basis für unsere Handlungen. Was wir glauben bestimmt, was wir tun. Das gilt für Politiker*innen genauso wie für jede Einzelperson. Fehlerhafte Überzeugungen führen zu fehlerhaften Handlungen. Um fehlerhafte Handlungen zu vermeiden, ist es daher unabdinglich, fehlerhafte Überzeugungen zu vermeiden. Um aber unsere Überzeugungen verbessern zu können, müssen wir wissen, *wie* wir dies bewerkstelligen sollen. Und das setzt voraus, dass wir wissen müssen, was eine gute oder schlechte Überzeugung überhaupt ist. Was sollen wir glauben und warum? Dies ist die zentrale Frage der philosophischen Disziplin, die wir als *Erkenntnistheorie* kennen.

Was Deutschsprachige als *Erkenntnistheorie* kennen, nennen Englischsprachige etwas treffender *epistemology*. *Epistéme* bedeutet „Wissen", „Kenntnis", „Einsicht" und speziell sogar „Fertigkeit", „Geschicklichkeit" oder „Wissenschaft". Gerade letzteres ist ein klarer Hinweis darauf, dass die in diesem Buch vorgenommene Trennung zwischen Wissenschaftsphilosophie und Erkenntnistheorie

P. Mayr (✉)
Puchenau, Österreich
E-Mail: philmayr@mit.edu

B. Bussmann und P. Mayr (Hrsg.), *Theoretisches Philosophieren und Lebensweltorientierung*, Philosophische Bildung in Schule und Hochschule, https://doi.org/10.1007/978-3-662-67309-6_2

aus historischer Sicht artifiziell ist. Erkenntnistheorie beschäftigt sich mit all den grundsätzlichen Fragen, die unseren Begriff des Wissens sowie andere verwandte Begriffe betreffen. Allgemein kann man die Disziplin in Anlehnung an Steup und Neta (2020) wie folgt beschreiben: *Erkenntnistheorie untersucht allgemeine Fragen, welche kognitiven Erfolg betreffen.* Anstatt ‚kognitiv‘ wird hier das Wort ‚epistemisch‘ verwendet. Was ist ein epistemischer Erfolg? Nun, diese Frage ist selbst Gegenstand der philosophischen Diskussion, aber üblicherweise gibt man an dieser Stelle einige Beispiele. *Wissen* ist eine traditionelle Form epistemischen Erfolgs, aber nicht die einzige. *Verstehen* ist eine weitere Form. Das Erreichen eines *gerechtfertigten* oder *rationalen Glaubens* ist ebenfalls ein epistemischer Erfolg. Erkenntnistheorie beschäftigt sich mit all den Fragen, die sich um diese Erfolge drehen: Unter welchen Bedingungen erreichen wir einen epistemischen Erfolg? Aus welchen Teilen besteht dieser Erfolg? Warum ist dieser epistemische Erfolg wertvoll? Was verstehen wir überhaupt unter ‚wertvoll‘ im relevanten Sinn? Warum ist es lebensweltlich heute so wichtig geworden, sich damit zu beschäftigen?

Was in der Erkenntnistheorie diskutiert wird, ist daher zu mannigfaltig, als dass an dieser Stelle eine allgemeine Einführung gegeben werden kann (s. dazu unten die Literatur zur Einführung). Im Folgenden soll ein kurzer Überblick über das gegeben werden, was Sie in den Kapiteln der Teile I und II erwartet.

1   Epistemische Erfolge und Werte

Im Zentrum der Erkenntnistheorie stehen epistemische Erfolge. Was ein epistemischer Erfolg ist, ist leicht gesagt: das Erreichen eines Zieles mit epistemischem Wert. Aber dies ist nur informativ, wenn wir wissen, was ein epistemischer Wert ist. Dafür gibt es eine Reihe von Ansätzen, die üblicherweise zuerst einige Werte als epistemisch fundamental ansehen und andere Werte aus diesen fundamentalen Werten ableiten. Welche Werte fundamental sind, ist eine der Hauptfragen der Erkenntnistheorie, der hier nicht weiter nachgegangen werden kann. Stattdessen werden einige Werte vorgestellt, die ziemlich unkontrovers als epistemisch angesehen werden.

1.1   Wissen

In einem engen Sinne kann man Erkenntnistheorie als *Theorie des Wissens* bezeichnen. Daher ist es nicht verwunderlich, dass Wissen als der klassische epistemische Wert gilt. Das Werk, welches üblicherweise als Gründungswerk der Erkenntnistheorie angesehen wird, ist Platons umfangreicher Dialog *Theaitetos*, der sich eben mit Wissen beschäftigt. Insbesondere stellte Platon bereits die Frage, wie man den Begriff *Wissen* definieren sollte. Im Theaitetos wird vorgeschlagen, dass Wissen so etwas wie wahre Meinung mit einer Erklärung sein könnte. Dabei ist aber zu bedenken, dass Platon hier streng genommen nicht von

Wissen, sondern von (Er-)Kenntnis zu sprechen scheint. Eines seiner Beispiele ist die Kenntnis von Namen und ihren Buchstaben (z. B. Theaitetos 208a–b). Aber Namen weiß man nicht, sondern man kennt sie. „Anna weiß den Namen ‚Sokrates‘" ist ein seltsamer Satz im Deutschen, während „Anna kennt den Namen ‚Sokrates‘" normal wirkt. Diese Unterscheidung zwischen *wissen* und *kennen* ist in der deutschen Sprache eindeutig gekennzeichnet, aber im Englischen wird beides undifferenziert mit dem Verb ‚to know' oder dem Substantiv ‚knowledge' bezeichnet, was zu einigen Verwirrungen führen kann. Auch innerhalb des Wissensbegriffs muss man differenzieren: Man kann *wissen, dass* Berlin Deutschlands Hauptstadt ist, und man kann *wissen, wie* man eine Sachertorte bäckt.

Die philosophische Tradition konzentriert sich üblicherweise auf *Wissen-dass* (sogenanntes *propositionales Wissen*) und schreibt Platon oft die klassische Definition zu, dass Wissen nichts anderes ist als eine *gerechtfertigte wahre Überzeugung*. Auch die moderne Erkenntnistheorie begann mit dieser Kontroverse, als Edmund Gettier (1963) seinen berühmten Aufsatz *Is justified true belief knowledge?* (= Ist gerechtfertigte wahre Überzeugung Wissen?) veröffentlichte. In diesem Aufsatz greift Gettier eben diese klassische Wissensdefinition an. Gettiers Angriff hat gleichsam eine Flutwelle an Literatur in Gang gesetzt, in der versucht wird, die (bis heute nicht unstrittig geklärte) Wissensdefinition zu ‚reparieren'. Der Beitrag „Was ist Wissen?" von *Romy Jaster* und *David Lanius* gibt eine Einführung zu dieser klassischen Wissensdefinition und ihrer philosophischen sowie lebensweltlichen Bedeutsamkeit. Er endet auch mit Denkanstößen zu Gettiers berühmten Angriff auf diese Definition.

1.2 Wahrheit

Wenn man hingegen speziell danach fragt, wie wertvoll Wissen ist, dann merkt man schnell, dass Wissen nicht der einzige epistemische Wert sein kann. In Platons Dialog *Menon* wird die Frage gestellt, warum Wissen wertvoller für uns sein sollte als *wahre Überzeugung*. Intuitiv kann jemand, der eine wahre Überzeugung hat, genauso gut handeln, wie jemand, der Wissen besitzt. Solange wir nur die Wahrheit glauben – so könnte man meinen – können wir in unseren Handlungen nicht irregeführt werden. Viele Menschen denken jedoch intuitiv, dass Wissen irgendwie besser oder wertvoller sein muss als bloß zufällig wahre Meinung. Diesen Mehrwert des Wissens gegenüber wahrer Meinung zu erklären ist eine weitere zentrale Aufgabe, der sich moderne Erkenntnistheoretiker*innen stellen. Dies wird (in Anlehnung an Platons Dialog *Menon*) oft als *Menon-Problem* bezeichnet.

Manche Philosoph*innen kommen allerdings auch zu dem Schluss, dass Wissen tatsächlich nicht wertvoller sei als eine wahre Überzeugung. Solche Philosoph*innen vertreten üblicherweise eine Position, die man als „Wahrheits-monismus" oder „Veritismus" bezeichnet (vgl. dazu Ahlstrom-Vij 2013). Dies ist die Position, dass Wahrheit – oder genauer: wahre Überzeugung – der einzige *fundamentale* epistemische Wert ist: der Wert, aus dem alle anderen epistemischen Werte abgeleitet werden können. Am Ende, so die Wahrheitsmonist*innen, geht es

bei den epistemischen Werten immer nur um (Annäherung an) die Wahrheit. Der
Beitrag von *Philipp Mayr* „Was sind vernünftige Überzeugungen?" erklärt auch
diese Haltung etwas näher und diskutiert seine Relevanz für unsere Lebenswelt
mittels des für die Debatte klassischen Textes von William James (1897).

1.3   Rechtfertigung

Der dritte Begriff, der auch bereits in der Gettier-Debatte um die klassische
Wissensdefinition die entscheidende Rolle spielt, ist der der *Rechtfertigung*.
Eine Überzeugung kann gerechtfertigt oder nicht-gerechtfertigt sein. Wir
halten diejenigen Überzeugungen für wertvoller, die gerechtfertigt sind. Rechtfertigung ist daher sicherlich ein epistemischer Wert. Diesen Begriff der Rechtfertigung allerdings begrifflich klar zu greifen, erweist sich als äußerst schwierig,
weil *gerechtfertigte Überzeugung* ein *normativer* Begriff ist. Ein normativer
Begriff beinhaltet Wertungen, welche durch Wörter wie „gut", „sollen,", „toll",
„schlecht", „dürfen", „wahnsinnig", „verrückt" oder eben „gerechtfertigt" ausgedrückt werden. Es ist nicht informativ zu sagen, dass eine gerechtfertigte Überzeugung besser sei als eine ungerechtfertigte Überzeugung. Das ist ähnlich wie
zu sagen, dass eine gute Meinung besser sei als eine schlechte. Denn eine Form
von Güte ist bereits in dem Begriff ‚gerechtfertigt' enthalten. Ist die Meinung,
dass nichts schneller ist als das Licht, gerechtfertigt? Ist die Meinung, dass eine
gendergerechte Sprache keinen nachweisbaren Effekt hat, ungerechtfertigt? Genau
diese Art von Fragen werden in der Erkenntnistheorie diskutiert. Im Gegensatz
dazu ist *Wahrheit* ein weniger strittigerer Begriff, weil nicht eindeutig normativ.
Auch wenn es wahr wäre, dass es etwas Schnelleres gibt als das Licht, heißt das
noch nicht, dass die Meinung, es gebe nichts Schnelleres als das Licht, ungerechtfertigt wäre.

Man verwendet den Begriff der Rechtfertigung üblicherweise so, dass eine
Überzeugung nur dann als gerechtfertigt gilt, wenn man plausible Gründe
für diese Überzeugung anführen kann. Eine Meinung wird *durch eine andere
Meinung* gerechtfertigt. Aber der Rechtfertigungsprozess muss irgendwo
beginnen. Wir benötigen eine solide und möglichst allgemein akzeptierte Basis,
auf der wir den Rechtfertigungsprozess aufbauen können. Das bedeutet aber, dass
wir gewisse Überzeugungen als gerechtfertigt oder berechtigt ansehen müssen,
obwohl wir keine weiteren Gründe für sie angeben können. Diese speziellen Überzeugungen könnte man als *fundamental* oder *trivial* gerechtfertigt bezeichnen. Als
Vorschläge für die Quellen fundamentaler Rechtfertigung werden üblicherweise
direkte Sinneswahrnehmung und Introspektion genannt. Auch das Zeugnis anderer
könnte man als eine solche Quelle betrachten, wobei das bereits schwieriger ist.
Über diese speziellen Quellen fundamentaler Rechtfertigung wird kontrovers diskutiert.

Hat man fundamental gerechtfertigte Überzeugungen erlangt, kann man über
Schlussfolgerungen die Rechtfertigung auf andere Überzeugungen ausdehnen.
Wir schlussfolgern mittels Argumentationen. Ein gutes Argument zeichnet sich

dadurch aus, dass auf der Basis plausibler Annahmen auf eine neue Erkenntnis geschlossen wird. Allerdings fällt es Menschen oft schwer, gute Argumentationen von weniger guten zu unterscheiden. Argumente, auch gute Argumente, werden manchmal derartig komplex, dass wir oftmals den Überblick verlieren. Auch fällt es uns aus verschiedenen psychologischen Gründen oft schwer, eine Annahme von einer Schlussfolgerung zu unterscheiden. Der Beitrag von *Frank Brosow* diskutiert die derzeitige Situation um Argumentationen und kritisches Denken in der Philosophieausbildung etwas näher und führt in das Programm *Argdown* ein, welches verspricht, das Erstellen und Beurteilen von Argumenten deutlich zu erleichtern.

1.4 Rationalität

Rationalität (oder *Vernünftigkeit*) ist genau wie *Rechtfertigung* ein normativer Begriff. Wenn wir eine Überzeugung als „rational" oder „vernünftig" bezeichnen, dann stellen wir ihr genauso ein Gütesiegel aus, wie wenn wir sie als „gerechtfertigt" bezeichnen. Das führt dazu, dass wir die Begriffe „rationale/vernünftige Überzeugung" und „gerechtfertigte Überzeugung" oft synonym verwenden. Die Fragen „Ist es *gerechtfertigt* zu glauben, dass die COVID-19-Impfungen sicher sind?" und „Ist es *vernünftig* zu glauben, dass die COVID-19-Impfungen sicher sind?" scheinen dieselben Fragen zu sein. Es hat sich jedoch bewährt, in der philosophischen Diskussion eine Unterscheidung zwischen *gerechtfertigt* und *rational* zu treffen. Ob eine Überzeugung gerechtfertigt ist, hängt, wie oben erwähnt, mit den Gründen zusammen, die wir für diese Überzeugung geben. Aber eine Überzeugung kann auch rational sein, wenn wir sie durch keine andere Meinung stützen können. Wie das?

Eine Form der Rationalität, in der die Unterscheidung Rationalität/Rechtfertigung hervortritt, ist die *formale Rationalität*. Eine Überzeugung ist dann formal rational, wenn sie kohärent oder logisch stimmig ist. Formale Erkenntnistheoretiker*innen beschäftigen sich mit dieser Form der Rationalität. Nach klassischer Auffassung sind unsere Überzeugungen dann formal rational sind, wenn sie, zumindest bis zu einem hohen Grad, im Einklang mit den Regeln der klassischen Logik und Wahrscheinlichkeitstheorie geformt sind. Aber man bemerke, dass formale Rationalität noch keine Rechtfertigung impliziert. An sich sind Meinungen wie „München ist Deutschlands Hauptstadt" oder „Bielefeld existiert nicht" formal vollkommen kohärent, wenn auch ungerechtfertigt. Formal irrational wäre eine Meinung wie „Berlin hat mehr und gleichzeitig weniger als 3.5 Mio. Einwohner".

Eine zweite Form der Rationalität ist die sogenannte *instrumentelle Rationalität* oder *Zweck-Mittel-Rationalität*. Demnach gilt eine Handlung oder eine Überzeugung dann als rational, wenn sie einem bestimmten Zweck dient. Diese Form der Rationalität ist immer nur relativ zu einem Zweck gegeben. In diesem Sinne können auch sehr zweifelhafte Handlungen und Überzeugungen rational sein. Wenn ich ein Massenmörder werden will, dann ist es relativ zu diesem Ziel instrumentell rational, viele Menschen zu ermorden. Wenn es mein Ziel ist,

alles zu glauben, was die Person P glaubt, und mir P versichert, dass der Weihnachtsmann existiert, dann ist es für mich instrumentell rational zu glauben,
dass der Weihnachtsmann existiert. Ob ich gerechtfertigt bin, der Person P zu
glauben, spielt für die bloß instrumentelle Rationalität keine Rolle. Wieder können
Rationalität und Rechtfertigung auseinanderdriften. Aber die instrumentelle
Rationalität spielt auch in der Erkenntnistheorie eine wichtige Rolle. Man muss
sich nur klar machen, was der eigentliche epistemisch wertvolle Zweck für diese
Form der Rationalität sein soll. Diese Fragen werden in dem Beitrag von *Philipp
Mayr* „Was sind vernünftige Überzeugungen?" diskutiert.

2   Herausforderungen

2.1   Skeptizismus und Relativismus

Als die klassischen Gegner der philosophischen Erkenntnistheoretiker*innen
gelten die Skeptiker*innen. Verschieden positionierte Skeptiker*innen ziehen
verschiedene epistemische Werte in Zweifel oder behaupten, dass wir uns nicht
an ihnen orientieren können. Eigentlich könnten wir nur sehr wenig wissen und
schon gar nicht die Wahrheit entdecken. Wir hätten keine solide Basis für Rechtfertigung. Rationalität lasse sich nicht analysieren oder existiere schlichtweg
nicht. Die Formen des Skeptizismus sind zahllos. Eine historisch besonders einflussreiche Position war beispielsweise der Idealismus George Berkeleys oder
der Außenweltskeptizismus, den René Descartes formulierte. Diese Formen des
Skeptizismus zogen sogar in Zweifel, dass es überhaupt eine von unserem Geist
unabhängige Außenwelt gibt. Berkeley meinte speziell, dass es keine unabhängige
Materie gebe, sondern alles von der Wahrnehmung eines Geistes abhinge – eine
Position, die man auch heute noch oft mit dem Spruch *esse est percipi* („Zu
existieren bedeutet wahrgenommen zu werden") verbindet.

Der Relativismus ist dem Skeptizismus ähnlich. Laut dieser Position liegt
das Hauptproblem darin, dass die oben diskutierten epistemischen Werte nicht
objektiv sind. „Muss ja jeder selbst wissen, ob die Impfung sicher ist!" oder „Das
ist ihre Meinung zum Klimawandel und ich habe eben eine andere!" sind typische
relativistische Bemerkungen. Derlei Bemerkungen setzen voraus, dass *Wissen*
oder *Wahrheit* bloß subjektive Instanzen sind, oder zumindest, dass *Rechtfertigung*
und *Rationalität* auf subjektiven Einschätzungen basieren. Es ist unschwer zu
erkennen, dass radikal relativistische Positionen extreme gesellschaftliche Auswirkungen haben. Denn wenn alles nur subjektiv ist, dann können wir ebenso
gut aufhören, miteinander zu debattieren, oder zu versuchen, uns gegenseitig zu
überzeugen. Wenn radikaler Relativismus herrschte, wäre nicht einmal klar, ob
wir überhaupt etwas über die Welt lernen könnten. Denn „die Welt" existierte laut
radikalem Relativismus ja nicht in einer objektiven Form.

Es ist jedoch wichtig zu betonen, dass es einen Unterschied zwischen
Skeptizismus und Relativismus gibt. Skeptiker*innen behaupten in der Regel, dass
wir keine guten Gründe hätten, etwas zu glauben (und auch keine guten Gründe

hätten, das Gegenteil zu glauben). Daher empfehlen sie, sich der Meinung zu enthalten. Sie zweifeln dabei aber nicht daran, dass es diese objektiven Wahrheiten gibt. Skeptiker*innen sind bereit, einzugestehen, dass es objektive Wahrheiten gibt, aber sie meinen, dass wir zu diesen keinen Zugang haben, der belastbar genug ist. Das Ziel ist da, aber der Weg nicht begehbar. Radikale Relativisten streiten hingegen ab, dass wir überhaupt ein kohärentes Ziel haben. Wenn es nur rein subjektiv wahre Überzeugungen gibt, dann macht das Wahrheitsziel nicht mehr viel Sinn.

Auch wenn wir sehr radikale skeptische und relativistische Positionen ausklammern, sehen wir, dass skeptische Bedenken auch heute noch in verschiedensten Formen auftauchen. Das ist nicht nur in der Philosophie der Fall. Auch Schüler*innen durchlaufen skeptische und relativistische Phasen. Sehr schnell hört man Bemerkungen wie „Streng genommen wissen wir ja nichts" oder „Das ist doch alles subjektiv". Der Beitrag „Können wir uns an der Wahrheit orientieren?" von *Philipp Mayr* erläutert Skeptizismus und Relativismus im Hinblick auf unsere Lebenswelt näher. Es sei an dieser Stelle ausdrücklich erwähnt, dass skeptische und relativistische Bedenken auch in den Beiträgen zur Wissenschaftsphilosophie (s. Kap. III und IV) eine entscheidende Rolle spielen und von diesen im Hinblick auf die derzeitigen Debatten zur Wichtigkeit der Wissenschaft diskutiert werden.

2.2 Dogmatismus

Dem Skeptizismus kann man entgegenhalten, dass man gewisse Dinge einfach wisse und dies nicht weiter begründen müsse. Ein allgemeiner Skeptizismus wie der von Berkeley oder Descartes sei damit schlichtweg unplausibel. Der britische Philosoph George Edward Moore (1939) behauptete beispielsweise, dass man einfach wisse, dass man zwei Hände habe. Man müsse sie nur abwechselnd hochhalten und betrachten. Da Moore die Bedeutung offensichtlicher Fakten so betonte, nennt man solche Fakten heutzutage in der Philosophie auch *Moore'sche Fakten (Moorean facts)*. Damit verbunden ist aber natürlich die Gefahr, in einen Dogmatismus abzurutschen, d. h. in eine Position, in der man in vielen Fällen einfach darauf beharrt, dass man etwas weiß, ohne eine weitere Begründung dafür anzuführen. Die eigenen Hände kann man direkt sehen, aber ob der Klimawandel menschengemacht ist oder nicht, lässt sich nicht mit bloßem Auge beobachten. Auch die Wirksamkeit eines Impfstoffes können wir nicht direkt mit unseren Sinnen wahrnehmen. Hier braucht es langfristige Studien und komplexe Begründungen. Es ist für unsere gesellschaftlichen Diskussionen nicht hilfreich, dogmatisch darauf zu bestehen, dass eine Impfung sicher (oder unsicher) sei. Denn die Gegenseite könnte auf der Gegenposition beharren, und wir kämen in unserer gemeinsamen Suche nach der Wahrheit keinen Schritt weiter. Die Erkenntnistheorie hat es sich daher zum Ziel gesetzt, einen ‚gesunden' Mittelweg zwischen Skeptizismus und Dogmatismus zu finden. Wo dieser ‚gesunde' Mittelweg liegt, wird natürlich kontrovers diskutiert.

3   Soziale Erkenntnistheorie

Die traditionelle Erkenntnistheorie, wie sie vor allem Descartes begründete, war und ist stark *individualistisch* ausgerichtet. Bei allen Debatten über Wissen, Rechtfertigung und Rationalität konzentrierte man sich auf die Position und den Blickwinkel eines einzelnen Subjekts. Aber dieser Blickwinkel ist gerade in der modernen Welt nicht mehr angemessen. Die vielleicht größte epistemische Herausforderung entsteht aus dem *sozialen* Charakter der Wissensproduktion. Meinungsbildung geschieht in unserer Gesellschaft in der Regel durch sozialen Austausch. Meinungsbildung oder -veränderung geschieht meistens durch Diskussionen mit Freund*innen, Familienmitgliedern, Lehrer*innen, Schüler*innen, Kolleg*innen und anderen Personen. Dies geschieht nicht nur durch direkte Diskussionen. Wir erhalten Informationen aus Büchern, von Nachrichtendiensten und allen Arten von Internetplattformen. All diese Informationen werden von Menschen für Menschen bereitgestellt und über verschiedene Medien diskutiert. Wie mit diesen sozialen Informationsquellen und Medien im Hinblick auf die epistemischen Werte umgegangen werden soll, ist die zentrale Frage der modernen sozialen Erkenntnistheorie.

3.1   Epistemische Ungerechtigkeit

Erkenntnistheoretische Fragen sind auch mit praktisch-moralischen Fragen eng verbunden. Denn epistemische Anliegen und moralische Anliegen sind an einigen Punkten kaum mehr scharf voneinander zu trennen. Ein Beispiel bringt die Philosophin Miranda Fricker (2007) in ihrem Buch über ein Konzept, dass sie „Epistemische Ungerechtigkeit" (*epistemic injustice*) nennt. Es wurde bereits erwähnt, dass Wissensproduktion und das Bilden von Meinungen stark durch sozialen Austausch geprägt sind. Fricker gibt hierbei vor allem zu bedenken, dass dieser Austausch anfällig für psychologische Verzerrungen und Vorurteile ist, was einen negativen Einfluss auf unsere epistemischen Werte haben kann. Es könnte sein, dass wir auf Grund von ungerechtfertigten Vorurteilen oder Stereotypen bewusst oder unbewusst gewissen Gruppen von Personen eine unangemessen hohe oder niedrige Erkenntiniskompetenz bescheinigen. Ein weißer Laborkittel und eine Brille mögen die epistemische Kompetenz einer Person keineswegs erhöhen, aber wir lassen uns vielleicht doch durch solche Faktoren beeinflussen. Das wird vor allem an dem Punkt moralisch relevant, an dem wir Minderheiten ungerechtfertigterweise weniger Vertrauen schenken und damit deren epistemische Position als Informationsvermittler*in untergraben. Würden wir beispielsweise den Ratschlägen und Meinungen einer weiblichen Automechanikerin genauso sehr vertrauen wie den Meinungen eines männlichen Automechanikers? Wenn nein, dann wäre das sowohl moralisch als auch epistemisch ein Grund zur Sorge. Davon ausgehend, dass Faktoren wie Geschlecht oder Herkunft noch keinen Einfluss auf die Kompetenz von Personen haben, machen wir uns ein verzerrtes

Bild von der Glaubwürdigkeit gewisser Personen(gruppen), wenn wir solchen unbedeutenden Faktoren Bedeutung zumessen. Solch ein verzerrtes Bild ist aber nicht im Sinne unserer epistemischen Werte; die Suche nach Wahrheit, Wissen und Rechtfertigung sollte nicht von irrelevanten Faktoren behindert werden – von der moralischen Dimension von Rassismus und Sexismus ganz zu schweigen. Frickers Gedanken dazu werden in dem Beitrag „Was ist ungerecht an epistemischer Ungerechtigkeit?" von *Bettina Bussmann*, *Benedikt Leitgeb* und *Philipp Mayr* näher behandelt.

3.2   Bezug zur Sprachphilosophie

Wenn wir danach fragen, wie wir in Diskussionen miteinander umgehen sollten, dann grenzt die soziale Erkenntnistheorie nicht nur an die Moralphilosophie, sondern auch an die soziale Sprachphilosophie, die sich mit der Rolle von Wörtern oder Kommunikationsmustern in unserem Leben beschäftigt. *Wie* wir miteinander kommunizieren, hat zweifellos Einfluss darauf, wie gut epistemische oder moralische Werte erreicht werden. Diskussionen sind zum Beispiel sowohl epistemisch als auch moralisch defekt, wenn die Gesprächspartner*innen nicht wertschätzend miteinander umgehen. Ein Punkt, der den fruchtbaren Informationsaustausch behindern kann und der auch moralisch problematisch ist, ist die Verwendung von beleidigenden Wörtern. Aber welche Funktionen erfüllen solche Wörter? Warum, wenn überhaupt, sind manche Wörter beleidigend oder beschimpfend? Wie sollten wir als Gesellschaft zu diesen Wörtern stehen, welche sich auf gewisse soziale Gruppen beziehen (sogenannte *Slurs*)? Sollte man sie verbieten? Diese Fragen werden hier exemplarisch für die Sprachphilosophie in dem Beitrag „How to do things with slurs – oder wie wir anhand von Sprache abwerten" von *Stefan Rinner* und *Alexander Hieke* behandelt.

3.3   Meinungsverschiedenheiten

Ein weiterer Bereich der sozialen Erkenntnistheorie ist der *Umgang mit Meinungsverschiedenheiten*. Man könnte manchmal den Eindruck bekommen, Erkenntnistheoretiker*innen würden annehmen, dass wir am Anfang eines Meinungsbildungsprozesses schlichtweg keine Überzeugungen haben und diese erst durch gewisse Erkenntnisquellen formen. Das stimmt sicherlich manchmal. In der Regel besitzen wir aber bereits eine Überzeugung, die jedoch nicht von anderen Personen geteilt wird. Es herrscht eine Meinungsverschiedenheit vor. Ein philosophisch interessanter Aspekt von Meinungsverschiedenheiten ist der epistemische Status der Parteien, die sich uneinig sind: Sind sich hier Expert*innen uneinig? Ist es eine Kontroverse unter Laien? Oder besitzen die Parteien einen unterschiedlichen epistemischen Status? So könnte es beispielsweise eine Uneinigkeit zwischen einem medizinischen Laien und einer Virologin über die Wirkungsweise eines Virus geben. In einem solchen Fall würden wir intuitiv sagen, dass im Normalfall der Laie seine Überzeugung überdenken und ändern sollte. Bei einem Laie-Expertin Konflikt sollte der Laie die Überzeugung der Expertin annehmen. Schwieriger wird es, wenn die Parteien epistemisch gleichgestellt sind: Keine Partei hat einen größeren Expertenstatus als die andere. Sie verfügen über dieselben Informationen zum Sachverhalt. Und dennoch sind sie sich uneinig. Diese Meinungsverschiedenheit unter epistemisch Gleichgestellten wird in der Literatur *Peer Disagreement* genannt. Erkenntnistheoretiker*innen wollen wissen, wie die Parteien bei solchen Meinungsverschiedenheiten aus epistemischer Sicht – im Hinblick auf epistemische Werte – reagieren sollen. Diese Thematik wird im Beitrag von *Dominik Balg* „Wie sollen wir mit Meinungsverschiedenheiten umgehen?" behandelt.

3.4   Expert*innen

Ein letztes Problem der sozialen Erkenntnistheorie, welches in diesem Buch vorgestellt wird, ist das Expertenproblem. Mutmaßliche Expert*innen sind omnipräsent, wenn schwierige Fragen geklärt und erklärt werden müssen. Wir sehen das in Zeiten globaler Krisen ganz besonders. In einer Pandemie oder bei Entscheidungen das Klima betreffend steht so viel auf dem Spiel, dass wir sofort einsehen, wie wichtig wahre Überzeugungen zu diesen Themen sind. Hier können irrige Überzeugungen nicht nur teuer, sondern auch moralisch fragwürdig werden. Daher ist es nicht verwunderlich, dass man sich an diejenigen Personen wendet die den höchsten epistemischen Status in diesen Bereichen besitzen: Expert*innen. Die kontroversen Fragen sind eher: Was sind Expert*innen? Wie können wir Laien sie erkennen? Und wem sollen wir vertrauen, wenn sich mehrere Expert*innen uneinig sind? Der Beitrag von *Philipp Mayr*, „Welchen Expert*innen sollen wir glauben?", bespricht die Problematik näher und diskutiert Lösungsvorschläge.

Dies alles ist nur ein kleiner Ausschnitt aus dem zunehmend komplexer werdenden Bereich der Erkenntnistheorie. Letztendlich dreht sich so gut wie alles um die Frage: „Was sollen wir glauben?" Wenn man auch als Leser*in hier keine endgültigen Antworten zu finden vermag, so geben die nachfolgenden Beiträge dennoch Anhaltspunkte dafür, wo man mit der Suche nach einer Antwort beginnen könnte und welche Schwierigkeiten es dabei zu bedenken gilt.

Einführende und vertiefende Literatur zur Erkenntnistheorie

Ernst, G. 2016. *Einführung in die Erkenntnistheorie*. Darmstadt: WBG.
Goldman, A., und M. McGrath. 2015. *Epistemology. A contemporary introduction*. Oxford: Oxford University Press.
Fricker, M., P.J. Graham, D. Henderson, und N.J. Pedersen, Hrsg. 2020. *The Routledge handbook of social epistemology*. London: Routledge.
Grundmann, T. 2017. *Analytische Einführung in die Erkenntnistheorie*. Berlin: de Gruyter.

Kompa, N., und P. Schmoranzer. 2014. *Grundkurs Erkenntnistheorie*. Münster: Mentis
Nagel, J. 2014. *Knowledge. A very short introduction*. Oxford: Oxford University Press.
Schurz, Gerhard. 2021. *Erkenntnistheorie: Eine Einführung*. Berlin: J.B. Metzler. https://doi.org/10.1007/978-3-476-04755-7.

Literatur

Ahlstrom-Vij, K. 2013. In defense of veritistic value monism. *Pacific Philosophical Quarterly* 94(1):19–40.
Fricker, M. (2007). *Epistemic injustice: Power and the ethics of knowing*. Oxford University Press.
Gettier, E.L. 1963. Is justified true belief knowledge? *Analysis* 23(6):121–123. https://doi.org/10.2307/3326922.
James, W. 1897. *The will to believe and other essays in popular philosophy*. New York: Longmans Green and Co. https://archive.org/details/willtobelieveoth00ja/page/n21/mode/2up.
Moore, G.E. 1939. Proof of an external world. *Proceedings of the British Academy* 25:273–300.
Steup, M., und R. Neta. 2020. Epistemology. In *The Stanford Encyclopedia of Philosophy,* Hrsg. E. N. Zalta. https://plato.stanford.edu/archives/fall2020/entries/epistemology/.

Was ist Wissen?

Romy Jaster und David Lanius

1 Einleitung

Erkenntnistheoretische Fragen standen selten so stark im Fokus der öffentlichen Diskussion wie in den letzten Jahren. Fake News und Verschwörungstheorien sind in aller Munde, Wissenschaftsskepsis ist als gesellschaftliches Problem erkannt, und in Teilen der Gesellschaft zeigt sich eine robuste Faktenresistenz. In diesem Klima stellen sich erkenntnistheoretische Fragen mit besonderer Dringlichkeit: Was können wir wissen? Ist Wissen möglich, wenn wir unsere Annahmen nicht abschließend beweisen können? Wie kann ich etwas wissen, was ich nicht selbst nachprüfen kann? Kann heute etwas Wissen sein, was sich morgen als falsch herausstellt? Und mit welchem Recht nehme ich für mich Wissen in Anspruch, das ich anderen abspreche?

Fragen wie diese sind – so allgegenwärtig sie auch sein mögen – alles andere als leicht zu beantworten. Der Grund ist, dass wir für die Beantwortung zunächst einen differenzierten und präzisen Wissensbegriff benötigen: Wir müssen verstehen, was Wissen überhaupt ist, wie ‚Wissen‘ mit anderen erkenntnistheoretischen Begriffen wie ‚Wahrheit‘, ‚Überzeugung‘ und ‚Rechtfertigung‘ zusammenhängt und was es wiederum mit diesen Begriffen auf sich hat.

In diesem Beitrag sollen die erforderlichen Grundlagen gelegt werden, um den Wissensbegriff gemäß der klassischen Wissensdefinition in seinen Bestandteilen

R. Jaster (✉)
Institut für Philosophie, Humboldt-Universität zu Berlin, Berlin, Deutschland
E-Mail: romy.jaster@hu-berlin.de

D. Lanius
DebateLab, Institut für Philosophie, Karlsruher Institut für Technologie (KIT),
Karlsruhe, Deutschland
E-Mail: david.lanius@kit.edu

B. Bussmann und P. Mayr (Hrsg.), *Theoretisches Philosophieren und Lebensweltorientierung,* Philosophische Bildung in Schule und Hochschule, https://doi.org/10.1007/978-3-662-67309-6_3

zu verstehen und darauf aufbauend das Thema *Wissen* im Unterricht zu bearbeiten. Dafür werden einige didaktischen Vorschläge unterbreitet, die als Ausgangspunkt dienen können, um fundierte Unterrichtseinheiten dazu zu entwickeln.

2   Die klassische Wissensdefinition

Die klassische Definition von ‚Wissen' findet sich in Platons *Theaitetos*. In diesem Dialog unterhält sich Sokrates mit Theaitetos über das Wesen der Erkenntnis oder, wie man heute sagen würde, darüber, was es bedeutet, etwas zu wissen. Wie in Platons Dialogen üblich, fordert Sokrates Theaitetos heraus, das Wesen des Wissens in Form einer Definition anzugeben.

Theaitetos macht zunächst den Vorschlag, dass Wissen vorliege, wenn jemand eine wahre Überzeugung – in Theaitetos' Terminologie: eine „richtige Vorstellung" – hat:

> „Es mag aber wohl die richtige Vorstellung Erkenntnis sein." (Theaitetos, 187b)

Es gibt diesem Definitionsvorschlag zufolge zwei Bedingungen für Wissen: Es muss eine Überzeugung vorliegen, und diese Überzeugung muss überdies wahr sein. Der Definitionsversuch klingt zunächst plausibel: Damit jemand etwas wissen kann, muss die Person davon selbst überzeugt sein. Wenn es zudem wahr ist, liegt es nahe anzunehmen, dass damit die Bedingungen für Wissen erfüllt sind.

Aber stimmt das? Bei näherem Hinsehen kann mit Theaitetos' Definitionsvorschlag etwas nicht stimmen. Sokrates zeigt anhand eines Gegenbeispiels, dass Wissen nicht einfach in einer wahren Überzeugung bestehen kann. Stellen wir uns einen Richter vor, der ohne eigene Belege, lediglich aufgrund der Überredungskunst eines Anwalts, zu der wahren Überzeugung kommt, dass der Angeklagte unschuldig sei. In diesem Fall, so Sokrates, würden wir nicht sagen, dass der Richter über Wissen verfügt. Schließlich hat der Richter gar keine eigenen Einsichten über den Tathergang. Damit ist die Überzeugung des Richters kein Wissen, obwohl sie wahr ist.

Was dem Richter fehlt, nennt Platon die „mit [der] Erklärung verbundene richtige Vorstellung". Dahinter steht die Idee, dass der Richter nur dann Wissen hat, wenn er erklären kann, warum der Angeklagte die Tat nicht begangen hat. Wissen, so würde man heute sagen, erfordert Rechtfertigung. Der Punkt lässt sich an dem folgenden Beispiel noch anschaulicher illustrieren:

Wishful Thinking
Paul hat die Tendenz, zu glauben, was ihm in den Kram passt. Entgegen sämtlicher Prognosen ist er am Wahltag fest davon überzeugt, dass seine Lieblingskandidatin Nina das Rennen um ein wichtiges politisches Amt gemacht hat. Als er nach Hause kommt und den Fernseher anschaltet, erfährt er, dass Nina in der Tat gewonnen hat. Paul ruft: "Ich wusste es!"

Nach Theaitetos' ursprünglicher Definition träfe Pauls Wissenszuschreibung zu. Denn er hat schließlich eine wahre Überzeugung: Nina hat das Rennen gemacht. Tatsächlich würden wir aber nicht sagen, dass Paul wusste, dass Nina gewonnen hat. Denn seine Überzeugung ist zwar wahr, aber vollkommen ungerechtfertigt.

Wie genau die Rechtfertigungsbedingung zu verstehen ist, stellt Sokrates und Theaitetos allerdings vor ein Rätsel. Am Ende ihres Gesprächs können sie sich auf keine Definition des Wissensbegriffs einigen. Dennoch liefert das Verständnis von Wissen, das in diesem Dialog entwickelt wird, die klassische Definition des Wissensbegriffs.

Es gibt dieser Definition nach drei notwendige und zusammen hinreichende Bedingungen dafür, dass eine Person weiß, dass etwas der Fall ist:

S *weiß*, dass p, genau dann, wenn:

(1) S ist *überzeugt*, dass p;
(2) p ist *wahr*;
(3) S ist in ihrer Überzeugung *gerechtfertigt*, dass p.

‚S' steht hier für eine beliebige Person, ‚p' für einen beliebigen Überzeugungsinhalt. Am konkreten Beispiel ergibt sich:

Anna *weiß*, dass sich die Erde um die Sonne dreht, genau dann, wenn:

(1) Anna ist *überzeugt*, dass die Erde sich um die Sonne dreht;
(2) es ist *wahr*, dass die Erde sich um die Sonne dreht;
(3) Anna ist in ihrer Überzeugung *gerechtfertigt*, dass die Erde sich um die Sonne dreht.

(1) und (2) sind die beiden Bedingungen, die Theaitetos selbst ins Spiel gebracht hat. Sokrates' Vorschlag folgend fügt (3) die Rechtfertigungsbedingung hinzu. Die meisten modernen Ansätze bauen auf dieser klassischen Definition auf. Unterschiede zwischen verschiedenen zeitgenössischen Wissensdefinitionen bestehen im Kern darin, wie die Rechtfertigungsbedingung verstanden wird. Viele aktuelle Definitionen fügen der klassischen Analyse zudem eine vierte Bedingung hinzu, um etwa mit den Gettier-Fällen umgehen zu können (s. Abschn. 5).

3   Erkenntnistheoretische Grundbegriffe

Die drei Bedingungen der klassischen Wissensdefinition rufen drei erkenntnistheoretische Grundbegriffe auf: *Überzeugung*, *Wahrheit*, *Rechtfertigung*. In diesem Kapitel führen wir diese drei Begriffe Schritt für Schritt ein. Zuvor müssen wir allerdings zunächst zwei noch grundlegendere Begriffe in den Blick nehmen: den Begriff der *Wirklichkeit* und den der *Tatsache*.

3.1   Ein Schritt zurück: Wirklichkeit und Tatsachen

Die *Wirklichkeit* können wir – Wittgenstein (1984, § 1) folgend – verstehen als alles, was der Fall ist. Die Idee ist einfach: Irgendwo steht ein Haus, jemand hat

Geburtstag, eine Katze fängt eine Maus, ein Sack Reis fällt um. All dies ist der Fall. Oder alles ist anders, dann ist es nicht der Fall.

Wenn etwas der Fall ist, dann handelt es sich um eine *Tatsache*. Dass die Erde sich um die Sonne dreht, dass Berlin die Hauptstadt von Deutschland ist, dass Cäsar ermordet wurde, dass zwei plus zwei vier ergibt – all dies sind Tatsachen. Die Wirklichkeit ist die Gesamtheit aller Tatsachen, also die Menge all dessen, was der Fall ist. So ist es eine Tatsache und damit Teil der Wirklichkeit, dass sich die Erde um die Sonne dreht:

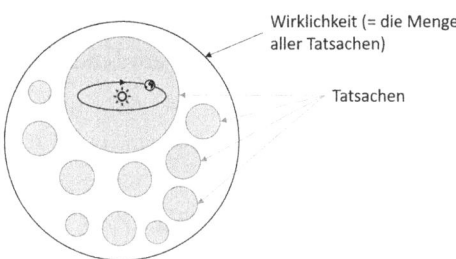

Mithilfe dieses Bildes kann gut mit einer verbreiteten konstruktivistischen These aufgeräumt werden: Die Aussage ‚Es gibt keine Wirklichkeit' ist, wie das Bild zeigt, notwendig falsch. Denn es gibt nur zwei Möglichkeiten: Entweder wir nehmen an, es sei eine Tatsache, dass es keine Wirklichkeit gibt. In dem Fall bestünde die Wirklichkeit mindestens aus eben dieser Tatsache und die Aussage widerspricht sich selbst. Wenn wir hingegen annehmen, es sei keine Tatsache, dass es keine Wirklichkeit gibt, dann ist die Aussage falsch. Wie Tatsachen mit Wahrheit und Falschheit genau zusammenhängen, schlüsselt der übernächste Abschnitt genauer auf.

Key Learnings
- Wenn etwas der Fall ist, ist es eine Tatsache.
- Die Wirklichkeit ist die Gesamtheit aller Tatsachen.

Mit einem soliden Wirklichkeitsverständnis ausgestattet, können wir uns nun den drei Bedingungen für Wissen zuwenden. In den nächsten drei Abschnitten nehmen wir genauer in den Blick, was es mit Überzeugungen, Wahrheit und Rechtfertigung auf sich hat.

3.2   Überzeugung

Wir können über die Wirklichkeit nachdenken und sprechen. Unter Anderem können wir über sie Überzeugungen ausbilden und Aussagen machen. Schauen wir uns das genauer an.

Was sind überhaupt *Überzeugungen*? Zunächst einmal sind Überzeugungen geistige Zustände. Genauer gesagt, sind sie mentale Einstellungen, die *Sachverhalte* ausdrücken; Überzeugungen drücken aus, dass etwas der Fall ist. Annas Überzeugung, dass die Erde sich um die Sonne dreht, drückt den Sachverhalt aus, dass die Erde sich um die Sonne dreht. Pauls Überzeugung, dass die Sonne sich um die Erde dreht, drückt den Sachverhalt aus, dass die Sonne sich um die Erde dreht.

Sachverhalte sind eng verwandt mit Tatsachen, denn manche, aber nicht alle Sachverhalte *sind* Tatsachen. Tatsachen sind nämlich all jene Sachverhalte, die wirklich bestehen. Dass die Sonne sich um die Erde dreht und dass die Erde sich um die Sonne dreht, sind beides Sachverhalte, aber nur letzteres ist auch eine Tatsache:

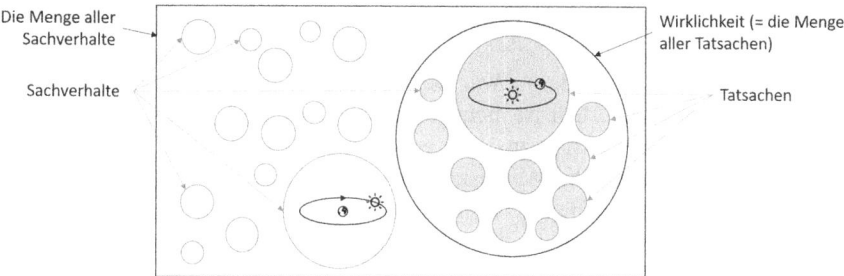

Für Überzeugungen folgt daraus, dass zwar alle Überzeugungen Sachverhalte ausdrücken, aber nur manche Überzeugungen Tatsachen ausdrücken. Wenn Anna die Überzeugung hat, dass die Erde sich um die Sonne dreht, und Paul die Überzeugung hat, dass die Sonne sich um die Erde dreht, so drückt nur eine der beiden Überzeugungen eine Tatsache aus, nämlich Annas:

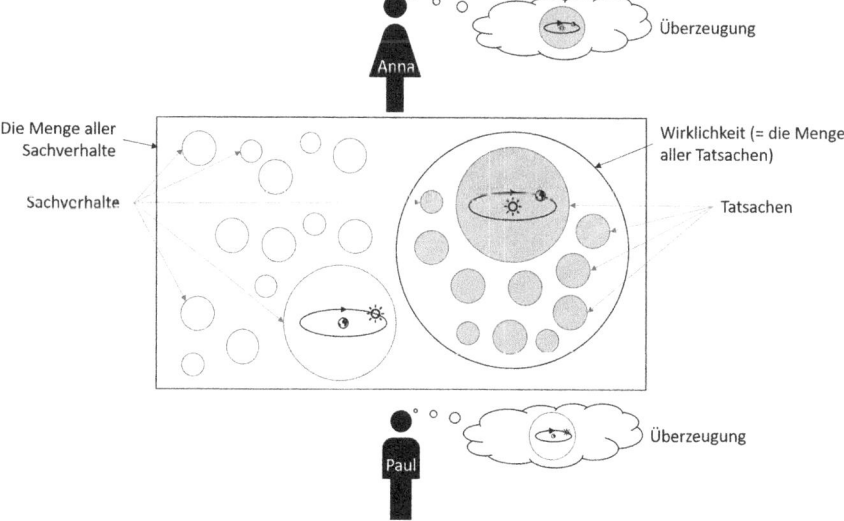

Mithilfe von Überzeugungen können wir also Sachverhalte gedanklich ausdrücken: Wir können die Überzeugung ausbilden, dass es 12 Uhr ist, dass Tiger Flügel haben oder dass Berlin die Hauptstadt von Deutschland ist. Wir können Sachverhalte aber nicht nur gedanklich ausdrücken, sondern auch indem wir Sätze äußern. Ein Satz, der einen Sachverhalt ausdrückt, bezeichnet man als *Aussage*. Beispiele für Aussagen sind:

- „Die Erde dreht sich um die Sonne."
- „Es gibt Tiger."
- „#,Alle Tiger haben Flügel."
- „Berlin ist die Hauptstadt Deutschlands."
- „Die Kriminalität in Deutschland hat in den vergangenen Jahren deutlich abgenommen."
- „An Napoleons drittem Geburtstag ist eine Fliege auf seiner Nase gelandet."

All diese Sätze sagen aus, dass etwas Bestimmtes der Fall ist: dass es Tiger gibt, zum Beispiel. Aber natürlich ist nicht jeder Satz eine Aussage. Denn nicht jeder Satz drückt einen Sachverhalt aus; wir verwenden Sprache schließlich nicht nur, um zu beschreiben, wie die Welt ist, sondern auch, um Gefühle auszudrücken, Fragen zu stellen oder einander zu begrüßen. Manche Sätze sind auch einfach sinnlos und drücken aus diesem Grund keinen Sachverhalt aus. Hier sind einige Beispiele für Sätze, die keine Aussagen sind:

- „Guten Tag!"
- „OMG!"
- „Mach die Tür zu!"
- „Was geschieht, wenn das Wahlergebnis nicht anerkannt wird?"
- „Gestern ist es kälter als draußen."

Wir können mit Sprache unterschiedliche Dinge tun. Aussagen verwenden wir zum Beispiel, um Anderen unsere Überzeugungen mitzuteilen. Denn da sowohl Überzeugungen als auch Aussagen Sachverhalte ausdrücken, können wir mithilfe von Aussagen unsere Überzeugungen kommunizieren. Wenn Anna die Überzeugung hat, dass die Erde sich um die Sonne dreht, kann sie diese Überzeugung kommunizieren, indem sie die Aussage „Die Erde dreht sich um die Sonne" äußert:

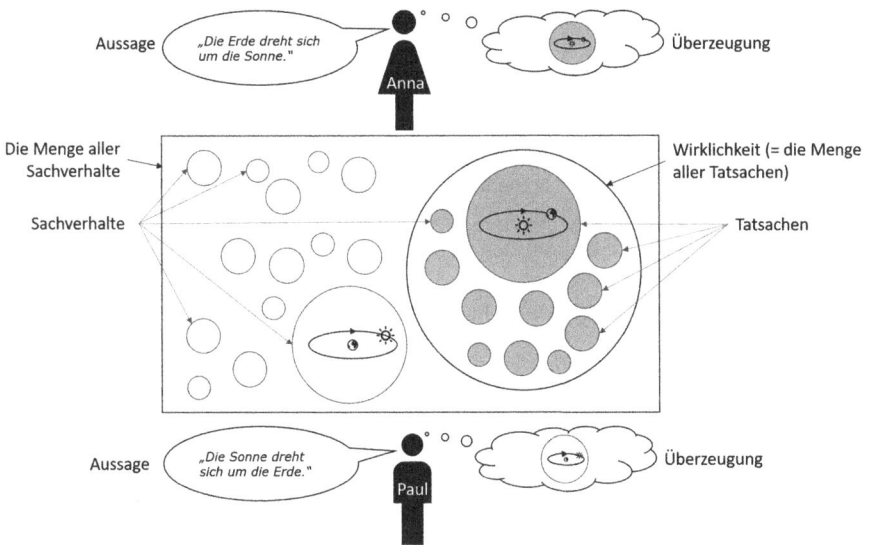

Überzeugungen können unterschiedlich stark sein; man kann sich unterschiedlich sicher sein, dass etwas der Fall ist. Manchmal haben wir vielleicht lediglich eine Vermutung: wir ahnen schon, dass die letzte Mathe-Klausur nicht gut gelungen ist. Manchmal sind wir uns recht sicher, aber es bleiben Zweifel: Wir sind vielleicht der Meinung, dass die USA aus 50 einzelnen Bundesstaaten bestehen, aber wir würden nicht die Hand dafür ins Feuer legen. In einigen Fällen sind wir uns sehr sicher: Wir haben keinerlei Zweifel daran, dass zwei plus zwei vier ergibt.

Key Learnings
- Überzeugungen und Aussagen drücken Sachverhalte aus.
- Wir können mit Aussagen unsere Überzeugungen kommunizieren.
- Sachverhalte, die bestehen, sind Tatsachen.
- Manche Überzeugungen und Aussagen drücken Tatsachen aus.
- Überzeugungen können unterschiedlich stark sein.

3.3   Wahrheit

Wir haben nun alle Begrifflichkeiten zur Hand, die wir brauchen, um über Wahrheit sprechen zu können. Drei Punkte wollen wir hier hervorheben.

Erstens, Wahrheit ist eine Eigenschaft von Überzeugungen und Aussagen. Sie können wahr oder falsch sein. Das liegt daran, dass Aussagen und Überzeugungen Sachverhalte ausdrücken und Sachverhalte entweder bestehen oder nicht. Wenn sie bestehen, handelt es sich um Tatsachen. Eine Überzeugung oder Aussage ist *wahr*, wenn sie eine Tatsache ausdrückt, also etwas behauptet, das der Fall ist. Sie ist falsch, wenn sie keine Tatsache ausdrückt.

Aristoteles charakterisiert Wahrheit in eben diesem Sinne:

„Zu sagen nämlich, das Seiende sei nicht oder das Nicht-Seiende sei, ist falsch, dagegen
zu sagen, das Seiende sei und das Nichtseiende sei nicht, ist wahr." (Aristoteles 2007,
1011b, 122)

Wenn Anna die Überzeugung hat oder die Aussage macht, dass die Erde sich um
die Sonne dreht, so drückt sie damit eine Tatsache aus und denkt bzw. sagt etwas
Wahres. Wenn Paul die Überzeugung hat oder die Aussage macht, dass die Sonne
sich um die Erde dreht, so drückt er damit einen Sachverhalt aus, der keine Tatsache ist, und denkt bzw. sagt etwas Falsches:

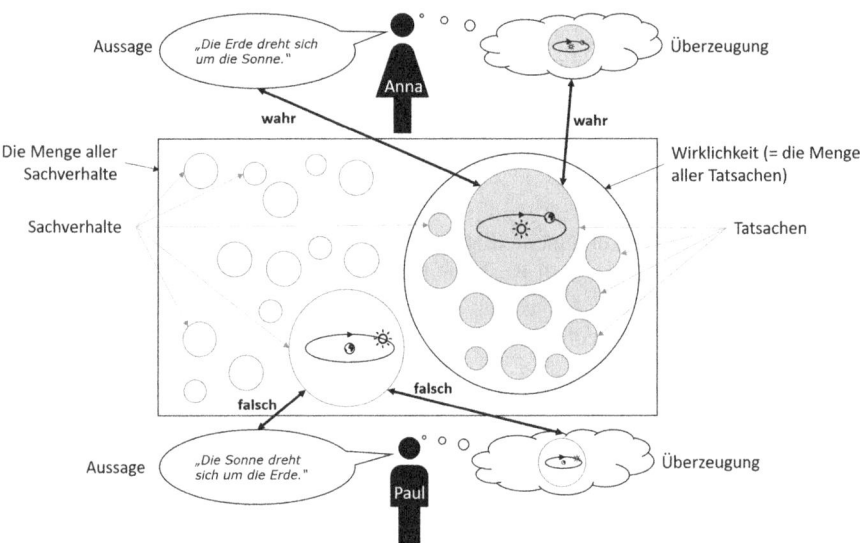

Zweitens, Wahrheit ist eine Eigenschaft von Aussagen und Überzeugungen. Sie
kommt weder Ausrufen, Begrüßungen oder Befehlen noch Wörtern, Weltanschauungen, Personen, Sachverhalten oder der Welt zu. Wahrheit liegt schließlich
genau dann vor, wenn eine Tatsache ausgedrückt wird. Da Tatsachen durch Überzeugungen und Aussagen ausgedrückt werden können, können Überzeugungen
und Aussagen wahr sein. Dinge, die keine Sachverhalte ausdrücken, können nicht
wahr oder falsch sein. Die Tatsachen selbst zum Beispiel sind weder wahr noch
falsch – sie *bestehen*.

Drittens, ob etwas wahr oder falsch ist, ist unabhängig davon, ob wir es für wahr
halten. Ob es wahr ist, dass es Tiger gibt oder dass die Kriminalität in Deutschland
gesunken ist, hängt nicht davon ab, ob wir glauben, dass es so ist, sondern davon,
wie die Wirklichkeit beschaffen ist. Es kann sein, dass alle Menschen sich in einer
Frage irren. Es kann sein, dass nicht herauszufinden ist, wie sich etwas verhält.
Das hat jedoch keine Auswirkungen darauf, ob eine entsprechende Aussage wahr
ist oder nicht. Das sieht man gut am Beispiel der Aussage: „An Napoleons drittem

Geburtstag ist eine Fliege auf seiner Nase gelandet." Wir haben keine Möglichkeit, herauszufinden, ob die Aussage wahr oder falsch ist. Dennoch ist sie wahr oder falsch. Ihre Wahrheit hängt nämlich allein davon ab, ob an Napoleons drittem Geburtstag eine Fliege auf seiner Nase gelandet ist oder nicht – und nicht davon, ob wir davon überzeugt sind bzw. es herausfinden können oder nicht.

Key Learnings
- Wahrheit ist eine Eigenschaft von Aussagen und Überzeugungen.
- Eine Aussage oder Überzeugung ist wahr, wenn sie eine Tatsache ausdrückt.
- Eine Aussage oder Überzeugung kann auch dann wahr sein, wenn (a) man sie für falsch hält, (b) niemand sie für wahr hält, oder (c) wir nicht herausfinden können, ob sie wahr ist.

3.4 Rechtfertigung

Wir haben geklärt, was es mit der Wirklichkeit auf sich hat, was Überzeugungen sind, wie sie sich zu Aussagen verhalten und was es heißt, dass eine Aussage oder Überzeugung wahr ist. Der klassischen Wissensdefinition zufolge handelt es sich bei Wissen aber nicht einfach um wahre Überzeugungen, sondern um wahre Überzeugungen, die außerdem gerechtfertigt sind. Die Rechtfertigungsbedingung ist diejenige der drei Anforderungen an Wissen, an der Sokrates und Theaitetos sich in ihrem Dialog die Zähne ausgebissen haben. Heute können wir mehr dazu sagen, was es mit der Rechtfertigung von Überzeugungen auf sich hat.

Wenn wir sagen, wir seien gerechtfertigt in einer Überzeugung, so heißt das, dass wir über hinreichend gute Gründe verfügen, die unsere Überzeugungen stützen. Dies setzt in der Regel voraus, dass wir unsere Überzeugungen auf der Grundlage verlässlicher Methoden gebildet haben. Betrachten wir die folgenden Beispiele für Rechtfertigungen:

1. Unsere Überzeugung, dass die Sonne scheint, ist gerechtfertigt, weil wir es sehen.
2. Unsere Überzeugung, dass Covid-19 sich über Aerosole verbreitet, ist gerechtfertigt, weil wir über das Zeugnis von Virolog*innen verfügen.
3. Unsere Überzeugung, dass Pia die Schwester von Paula ist, ist gerechtfertigt, weil wir sie aus bereits bestehendem Wissen schließen können.

In den drei Beispielen kommen drei unterschiedliche Methoden zum Einsatz:

- Methode bei 1: Sinnliche Wahrnehmung
- Methode bei 2: Zeugnis Anderer
- Methode bei 3: Logisches Schließen

Alle drei Methoden sind Beispiele für Methoden, die geeignet sind, uns hinreichend gute Gründe für unsere Überzeugungen zu liefern. Ab wann ein Grund hinreichend gut ist, hängt von der jeweiligen Methode ab.

In Fall 1 hängt es von der Verlässlichkeit unserer sinnlichen Wahrnehmung in der betreffenden Situation ab. Sinnliche Wahrnehmung ist in aller Regel eine gute Methode, um zu gerechtfertigten Überzeugungen zu gelangen. Allerdings gibt es Ausnahmen: Um auf Basis sinnlicher Wahrnehmung gerechtfertigt in der Überzeugung zu sein, dass die Sonne scheint, darf es nicht der Fall sein, dass wir einer Sinnestäuschung unterliegen. Es darf sich zum Beispiel nicht um eine Fata Morgana handeln. Ebenso würde es unsere Rechtfertigung mindern, wenn wir unter Drogeneinfluss stünden. Aber wie gesagt: dies sind Ausnahmen. In aller Regel liefern unsere Sinne uns verlässlich Erkenntnisse über die Wirklichkeit.

In Fall 2 hängt die Rechtfertigung von der Kompetenz und der Aufrichtigkeit desjenigen ab, der uns Zeugnis über einen Sachverhalt gibt: die Person muss sich in der Sache auskennen und daran interessiert sein, die Wahrheit zu sagen. Im Covid-19-Beispiel etwa sollten wir uns auf das Zeugnis von Personen stützen, die sich nicht nur mit Virologie im Allgemeinen auskennen, sondern spezifische Expertise in der Erforschung von Coronaviren haben. Wir sollten uns außerdem nicht auf Personen verlassen, die einen Grund haben, in der fraglichen Sache Lügen zu verbreiten, etwa weil sie auf der Gehaltsliste einer Lobbygruppe stehen.

In beiden Fällen herrscht in der Literatur Uneinigkeit darüber, ob es ausreicht, wenn keine Gründe gegen die Verlässlichkeit der Wahrnehmung beziehungsweise gegen die Glaubwürdigkeit des Experten sprechen, oder ob es positiver Gründe bedarf, die für die Verlässlichkeit der Wahrnehmung bzw. die Glaubwürdigkeit des Experten sprechen. Ein weiterer Streitpunkt betrifft die Frage, ob es erforderlich ist, dass die verwendeten Methoden tatsächlich verlässlich *sind* (Externalismus) oder dass die Person die Methoden für verlässlich *hält* (Internalismus).

In Fall 3 besteht die Rechtfertigung in dem Argument, das wir für unsere Überzeugung haben. Nehmen wir an, wir wissen schon, dass Pia und Paula Mädchen sind, und wir wissen außerdem, dass Pia und Paula dieselben Eltern haben. In dem Fall können wir von diesen beiden Aussagen auf die weitere Aussage „Pia ist die Schwester von Paula" schließen. Die Aussage „Pia ist die Schwester von Paula" soll hier begründet werden. Sie ist die *Konklusion*. Die Aussagen „Pia und Paula sind Mädchen" und „Pia und Paula haben dieselben Eltern" sollen die Konklusion begründen. Sie sind *Prämissen*. Argumente bestehen immer aus einer Konklusion und einer oder mehreren Prämissen.

Die Güte der Rechtfertigung hängt bei solchen (so genannten deduktiven) Argumenten von zwei Faktoren ab: von der *Gültigkeit* des Schlusses und der *Wahrheit* der Prämissen. Ein Argument ist nämlich genau dann gültig, wenn die Wahrheit der Prämissen die Wahrheit der Konklusion garantiert – und zwar in dem Sinne, dass es nicht sein kann, dass die Konklusion falsch ist, wenn die Prämissen wahr sind (bzw. dass die Konklusion falsch wäre, wenn die Prämissen wahr wären).

Vor diesem Hintergrund erschließt sich, dass die Rechtfertigung durch einen logischen Schluss auf zwei Weisen schlecht sein kann: Erstens, wenn das Argument, das zur Stützung der Aussage herangezogen wird, nicht gültig ist, und zweitens, wenn eine der Prämissen falsch ist. Wenn die Prämisse „Pia und Paula haben dieselben Eltern" falsch ist, dann würde es auch nicht helfen, wenn das Argument gültig wäre. Denn die Konklusion „Pia ist die Schwester von Paula" würde dann auf einer falschen Annahme beruhen. Wenn das Argument gültig ist und die Prämissen wahr sind, hat man den bestmöglichen Grund für die Akzeptanz der Konklusion. Denn dann muss die Konklusion ebenfalls wahr sein.

Vor dem Hintergrund der verschiedenen Methoden der Erkenntnisgewinnung zeigt sich, dass eine Überzeugung falsch sein kann, selbst wenn sie gut gerechtfertigt ist. Eine verlässliche Methode kann in Einzelfällen zu schlechten Ergebnissen führen. Meine im Allgemeinen zuverlässigen Augen können mich im Fall der Fata Morgana täuschen. Aufrichtige und in der Sache kompetente Experten können sich manchmal irren. Prämissen eines gültigen Arguments können für wahr gehalten werden, obwohl sie es nicht sind, und auch ein logischer Fehler in einem komplizierten Argument kann uns entgehen. Der wichtige Punkt ist: Auch eine falsche Überzeugung kann mitunter sehr gut gerechtfertigt sein.

Key Learnings
- Rechtfertigung besteht in verlässlichen Methoden, die uns hinreichend gute Gründe für eine Überzeugung geben.
- Eine Überzeugung kann mehr oder weniger gut gerechtfertigt sein.
- Rechtfertigung garantiert nicht Wahrheit.

---

4   Wahre gerechtfertigte Überzeugung

Wir haben nun alle Bestandteile der klassischen Wissensdefinition entschlüsselt: Wissen ist der Definition zufolge wahre gerechtfertigte Überzeugung. Eine Überzeugung ist ein mentaler Zustand, der einen Sachverhalt ausdrückt: Überzeugungen drücken aus, dass etwas der Fall ist. Eine Überzeugung ist wahr, wenn der ausgedrückte Sachverhalt eine Tatsache ist – wenn also das, von dem geglaubt wird, dass es der Fall ist, auch tatsächlich der Fall ist. Gerechtfertigt ist eine Überzeugung, wenn sie mithilfe verlässlicher Methoden ausgebildet wurde.

Von Wissen sprechen wir nur dann, wenn alle drei Bedingungen erfüllt sind: Überzeugung, Wahrheit und Rechtfertigung. Wir müssen daher von Wissen Fälle unterscheiden, in denen nur zwei der drei Bedingungen erfüllt sind, also (1) Wahrheiten, die trotz Rechtfertigung nicht für wahr gehalten werden, (2) Überzeugungen, die nur zufälligerweise wahr sind, und (3) Überzeugungen, die trotz Rechtfertigung falsch sind (Abb. 1).

Schauen wir uns die drei Fälle der Reihe nach im Detail an.

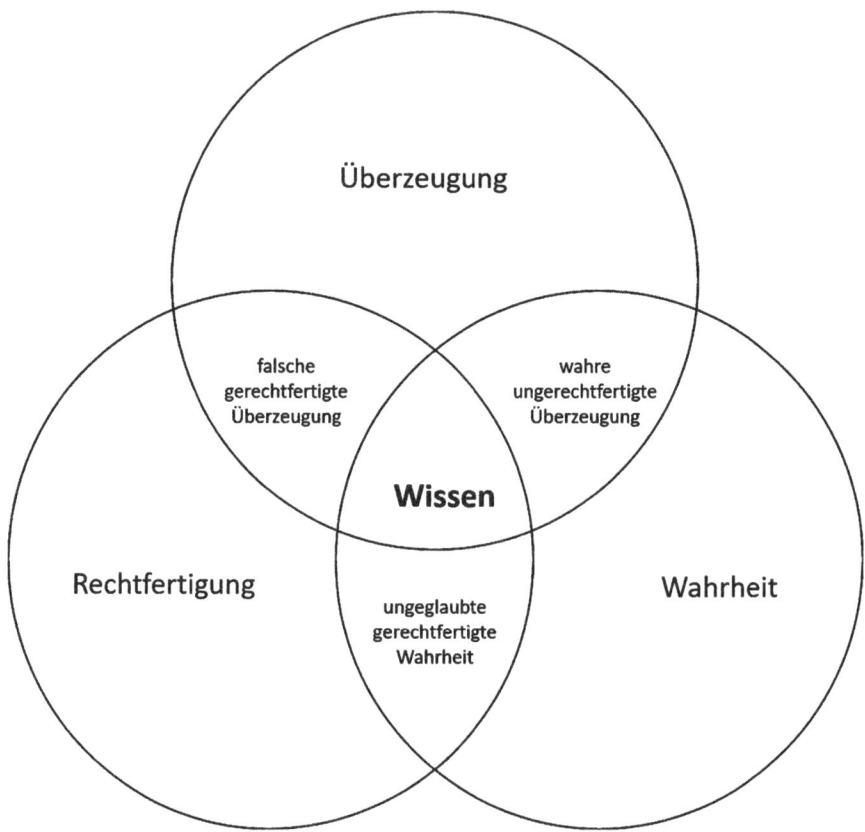

Abb. 1 Wissen: Überzeugung, Wahrheit und Rechtfertigung

4.1 Ungeglaubte gerechtfertigte Wahrheit

Hier ist ein Beispiel für eine ungeglaubte gerechtfertigte Wahrheit: Paula hat sich über die Wirksamkeit von Masken gegen Covid-19 informiert, und tatsächlich sind Masken gegen Covid-19 wirksam. Paula hat in diesem Fall gute Gründe für einen Sachverhalt, der tatsächlich besteht. Doch weil Paula Masken als hochgradig unangenehm empfindet, bildet sie die Überzeugung nicht aus, dass Masken gegen Covid-19 wirksam sind. Unter Umständen glaubt Paula sogar das Gegenteil, weil es besser mit ihren Wünschen zusammenpasst. Offensichtlich verfügt sie hier nicht über Wissen.

Der Fall zeigt, dass Menschen gelegentlich nicht glauben, was sie auf Basis der zur Verfügung stehenden Gründe glauben sollten. Wunschdenken, Verdrängung und gedankliche Trägheit können dazu führen, dass die Anwendung verlässlicher Methoden zwar zu einer Überzeugung führen sollte, aber der Schritt zur tatsächlichen Überzeugung nicht unternommen wird. Da Wissen eine Überzeugung erfordert, liegt in solchen Fällen auch kein Wissen vor.

4.2 Wahre ungerechtfertigte Überzeugungen – Epistemisches Glück

Ein Beispiel für eine wahre, aber ungerechtfertigte Überzeugung hatten wir schon kennengelernt: Wenn Paul nur deshalb glaubt, Nina habe das Rennen um ein politisches Amt gemacht, weil ihm Ninas Sieg in den Kram passen würde, dann ist Paul nicht gerechtfertigt in seiner Überzeugung, dass Nina gewonnen hat. Wenn Nina dann tatsächlich gewonnen hat, ist die Überzeugung zwar wahr. Bei dieser wahren Überzeugung handelt es sich jedoch nicht um Wissen.

Hier ist ein weiteres Beispiel dieser Art: Hans hält sich ohne jeden Grund für einen Nachfahren Napoleons und glaubt, deshalb über besonders gute Gene zu verfügen. Tatsächlich ist er kein Nachfahre Napoleons, verfügt aber in der Tat über besonders gute Gene. Obwohl Hans also eine wahre Überzeugung hat, verfügt er nicht über Wissen. Denn seine Überzeugung, besonders gute Gene zu haben, ist ungerechtfertigt.

In Hans' und auch in Pauls Fall spricht man von *epistemischem Glück*: Die beiden liegen zwar richtig, aber sie hätten sich genauso gut irren können, da sie keine verlässlichen Methoden angewendet haben. Wir würden daher nicht sagen, dass Paul und Hans über Wissen verfügen. Sie haben einfach nur zufällig die Wahrheit getroffen.

4.3 Falsche gerechtfertigte Überzeugung – Epistemisches Pech

Hier ist ein Beispiel für eine falsche gerechtfertigte Überzeugung: Maria lernt für die Geschichtsklausur und gibt sich dabei sehr große Mühe. Leider ist in ihrem Schulbuch ein Zahlendreher in der Jahreszahl der Französischen Revolution. Dieser Zahlendreher wird auch von ihren Mitschüler*innen und ihrem Lehrer wiederholt. Sie hat also gute Gründe für ihre Überzeugung, dass die Französische Revolution 1798 stattgefunden hat. Allerdings ist ihre Überzeugung falsch: die Französische Revolution hat 1789 stattgefunden. Obwohl Maria in diesem Fall eine gerechtfertigte Überzeugung hat, verfügt sie nicht über Wissen.

In Marias Fall spricht man von *epistemischem Pech*: Sie hat alles richtig gemacht und verlässliche Methoden angewendet, aber sie liegt trotzdem falsch.

Hier ist ein weiteres Beispiel dieser Art: Aysha hat gerade heute früh eine neue Batterie in ihre Uhr eingesetzt und sie vom Uhrmacher stellen lassen. Sie hat sie sogar mit der Schuluhr abgeglichen, um ganz sicher zu sein, die Klausur nicht zu verpassen. Jetzt schaut sie auf die Uhr und kommt zu der Überzeugung, dass sie noch fünf Minuten Zeit hat, bis die Pause vorbei ist. Dummerweise hat der Uhrmacher eine alte statt einer neuen Batterie eingesetzt und die Uhr geht zehn Minuten nach. Aysha hat in diesem Fall eine gerechtfertigte Überzeugung, noch fünf Minuten Zeit zu haben, aber kein Wissen, denn sie ist bereits fünf Minuten zu spät dran.

Ein drittes Beispiel für epistemisches Pech liefert uns die Wissenschafts-geschichte: Früher glaubte die Wissenschaftsgemeinschaft, dass es einen chemischen Stoff namens Phlogiston gebe, der erklären sollte, wie Verbrennung möglich ist. Alle Forschungsergebnisse deuteten auf die Existenz von Phlogiston hin, die Forscher hatten gute Gründe, anzunehmen, dass der Stoff existiere. Heute ist klar, dass es Phlogiston nicht gibt und Verbrennung ohne die Annahme des Stoffes erklärt werden kann. Die Forscher, die von der Existenz von Phlogiston überzeugt waren, hatten zwar eine gerechtfertigte Überzeugung, aber kein Wissen.

Diese Fälle bringen uns noch einmal zu Bewusstsein, dass Rechtfertigung nicht wahrheitsgarantierend ist. Auch verlässliche Methoden können uns im Einzelfall zu falschen Überzeugungen führen: der kompetente und aufrichtige Experte, der das Schulbuch geschrieben hat, kann einen Fehler machen. Die verlässliche Uhr kann aufgrund eines Fehlers des Uhrmachers die falsche Zeit anzeigen. Die besten wissenschaftlichen Methoden können falsche Ergebnisse liefern. In diesen Fällen verfügen wir zwar über Rechtfertigung, nicht aber über Wissen.

Dass man etwas nur wissen kann, wenn es auch wahr ist, gerät leicht aus dem Blick. Der Phlogiston-Fall wird manchmal so beschrieben, als hätten die Wissen-schaftler*innen früher etwas gewusst, was heute kein Wissen mehr ist. Auf diese Weise über Wissen zu sprechen ist allerdings problematisch. Denn man gibt die Möglichkeit auf, zwischen dem zu unterscheiden, was wir für wahr halten, und dem, was tatsächlich wahr *ist*. Daher sollten wir den Phlogiston-Fall nicht als einen Fall beschreiben, in dem sich unser Wissen ‚geändert' hat, sondern als einen Fall, in dem Menschen etwas aus guten Gründen für wahr hielten, was sich später als falsch herausgestellt hat. Sie waren in ihrer Überzeugung gerechtfertigt, dass es Phlogiston gebe, und vermutlich glaubten sie auch, über Wissen zu verfügen. Tatsächlich wussten sie es aber schon damals nicht, weil es kein Phlogiston gibt – und auch niemals gegeben hat.

5 Gettier-Fälle

Die klassische Wissensdefinition analysiert Wissen als wahre, gerechtfertigte Überzeugung. Im Theaitetos ist es insbesondere die Rechtfertigungsbedingung, die Sokrates und seinem Gesprächspartner Rätsel aufgibt: Sie soll die Wissens-definition gegen Fälle absichern, in denen eine Überzeugung nur zufällig wahr ist. Damit man etwas weiß, muss – so der klassische Vorschlag – die Über-zeugung zusätzlich zu ihrer Wahrheit auch gerechtfertigt sein. Bislang haben wir Rechtfertigung so verstanden, dass gute Gründe für eine Überzeugung vor-liegen müssen. Aber ist die Wissensdefinition damit wasserdicht? Haben wir eine Definition gefunden, die drei notwendige und zusammen hinreichende Bedingungen für Wissen formuliert?

Bei genauerem Hinsehen zeigt sich: Die Rechtfertigungsbedingung könnte sich als zu schwach herausstellen, um zusammen mit der Wahrheits- und der Über-zeugungsbedingung hinreichend für Wissen zu sein. Diese Erkenntnis verdanken wir Edmund Gettier, der in einem aufsehenerregenden dreiseitigen Aufsatz die klassische Wissensdefinition in Zweifel gezogen hat (Gettier 1963). Gettiers Punkt in dem Aufsatz ist, dass es selbst für gerechtfertigte wahre Überzeugungen reine Glückssache sein kann, dass sie wahr sind. Wenn das stimmt, sichert die Recht-fertigungsbedingung die Definition nicht gegen Fälle ab, in denen eine Über-zeugung bloß zufällig wahr ist.

Gettier führt sein Argument anhand zweier Gegenbeispiele gegen die klassische Wissensdefinition: er präsentiert Fälle, in denen kein Wissen vorliegt, aber die drei Bedingungen der klassischen Definition erfüllt sind. Hier ist einer der (zugegebenermaßen komplizierten) Fälle:

> Nehmen wir an, Schmidt und Müller haben sich beide auf denselben Job beworben. Schmidt hat sehr gute Gründe für die folgende Überzeugung:
> (A) ‚Müller hat den Job bekommen und Müller hat zehn Münzen in seiner Tasche.‘
> Die Gründe für diese Überzeugung könnten beispielsweise sein, dass die Personalchefin Schmidt vor 10 Minuten mitgeteilt hat, dass die Entscheidung auf Müller gefallen ist und dass Schmidt die Münzen in Müllers Tasche gerade noch gezählt hat. Aus (A) lässt sich logisch auf (B) schließen:
> (B) ‚Der Mensch, der den Job bekommen hat, hat zehn Münzen in seiner Tasche.‘
> Schmidt bildet daher auch Überzeugung (B) aus. Der Clou an dem Beispiel ist, dass (B) zwar wahr ist, aber nur durch Zufall. In Wirklichkeit ist es nämlich so, dass die Personal-chefin sich geirrt hat: Nicht Müller, sondern Schmidt hat den Job bekommen. Zugleich hat auch Schmidt, ohne es zu wissen, zehn Münzen in seiner Tasche.
> Es stimmt also: Der Mensch, der den Job bekommen hat, hat zehn Münzen in seiner Tasche. Aber dass Schmidts Überzeugung (B) wahr ist, ist reiner Zufall. Er hat zwar eine gute Rechtfertigung für seine Überzeugung – er hat gute Gründe für (A) und er hat (B) mithilfe eines logischen Schlusses daraus abgeleitet –, aber dass (B) wahr ist, verdankt sich allein des Zufalls, dass Schmidt selbst zehn Münzen in der Tasche hat.

Der Gettier-Fall soll zeigen, dass man eine wahre, gerechtfertigte Über-zeugung haben kann, ohne über Wissen zu verfügen. Denn obwohl Schmidt eine wahre, gerechtfertigte Überzeugung hat, scheint Schmidt nicht zu *wissen*, dass der Mensch, der den Job bekommen hat, zehn Münzen in seiner Tasche hat. Die Rechtfertigungsbedingung scheint zufällig wahre Überzeugungen nicht auszuschließen.

In der Fachdiskussion hat Gettiers Aufsatz zu einer bis heute andauernden Aus-einandersetzung mit der Frage geführt, wie eine Wissensdefinition beschaffen sein muss, um Gettier-Fälle auszuschließen. Die meisten Definitionen fügen der klassischen Definition eine vierte, sogenannte ‚Anti-Luck‘-Bedingung hinzu: eine Bedingung, die sicherstellen soll, dass die Wahrheit der Überzeugung nicht rein zufällig ist (z. B. kausalistische Ansätze: Grundmann 2007, 92 ff.). Andere Definitionen nehmen Abstand von der Form der klassischen Definition und formulieren ganz neue Bedingungen, in denen die Wahrheits- und Recht-fertigungsbedingung nur noch implizit enthalten sind (s. z. B. Nozicks *truth-tracking*-Bedingung: Grundmann 2007, 105 ff.). Weitgehende Einigkeit besteht darin, dass die klassische Wissensdefinition zwar fast, aber eben nicht ganz richtig ist. Bis heute stellen Gettier-Fälle einen zentralen Testfall für Wissensdefinitionen dar: Wissensdefinitionen werden unter anderem daran gemessen, wie gut sie geeignet sind, Gettier-Fälle als Fälle von Nicht-Wissen auszuweisen.

Hinterfragt wird dieses Paradigma vor allem durch Beiträge aus der experimentellen Philosophie. Die experimentelle Philosophie bedient sich empirischer Methoden, um Intuitionen über philosophische Beispielfälle auf den Prüfstand zu stellen – so zum Beispiel die Intuition, dass es sich bei den Gettier-Fällen nicht um Fälle von Wissen handelt (z. B. Weinberg et al. 2001). Während westliche Fachphilosoph*innen diese Intuition in der Regel teilen, lässt sich zeigen, dass es zwischen verschiedenen Kulturen und Bevölkerungsgruppen unterschiedliche Auffassungen darüber gibt, ob in diesen Fällen tatsächlich kein Wissen vorliegt.

Beispielsweise legten experimentelle Philosoph*innen Proband*innen folgenden Gettier-Fall vor, der von Dretske (1970) in einer etwas abweichenden Version in die Fachdiskussion eingeführt wurde:

> Mike ist ein junger Mann, der mit seinem Sohn den Zoo besucht, und als sie zum Zebra-gehege kommen, zeigt Mike auf das Tier und sagt: ‚Das ist ein Zebra.‘ Mike hat Recht – es ist ein Zebra. Aber wie die älteren Menschen in Mikes Gemeinschaft wissen, gibt es viele Arten, Menschen dazu zu bringen, Dinge zu glauben, die nicht wahr sind. Ja, die älteren Menschen in der Gemeinschaft wissen, dass es der Zooleitung möglich ist, auf clevere Weise angemalte Maultiere wie Zebras aussehen zu lassen, so dass Menschen, die die Tiere anschauen, nicht in der Lage wären, den Unterschied auszumachen. Wäre das Tier, das Mike ein Zebra nennt, wirklich so ein auf clevere Weise angemaltes Maultier gewesen, dann hätte Mike immer noch gedacht, dass es sich um ein Zebra handelt. Weiß Mike wirklich, dass das Tier ein Zebra ist oder glaubt er nur, dass es eines ist? (Weinberg et al. 2001, 444; Übers. R.J./D.L.).

Befragt wurden Proband*innen in westlichen Ländern und auf dem indischen Subkontinent. Interessanterweise zeigten sich stark abweichende Antwortmuster, wie Abb. 2 zeigt: Während in westlichen Ländern knapp 70 % der Proband*innen Gettier-Fälle nicht als Wissen bewerten, sind 50 % der Proband*innen auf dem indischen Subkontinent der Auffassung, dass es sich auch in Gettier-Fällen noch um Wissen handelt.

Aus Sicht experimenteller Philosoph*innen zeigt dies ein gravierendes Problem für die Arbeitsweise der Philosophie auf: „Wenn Intuitionen [zu Beispielfällen] über

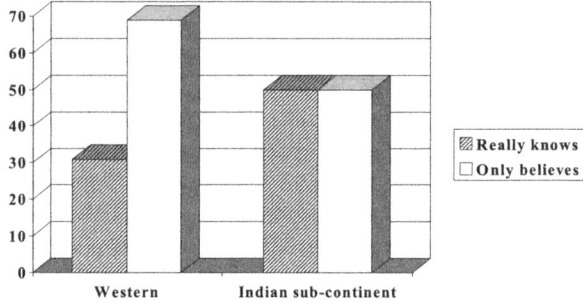

Abb. 2 Befragung von Proband*innen in westlichen Ländern und auf dem indischen Sub-kontinent, ob es sich bei Gettier-Fällen um Wissen handelt oder nicht (aus Weinberg et al. 2001)

Kulturen hinweg variieren, steht ihr legitimer Einsatz in der Philosophie auf dem Spiel" (Machery et al. 2017, 655; Übers. R.J./D.L.). Während also die klassische philosophische Begriffsanalyse mithilfe der Gettier-Fälle den traditionellen Wissensbegriff problematisiert, problematisiert die experimentelle Philosophie mithilfe empirischer Methoden eben dieses Vorgehen.

6 Vorschlag für eine Unterrichtsreihe

Auf Basis der hier entwickelten Begrifflichkeiten lassen sich lebensweltliche und klassische Probleme rund um den Wissensbegriff systematisch erarbeiten und präzise diskutieren. Die Frage, wie es um unser Wissen in unterschiedlichen Bereichen bestellt ist, kann auf eine solide begriffliche und erkenntnistheoretische Grundlage gestellt werden.

Wir möchten abschließend eine vier bis fünfstündige Unterrichtsreihe für die Oberstufe skizzieren, die mit einigen Modifikationen jedoch auch für die Sekundarstufe I oder für die universitäre Lehre einsetzbar ist. Wir schlagen folgenden Ablauf vor, wobei die einzelnen Unterrichtseinheiten ganz individuell zugeschnitten werden können:

1. Einstieg über ein lebensweltliches Problem
2. Sammeln von Überzeugungen, die die Schüler*innen (vermeintlich) wissen
3. Input zum Definieren von Begriffen
4. Eigenständiger Versuch der Schüler*innen ‚Wissen‘ zu definieren
5. Vorstellung der klassischen Definition aus Platons *Theaitetos*
6. Input zu grundlegenden Begrifflichkeiten der Erkenntnistheorie
7. Quiz zu grundlegenden Begrifflichkeiten der Erkenntnistheorie
8. Wissen und Nicht-Wissen
9. Kritische Reflexion des Wissensbegriffs durch Gettier-Fälle
10. Kritische Reflexion der Gettier-Fälle durch die experimentelle Philosophie

6.1 Einstieg über ein lebensweltliches Problem

Die gesellschaftliche Lebenswelt der Schüler*innen kann gut als Ausgangspunkt für die Unterrichtsreihe dienen. So kann man beispielsweise mit einem Video oder einem Zitat aus der *Fridays for Future*-Bewegung einsteigen oder, wenn möglich, sogar an Aktionen vor Ort anknüpfen. Daraus kann die Frage entwickelt werden: Woher wissen wir, dass der Klimawandel menschengemacht ist?

Der Diskussion über unser Wissen über den Klimawandel liegt das allgemeinere philosophische Problem zugrunde: Woher weiß ich (als Schüler*in), was ich weiß? Dieses Problem aus dem Themenfeld ‚menschengemachter Klimawandel‘ heraus zu entwickeln, bietet sich aus unterschiedlichen Gründen an:

- Es empfiehlt es sich, mit einem Thema einzusteigen, bei dem die Schüler*innen erwartungsgemäß der Ansicht sind, man verfüge in diesem Themengebiet tatsächlich über Wissen. Damit umgeht man das Risiko, dass direkt zu Beginn der Unterrichtseinheit radikal-skeptische Einwände auf den Tisch kommen, die geltend machen, dass wir überhaupt nichts wissen können. Stehen derartige Einwände einmal im Raum, ist es schwieriger (wenngleich nicht unmöglich), die Unterrichtseinheit erfolgreich umzusetzen. Mehr dazu im nächsten Abschnitt.
- Zugleich ist das Thema von großer lebensweltlicher Relevanz und wird wohl über Jahrzehnte hochaktuell bleiben. Gerade im Philosophie- und Ethikunterricht kann in vielen anderen Unterrichtseinheiten auf das Thema zurückgegriffen werden, weil es sowohl epistemische als auch ethische Fragen aufwirft, die einer spannenden Wechselwirkung zueinander stehen.
- Der Einstieg über den menschengemachten Klimawandel erlaubt es zudem auf besonders anschauliche Weise, den Bogen zu anderen Themen aus der Lebenswelt der Schüler*innen zu schlagen; etwa zu Post-Faktizität, ‚alternativen Fakten', Verschwörungstheorien und Wissenschaftsskepsis.

6.2   Sammeln von Überzeugungen, die die Schüler*innen (vermeintlich) wissen

Das identifizierte philosophische Problem kann nun zum Anlass genommen werden, im Plenum oder in Kleingruppen (weitere) Überzeugungen der Schüler*innen zu sammeln, von denen sie denken, dass sie sie wissen. Diese können sein:

1. „Ich habe Hände."
2. „Es gibt Tiger."
3. „Berlin ist die Hauptstadt Deutschlands."
4. „Die Erde kreist um die Sonne."
5. „Der Klimawandel ist menschengemacht."
6. „Julius Caesar wurde 44 v. Chr. in Rom getötet."

Die gesammelten Überzeugungen können sodann in vier Kategorien sortiert werden:

1. Überzeugungen, die wir für Wissen halten, weil wir sie durch direkte Wahrnehmung erlangt haben.
2. Überzeugungen, die wir aus anderen Gründen für Wissen halten.
3. Überzeugungen, bei denen es sich nicht klarerweise um Wissen handelt.
4. Und falls dies vorkommt: Überzeugungen, die klarerweise kein Wissen darstellen.

Dies kann auf der Tafel oder dem Smartboard in einer Tabelle festgehalten und nun von den Schüler*innen diskutiert werden. Die Lehrkraft kann sie dazu anregen, sich zu fragen: Was davon wissen wir wirklich? Wie sicher sind wir? Was ist eher unklar? Dabei sollte jedoch, wie schon beim Einstieg darauf geachtet werden, radikal-skeptische Erwägungen abzufedern und die Diskussion auf die folgende Frage zu lenken: Wenn wir überhaupt zwischen den Dingen, die wir wissen, und denen, die wir nicht wissen, unterscheiden können – was wissen wir dann?

Darauf aufbauend und anhand der Tabelle können jetzt die klaren von den unklaren Fällen von Wissen unterschieden werden. Sind die klaren Fällen identifiziert, sollte mit diesen weitergearbeitet werden. Im besten Fall stellt sich den Schüler*innen bereits im Lauf der Diskussion selbst die Frage: Was heißt es überhaupt, etwas zu wissen? Schließlich kann ohne einen Begriff von Wissen das philosophische Problem nicht sinnvoll bearbeitet werden.

6.3   Input zum Definieren von Begriffen

Die zu beantwortende Frage lautet also: Was ist Wissen? An dieser Stelle bietet sich ein kurzer Input der Lehrperson an, insofern nicht bereits vorher erarbeitet worden ist, was eine Definition ist. Dieser Input sollte in einem ersten Schritt klären, wie man einen Begriff sinnvoll definiert, indem man notwendige und hinreichende Bedingungen für seine Anwendung nennt. Er sollte in einem zweiten Schritt aufzeigen, wie die Schüler*innen ganz konkret eine bereits vorhandene Definition prüfen können, indem sie mit Gegenbeispielen arbeiten.

Bereits in dem Input kann man die Schüler*innen kleine Beispieldefinitionen (zu Begriffen wie ‚Quadrat‘ oder ‚Junggeselle‘) ausprobieren lassen. In einer fortgeschritteneren Klasse kann man auch schwierigere Beispiele (wie ‚Spiel‘) anbieten und diskutieren lassen, inwiefern es womöglich nicht für jeden Begriff eine Definition in Form von notwendigen und hinreichenden Bedingungen gibt.

In dieser Phase sollte noch nicht die Wissensdefinition selbst auf den Prüfstand gestellt werden, denn dazu muss man zunächst die einzelnen Bestandteile der Definition genau verstehen. Es soll lediglich darum gehen, das Wesen von und den Umgang mit Definitionen allgemein kennenzulernen.

6.4   Eigenständiger Versuch der Schüler*innen ‚Wissen‘ zu definieren

In einer ersten Gruppenarbeit versuchen die Schüler*innen, nun eigenständig den Wissensbegriff zu definieren. Leitfrage der Einheit ist: Was ist Wissen? Unter Rückbezug auf den Input zu Definitionen fordern Schüler*innen ihre eigenen Definitionsversuche unter Einsatz von Gegenbeispielen heraus. Es zeigt sich mit großer Wahrscheinlichkeit, dass die Definition des Wissensbegriffs nicht einfach ist. Auch können die in der Regel unterschiedlichen Definitionen der einzelnen

Gruppen miteinander verglichen werden. In jedem Fall sollte im Anschluss an die Gruppenarbeit eine Diskussion im Plenum erfolgen, in der die Ergebnisse gesichert und reflektiert werden können.

6.5   Vorstellung der klassischen Definition aus Platons Theaitetos

Nachdem die Schüler*innen eigene Anstrengungen unternommen haben, den Wissensbegriff zu definieren, bietet es sich an, die klassische Wissensdefinition anhand des *Theaitetos*-Dialogs ins Spiel zu bringen. Nach einer gemeinsamen Lektüre des Textes und der Diskussion der zentralen Überlegungen kann die klassische Wissensdefinition mit ihren drei Elementen ‚Wahrheit', ‚Überzeugung' und ‚Rechtfertigung' festgehalten werden. Die Definition liefert das Gerüst für die weiteren Unterrichtseinheiten.

Die Rahmung könnte sein: Die Begriffe, die in der Definition vorkommen, sind ihrerseits erklärungsbedürftig. In den nächsten Einheiten wird es darum gehen, die Bestandteile der Definition möglichst genau zu verstehen und ein solides Verständnis davon zu erlangen, was Wissen ist, welche Wissensquellen es gibt und wie sich die Begriffe in der Definition zueinander verhalten. Dabei kann auch schon darauf verwiesen werden, dass der klassische Wissensbegriff präzise und im Detail erarbeitet wird, um ihn anschließend problematisieren und herausfordern zu können.

6.6   Input zu grundlegenden Begrifflichkeiten der Erkenntnistheorie

Die erkenntnistheoretischen Grundbegriffe können frontal mit Hilfe der Schaubilder eingeführt oder von den Schüler*innen in Eigenarbeit anhand einer Textgrundlage erarbeitet werden. Als Textgrundlage eignet sich zum Beispiel Abschn. 2 des vorliegenden Beitrags oder Auszüge aus der weiterführenden Literatur.

Ziel der Einheit ist es, die *Key Learnings* zu etablieren und die Schüler*innen in die Lage zu versetzen, präzise mit den erkenntnistheoretischen Grundbegriffen umzugehen. Um dieses Ziel zu erreichen, müssen die begrifflichen Zusammenhänge (quasi wie Vokabeln) gelernt werden. Es bietet sich daher an, die Abfrage als Quiz durchzuführen.

6.7   Quiz zu grundlegenden Begrifflichkeiten der Erkenntnistheorie

Das Quiz zu den erkenntnistheoretischen Grundbegriffen kann auf unterschiedliche Weisen in den Unterricht integriert werden. Die Fragen können als Lektürefragen zur Textgrundlage ausgegeben werden, um die systematische Lektüre des Textes zu erleichtern. Die Abfrage kann aber auch spontan anhand von Karten, die die Schüler*innen ziehen, oder über das Smartboard im Unterricht geschehen.

Das Quiz besteht aus einer Reihe von Aussagen. Die Schüler*innen sollen bei jeder Aussage beantworten, ob diese stimmt oder nicht stimmt – und dann ihre Antwort kurz begründen. Die Antworten können auch über eine (digitale) Umfrage gesammelt werden; die Begründungen können von einzelnen Schüler*innen vorgebracht werden und jeweils Ausgangspunkt für eine Vertiefung bilden. Einige mögliche Fragen für das Quiz sind hier beispielhaft aufgeführt:

Stimmt oder stimmt nicht? Warum?

- Es gibt keine Wirklichkeit.
- Alle Tatsachen sind wahr.
- Jede Aussage ist entweder wahr oder falsch.
- Jeder Satz ist eine Aussage.
- Rechtfertigung kann besser oder schlechter sein.
- Die einzige Quelle von Rechtfertigung ist sinnliche Wahrnehmung.
- Wenn etwas der Fall ist, dann ist es ein Sachverhalt.
- Die Wirklichkeit besteht aus wahren Aussagen.
- Eine Aussage kann auch wahr sein, wenn niemand sie für wahr hält.
- Wenn wir nicht herausfinden können, ob etwas eine Tatsache ist, dann gibt es keine Wahrheit darüber.
- Wenn ich etwas weiß, dann ist es wahr.
- Wenn etwas wahr ist, dann weiß ich es.
- Wahre Überzeugung ist Wissen.

6.8   Wissen und Nicht-Wissen

Die Übersicht der klassischen Wissensdefinition in Abb. 1 eignet sich an dieser Stelle für eine Übung, in der die Schüler*innen selbstständig Beispiele für die verschiedenen Kombinationsmöglichkeiten der einzelnen Bedingungen ‚Überzeugung', ‚Wahrheit' und ‚Rechtfertigung' entwickeln, insbesondere für:

- Wahrheiten, die trotz Rechtfertigung nicht für wahr gehalten werden,
- Überzeugungen, die nur zufälligerweise wahr sind, und
- Überzeugungen, die trotz Rechtfertigung falsch sind.

In Kleingruppen können diese Möglichkeiten gesammelt und anschließend diskutiert werden.

6.9   Kritische Reflexion des Wissensbegriffs durch Gettier-Fälle

Nach dem Quiz können die erworbenen Begrifflichkeiten nun kritisch hinterfragt und anhand der Gettier-Fälle problematisiert und reflektiert werden. Für den didaktischen Kontext sind die klassischen Gettier-Fälle unnötig kompliziert. Die zentrale Idee besteht darin, dass es selbst für gerechtfertigte wahre Überzeugungen manchmal Glückssache ist, dass sie wahr sind.

Hier ist ein einfaches Beispiel. Man stelle sich vor, dass die folgenden drei Sachverhalte bestehen:

(1) Es ist 12 Uhr,
(2) eine normalerweise zuverlässige Uhr zeigt 12 Uhr und
(3) Anna ist überzeugt, dass es 12 Uhr ist, weil diese Uhr es anzeigt.

Nehmen wir nun jedoch zusätzlich noch an, dass

(4) die Uhr in diesem konkreten Fall kaputt ist.

Dann ist Anna zwar in ihrer wahren Überzeugung gerechtfertigt, dass es 12 Uhr ist und die drei Bedingungen für Wissen sind erfüllt. Dennoch wäre es seltsam, hier von Wissen zu sprechen. Denn Anna hatte nur Glück mit ihrer Überzeugung; sie sah die Uhr rein zufällig zu der Zeit an, als sie 12 Uhr anzeigte. Daher scheint ihre gerechtfertigte, wahre Überzeugung kein Wissen zu sein. Der Fall liefert ein Gegenbeispiel gegen die klassische Wissensdefinition.

Ein solches Gegenbeispiel kann nun auf folgende Fragen hin im Plenum diskutiert werden: Zeigt der Fall tatsächlich, dass Wissen nicht wahre, gerechtfertigte Überzeugung ist? Oder zeigt er, dass Rechtfertigung anders verstanden werden muss? Kann die klassische Wissensdefinition vielleicht um eine vierte Bedingung ergänzt und auf diese Weise vervollständigt werden?

Anschließend kann man die Aufgabe (als Einzel-, Gruppen- oder Hausarbeit) stellen, weitere Gettier-Fälle zu finden. Sie könnte lauten: „Denkt euch Gettier-Fälle nach dem folgenden Rezept aus: Findet einen Fall, in dem jemand eine wahre Überzeugung hat und gerechtfertigt darin ist, aber durch einen Zufall die Überzeugung nur zufällig wahr ist." Ein Beispiel wäre, dass Paula auf einer Wiese ein Schaf sieht und daraufhin die wahre, gerechtfertigte Überzeugung bildet, dass auf der Wiese ein Schaf steht. Allerdings befindet sie sich gerade, ohne es zu wissen, in einem Freilichtmuseum, in dem mehr Schaf-Attrappen als echte Schafe auf den Wiesen stehen. Daher ist ihre Überzeugung zwar wahr und auch gerechtfertigt, aber sie stellt kein Wissen dar.

An dieser Stelle sollten die Schüler*innen auch die Möglichkeit bekommen, die klassische Definition und die diskutierten Gegenbeispiele kritisch zu bewerten und zu einem eigenen Urteil darüber zu kommen, wie man den Wissensbegriff sinnvollerweise verwenden sollte. Hier können Gründe gesammelt und in einer Pro- und Contra-Liste oder Gründe-Hierarchie (visuell) festgehalten werden. Zudem kann nun auf die eingangs gestellten, erkenntnistheoretischen Fragen zurückgekommen werden, deren Bearbeitung einen fundierten Wissensbegriff voraussetzen und die gut in möglichen folgenden Unterrichtseinheiten vertieft werden können – in denen zum Beispiel auch zu den eingangs erwähnten lebensweltlichen Problemen (wie etwa zum Umgang mit Wissenschaftsskepsis oder Verschwörungstheorien) übergeleitet werden kann.

6.10 Kritische Reflexion der Gettier-Fälle durch die experimentelle Philosophie

Vielleicht hat sich im vorangegangenen Urteilsbildungsprozess der Schüler*innen bereits gezeigt, dass die Intuitionen über Gettier-Fälle auseinandergehen können. Erfahrungsgemäß sind nicht alle Schüler*innen der Auffassung, dass eine wahre, gerechtfertigte Überzeugung vorliegt, bei der es sich dennoch nicht um Wissen handelt. Einige Schüler*innen werden eventuell der Auffassung sein, dass die Überzeugung nicht gerechtfertigt ist, während andere der Ansicht sind, dass es sich um einen Fall von Wissen handelt.

Als weitere Vertiefung bietet sich hier an, die festgestellten Unterschiede zwischen den Intuitionen der Schüler*innen zu nutzen, um die philosophische Methode der Begriffsanalyse, wie sie bislang eingesetzt wurde, zu reflektieren, indem man Befunde aus der experimentellen Philosophie (etwa Weinberg et al. 2001) heranzieht und kritisch diskutiert. Dazu könnten beispielsweise folgende Diskussionsfragen gestellt werden:

1. Welchen Stellenwert haben (unterschiedliche) Intuitionen für die philosophische Analyse und insbesondere für die Bestimmung des Wissensbegriffs?
2. Angenommen empirische Studien kommen zu der einhelligen Erkenntnis, dass es klare interkulturelle Unterschiede zwischen den Intuitionen bezüglich des Wissensbegriffs gibt: Was folgt daraus für die Bestimmung des Wissensbegriffs und die Bewertung der Gettier-Fälle?

Literatur

Aristoteles. 2007. *Metaphysik*. 5. Aufl. Hamburg: Rowohlt Taschenbuch Verlag.
Dretske, Fred. 1970. Epistemic operators. *Journal of Philosophy* 67(24):1007–1023.
Gettier, Edmund. 1963. Is justified true belief knowledge? *Analysis* 23:121–123.
Machery, Edouard, Stephen Stich, David Rose, Amita Chatterjee, Kaori Karasawa, Noel Struchiner, Smita Sirker, Naoki Usui, und Takaaki Hashimoto. 2017. Gettier across cultures. *Noûs* 51(3):645–664. https://doi.org/10.1111/nous.12110.
Weinberg, Jonathan M., Shaun Nichols, und Stephen Stich. 2001. Normativity and epistemic intuitions. *Philosophical Topics* 29(1/2):429–460.
Platon. 2020. *Theätet: Griechisch/Deutsch*. Ditzingen: Reclam.
Wittgenstein, Ludwig. 1984. *Tractatus logico-philosophicus. Tagebücher 1914–1916. Philosophische Untersuchungen*, 19. Aufl. Frankfurt a. M.: Suhrkamp.

Literatur zum Weiterlesen

Ernst, Gerhard. 2016. Erkenntnistheorie und Wissenschaftstheorie. In *Neues Handbuch des Philosophie-Unterrichts*, Hrsg. Jonas Pfister und Peter Zimmermann, 121–144. Bern: Haupt.
Ernst, Gerhard. 2017. Erkenntnistheorie. In *Handbuch Philosophie und Ethik: Band 2: Disziplinen und Themen*, 2. Aufl., Hrsg. Julian Nida-Rümelin, Irina Spiegel, und Markus Tiedemann, 16–22. Paderborn: utb.

Grundmann, Thomas. 2017. *Analytische Einführung in die Erkenntnistheorie*. Berlin: de Gruyter.

Bernecker, Sven. 2006. *Reading epistemology: Selected texts with interactive commentary*. Malden: Blackwell.

Bernecker, Sven, und Duncan Pritchard, Hrsg. 2014. *The Routledge companion to epistemology*. New York: Routledge.

Was sind vernünftige Überzeugungen?

4

Philipp Mayr

1   Die Frage nach der Vernünftigkeit

Die allermeisten von uns glauben daran, dass Berlin Deutschlands Hauptstadt ist, dass $23 + 34 = 57$ korrekt ist und dass sich das Licht mit knapp 300 000 km/s fortbewegt. Uns kommen diesbezüglich kaum Zweifel in den Sinn und wir halten diese Meinungen für wahr und vernünftig. In anderen Fragen wird es bereits schwieriger. Denken Sie beispielsweise an einen bestimmten Impfstoff, für den es zwar die für die Zulassung erforderlichen Daten gibt, der aber ziemlich neu ist und noch nicht flächendeckend Tausenden oder gar Millionen von Menschen verabreicht wurde. Halten sie es für vernünftig zu glauben, dass dieser wirkungsvoll ist und dabei keine unangenehmen Nebenwirkungen entwickeln wird? Oder versuchen Sie an ein übernatürliches Wesen zu denken, dass manche Menschen ‚Gott‘ nennen. Halten Sie es für vernünftig zu glauben, dass ein solches Wesen existiert?

In der Praxis tendieren wir jedenfalls dazu Meinungen, die unseren Meinungen entsprechen, ein positives Gütesiegel zu verleihen und anderen Meinungen, die unseren widersprechen, ein negatives Gütesiegel zu verleihen bzw. sie deutlich weniger zu beachten. Bereits Leon Festinger (1962) prägte für das zugrunde liegende psychologische Phänomen den Begriff der *kognitiven Dissonanz*. Kognitiv dissonante Zustände sind in etwa Zustände, in denen wir mit widersprüchlichen Informationen konfrontiert sind. Diese Zustände sind uns unangenehm, weil wir in der Regel nicht wissen, welcher Information wir glauben und wie wir uns entscheiden sollen. Daher werden diese Zustände von uns gemieden.

P. Mayr (✉)
Puchenau, Österreich
E-Mail: philmayr@mit.edu

© Der/die Autor(en), exklusiv lizenziert an Springer-Verlag GmbH, DE, ein Teil von
Springer Nature 2023
B. Bussmann und P. Mayr (Hrsg.), *Theoretisches Philosophieren und Lebensweltorientierung*, Philosophische Bildung in Schule und Hochschule,
https://doi.org/10.1007/978-3-662-67309-6_4

Wenn nun jemand Meinungen vertritt, die den unseren widersprechen, wir uns aber ernsthaft mit ihnen auseinandersetzen wollen, dann müssen wir zunächst unsere eigenen Überzeugungen infrage stellen, um uns anschließend zu überlegen, wie wir den Widerspruch zwischen unseren Meinungen und diesen anderen Meinungen auflösen wollen. Das kann mühsam und unangenehm werden. Viel leichter ist es, die andere Meinung zu ignorieren oder sie von vornherein als unberechtigt oder unvernünftig zu brandmarken.

So geschieht es auch in unserer Gesellschaft sehr häufig. Die Mehrheit in unserer Gesellschaft hält zwar Positionen, nach denen Menschen mittels Impfung eine Gehirnwäsche verpasst werde oder nach denen Bill Gates oder irgendeine Hand voll einflussreicher Familien im Verborgenen die Weltpolitik bestimmen, für unvernünftig. Aber nur wenige lassen sich dazu herab auch dafür zu argumentieren, warum genau dies so ist. Auf der anderen Seite halten gewisse Personen, welche die Öffentlichkeit nicht ganz neutral als „Verschwörungstheoretiker*innen" bezeichnet, solche Gedanken für durchaus vernünftig und meinen, dass die Mehrheit der Menschen unvernünftig sei, weil sie nicht merke, wie sie von den „Mainstream-Medien" oder der „Lügenpresse" hinters Licht geführt werde. Aber auch diese Gruppe ist in der Praxis selten an einer tieferen argumentativen Auseinandersetzung mit der Gegenseite interessiert. Festzuhalten bleibt: Menschen werfen sich gegenseitig oft vor, unvernünftige Meinungen zu haben, aber es wird vergleichsweise selten versucht, eine ernsthafte Auseinandersetzung darüber zu führen, wer nun recht hat und wer nicht. Das philosophische Problem aus der Erkenntnistheorie ergibt sich schnell, wenn man ernsthaft nachfragt: Warum ist die eine Meinung vernünftig, die andere aber nicht? Was macht eine Überzeugung grundsätzlich vernünftig? Hat es überhaupt einen Sinn, von vernünftigen Meinungen zu sprechen?

1.1   Woran hängt die Vernünftigkeit?

Man kann die Frage auch so stellen: Woran sollen wir uns orientieren, wenn wir vernünftige Überzeugungen bilden wollen? Die Frage nach den Zielen bzw. Orientierungspunkten für unsere Überzeugungen ist eine der zentralsten Fragen der Erkenntnistheorie. Denn die Erkenntnistheorie beschäftigt sich, wie in der Einleitung erwähnt, mit epistemischem Erfolg, was die Frage nach sich zieht, wie wir unsere epistemischen Ziele erreichen sollen. Aber was ist eigentlich epistemischer Erfolg? Wie in der Einleitung bereits erwähnt (s. Kap. 2), finden sich in der philosophischen Fachliteratur verschiedene Vorschläge für epistemische Ziele: *Wissen, das Erreichen gerechtfertigter Überzeugungen, Verstehen* und *Weisheit* sind Beispiele. Das Wort ‚epistemisch' muss aber noch geklärt werden. Es soll hier dazu dienen, rein praktische Ziele unserer Überzeugungsbildung auszuschließen. Ich könnte z. B. eine Überzeugung darüber bilden, dass der Weihnachtsmann tatsächlich am Nordpol wohnt, weil ich das Weihnachtsfest nur dann angemessen feiern kann, wenn ich von der Existenz des Weihnachtsmanns überzeugt bin. Ich fühle mich dann einfach besser. Oder man könnte sich weigern zu glauben, dass in unserer Welt manche Menschen andere unschuldige Menschen ermorden, weil man sich dadurch sicherer fühlt. Wer will schon in einer Welt mit heimtückischen Mördern oder Mörderinnen leben? Ein(e) Erkenntnistheoretiker*in wird sich aber von einer solchen Rechtfertigung des Glaubens an den Weihnachtsmann oder an eine sichere Welt nicht beeindrucken lassen. Denn die bloße Tatsache, dass wir gerne hätten, dass unsere Meinung wahr ist, macht die Meinung noch nicht vernünftig. Das Problem scheint zu sein, dass ein angenehmes subjektives Gefühl kein epistemisches Ziel ist, das eine Überzeugung im relevanten Sinn ‚vernünftig‘ machen kann.

Daher könnte man an dieser Stelle eine erste wichtige Unterscheidung einführen. Es gibt Meinungen, die *epistemisch (oder theoretisch) vernünftig* sind, und Meinungen, die *praktisch vernünftig* sind. Unser Wort ‚vernünftig‘ wird nämlich manchmal in beiden Bedeutungen gebraucht. Um den Unterschied besonders eindeutig hervortreten zu lassen, lassen Sie sich auf ein kurzes Gedankenexperiment ein: Es gibt ein streng diktatorisches System, in dem Andersdenkende rigoros verfolgt werden, inklusive Folterungen und Hinrichtungen. Ein wichtiger Eckpfeiler dieses Regimes ist es, dass man glauben soll, der Diktator sei ein Heilsbringer aus einer fernen Galaxie. Es gibt zwar genug Hinweise, die eindeutig belegen, dass der Diktator auf der Erde geboren wurde (z. B. Berichte von Augenzeugen, Dokumente, oder schlichtweg der eigene Menschenverstand), aber alle, die diesen Hinweisen Glauben schenken, werden gefoltert und letztendlich hingerichtet. Nehmen Sie weiter an, dass dieses Regime über eine moderne Technologie verfügt, mittels derer sie ermitteln können, welche Gedanken die Bürger*innen haben. Schließlich stellen Sie sich vor, Sie wären ein Mitglied dieser Gesellschaft. Was sollen Sie nun vernünftigerweise über die Herkunft Ihres Diktators glauben? Einerseits ist es für Sie vernünftig zu glauben, dass der Diktator aus einer fernen Galaxie stammt. Sie wollen schließlich nicht gefoltert und hingerichtet werden. Andererseits ist es aber unvernünftig zu glauben, dass der Diktator aus einer fernen Galaxie stammt. Es ist schließlich eindeutig belegt, dass dem nicht so ist. Zu glauben, dass der Diktator aus einer fernen Galaxie stammt, ist daher *praktisch vernünftig*, aber *epistemisch unvernünftig*. Folgende Charakterisierungen fassen die Begriffe zusammen:

▷ **Praktische Vernünftigkeit:**
  Eine Meinung ist dann praktisch vernünftig, wenn sie gewissen praktischen Zielen dient.

Beispiel: Eine Person meint, dass der Weihnachtsmann existiert, weil sie diese Meinung als angenehmer empfindet als die Meinung, dass er nicht existiert.

▶ **Epistemische Vernünftigkeit:**
Eine Meinung ist dann epistemisch vernünftig, wenn sie speziellen epistemischen (und nicht-praktischen) Zielen dient.

Beispiel: Eine Person hätte zwar gerne, dass der Weihnachtsmann existiert, meint
aber trotzdem, dass er nicht existiert, weil sie unabhängige Gründe (etwa Ergebnisse
der Wissenschaften und eigene Erfahrungen) dafür hat zu glauben, dass niemand mit
Rentieren durch die Luft fliegen kann, um blitzschnell in einer Nacht Millionen von Haus-
halten aufzusuchen.

Eines ist an dieser Stelle zu betonen. Wenn wir nach der epistemischen Vernünftigkeit unserer Überzeugungen fragen, dann fragen wir noch nicht danach,
ob wir epistemisch vernünftige Meinungen haben sollen. Es ist denkbar, dass
uns jemand fragt: „Warum sollen wir überhaupt epistemisch vernünftig sein?" In
dem Gedankenexperiment oben ist es vermutlich empfehlenswert, hinsichtlich
des Glaubens über die Herkunft des Diktators nicht epistemisch vernünftig zu
sein. Genauso ist denkbar, dass uns jemand fragt: „Warum sollen wir überhaupt
moralisch sein?" In der Bibel gibt es eine berühmte Stelle (Markus 10, 17–22),
an der Jesus einem Fremden sagt, dass das Verschenken des eigenen Reichtums
für einen „bleibenden Schatz im Himmel" das Richtige sei. Der Mann marschiert
daraufhin traurig von dannen, weil er reich ist und sein Geld nicht verschenken
will. Wenn moralisch richtiges Handeln einen solch großen Preis hat, dann will
man vielleicht lieber unmoralisch sein. Genauso will man vielleicht persönlich
manchmal lieber unvernünftig sein. Bei aller Diskussion um die Vernünftigkeit
oder Moral muss uns klar sein, dass diese Themen noch keinen direkten Einfluss auf unser Leben haben *müssen*. Es scheint doch Menschen zu geben, die
es vorziehen (epistemisch) unvernünftig zu sein oder denen die theoretische Vernünftigkeit ihrer Meinungen nicht wichtig ist. Lebensweltliche Beispiele sind die
expliziten Bekundungen gewisser Politiker*innen, sich mehr an Gefühle als an
irgendwelche theoretischen Überlegungen halten zu wollen, wie es beispielsweise
der ehemalige Sprecher des Weißen Hauses Newt Gingrich in einem Interview
tat.[1] Er behauptete natürlich nicht so etwas wie „Ich bin jetzt mal unvernünftig",
aber es geht klar hervor, dass ihm die epistemische Vernünftigkeit unwichtig war.

Allerdings scheint die epistemische Vernünftigkeit genau wie die Moral
für unsere Überzeugungen ein wichtiges Konstrukt zu sein, um unser Leben zu
lenken. Letztendlich wollen die meisten Menschen lieber epistemisch vernünftig
als unvernünftig sein, denn epistemisch vernünftige Überzeugungen führen in
der Regel zu allgemein besseren Entscheidungen und Handlungen. Wir werden
unsere gesellschaftlichen Projekte am besten verwirklichen können, wenn wir

---

[1] Siehe http://transcripts.cnn.com/TRANSCRIPTS/1607/22/nday.06.html (Zugriff: 09.04.2021).

epistemisch vernünftige Meinungen haben. Wenn viele Menschen unvernünftig ihre Überzeugungen formen, dann wird unsere Gesellschaft den Preis zahlen, nicht optimal handeln zu können.

Im Falle des Weihnachtsmanns oder des Christkinds scheint das noch weniger schlimm zu sein. Eine erwachsene Person kann ohne große Nachteile Briefe an dieses Wesen schreiben, zu ihm beten, es besingen oder vieles anderes, wenn er oder sie glaubt, dass dieses Wesen existiert. Aber sobald wir die unvernünftige Meinung, dass der Weihnachtsmann tatsächlich existiert, auf die Gesellschaft ausdehnen und uns auf sie stützen, wenn wir die Probleme unserer Welt lösen wollen, ist auch diese Meinung nicht mehr unproblematisch. Stellen Sie sich vor, wir würden die Klimaerwärmung bekämpfen wollen, indem wir uns einfach vom Weihnachtsmann mehr Kälte und weniger CO_2-Ausstoß wünschen, jedoch unsere Praktiken (Fliegen, Autofahren, Fleischkonsum, Rodung von Wäldern etc.) in keiner Weise verändern. Das wird nicht funktionieren. Die unvernünftige Meinung über den Weihnachtsmann und dessen Kräfte würde global zu einer Klimakatastrophe führen. Aber so eine Katastrophe kann natürlich nicht nur auf einer unvernünftigen Weihnachtsmann-Überzeugung basieren. Wenn alle Hinweise darauf hindeuten, dass der Klimawandel tatsächlich existiert und so schnell voranschreitet, wie es Wissenschaftler*innen immer wieder betonen, dann ist es wohl epistemisch unvernünftig, darauf zu bestehen, dass es keinen ungewöhnlich schnell voranschreitenden Klimawandel gibt. Wenn sich die Meinung durchsetzen würde, dass der Klimawandel nicht existiere oder eine Erfindung von irgendwelchen verschwörerischen Gruppen sei, dann könnte dies (immer davon ausgehend, dass der Klimawandel tatsächlich real und gefährlich ist) zu einem ähnlichen Ergebnis wie bei der Weihnachtsmann-Überzeugung führen. Unsere Meinungen beeinflussen unser Handeln. Epistemisch vernünftige Meinungen bieten eine bessere Basis für unser Handeln als unvernünftige Meinungen. Es lohnt sich daher, danach zu fragen, was denn eine epistemisch vernünftige Meinung ausmacht.

Der wichtigste Schritt dabei ist zu ermitteln, an welchen Ziele man sich im Sinne der epistemischen Vernünftigkeit orientieren sollte. Die Position, die sich mittlerweile fast als philosophische Standardposition etabliert hat, lautet, dass epistemische Ziele dadurch gekennzeichnet sind, dass sie in irgendeiner Weise mit der *Wahrheit* verbunden sind. Viele Philosophen und Philosophinnen meinen, dass wahre Überzeugungen unsere *einzigen fundamentalen* epistemischen Ziele sind (z. B. Goldmann 1999; David 2005; Ahlstrom-Vij 2013). Was aber heißt das genau? Man bemüht sich in theoretischen Überlegungen oft darum, so wenig Grundvoraussetzungen wie möglich zu machen. Das liegt daran, dass wir Theorien anstreben, die eine starke Erklärungskraft besitzen. Wenn wir einfach festlegen, dass alle oben erwähnten Ziele (Wissen, Rechtfertigung, Verstehen usw.) fundamentale (d. h. grundsätzliche) epistemische Ziele sind, dann ist es nicht mehr möglich zu erklären, *warum gerade diese* Ziele als epistemisch gelten. Wir haben das alles einfach festgesetzt. Wenn wir andererseits nur einen einzigen fundamentalen epistemischen Wert bzw. ein einziges fundamentales epistemisches Ziel festsetzen, dann haben wir die Möglichkeit, eine sehr erklärungsmächtige

Theorie aufzustellen. Alle epistemischen Ziele (Wissen, Verstehen etc.) wären
dann schlichtweg deshalb epistemische Ziele, weil sie in einem gewissen Verhältnis zu dem fundamentalen epistemischen Ziel stehen. Setzt man das
Erreichen eines wahren Glaubens als unser einziges fundamentales epistemisches
Ziel voraus, könnte man beispielsweise erklären, dass Wissen deshalb ein
epistemisches Ziel ist, weil Wissen immer wahre Überzeugung impliziert –
niemand kann wissen, dass p, wenn sie nicht wahrheitsgemäß glaubt, dass p (s.
Kap. 3). Andererseits könnte man erklären, dass eine gerechtfertigte Überzeugung
deshalb ein epistemisches Ziel ist, weil eine gerechtfertigte Überzeugung wahrscheinlicher wahr ist als eine nicht-gerechtfertigte Überzeugung. Ähnlich könnte
man die Ziele der Weisheit und des Verstehens erklären. Dieses traditionelle Bild,
dass Wahrheit das einzige fundamentale epistemische Ziel ist, nennt man in der
Literatur, „Veritismus" oder „Wahrheitsmonismus".

Der Wahrheitsmonismus ist nicht ohne Probleme. Ein Problem ist, dass unklar
ist, wie wir das epistemische Ziel der wahren Überzeugungen auszulegen haben.
Sollen wir wirklich nur nach *wahren* Überzeugungen streben? Nein, das scheint
zu vereinfacht zu sein. Bereits William James (1897) stellte klar, dass wir eigentlich zwei verschiedene epistemische Ziele haben: (1) wahre Überzeugungen zu
erreichen und (2) falsche Überzeugungen zu vermeiden. Wir können daher den
Wahrheitsmonismus wie folgt charakterisieren:

▸   Als **Wahrheitsmonismus** bezeichnet man den erkenntnistheoretischen
      Standpunkt, dass die epistemische Vernünftigkeit unserer Meinungen
      letztendlich *nur* davon abhängt, ob wir uns dabei an der Wahrheit
      und der Nicht-Falschheit unserer Meinungen orientieren. Anders
      gesagt: Das Erreichen von wahren Meinungen und das Vermeiden von
      falschen Meinungen sind *unsere einzigen (End-)Ziele* im Sinne der
      epistemischen Vernünftigkeit.

Diese beiden Ziele des Wahrheitsmonismus machen die Sache kompliziert. Wir
könnten natürlich leicht alle wahren Überzeugungen erreichen, indem wir einfach
alles glauben (ohne weiter darüber nachzudenken). Wenn nur die Wahrheit zählt,
dann handeln wir dadurch perfekt epistemisch vernünftig. Aber das ist unsinnig.
Alles zu glauben ist definitiv unvernünftig. Denn dadurch würden wir sehr viele
fehlerhafte Überzeugungen formen, die es zu vermeiden gilt. Umgekehrt könnten
wir leicht alle fehlerhaften Überzeugungen vermeiden, indem wir einfach gar
nichts glauben. Das wäre ein radikaler Skeptizismus. Aber dadurch würden
wir unser erstes epistemisches Ziel (Wahres zu glauben) niemals erreichen. Das
zentrale Problem, vor dem wir jetzt stehen, lautet: Wie sollen wir mit diesen
widersprüchlichen Zielen umgehen? Kann uns hier irgendjemand Ratschläge
geben?

1.2   William James über vernünftigen Glauben

Dies ist das zentrale Thema, über das mit den Schüler*innen anhand des berühmten Aufsatzes von William James „The Will to Believe" (1897) philosophiert werden soll. James eignet sich besonders gut als Lektüre, weil seine eigene Position ziemlich provozierend ist. Er vertritt die Auffassung, dass diese Gewichtung unserer beiden Ziele (Wahrheiten zu glauben und keine Falschheiten zu glauben) rein subjektiver Natur ist. Er will darauf bestehen, dass unsere persönlichen Vorlieben entscheiden. Aber wie kann das noch die epistemische Vernünftigkeit betreffen? Haben wir nicht persönliche Vorlieben unter der *praktischen* Vernünftigkeit subsumiert? Jein. Es wurde behauptet, dass wir uns im Sinne der praktischen Vernünftigkeit an nicht-epistemischen Zielen orientieren können. Aber James will sich nicht an „nicht-epistemischen Zielen" orientieren. Die Ziele sind hier klar epistemisch: Wahrheit bzw. Nicht-Falschheit. Es geht ihm daher durchaus um epistemische Vernünftigkeit. James' Punkt ist, dass wir selbst im Bereich dieser epistemischen Ziele nicht ohne subjektive Vorlieben auskommen, weil wir nicht objektiv sagen können, welches der beiden epistemischen Ziele wichtiger ist. Subjektive Gewichtungen kommen sozusagen „durch die Hintertür" wieder herein, wodurch die Unterscheidung zwischen praktischer und epistemischer Vernünftigkeit verschwimmt.

Ein Beispiel soll diesen Punkt veranschaulichen. Denken Sie an eine Person P, die einer bestimmten Impfung ablehnend gegenübersteht, weil sie meint, dass sie, wenn sie sich impfen lässt, schwere Nebenwirkungen erleiden wird. Denken Sie jetzt an eine/n Mediziner*in M. M versucht P davon zu überzeugen, dass ihre Meinung, sie würde schwere Nebenwirkungen erleiden, epistemisch unvernünftig ist. Nehmen wir an, die Situation ist nicht so klar. Es gibt noch kaum Studien zu dem Impfstoff und daher lässt sich nach allem, was die Wissenschaft weiß, keine seriöse Aussage über eventuelle Nebenwirkungen treffen. M will P hier davon überzeugen, dass P erstmal die weiteren Ergebnisse der Studien abwarten solle, bevor sie sich eine klare Meinung bildet. P antwortet, dass sie sich hier nicht enthalten will, weil sie dadurch ihr Wahrheitsziel nicht erlangen würde: Egal ob sie Nebenwirkungen erleiden wird oder nicht – wenn sie an gar nichts glaubt, dann wird sie nicht die Wahrheit glauben. Daher entscheidet sie sich dafür, davon auszugehen, dass die schlimmen Nebenwirkungen tatsächlich eintreten. Denn wenn das passiert, dann hätte sie eindeutig recht. M erwidert, dass dies Unsinn ist, weil man einfach noch nicht sagen könne, ob diese Nebenwirkungen eintreten würden. Bei dem derzeitigen Forschungsstand an Nebenwirkungen zu glauben sei genauso unvernünftig wie zu glauben, es würden keine Nebenwirkungen entstehen.

M's Argumentation entspricht der Meinung, die viele von uns vertreten würden. P's Entscheidung, sie glaube jetzt einfach mal an die Nebenwirkungen, scheint im Grunde nur eine weitere praktische Überlegung zu sein: „Es ist nicht ganz sicher, ob Nebenwirkungen entstehen werden. Also bin ich zu keiner Meinung gezwungen. Ich will aber die Wahrheit glauben und mich nicht enthalten. Daher kann ich mir aussuchen, ob ich an die Nebenwirkungen glaube, oder ob ich glaube, dass die Nebenwirkungen nicht eintreten. Was ich glauben will, sind im Moment die Nebenwirkungen, weil ich momentan kein Risiko eingehen will." Am Grunde dieser Argumentation scheint jedoch einfach eine praktische Angst zu liegen. P hat Angst, Nebenwirkungen zu erleiden. Ihr Glaube an die Nebenwirkungen würde jedenfalls verhindern, dass sie diese Nebenwirkungen erleidet. Niemand wird sich impfen lassen, wenn er oder sie überzeugt ist, dass schwere Nebenwirkungen auftreten werden. Es wäre aus ihrer Sicht also praktisch gut, an diese Nebenwirkungen zu glauben. Der erkenntnistheoretische Einwand ist, dass dies nicht epistemisch vernünftig sei, weil der Glaube an die Nebenwirkungen nicht besser gestützt sei als der gegenteilige Glaube. Aber laut James funktioniert der erkenntnistheoretische Einwand nicht. Wenn etwas nicht ganz sicher und doch relevant ist – und was ist schon ganz sicher? –, dann bin ich *grundsätzlich* epistemisch berechtigt, alles zu glauben, was mir bei meinen praktischen Entscheidungen hilft. Es ist nicht ganz sicher, dass keine Nebenwirkungen eintreten werden. Also ist P grundsätzlich epistemisch berechtigt, zu glauben, dass Nebenwirkungen eintreten (genauso wie sie berechtigt wäre zu glauben, dass keine Nebenwirkungen eintreten, oder an keines der beiden Szenarien zu glauben). P's Meinung lasse sich dadurch rationalisieren, dass P sich einerseits aus epistemischen Überlegungen nicht enthalten will (Skeptizismus lässt sie keine Wahrheiten glauben) und sie sich andererseits aus praktischen Überlegungen lieber für die Meinung *Nebenwirkungen* entscheidet als für die Meinung *Keine-Nebenwirkungen*.

James' allgemeine Position ist, dass wir durch diese Überlegungen zugestehen müssen, dass wir nicht von subjektiv-emotionalen bzw. praktischen Überlegungen wegkommen. Man könne praktische und epistemische Vernünftigkeit nicht so sauber trennen, wie es oben vorgeschlagen wurde. James behauptet in etwa, dass dort wo es ‚interessant' wird, eine rein epistemische Vernünftigkeit noch zu keiner Glaubensentscheidung führen kann. Aber was heißt ‚interessant'? Eine Aussage gilt in etwa dann als interessant, wenn sie als kontrovers gilt. Interessante Aussagen sind Aussagen, die wir in unserer Lebenswelt diskutieren. Es sind Aussagen, die wir ernst nehmen und nicht als ein für alle Mal entschieden betrachten. Eine Aussage über die Existenz eines Gottes könnte eine solche Aussage sein. Definitiv uninteressante Aussagen sind z. B. logisch wahre Aussagen wie „Schnee ist weiß oder nicht weiß". Hier könnten wir möglicherweise mit absoluter Gewissheit wissen, dass die Aussage wahr ist (und daher sollen wir jedenfalls glauben, dass sie stimmt). Aber über solche Aussagen will James nicht sprechen, und wir interessieren uns als Gesellschaft auch nicht wirklich für derlei Behauptungen. Die Debatte um die Vernünftigkeit ist uns genau dort wichtig, wo es ‚interessant' wird. James' Hauptargument kann man mit diesen Begrifflichkeiten durch folgende Rekonstruktion veranschaulichen:

Prämisse 1:	Keine interessante Aussage ist ganz sicher (d. h. absolut unbezweifelbar) wahr oder falsch.
Prämisse 2:	Wenn eine Aussage nicht ganz sicher wahr oder falsch ist, dann kann uns unsere rein epistemische Vernünftigkeit bei dieser Aussage zu keiner endgültigen Glaubensentscheidung (im Sinne von Zustimmung, Ablehnung oder Enthaltung) führen.
Zwischenkonklusion:	Bei keiner interessanten Aussage kann uns unsere rein epistemische Vernünftigkeit zu einer endgültigen Glaubensentscheidung führen.
Prämisse 3:	Wenn uns unsere rein epistemische Vernünftigkeit bei einer Aussage zu keiner endgültigen Glaubensentscheidung führen kann, dann muss unsere subjektiv-emotionale Natur (die auf praktischen Überlegungen basiert) die endgültige Glaubensentscheidung treffen.
Konklusion:	Bei jeder interessanten Aussage muss unsere subjektiv-emotionale Natur die endgültige Glaubensentscheidung treffen.

Wenn man dies als James' Hauptargument betrachtet, dann sind die Überlegungen zu den Wahrheitszielen als Stützen für Prämisse 2 zu verstehen. Wenn wir keine Sicherheit haben, dann haben wir einen Spielraum bei unseren Glaubensentscheidungen, der letztendlich subjektiv ausgefüllt werden muss. Die rein epistemische Vernünftigkeit könne uns nicht sagen, ob wir in diesem Fall eher etwas glauben sollen oder uns enthalten sollen. Die Person P entscheidet sich für eine Glaubensentscheidung in der Frage des Impfstoffes (nämlich daran, an das Auftreten von Nebenwirkungen zu glauben), während die medizinisch geschulte Person M eine Enthaltung empfiehlt. Beides basiere laut James letztendlich aber zumindest in beträchtlichem Ausmaß auf subjektiv-emotionalen Wertungen. Auch die Enthaltung von M sei eine subjektive Entscheidung.

Man fragt sich vielleicht, welche subjektiven Beweggründe M haben könnte. Hier ist eine Möglichkeit: Möglicherweise will M die wissenschaftliche Regel befolgen, erst bei einer Irrtumswahrscheinlichkeit von 5 % oder weniger an die (Un-)Wirksamkeit von Impfstoffen oder Maßnahmen zu glauben. Wissenschaftler*innen setzen nämlich üblicherweise fest, dass man erst dann eine Behauptung B vertreten darf, wenn Studien B zu mindestens 95 % sicher belegen. Woher kommt diese 95 %-Hürde? Aus einer Konvention der Wissenschaftsgemeinschaft. M will vielleicht als seriöse(r) Wissenschaftler*in von dieser Gemeinschaft wahrgenommen werden und enthält sich daher immer, wenn Studien einen Effekt nicht mit dieser Sicherheit belegen. Dann steckt hinter M's subjektiver Meinung der Enthaltung im Fall des Impfstoffes das allgemeine Bedürfnis, von seinen Peers (= gleichrangigen Personen) geachtet zu werden. Würde M sich festlegen, obwohl keine Studien mit einer 95 % Wahrscheinlichkeit Impfnebenwirkungen belegen oder widerlegen, dann könnte dies eine unangenehme Reaktion der wissenschaftlichen Gemeinschaft zur Folge haben. M's Reputation und in der Folge M's Job könnte auf dem Spiel stehen. Man sieht daher, dass auch hinter einer vermeintlich wissenschaftlich-vernünftigen Meinung prinzipiell subjektiv-emotionale Überlegungen stecken könnten. Die Antwort auf James' Argumentation ist nicht so klar.

2   Unterrichtssequenz

2.1   Einige Erwartungen

Am Ende der Sequenz können die Schüler*innen vor allem:

✓   Begrifflich zwischen epistemischer und praktischer Vernünftigkeit differenzieren,

✓   James' Position zur epistemischen bzw. praktischen Vernünftigkeit rekonstruieren und anhand von Beispielen erläutern,

✓   den Begriff ‚Wahrheitsmonismus' erklären und

✓   zu James' Position (auch anhand von Beispielen) kritisch Stellung nehmen.

2.2   Ablauf und Materialien

Für die Sequenz wird benötigt:

1. eine Liste mit einigen gesellschaftlich aktuellen und problematischen und/oder strittigen, jedoch deskriptiven Aussagen
2. ein PC samt Projektor, mittels denen man digitale Inhalte mit der Gruppe teilen kann (nicht unbedingt nötig, aber wünschenswert)
3. der relevante Auszug aus William James' Text „The will to believe" samt Arbeitsaufträgen

Man startet die Sequenz, indem man die Schüler*innen mit einer Liste aktueller Fragen (Punkt 1 der Materialien) konfrontiert. Diese Liste ist nötig, um die Lebensweltorientierung umzusetzen. Hier ist ein Beispiel:

1. Berücksichtigt man alle Gewaltformen, üben Frauen und Männer gleich viel Gewalt aus.
2. Frauen sind biologisch gesehen besonders für die Kindererziehung und Pflegeberufe geeignet.
3. Die Pille macht langfristig unfruchtbar.
4. Männer sind im Durchschnitt begabter in Mathematik als Frauen.
5. Es gibt ein universelles Heilmittel gegen Krebs (auch wenn es noch nicht entdeckt wurde).
6. Die Menschheit wird die Erderwärmung auf 2° über dem vorindustriellen Wert begrenzen.
7. Weder Hunde noch Katzen können denken.
8. Natürliche Nahrungsmittel sind gesünder als künstliche.
9. Make-up ist schädlich für die Haut.
10. Homöopathische Arzneimittel wirken nie über den Placebo-Effekt hinaus.

Die Schüler*innen sollen dazu zunächst ihre persönlichen Meinungen abgeben. Dafür schreibt man diese Aussagen auf und gibt daneben drei Optionen vor:

„Ja, ich glaube das stimmt", „Nein, ich glaube das stimmt nicht" und „Ich will mich hier nicht festlegen". Entscheidend ist dabei, dass die Fragen bzw. Aussagen zumindest etwas aktuell, gesellschaftlich relevant, teilweise umstritten und deskriptiv sind. Normative Fragestellungen danach, was man tun sollte oder was gut oder gerechtfertigt sei, sollte man hier zunächst ausklammern, denn diese Thematik ist besonders schwierig und sollte daher erst nach Diskussion über ‚einfachere' (aber deswegen noch keineswegs einfache) Fälle stattfinden.

Wie lässt sich dies konkret umsetzen? Hier sind der Fantasie der Lehrperson grundsätzlich keine Grenzen gesetzt. Allerdings ist es wünschenswert, dass die Schüler*innen hier ohne sozialen Druck eine erste Meinung zu diesen Fragen formulieren können. Daher sollte die Erhebung ihrer Meinungen zu all diesen Fragen anonym ablaufen. Dies kann man traditionell machen, indem man die Fragen mit den Antwortmöglichkeiten auf Papier austeilt, die Schüler*innen den Fragebogen durch Ankreuzen der für sie besten Option ausfüllen lässt und danach die ausgefüllten Fragebögen einsammelt. Der Nachteil dieser Variante ist, dass sie sehr zeitaufwändig ist, da man die Antworten auch irgendwie auswerten und dann noch besprechen muss.

Daher wird hier eine modernere und ökonomische Alternative vorgeschlagen, die allerdings Punkt 2 der Materialien voraussetzt: eine anonyme Online-Umfrage. Dafür gibt es mehrere Möglichkeiten. Hier sei auf die unter Lehrpersonen bekannte App *Kahoot!* (https://kahoot.com/schools-u/) verwiesen, mit der man schnell und einfach ein Quiz mit den drei Antwortmöglichkeiten erstellen kann. Die Gratisversion beinhaltet leider nicht die Umfrage-Funktion, aber man könnte sich hier leicht mit einem Trick behelfen. Man kann vier Antwortmöglichkeiten statt drei für jede Frage vorgeben (s. Abb. 1). Dabei sagt man den Schüler*innen, dass sie für die vierte Antwort (unten betitelt mit „nicht nehmen") bitte nicht abstimmen sollen. Da man im Programm eine Antwort als „richtig" kennzeichnen muss, es aber bei dieser Abstimmung kein „richtig" oder „falsch" gibt, kann man diese vierte (irrelevante) Antwort bei jeder Frage als die „richtige" verwenden. Damit werden zwar alle Antworten der Schüler*innen „inkorrekt", aber

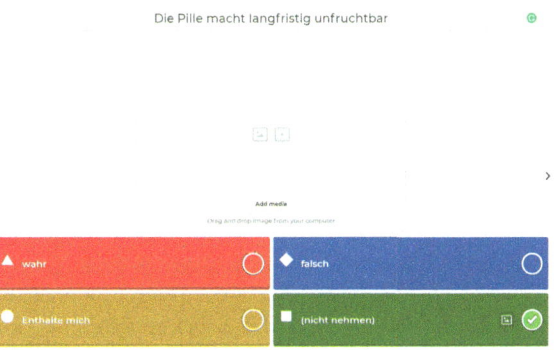

Abb. 1 Vier Antwortmöglichkeiten in Kahoot!

was entscheidend ist, ist schließlich die Verteilung der Stimmen auf die ersten drei Antworten, die man in der Klasse über einen Projektor an die Wand werfen kann. Abbildung 1 ist ein Screenshot mit einer Aufgabe, bei der die letzte (nicht zu nehmende) Antwort, als „korrekt" markiert ist.

Dadurch sollte man ein erstes unverfälschtes Meinungsbild der Klasse zu diesen oder ähnlich relevanten Fragen erhalten. Nach der ein oder anderen Frage sollte man in Bezug auf auffällige Verteilungen der Stimmen kurz nachfragen und diskutieren, warum gerade bei dieser Antwort die Meinungen so (un)ähnlich sind. Man sollte auch nachfragen, was die Beweggründe der Schüler*innen waren, eine der drei Optionen vorzuziehen. Insofern die Fragen kontrovers genug sind, sollte man hier einige interessante Wortmeldungen bekommen.

Hinter dieser Hinführung steht die Frage „Was macht einen (epistemisch) vernünftigen Glauben aus?". Die verwendeten Aussagen dürften kontrovers genug sein. Es wird nicht schwer sein, den Schüler*innen klarzumachen, dass es grundsätzlich kontrovers ist, was es bedeutet, etwas *vernünftigerweise* zu glauben, es abzulehnen oder sich völlig zurückzuhalten. Was ist das Ziel einer vernünftigen Meinung? An diesem Punkt soll man um Wortmeldungen bitten, bevor man sich dem eigentlich philosophischen Input widmet. Es dürfte den Schüler*innen jedenfalls sehr schwerfallen, in dieser Phase intuitiv eine unumstrittene Theorie des vernünftigen Glaubens aufzustellen – auch die Philosophen und Philosophinnen streiten darüber seit Jahrhunderten.

Erwartbar wären Äußerungen wie „Vernünftig ist es, das zu glauben, was in Zeitungen und Nachrichten gesagt wird", „Vernünftig ist es an wissenschaftliche Ergebnisse zu glauben", „Vernünftig ist es, denen zu glauben, die sich auskennen" usw. Hier muss man den Schüler*innen allerdings klarmachen, dass wir als Philosoph*innen (in guter sokratischer Manier) nicht nach Beispielen für solide Quellen suchen, sondern die grundsätzliche Frage stellen wollen, warum es vernünftig ist, diesen Quellen zu glauben. Es gibt nämlich Menschen, die all das bestreiten. Nicht jeder vertraut den Nachrichten. Nicht alle glauben an wissenschaftliche Ergebnisse – was sind überhaupt ‚wissenschaftliche' Ergebnisse? Und viele Leute behaupten ‚sich auszukennen', obwohl andere ihnen diese Kompetenz nicht zuschreiben. Wir suchen aber nach den Grundlagen der Vernünftigkeit, auf die sich alle einigen können. Worin besteht diese Grundlage? Das dürfte schwierig zu beantworten sein, weshalb sich damit der Übergang zur philosophischen Lektüre motivieren lässt. Davor sollte man jedoch noch einen Punkt klären, und zwar den oben erwähnten Unterschied zwischen epistemischer und praktischer Vernünftigkeit. Vielleicht erwähnt ein(e) Schüler(in), dass es vernünftig ist, das zu glauben, was nützlich ist. Das stimmt, aber nützlich wozu? Wir sprechen hier nicht von einer praktischen Vernünftigkeit. Wenn der Glaube nur für praktische Ziele nützlich ist, dann scheint das nicht die relevante Art der Vernünftigkeit zu sein.

Es soll in der philosophischen Debatte um epistemische Vernünftigkeit gehen. Damit stellt sich natürlich die Frage: Was sind die epistemischen Ziele und wie können wir uns an ihnen orientieren? Diese Frage wird hier durch die Arbeit mit einem klassischen Text behandelt, was auch historisch geprägten Fachdidaktiker*innen vor Augen führen soll, dass sich Lebensweltorientierung und klassische Texte nicht ausschließen müssen. Die Arbeit mit einem Text muss jedoch grundsätzlich immer didaktisch reflektiert werden. Es ist keine gute Idee, Schüler*innen einen Text ohne Hilfestellungen zum Lesen zu geben. Gerade bei philosophischen Texten sind aufgrund der Abstraktheit der Thematik Hilfestellungen für Schüler*innen unerlässlich. Hier schlage ich eine Adaptation der SQ3R Methode vor, die zuerst von Robinson (1946) beschrieben wurde. Lehrpersonen können aber gerne andere Texterschließungsmethoden verwenden (die Sinnhaftigkeit muss im aktuellen Fall natürlich reflektiert werden). Nach der SQ3R Methode wird ein Text folgendermaßen bearbeitet:

1. Survey: Überblick verschaffen, um Vorwissen zu aktivieren
2. Question: Inhaltliche Fragen an den Text stellen
3. Read: Aktiv im Hinblick auf die formulierten Fragen lesen
4. Recite: Jeden Abschnitt kurz in eigenen Worten zusammenfassen
5. Review: Sich nochmals einen allgemeinen Gesamtüberblick anhand der ersten vier Punkte verschaffen

Die beiden Punkte „Survey" und „Question" werden den Schüler*innen abgenommen, indem ihnen bereits im Voraus der Arbeitsauftrag mitgeteilt wird. Dadurch sollten sie eine grundsätzliche Information bekommen, was die wichtigste Frage in diesem Text ist und auf welche Antwort von James sie achten sollen. Der Punkt „Recite" wird ihnen als erster Arbeitsauftrag danach mitgeteilt und der Punkt „Review" findet sich in den allgemeinen Texterschließungsfragen wieder. Der einleitende Auftrag könnte lauten:

In folgendem Text will uns der Philosoph und Psychologe William James (um 1900) seine Meinung zu vernünftigem Glauben erklären (er selbst verwendet dabei aber nicht die Begriffe „praktische Vernünftigkeit" und „epistemische Vernünftigkeit"). Versuche dabei vor allem folgende Frage zu beantworten: Was will uns James über eine rein epistemische Vernünftigkeit (ohne praktische Überlegungen) sagen und wie argumentiert er?

Text von William James (1897): „Der Wille zu glauben"[2]

Ich habe heute so etwas wie eine Predigt über Rechtfertigung durch den Glauben mitgebracht – damit meine ich eine Rechtfertigung *des* Glaubens, eine Verteidigung unseres Rechts, eine Einstellung des Für-wahr-Haltens in religiösen Angelegenheiten einzunehmen trotz der Tatsache, dass unser lediglich logisch arbeitender Verstand dazu
5   vielleicht nicht gezwungen wurde. „Der Wille zu glauben" ist dementsprechend der Titel meines Aufsatzes. Lange habe ich gegenüber meinen Schülern die Rechtmäßigkeit eines willentlich angenommenen Glaubens verteidigt; aber sobald sie vom logischen Geist vereinnahmt worden waren, haben sie sich in der Regel geweigert, meine Behauptung als rechtmäßig philosophisch zuzulassen. […] Vielleicht wird euer Verstand offener sein als

---

[2] Übersetzt von Philipp Mayr nach dem Originalaufsatz in James (1897).

10   bei denjenigen, mit denen ich mich bis jetzt auseinandersetzen musste. […]
      Der freie Wille und einfaches Wunschdenken scheinen im Fall unserer Überzeugungs-
      grade die fünften Räder am Wagen zu sein. Aber wenn irgendjemand deswegen
      glauben sollte, dass intellektuelle Einsicht übrigbliebe, wenn Wunsch und Wille und
      gefühlsmäßige Präferenzen fort sind, oder dass reine Vernunft unsere Meinungen
15   entscheide, würde er direkt den Fakten ins Gesicht klatschen. Nur unsere ohnehin toten
      Vermutungen kann unsere willentliche Natur nicht mehr zum Leben erwecken. Aber
      das, was diese für uns tot machte, ist größtenteils eine vorangegangene Handlung ent-
      gegengesetzter Art unserer willentlichen Natur. […] Klar ist also, dass unsere nicht-
      intellektuelle Natur unsere Überzeugungen bestimmt. Da gibt es leidenschaftliche
20   Tendenzen […].
      Die These, die ich verteidige, ist, kurz gesagt, diese: Unsere leidenschaftliche Natur *darf*
      nicht nur rechtmäßig, sondern *muss* bei einer Wahl zwischen Propositionen entscheiden,
      wann immer es eine echte Wahl ist, die nach ihrer Natur nicht durch intellektuelle
      Erwägungen entschieden werden kann; denn zu sagen „Entscheide nicht, sondern lass die
25   Frage offen" ist selbst eine leidenschaftliche Entscheidung – genauso wie Ja oder Nein
      zu sagen – und sie ist mit demselben Risiko verbunden, die Wahrheit zu verlieren. Man
      kann den Glauben an die Wahrheit auf zwei Weisen haben. Die Absolutisten sagen hier,
      dass wir die Wahrheit nicht nur wissen können, sondern dass wir *wissen* können, *wann*
      wir dieses Wissen erlangt haben; die Empiristen hingegen behaupten, dass wir das
30   Wissen zwar erlangen können, aber nicht unfehlbar wissen können, *wann* [wir dieses
      Wissen erlangt haben]. […] Wenn wir uns die Geschichte der Meinungen ansehen, sehen
      wir, dass sich die empiristische Tendenz in den Wissenschaften größtenteils durchgesetzt
      hat, während in der Philosophie die absolutistische Tendenz alles auf ihrer Seite gehabt
      hatte.
35   Objektive Evidenz und Sicherheit sind zweifellos schöne Ideale, mit denen man spielen
      kann, aber wo auf diesem mondbeschienenen und von Träumen besuchten Planeten sind
      sie zu finden? […] Wo findet man eine ganz sicher wahre Antwort? […] Auf keinen
      konkreten Test für Wahrheit hat man sich jemals einigen können. […] Praktisch gesehen
      ist die eigene Überzeugung, dass die eigene Evidenz von der echten objektiven Art ist,
40   nur eine weitere subjektive Meinung. […] Aber man beachte bitte, dass, wenn wir als
      Empiristen das Dogma von der objektiven Sicherheit aufgeben, wir damit nicht die Suche
      und Hoffnung auf die Wahrheit selbst aufgeben.
      Es gibt zwei Wege auf unsere Pflichten in der Meinungsbildung zu blicken. […] *Wir*
      müssen die Wahrheit wissen; und *wir müssen Fehler vermeiden*. Das sind unsere beiden
45   großen Befehle. Aber es sind nicht zwei Weisen, denselben Befehl auszudrücken. Es sind
      zwei voneinander trennbare Befehle. […] Glaube die Wahrheit! Vermeide Fehler! –
      Dies sind, wie wir sehen, zwei materiell unterschiedliche Gesetze; und indem wir uns
      zwischen ihnen entscheiden, können wir schließlich unser intellektuelles Leben unter-
      schiedlich färben. Wir könnten die Jagd nach der Wahrheit als vorrangig ansehen und die
50   Vermeidung von Fehlern als zweitrangig. Andererseits könnten wir die Fehlervermeidung
      als zwingender betrachten und es bei der Wahrheit darauf ankommen lassen. […]
      Derjenige, der sagt „Glaub besser an gar nichts als eine Lüge zu glauben!" zeigt nur
      seinen überwiegenden privaten Horror davor, betrogen zu werden. […] Ich persönlich
      fürchte mich auch davor, betrogen zu werden; aber ich kann glauben, dass einem Mann
      in dieser
55   Welt schlimmere Dinge geschehen können, als betrogen zu werden. […]
      Lasst uns aber zugeben, dass dort, wo wir zu keiner Wahl gezwungen sind, […] der
      nüchtern urteilende Intellekt unser Ideal sein sollte. […] Gibt es nicht irgendwo eine
      erzwungene Wahl bei unseren spekulativen Fragen, und können wir […] immer
      ungestraft warten, bis zwingende Evidenz eingetroffen ist? […] *Moralische Fragen*

60 zeigen sich als Fragen, deren Auflösung nicht auf vernünftigen Beweis warten kann. […]
Wie kann die reine Vernunft entscheiden? […] [Religion ist ein anderer Bereich; P.M.]
Uns den Skeptizismus als Pflicht zu predigen bis „ausreichende Evidenz" für Religion
vorliegt, heißt, uns zu sagen, dass es, wenn wir mit einer religiösen Hypothese konfrontiert
sind, weiser sei, sich unserer Furcht darüber zu beugen, dass sie fehlerhaft ist, als sich
65 unserer Hoffnung hinzugeben, dass sie wahr sein könnte.

Dieser Text ist sowohl sprachlich als auch inhaltlich schwierig. Ohne weitere Aufgabenstellungen zur genaueren Texterschließung ist daher davon auszugehen, dass er von den Schüler*innen nicht gut genug verstanden wird. Die folgenden zusätzlichen Arbeitsaufgaben dienen dieser vertiefenden Auseinandersetzung. Sie werden hier größtenteils in Form einfacher W-Fragen gestellt, aber jede Lehrkraft kann daraus jederzeit selbstständig kompetenzorientierte Aufgaben mittels Operatoren entwickeln:

1. Fassen Sie jeden Absatz des Textes (Z.1–10/Z.11–20/Z.21–34/Z.35–43/Z.44–51/Z.52–55/Z.56–65) kurz in eigenen Worten zusammen (1–3 Sätze pro Absatz).
2. Was ist James' Ziel in diesem Aufsatz und welche Meinung möchte er bekämpfen?
3. Z.11–34: James holt hier aus und erzählt uns etwas über absolute Sicherheit und seinen Empirismus. Warum? Welche Rolle spielen diese Überlegungen für seine Kernbehauptung in diesem Aufsatz?
4. Z.43–46: James spricht davon, dass *Wahrheit glauben* und *Fehler vermeiden* „zwei voneinander trennbare Befehle" seien. Wie meint er das? Ist das Glauben von Wahrheiten nicht untrennbar mit dem Vermeiden von Fehlern verbunden? Können Sie anhand eines Beispiels erläutern, was James mit dieser Trennbarkeit meint?
5. Z.53–55 („Ich persönlich…"): Warum erzählt uns James jetzt etwas über seine persönlichen Gefühle?
6. Z.56–65: Welches Ziel verfolgt James mit diesem letzten Absatz?
7. Z.59–Z.61: James erwähnt hier *moralische* Fragen als ein Beispiel, um seine Meinung zu stützen. Ist das ein gutes Beispiel oder macht James damit einen Fehler? Warum?
8. Wie könnten Sie zusammengefasst James' Meinung über die epistemische Vernünftigkeit erklären? Würden Sie ihm zustimmen? Warum (nicht)?

Hier sind Vorschläge (jedoch nur Vorschläge) für Antworten auf diese Fragen:

1. Dies müssen die Schüler*innen in ihren eigenen Worten erklären.
2. James' Ziel ist es, uns zu überzeugen, dass wir unsere praktischen Entscheidungsprinzipien auch beim epistemisch vernünftigen Glauben nicht übergehen können. Es gebe kaum einen Glauben, der auf reiner Vernunft ohne praktisch-emotionale Einflüsse basiert. Anders gesagt: Epistemische und

praktische Vernünftigkeit lassen sich letztendlich bei interessanten Fragen nicht so klar trennen. Er will genau denen widersprechen, die behaupten, dass es in interessanten Fragen Entscheidungen gibt, die auf rein epistemischer Vernünftigkeit (oder, wie er selbst sagt, auf dem „nüchtern urteilenden Intellekt" oder auf rein „intellektueller Einsicht") basieren.

3. Dies ist der erste wichtige Schritt, der uns überzeugen soll, dass die reine nicht-emotionale Vernunft niemals (oder so gut wie nie) eine interessante Frage definitiv ohne jeden Zweifel klären kann. Rein epistemische Vernünftigkeit komme daher (so gut wie) nie zu einer letzten Entscheidung (s. auch die Rekonstruktion von James' Hauptargument in der Einleitung dieses Beitrags).

4. Dies wurde in der Einführung zu diesem Impuls bereits besprochen. Für die Schüler*innen ist es essentiell zu verstehen, dass diese Ziele unterschiedlich sind. Hier kann man das Beispiel eines/r radikalen Skeptiker*in anbringen, der/die an gar nichts glaubt und so nur das *Fehler-vermeiden-Ziel* vor Augen hat. Genauso kann man eine Person erwähnen, die an alles glaubt, weil sie sich nur am *Wahrheit-glauben-Ziel* orientiert. In der Wissenschaft gibt es konkretere Beispiele. So könnte eine Person z. B. daran glauben, dass Strings, Elektronen usw. (nicht) existieren, weil sie sich am Wahrheit-glauben-Ziel orientiert. Eine andere Person könnte sich weigern, irgendetwas über die Existenz von Strings, Elektronen usw. zu glauben, weil sie hier einen fehlerhaften Glauben vermeiden will.

5. Er spricht hier über sich, um uns vor Augen zu führen, dass es hier nur um subjektive Einschätzungen geht.

6. Im letzten Absatz will James die Position seiner Gegner bedenken, indem er zugesteht, dass wir bei denjenigen wissenschaftlichen Fragen, die niemanden direkt betreffen und die kein unmittelbares Handeln erzwingen (die also nicht so wirklich drängend sind), grundsätzlich abwarten könnten, bis wir bessere Evidenz zur Verfügung haben. Aber dennoch besteht er darauf, dass es in gewissen Bereichen einfach keinen Sinn ergibt, uns zu enthalten, bis wir mehr Evidenz haben. In gewissen Bereichen können wir nicht auf wissenschaftliche Entscheidungen warten. Zu religiösen und moralischen Hypothesen könnte die Wissenschaft uns niemals substantielle Evidenz bringen. Dennoch ist es für unser Leben praktisch relevant, welche moralischen Überzeugungen wir haben und ob wir an einen Gott glauben.

7. Es ist zumindest nicht unproblematisch in diesem Kontext auf moralische Fragen zu verweisen. Hat man die deskriptiv/normativ Unterscheidung bei Aussagen bereits verinnerlicht, könnte man einwenden, dass normative Fragestellungen nicht in den Bereich der epistemischen Vernünftigkeit fallen. Ja, vielleicht sind normativ-moralische Fragen letztendlich tatsächlich nur praktische Entscheidungen ohne Bezug zu epistemischen Zielen. Aber da es hier um die epistemische Vernünftigkeit gehen soll, sind nur deskriptive Aussagen Gegenstand der Überlegungen und moralische Fragen sind vielleicht fehl am Platz.

8. James möchte also sagen, dass es keine rein epistemische Vernünftigkeit gibt. Praktische Überlegungen sind (zumindest bei relevanten und etwas strittigen Fragen) letztendlich immer mitbeteiligt. Und das muss auch so sein, da wir letzte Entscheidungen (Glauben? Gegenteil glauben? Nichts glauben und enthalten?) nicht allein aufgrund von reinen Vernunftüberlegungen fällen können. Wie man dazu steht, sei jeder Person selbst überlassen.

Beim Besprechen dieser Fragen und James' Position hat man die Gelegenheit, den Schüler*innen den Begriff des *Wahrheitsmonismus* zu erklären. Diesen als epistemische Grundposition zu erkennen, ist hier eine der wichtigsten Lektionen; vor allem für die weitere Beschäftigung mit Erkenntnistheorie. Man kann ihnen auch das in der Einleitung rekonstruierte Hauptargument von James vorlegen. Abschließend sollte man jedenfalls nochmals auf die anfängliche Liste mit den lebensweltlich relevanten Aussagen zu sprechen kommen und mit den Schüler*innen diskutieren, inwiefern James' Position für eine Positionierung zu diesen Aussagen hilfreich ist. Sollen auch hier subjektive Bewertungen das letzte Wort haben? Wie wichtig ist es den Schüler*innen, dass sie bei einer Aussage die Wahrheit treffen? Oder geht es ihnen eher um die Vermeidung von Falschheit? Ist eine skeptische Enthaltung in nahezu all diesen Fragen tatsächlich epistemisch vernünftig, wenn wir dadurch niemals ‚die Wahrheit treffen'? Hat James Recht mit seiner Position oder kann man doch letztendlich die praktische Vernünftigkeit von der epistemischen Vernünftigkeit sauber trennen? Es sind also etliche Anschlussfragen für die Schüler*innen möglich.

2.3 Reflexionsaufgaben zur Vertiefung

Aufgabe 1
James' Position wird von einigen Lesern bescheiden ausgelegt. Demnach behauptet er, dass subjektiv-praktische Glaubensentscheidungen nur bei wirklich sehr drängenden und wichtigen Fragen, bei denen wir nicht viel länger auf relevante Zusatzinformationen warten können, vernünftig und berechtigt sind. Der James-Spezialist Russell Goodman erklärt dies anhand eines Beispiels:

> Wenn ich mich auf einem isolierten Bergpfad befinde und mit einem eisigen Felsvorsprung konfrontiert bin, den es zu überqueren gilt, und ich nicht weiß, ob ich es schaffen kann, dann könnte ich gezwungen sein, die Frage zu bedenken, ob ich glauben kann oder soll, dass ich den Felsvorsprung überqueren kann. Diese Frage ist nicht nur erzwungen, sondern „momentan": Wenn ich falsch liege, könnte ich in meinen Tod stürzen, und wenn ich korrekterweise glaube, dass ich den Felsvorsprung überqueren kann, dann könnte mein Glaube selbst zu meinem Erfolg beitragen. In so einem Fall behauptet James, dass ich das „Recht zu glauben" habe. (Goodman 2017, Abschn. 4; Übers. P.M.)

Reflektieren Sie nochmals über die anfängliche Liste an Aussagen: Sind diese Aussagen bzw. die Fragen, die dahinterstecken, drängend genug, so dass wir zu einer Glaubensentscheidung gezwungen sind? Gibt es Umstände, unter denen sie drängend sind? Könnte James zugeben, dass hier doch „der nüchtern urteilende Intellekt" (Z.56–57) entscheiden sollte? Wenn ja, welche Glaubensentscheidungen würde dieser nüchterne Intellekt als vernünftig empfehlen? Fallen Ihnen Beispiele für (deskriptive) Fragen ein, die in unserer heutigen Welt drängend genug sind, um laut James nach subjektiv-praktischen Glaubensentscheidungen zu verlangen?

Aufgabe 2

Hier ist ein Zeitungskommentar aus dem Jahr 2018:

> In offenen Gesellschaften sind die Gedanken frei, und das ist gut so. Die Grenzen für das Leben in ihnen ziehen im Normalfall Gesetze und die Wissenschaften. Die von Menschen geschaffenen Regeln sind ihrem Ursprung nach fehleranfällig, jene der Wissenschaft übertreffen deshalb die der Legislative: Mit der Erdanziehungskraft will es sich nicht einmal ein Höchstrichter verscherzen. Dem Wissen gegenüber steht seit jeher der Glaube. Der bot dem Unfug lange Zeit ein verlässliches Zehrgebiet, bis über belegbare und messbare Erkenntnisse der Blödsinn als Kind des Glaubens zurückgedrängt wurde. Kein Whale-Watcher auf der Hurtigruten fürchtet heute noch, demnächst vom Rand der Erde zu fallen. Der Glaube wird im religiösen Bereich geduldet, solange er sich nicht inquisitorisch oder islamistisch geriert. Wer einen Berg versetzen möchte, ist mit den Mitteln der Technik dennoch besser beraten als mit einem Gebet – in der Wissenschaft hat der Glaube also nichts zu suchen. Die Wissenschaften mögen für philosophische Fragen keine Antworten bereithalten, die Abläufe des Lebens können sie fundiert und erwiesen erklären. Entsprechend befremdlicher mutet es an, wenn wissenschaftliche Erkenntnisse von Politikern infrage gestellt werden. Das ist so, als würde ein Zahntechniker eher der Zahnfee vertrauen als einem Zahnarzt.[3]

Nehmen Sie differenziert Stellung zu diesem Kommentar, indem Sie die Bemerkungen von James bezüglich absoluter Sicherheit und der Rolle des Glaubens miteinbeziehen. Dabei können Sie den Kommentar verteidigen oder ihn kritisieren.

Aufgabe 3

James scheint anzunehmen, dass wir uns zumindest in einem beträchtlichen Ausmaß frei entscheiden können, woran wir glauben. Prüfen Sie diese Voraussetzung, indem Sie auf einen Gegenstand vor Ihnen blicken (ein Buch, einen Tisch etc.). Versuchen Sie nun zu glauben, dass Ihnen hier eine Illusion präsentiert wird und dieser Gegenstand tatsächlich nicht existiert. Beschreiben Sie Ihre Gedanken diesbezüglich und entscheiden Sie, ob Sie dies erfolgreich glauben konnten oder nicht. Beurteilen Sie danach, inwiefern Sie sich bei anderen Fragen tatsächlich aussuchen können, was Sie glauben. Können Menschen sich aussuchen, woran sie glauben, und ist dies ein Problem für Theorien, die uns vorschreiben wollen, was wir vernünftigerweise glauben sollen?

---

[3] Kommentar von Karl Fluch im *Standard*: https://www.derstandard.at/story/2000093611939/klimaschutz-glauben-heisst-nix-wissen (Zugriff am 13.05.2021).

Literatur

Ahlstrom-Vij, K. 2013. In defense of veritistic value monism. *Pacific Philosophical Quarterly* 94(1):19–40.

David, M. 2005. Truth as the primary epistemic goal: A working hypothesis. In *Contemporary debates in epistemology*, Hrsg. M. Steup, und E. Sosa, 296–312. Wiley.

Festinger, L. 1962. *A theory of cognitive dissonance*. Stanford: Stanford University Press.

Goldman, A. I. 1999. *Knowledge in a social world*. Oxford: Oxford University Press.

Goodman, R. 2017. William James. In *The stanford encyclopedia of philosophy*, Hrsg. E. N. Zalta. https://plato.stanford.edu/archives/win2017/entries/james/.

James, W. 1897. The will to believe. In *The will to believe and other essays in popular philosophy*, Hrsg. W. James, 1–31. New York: Longmans Green and Co. https://archive.org/details/willtobelieveoth00ja/page/n21/mode/2up.

Robinson, F. P. 1946. Effective study. New York: Harper & Brothers.

Können wir uns an der Wahrheit orientieren?

Philipp Mayr

1 Relativismus und Skeptizismus

1.1 Vorbehalte gegenüber der Wahrheit sind modern

„Aber woher sollen wir denn wissen, was wahr ist? Wir können hier eigentlich kaum vernünftig entscheiden." Derlei Einwände hört man heutzutage immer wieder, ob in der Schule oder anderswo. Hinzukommt, dass solche Einwände auch oft gut nachvollziehbar scheinen. Ja, es ist oft schwierig, sich an der Wahrheit zu orientieren. Kontroverse Fragen haben es nämlich an sich, dass uns die Wahrheit aus irgendeinem Grund nicht ganz zugänglich ist. Wenn es so evident wäre, was wahr und was falsch ist, warum dann überhaupt noch nachforschen und diskutieren? Warum streiten wir sonst heute darüber, wie wirkungsvoll Impfungen genau sind oder ob und inwiefern wir Sterbehilfe, Abtreibung, oder Atomenergie zulassen sollen? In manchen Punkten kann man sogar den Eindruck bekommen, dass die Wahrheit als grundsätzliches Ziel der Vernünftigkeit nutzlos ist. Vor allem zwei Arten von Meinungen gehören zu dieser Haltung: *Relativismus* und *Skeptizismus*. Relativist*innen behaupten (grob gesagt), dass der Begriff einer objektiven, von jedem Standpunkt unabhängigen, Wahrheit keinen Sinn ergibt. Skeptiker*innen behaupten, dass es zwar eine objektive Wahrheit gibt, diese uns aber nicht zugänglich (genug) ist. Wenn Wahrheit also prinzipiell unerreichbar ist, dann macht es vermutlich wenig Sinn, sie zu unserem zentralen epistemischen Ziel zu erklären, nach dem wir unsere Meinungen bilden sollten.

P. Mayr (✉)
Puchenau, Österreich
E-Mail: philmayr@mit.edu

Zweifel an der Wahrheit mancher Aussagen setzen uns grundsätzlich sehr zu. Skeptische und relativistische Tendenzen lassen sich in unserer Gesellschaft leicht erkennen. Impfskeptiker*innen meinen oft, dass wir schlichtweg nicht wissen können, welche Nebenwirkungen die Impfung langfristig entfaltet. Es mache keinen Sinn, von einem sicheren und wirksamen Impfstoff auszugehen, weil die Wahrheit diesbezüglich nicht sicher sei. Daraus wird dann schnell der Schluss gezogen, dass wir uns nicht impfen lassen sollten, um keine Verschlechterung des Status Quo zu riskieren. Andere Beispiele gibt es zuhauf. Manche glauben den Aussagen von Politiker*innen grundsätzlich eher nicht, manche haben Zweifel an der Wahrheit der Berichterstattung der klassischen ‚Mainstreammedien‘, manche sind gegenüber den Aussagen der Schulmediziner*innen skeptisch, und einige meinen vielleicht tatsächlich, dass wir fast gar nichts wissen. Gerade bei Schüler*innen stehen allgemeine sowohl relativistische als auch skeptische Gedanken hoch im Kurs. Dies zeigt sich an konkreten Äußerungen wie „Das muss ja jeder selber wissen" oder „Eigentlich wissen wir ja nichts".

Auf der relativistischen Seite hört man öfter Wortmeldungen darüber, dass zu einer Angelegenheit „mehrere Wahrheiten" kursieren würden oder, dass jede/r ihre/seine „eigene Wahrheit" hätte, oder dass wir uns die Wahrheit irgendwie selbst schaffen würden. Bekannt ist die ehemalige Beraterin Kellyanne Conway des ehemaligen US-Präsidenten Donald Trump, die als Rechtfertigung auf den Vorwurf, Trump habe uns eine Lüge auftischen wollen, antwortete, er habe „alternative Fakten" präsentiert. Diese skurrile Wortschöpfung wurde sogar zum Unwort des Jahres 2017 gewählt.[1] Auch wenn dieser Begriff eher ein politischer Kampfbegriff ist, so suggeriert er zumindest, dass die Orientierung an einer objektiven und alternativlosen Wahrheit unsinnig ist. Was genau eine relativistische Position behauptet, hängt genau wie beim Skeptizismus vom Einzelfall ab. Im Kern vertreten Relativist*innen meistens die Behauptung, dass es *keine objektiv richtige* und völlig unvoreingenommene Antwort auf eine Frage gibt. Es käme auf den *Standpunkt* eines Subjektes (oder Gruppen von Subjekten, Gesellschaften etc.) an, ob etwas wahr ist oder nicht.

1.2   Ein Blick in die Philosophiegeschichte

Diese Thematik prägte auch die Tradition der abendländischen Fachphilosophie. Gegenüber Platon, der sich der Suche nach der objektiven Wahrheit verschrieben hatte, nahmen die Sophisten eine etwas andere Haltung ein. Für sie war nicht die Suche nach der Wahrheit zentral, sondern der Nutzen, den man aus den eigenen argumentativen und rhetorischen Fertigkeiten ziehen konnte. Sie waren Praktiker, die als Wanderlehrer durch die Lande zogen und gegen Bezahlung Personen unterrichteten, die z. B. in der Politik Karriere machen wollten. Deshalb hatten sie an

---

[1] Dazu z. B. https://www.derstandard.de/story/2000072373884/alternative-fakten-ist-auch-deutsches-unwort-des-jahres-2017 (Zugriff am 26.3.2021).

einer objektiven epistemischen Vernünftigkeit kein besonderes Interesse. Ob man die Sophisten eher als Relativisten oder Skeptiker ansehen sollte, ist nicht ganz klar. Vielleicht waren sie weder das eine noch das andere. Sie hatten schlichtweg kein besonderes Interesse daran, nach einer objektiven Wahrheit zu suchen, weil beispielsweise vor Gericht nicht die Wahrheit zählt, sondern nur, dass man andere Menschen überzeugen kann. Dafür braucht es vor allem rhetorisches Können, aber die Wahrheit ist dafür nicht besonders wichtig. Ob man für einen Sieg vor Gericht oder zur Überzeugung von Menschen im Sinne der eigenen politischen Ziele Unwahrheiten behaupten muss oder nicht, spielte für die Sophisten letztendlich keine Rolle. Zu dieser Haltung findet sich in der heutigen Politik übrigens eine bemerkenswerte Parallele durch Personen, die überhaupt nicht an einer theoretischen Vernünftigkeit interessiert sind, sondern lediglich ihre eigenen praktischen Interessen verfolgen wollen – Wahrheit und epistemische Vernünftigkeit hin oder her. Solche Personen, denen die Wahrheit der eigenen Aussagen vollkommen gleichgültig ist, nennt man heute mit dem Philosophen Harry Frankfurt (2005) „Bullshitter". Allerdings verfolgen die modernen Bullshitter, ganz im Gegensatz zu den Sophisten, in der Regel kein anspruchsvolles rhetorisches Programm.

Abgesehen von einem Desinteresse an der Wahrheitssuche gab es allerdings auch bereits in der Antike skeptische Positionen, welche meinten, dass die Wahrheit prinzipiell nicht (oder so gut wie nicht) zu erlangen sei. Die ersten strengeren Vertreter aus der Antike waren wohl Platons Nachfolger an der Akademie: Arkesilaos (3. Jh. v.Chr.) und Karneades (2. Jh. v.Chr.). Beide vertraten in etwa die These, dass man nichts sicher wissen könne. Eine noch radikalere Position wurde später als „pyrrhonische Skepsis" bekannt und geht wohl auf den Philosophen Ainesidemus (1. Jh. v.Chr.) zurück. Mit dieser Position verbindet man heute die These, dass man nicht einmal sagen darf, dass man nichts sicher weiß. Denn wenn man behauptet, man wüsste nichts, dann behauptet man doch noch immer, dass man etwas weiß (nämlich: dass man nichts weiß). Die wahren Skeptiker*innen, so die Pyrrhonisten, dürfen sich daher zu überhaupt keiner Behauptung bekennen.

Die heutige Beschäftigung mit dem Skeptizismus in der Fachphilosophie ist vor allem durch René Descartes' Behandlung desselben geprägt. Um seine Philosophie auf ein solides Fundament zu stellen, wollte Descartes einen Skeptizismus überwinden, der alles in Zweifel zieht, was man irgendwie in Zweifel ziehen kann; insbesondere die Existenz einer vom eigenen Geist unabhängigen Außenwelt. Von da an verstand man unter Skeptizismus in der Philosophie oft die These, dass wir nicht wüssten, ob es eine Welt außerhalb unseres eigenen Geistes gebe. Vor allem George Berkeley vertrat in der früheren Neuzeit die Position, dass es eine wirklich unabhängige Außenwelt – also eine Welt, die nicht von unseren geistigen Fähigkeiten abhängt – nicht geben könne. Diese Position wird üblicherweise „Idealismus" genannt. Ein wichtiger Teil dieser Position ist der Gedanke, dass man die sogenannte Außenwelt immer *relativ zu unserem eigenen geistigen Innenleben* betrachten müsse und jene von diesem nicht entkoppelt werden könne. Den letzteren Gedanken vertrat auch Immanuel Kant, der meinte, wir könnten die von uns unabhängigen Dinge der Außenwelt – die sogenannten „Dinge an

sich" – einfach nicht erfassen und seien auf unsere subjektiven Erkenntnismöglichkeiten beschränkt. Da Kant aber zugeben wollte, dass es unabhängige
Dinge gibt, wir von ihnen allerdings nichts wissen können, nennt er seine
Position „transzendentalen Idealismus" oder „kritischen Idealismus", um ihn
vom herkömmlichen Idealismus abzugrenzen (Kant, 1900 ff., Band IV, 292–294).
Diese Probleme der Existenz einer unabhängigen Außenwelt und unserer Erkenntnis davon könnte man als „cartesianische Herausforderungen" bezeichnen.

Bis ins 20. Jahrhundert war die Erkenntnistheorie in der Fachphilosophie
damit beschäftigt, Skeptizismus und Relativismus im Sinne der cartesianischen
Herausforderungen zu bekämpfen. Skeptische und relativistische Positionen in
der Erkenntnistheorie haben sich mittlerweile vor allem wegen der radikalen
cartesianischen Herausforderungen zu ‚Schreckgespenstern' entwickelt,
welche von Philosoph*innen oft als große Gegner angesehen werden, die es zu
bekämpfen gilt. Der allgemeine Tenor scheint der zu sein, dass man üblicherweise
Sorgen hat, dass Skeptizismus und Relativismus vor allem das Projekt, unsere
Welt zu erforschen, gefährden könnten, oder auch zu radikalen Veränderungen in
unserer üblichen Sprache führen würden, was man auf gar keinen Fall hinnehmen
könne. Denn wenn wir wirklich kaum etwas wüssten, dann sollten wir nie mehr
„Ich weiß es" sagen, sondern nur „Ich glaube es" oder „Ich vermute es" oder dergleichen. Ähnlich sollten wir vielleicht nie mehr sagen „Es ist so und so", sondern
nur „Es scheint mir/dir/uns soundso". Ob diese Sorge berechtigt ist oder nicht, sei
hier dahingestellt.

Jedenfalls haben sich in neuerer Zeit auch Strömungen formiert, die gewisse
Aspekte von Skeptizismus und vor allem Relativismus als wichtige Einsichten
verteidigen. Zu nennen wären hier etwa Vertreter*innen der sogenannten *post-
modernen Philosophie* (wie Jean-François Lyotard oder Michel Foucault),
die eine kritische Haltung zu historischem Fortschritt, Wissen und objektiver
Bedeutung einnehmen. Eine andere Gruppe besteht aus den Vertreter*innen
der feministischen Philosophie (wie Sandra Harding oder Donna Haraway), die
behaupten, wir könnten unser Weltbild bedeutsam verändern und damit einen
ganz anderen Blick darauf erhalten, was wahr und falsch ist, wenn wir auf-
geschlossenere und weniger klassisch männliche Blickwinkel einnehmen. In
einem ähnlichen Sinne mehren sich auch die Kritiker*innen unserer wissenschaftlichen Praktiken, und manche behaupten, dass unsere ‚westliche' Wissenschaft
die Standpunkte und die Weltsicht der „weißen Männer" vertrete und alternative
Welterklärungen, wie diejenigen von indigenen Völkern oder anderen Minderheiten, in einer unberechtigten Weise diskriminiere. Beispiele für diese Positionen
findet man bei der Botswanerin Bagele Chilisa (2012) oder dem aus Puerto Rico
stammenden Soziologen Ramón Grosfoguel (2013). Diesen letzten Positionen
liegen sehr starke relativistische Bedenken zugrunde. Sie sprechen unserer ‚westlichen' Wissenschaft die Fähigkeit ab, eine objektive Wahrheit entdecken zu
können und wollen uns stattdessen überzeugen, dass die Wahrheit letztendlich
immer in sehr starker Weise von Sprache, Kultur und anderen Parametern abhängt.
Was für uns wahr sei, müsse nicht für indigene Völker in Afrika wahr sein, weil
diese die Welt anders sehen. Ob diese neueren Positionen berechtigt sind oder

nicht: Sie teilen die Bedenken, dass es eine unabhängige und schlechthin objektive Sicht auf die Welt nicht gibt oder sie zumindest so gut wie nicht zu erreichen ist (für eine tiefergehende Behandlung dieser Thematik s. Kap. 16).

1.3   Eine erste Analyse

Die Fragen diesbezüglich sind diffizil und können nicht alle in einer Unterrichtssequenz verarbeitet werden. Besonders auffällig ist, dass gerade die relativistischen Herausforderungen in der schulischen Bildung oftmals nur gestreift werden, ohne sich ernsthaft mit dem Grundproblem auseinanderzusetzen. Manchmal mangelt es in der Vermittlung von Philosophie(ren) nämlich daran, die skeptischen oder relativistischen Bedenken angemessen ernst zu nehmen. Zum Beispiel behandelt Pfister (2020, 25–26.) zwar durchaus die Subjektivität in Wahrheitsfragen, geht aber nicht näher auf die Argumente der Relativist*innen ein. So konzentriert er sich lediglich auf Aussagen, über deren Status es zwischen modernen Relativist*innen und modernen Absolutist*innen (= Nicht-Relativist*innen) kaum Meinungsverschiedenheiten gibt. Sein Beispiel ist „Die Erde ist eine Scheibe". Eine derartige Behauptung ist tatsächlich wahr oder falsch, weil sie deskriptiv ist. Aber Relativist*innen stützen sich viel lieber auf normative Aussagen, um ihre Position zu untermauern. Man betrachte z. B. die Behauptungen „Abtreibung ist moralisch falsch" oder „Unser Bundeskanzler ist ein Dummkopf". Welche empirischen Studien müssen wir durchführen, um das zu überprüfen? In welcher Enzyklopädie kann man das nachlesen? Wie kann man hier überhaupt zu einem objektiven Urteil darüber gelangen, ob die Behauptung wahr oder falsch ist? Wer ist überhaupt mit „unser Bundeskanzler" gemeint? Denn das, was dieser Ausdruck bezeichnet, hängt von der Zeit ab, zu der er benutzt wird. Eine Aussage wie „Sebastian Kurz ist Österreichs Bundeskanzler" ist wahr am 24.2.2021, aber falsch am 24.2.2011. Außerdem variiert die Wahrheit mit dem Kontext: „Ich bin eine Frau" ist falsch, wenn Joe Biden das sagt, aber wahr, wenn Angela Merkel es sagt. „Cola schmeckt gut" könnte *für Albert falsch* und *für Barbara wahr* sein. Schließlich meinen manche, dass Sätze wie „Die Menschenrechte muss man einhalten" nur wahr sind für eine bestimmte Gesellschaft, dass sie aber falsch sein könnten für eine andere Gesellschaft. Um sagen zu können, ob etwas wahr ist, muss man oft viele verschiedene zusätzliche Parameter berücksichtigen. Der Relativismus ist daher in gewissen Ausprägungen alles andere als von Anfang an unvernünftig.

Auf der anderen Seite scheint die Notwendigkeit gewisser kontextueller Zusatzinformationen die Objektivität und Zeitlosigkeit der Wahrheit in den meisten Fällen noch nicht zu untergraben. Wie auch immer ich die Sache sehe: Es scheint einfach wahr zu sein, dass Sebastian Kurz am 24.2.2021 der amtierende Bundeskanzler von Österreich ist. Die Sätze „Joe Biden ist ein Mann (zum Zeitpunkt X)" und „Cola schmeckt Barbara gut (zum Zeitpunkt Y)" haben nichts wirklich Relatives mehr an sich. Inwiefern der Relativismus plausibel ist, hängt daher stark davon ab, wie er konstruiert wird und welche These genau verteidigt werden soll. Eine mögliche grobe Einteilung der Positionen ist die folgende:

▶ **Schwacher Wahrheitsrelativismus:**
Die Position, dass die Wahrheit einer Behauptung normalerweise von vielen verschiedenen Parametern bzw. von einem Kontext abhängt.

▶ **Starker Wahrheitsrelativismus:**
Die Position, dass die Wahrheit einer Behauptung (zumindest in gewissen Bereichen) von der Weltsicht oder dem Standpunkt von Personen abhängt.

▶ **Bemerkung:**
In der philosophischen Fachliteratur ist mit dem Begriff ‚Wahrheitsrelativismus' so gut wie immer der starke Wahrheitsrelativismus gemeint. Die Diskussion dreht sich darum, bei welcher Art von Behauptungen (wenn überhaupt) man einen starken Wahrheitsrelativismus vertreten soll.

Auch skeptische Personen müssen keineswegs radikal unvernünftig sein. Die Haltung, dass wir Menschen uns aufgrund unserer Beschränkungen in fast jeder Frage prinzipiell irren können, ist nicht radikal, sondern realistisch. Vielzitierte empirische Studien aus der modernen Psychologie, wie diejenigen von Daniel Kahneman und Amos Tversky (zusammenfassend vgl. Kahnemann 2012), widerlegen ziemlich eindeutig, dass wir Menschen stets zuverlässig räsonieren. Wir sind keine perfekt logisch programmierten Deduktionsmaschinen. Stattdessen scheinen wir uns beim Denken und Schlussfolgern auf eine Menge nützlicher Faustregeln zu verlassen, die uns allgemein zwar gute Dienste leisten, uns aber auch manchmal in die Irre führen können, wenn wir unser intuitives Denken nicht kritisch prüfen. Außerdem haben wir immer nur begrenzte Möglichkeiten der empirischen Überprüfung in unserer Wissenschaft. Manches bleibt uns vielleicht für immer verborgen. Wissen wir z. B. was Julius Caesar am 22. Juni um Punkt 12:00 (nach unserer Rechnung der Tageszeit) im Jahr 86 v. Chr. getan hat? Nein, so genaue Informationen besitzen wir nicht. Werden wir es irgendwann wissen können, wenn wir unsere Forschungsmöglichkeiten weiterentwickeln und genug nachforschen? Vielleicht. Vielleicht haben wir Glück und finden einen ganz konkreten Hinweis, wie einen Brief von einem seiner Freunde, der ein präzises Datum enthält und spezifiziert, dass Caesar um diese Zeit ein Stück Fisch gegessen und anschließend seinen Mageninhalt entleert hat. Vielleicht werden wir es aber niemals wissen. Aber auch in viel einfacheren und lebensweltlich relevanten Fragen muss man eingestehen, dass wir etwas vielleicht (noch) nicht wissen. Zum Beispiel kannte man während der Coronapandemie die genauen Auswirkungen der verschiedenen Virusmutationen vorerst noch nicht und selbst nach einiger Forschung waren und sind Fehler in der Einschätzung immer möglich. Ähnlich ist es in den anderen Bereichen der Wissenschaft. Daher ist es durchaus plausibel, dass wir oft keine absolute Sicherheit besitzen, auch wenn es da eine Wahrheit gibt. Unsere Irrtumswahrscheinlichkeit liegt selten, wenn überhaupt jemals, bei 0.

Auf der anderen Seite ist dieses Bestehen auf menschliche Fehlbarkeit und das Hinweisen auf die Beschränktheit unserer Mittel zur Überprüfung von Behauptungen noch nicht das, was man in der philosophischen Diskussion üblicherweise als Skeptizismus bezeichnet. So verteidigt Geert Keil (2020) explizit diese Fehlbarkeit von uns Menschen, meint jedoch, dass Skeptiker*innen diejenigen Personen sind, die aus der menschlichen Fehlbarkeit den Schluss ziehen, dass wir überhaupt nie etwas wissen können. Dies widerspricht aber unserem gesunden Menschenverstand in extremster Weise. Wir scheinen doch vieles zu wissen. Auch im Falle des Skeptizismus hängt die Plausibilität der Position daher damit zusammen, um welche Behauptungen es sich im Speziellen handelt. Man könnte folgende Positionen unterscheiden:

▶ **Moderater Wahrheitsskeptizismus:**
Die Position, dass es keine Behauptung gibt, die ganz sicher wahr ist, und auch keine Behauptung, die ganz sicher falsch ist.

▶ **Radikaler Wahrheitsskeptizismus:**
Die Position, dass wir bei keiner Behauptung (oder nur bei sehr wenigen Behauptungen) die Wahrheit (oder Falschheit) gut genug einschätzen können, um berechtigt sein zu können, sie für wahr (oder falsch) zu halten.

Davon kann man trennen:

▶ **Wissensskeptizismus:**
Die Position, dass wir nichts, oder zumindest kaum etwas, wissen. Insbesondere wissen wir sehr vieles nicht, was wir intuitiv zu wissen glauben.

Diese Differenzierungen sind essentiell, um die Debatte ernsthaft führen zu können. In diesem Beitrag wird nicht der Wissensskeptizismus behandelt, weil man dafür näher auf den Begriff des Wissens eingehen müsste. Man unterscheidet in der Erkenntnistheorie die Fragen nach der Berechtigung unserer Meinungen von Fragen nach dem Begriff des Wissens. Die Debatte über den Wissensbegriff, und damit auch über den Wissensskeptizismus, ist ein Thema für eine andere Sequenz (s. Kap. 3). Hier geht es um den Wahrheitsskeptizismus. Die Reflexionsfrage zu diesem Thema lautet, wie sich der moderate und der radikale Skeptizismus zueinander verhalten. Muss man den radikalen Wahrheitsskeptizismus vertreten, bloß weil man den moderaten Wahrheitsskeptizismus vertritt? Wie plausibel sind diese beiden Positionen?

Nehmen Sie zur Erläuterung das Beispiel einer Person, die skeptisch gegenüber dem Klimawandel eingestellt ist. Sie könnte nun im Bereich des Klimawandels einen moderaten oder einen radikalen Wahrheitsskeptizismus vertreten. Im moderaten Sinn würde sie lediglich behaupten, dass (im Bereich des Klimawandels) nichts sicher ist. Das heißt, es ist nicht ganz sicher, ob die Klimawissenschaftler*innen mit ihren Einschätzungen richtig liegen. Sie könnten sich immer irren. Im Sinne eines radikalen Wahrheitsskeptizismus (im Bereich des Klimawandels) könnte sie behaupten, dass die Wissenschaftler*innen überhaupt nicht in der Lage sind, ernstzunehmende Hinweise darauf zu finden, was mit unserer Erde im Laufe der Zeit passieren wird. Über die Zukunft ließen sich auch mit wissenschaftlichen Mitteln nicht einmal Wahrscheinlichkeitsaussagen treffen nach dem Motto „Alles nur Spekulation!". Man sieht bereits, dass in der Praxis dieser Unterschied zwischen dem moderaten und dem radikalen Wahrheitsskeptizismus äußerst bedeutsam sein kann. Moderate Wahrheitsskeptiker*innen im Bereich des Klimawandels mögen zwar gewisse Zweifel haben, sprechen der Klimawissenschaft aber dennoch so viel an Wirksamkeit zu, dass sie deren Ergebnisse noch ernst nehmen, wenn auch unter gewissen Vorbehalten. Radikale Wahrheitsskeptiker*innen in diesem Bereich würden die Empfehlungen der Klimawissenschaftler*innen in der Regel völlig ignorieren.

Es sei noch erwähnt, dass in der Praxis oft handfeste Klimawandelleugner*innen gemeint sind, wenn von „Klimawandelskepsis" gesprochen wird. Dies sind aber keine Skeptiker*innen im eigentlichen Sinn. Skeptiker*innen zweifeln sowohl Aussagen über die Wahrheit als auch über die Falschheit an. Personen, die behaupten, „Der menschengemachte Klimawandel existiert nicht", machen in den Augen von Skeptiker*innen genauso risikoreiche Aussagen wie diejenigen, die behaupten, „Der menschengemachte Klimawandel existiert". Ein Lager hat am Ende Unrecht. Aber Skeptiker*innen wollen sich weder in das eine, noch in das andere Lager drängen lassen.

Beide Strömungen, Relativismus und Skeptizismus, kann man zusammengefasst als Positionen betrachten, die unsere epistemische Orientierung an (objektiven) Wahrheiten als hochproblematisch ansehen. Wenn aber die (objektive) Wahrheit unser zentrales epistemisches Ziel ist, wie es in der Erkenntnistheorie oft vertreten wird (s. Kap. 4), dann haben wir ein Problem. Die Behandlung dieser Positionen ist also sowohl aus lebensweltlicher als auch aus fachphilosophischer Sicht wichtig. Es folgt ein Vorschlag für eine Unterrichtssequenz diesbezüglich.

2   Unterrichtssequenz

Der Sinn der folgenden Unterrichtssequenz liegt darin, die Schüler*innen darüber zum Nachdenken zu bringen, ob und inwiefern relativistische und skeptische Bedenken gegenüber dem Wahrheitsziel ernst zu nehmen sind. Es soll nicht mehr und nicht weniger erreicht werden als ein vertieftes Nachdenken darüber, ob diese Bedenken gegenüber der Wahrheit und ihrer Erkenntnis unsere Wahrheitsorientierung selbst ernsthaft gefährden. Das Ergebnis dieser Überlegungen sollte offenbleiben, weil wir die Schüler*innen nicht bevormunden wollen. Eine Form des Philosophierens, die an einem klar definierten philosophischen Standpunkt als

Output orientiert ist, wird hier ebenso abgelehnt wie ein Philosophieren, welches sich hauptsächlich an historischen Positionen oder Wortmeldungen orientiert. Eine Lehrperson sollte ihren Schüler*innen weder den Standpunkt von Immanuel Kant noch ihren eigenen aufdrängen. Philosophieren ist ein eigenständiger Prozess, weshalb ein guter Philosophieunterricht diese Eigenständigkeit fördern und nicht unterdrücken sollte.

Die Unterrichtssequenz ist daher an Fragen orientiert und nicht an irgendwelchen speziellen Positionen. Die Hauptfragen in dieser Sequenz sind: Inwiefern macht es Sinn, sich an der Wahrheit zu orientieren? Inwiefern ist der Wahrheit zu trauen? Speziellere Fragen sind: Können wir überhaupt etwas über den Wahrheitsstatus einer Aussage sagen? Brauchen wir tatsächlich immer einen subjektiven Standpunkt, damit etwas wahr oder falsch sein kann? Kommen wir auf der anderen Seite immer ohne einen subjektiven Standpunkt aus? Welche Faktoren könnte es noch geben, damit man sagen kann, dass etwas wahr oder falsch ist? Und untergraben diese Faktoren unsere Suche nach der Wahrheit? Gibt es etwas, das ganz sicher ist? Wenn nicht, ist das schlimm für unsere Bemühungen um die Wahrheit? Gibt es etwas, das zumindest halbwegs sicher ist? Wie gut ist unser Draht zur Wahrheit? Sollten wir Überlegungen über die Wahrheit aus unseren (vernünftigen) Urteilen ausklammern oder sollten wir an der Wahrheit als Ziel festhalten?

2.1   Einige Erwartungen

Nach der Unterrichtssequenz können die Schüler*innen vor allem:

✓   in eigenen Worten erklären, welche Probleme entstehen können, wenn wir uns ausschließlich an der Wahrheit orientieren wollen, und dies anhand von lebensweltlichen Beispielen erläutern,

✓   begrifflich sauber zwischen verschiedenen Arten von Wahrheitsskeptizismus und Wahrheitsrelativismus differenzieren und diese Differenzierungen durch lebensweltliche Beispiele erläutern,

✓   begründet zu skeptischen und relativistischen Positionen Stellung nehmen.

2.2   Ablauf und Materialien

Für diese Sequenz wird benötigt:

1. Tafel, Whiteboard oder Ähnliches zum Sammeln von Wortmeldungen
2. Kreppband zum Aufkleben am Klassenboden
3. Arbeitsblätter zur Wahrheitsschnitzeljagd
4. eine Liste mit bestimmten Arten von Aussagen
5. digitale Endgeräte mit Internetanschluss für die Schüler*innen
6. eine Umgebung, die für das Arbeiten in Gruppen geeignet ist

Zu Beginn werden zwei fiktive Aussagen von Impfverweigernden an die Tafel geschrieben (wieder gilt, dass die Thematik möglichst aktuell sein sollte): Als Beispiele könnte man folgende nehmen:

- „Ich lasse mich nicht impfen, weil ich Angst vor Nebenwirkungen habe. Wir kennen die Wahrheit über diese Wirkungen einfach nicht und daher mache ich das sicher nicht."
- „Manche glauben an die Wirksamkeit und Sicherheit der Impfung, andere nicht. Und ich eben nicht. Und was ist so schlimm daran? Jeder hat seine eigenen Vorstellungen und soll die anderen damit in Ruhe lassen. Eine objektive Sicht gibt es nicht."

Das Kreppband wird auf den Boden der Klasse geklebt und beiden Enden wird jeweils ein Pol zugewiesen (völlig berechtigt vs. völlig unberechtigt). Die Schüler*innen werden gebeten, sich zu den beiden Aussagen zu positionieren: je mehr man die Aussage für (un)berechtigt hält, desto näher soll man sich zum jeweiligen Pol hinstellen. Anschließend wird nach den Beweggründen gefragt und einige vorgeschlagene Begründungen werden kurz im Plenum diskutiert.

Im Anschluss wird die „Wahrheitsschnitzeljagd" durchgeführt, die sich an den *Reality Scavenger Hunt* in Shapiro (2012, 86) anlehnt. Die Schüler*innen sollen in Partnerarbeit Beispiele für die jeweiligen Kategorien finden und diese auf ein Blatt Papier schreiben, welches die Lehrperson danach einsammelt. Anschließend wählt die Lehrperson aus jeder Liste eine Aussage aus und die Schüler*innen sollen zunächst raten, in welche Kategorie diese Aussage gesteckt wurde (die Urheber*innen des Beispiels werden dabei ausgeschlossen). Danach diskutiert man kurz, ob die Einschätzung eine gute Wahl war, oder ob die Aussage anders einzuschätzen ist und warum. Hierbei könnten sich durchaus einige interessante Kontroversen ergeben. Hier ist die konkrete Aufgabe:

Aufgabe: Wahrheitsschnitzeljagd
Versuchen Sie zu zweit für jede der folgenden Kategorien eine Beispielaussage zu finden:

- Ziemlich sicher wahr
- Ziemlich sicher falsch
- Unsicher, aber wahrscheinlicher wahr als falsch
- Unsicher, aber wahrscheinlicher falsch als wahr
- Wahr oder falsch, aber beides gleich wahrscheinlich
- Ganz sicher wahr
- Ganz sicher falsch
- Ziemlich sicher wahr, aber viele Leute glauben es nicht
- Ziemlich sicher falsch, aber viele Leute glauben es
- Wahrscheinlich wahr, aber kaum jemand glaubt es
- Wahrscheinlich wahr und so gut wie jede(r) glaubt es
- Weder wahr noch falsch
- Wahr und falsch gleichzeitig

Im Anschluss werden diese Beispiele im Plenum diskutiert, was sehr fruchtbar sein kann. Philosophieren lebt von der Kontroversität, und es ist kaum zu erwarten, dass alle vorgeschlagenen Beispiele unkontrovers sind. Skeptisch orientierte Schüler*innen äußern in der Regel Bedenken, wenn es darum geht, etwas als „ganz sicher wahr" oder „ganz sicher falsch" zu bezeichnen. Vielleicht könnte man dennoch klassische Gegenbeispiele bringen, wie Aussagen über unsere privaten Sinnesempfindungen („Ich sehe jetzt etwas Grünes") oder logische Wahrheiten („Jedes Ding ist entweder rot oder nicht rot"). Aber auch wenn es keine sicheren Wahrheiten oder Falschheiten gibt: Ist das ein Problem? Wird unsere Orientierung an der Wahrheit untergraben, wenn diese beiden Kategorien leer wären? Reicht es vielleicht aus, dass es „ziemlich sicher wahre" Behauptungen gibt? Auch in den anderen Kategorien sollten sich kontroverse Beispiele ergeben, die man fruchtbar diskutieren kann. Welche Aussage könnte weder wahr noch falsch – oder sogar wahr und falsch gleichzeitig – sein? Kann es so etwas überhaupt geben? Ein nützliches Beispiel zum Diskutieren könnte die Aussage „Dieser Satz ist nicht wahr" sein. Auch normative Sätze könnten in diese Kategorien fallen. Am Ende der Diskussion sollte man den Schüler*innen jedenfalls die verschiedenen Formen des Wahrheitsskeptizismus bzw. dem Wissensskeptizismus erklären, wie sie oben formuliert wurden, damit sie skeptische Positionen angemessen einordnen können.

Für die nächste Aufgabe teilt man die Schüler*innen in Gruppen von 3 bis 4 Personen ein (durch Lose oder Ähnliches) und beauftragt sie damit, jede Behauptung auf der Liste (Punkt 4 der Materialien) über eine Internetrecherche per Smartphone auf ihre Wahrheit zu prüfen und diese danach einzuschätzen. Die Qualität dieses Vorgehens hängt von der Qualität der Aussagen auf der Liste ab. Hier sollte man zunächst einige klare Wahrheiten oder Falschheiten auflisten, die mit Recherchen leicht zu klären sind. Man kann diese Items aus verschiedenen Bereichen wie Geschichte, Naturwissenschaft etc. wählen. Danach sollten allerdings Behauptungen kommen, welche nicht mehr durch eine Internetrecherche geklärt werden können: Vage Behauptungen, unbewiesene Vermutungen, eindeutig unvollständige Aussagen (wie „Ein Liter Benzin kostet 1,48 €" – hier wird weder Zeitpunkt noch Tankstelle genannt) etc. Am Ende sollte man auch moralische Aussagen und Geschmacksaussagen (wie „Bier schmeckt gut") aufnehmen. Eine Beispielliste als Diskussionsgrundlage und die vollständige Aufgabe findet man hier:

Aufgabe: Wahrheitsprüfung
Versuchen Sie zu beurteilen, wie sicher folgende Aussagen wahr sind, und benutzen Sie dabei folgendes Schema:

5: (Zumindest ziemlich sicher) wahr
4: Unsicher, aber eher wahr als falsch
3: Völlig unsicher, weil die Chancen 50:50 sind
2: Unsicher, aber eher falsch als wahr
1: (Zumindest ziemlich sicher) falsch

0: Keine Angabe möglich

Nutzen Sie Ihr Smartphone zur Recherche, wenn Sie wollen. Schreiben Sie die Ziffer, die Ihre Einschätzung widerspiegelt, in die rechte Spalte. Sollten Sie bei der Wahrheitsprüfung einer Aussage das Urteil „0" abgeben, notieren Sie bitte, wo das Problem liegt und ob und wie man hier doch zu einer echten Einschätzung im Sinne von 1 bis 5 kommen könnte.

Nr.	Aussage	Urteil
1	Napoleon Bonaparte krönte sich am 2. Dezember 1804 zum Kaiser der Franzosen.	
2	Alfred Wegener behauptete 1815, dass unsere Kontinente einst Teil eines Urkontinents waren.	
3	Ein Oxymoron ist eine sauerstoffreiche Gegend.	
4	$(5! - 3^3): 3 - 30 = 1$.	
5	Die erste Variante von Sars-Cov-2 wurde in einem Labor hergestellt.	
6	Es gibt außerirdisches Leben.	
7	Die (starke) Goldbachsche Vermutung stimmt.	
8	Elektronen existieren.	
9	Gott existiert.	
10	Ein Liter Benzin bei der Tankstelle um die Ecke kostet 1,48 €.	
11	Ein Babyelefant ist groß.	
12	Angela Merkel ist bereit.	
13	Sie ist jetzt dort.	
14	Bier schmeckt gut.	
15	Himmelblau ist eine schöne Farbe.	
16	Donald Trump war ein Segen für die USA.	
17	Die Schüler*innen sind verpflichtet, die erforderlichen Unterrichtsmittel mitzubringen.	
18	Der Genderwahn in unserer Sprache ist sinnlos.	
19	Menschen zu foltern, ist moralisch falsch.	
20	Die Lockdowns in Deutschland während der Corona-Pandemie waren berechtigt.	

Im Anschluss werden die einzelnen Punkte der Liste im Plenum besprochen und dabei immer nachgefragt, ob wir aufgrund der vorhandenen Schwierigkeiten die objektive Wahrheit als Ziel aufgeben müssten. Anfangs ist es noch leicht zu klären, ob die Behauptung wahr oder falsch ist. Wie sicher diese Faktenlage ist, ist hier nicht so wichtig. Mit den Aussagen 5–7 kommen wir in den Bereich der bislang unbewiesenen Vermutungen, die aber wenigstens wahr oder falsch sein sollten. Die Existenzaussagen 8 und 9 sind mehr umstritten, weil man oft klarstellen muss, was das relevante Ding eigentlich sein soll. Gerade bei Gott divergieren hier die Meinungen stark. Spätestens ab Aussage 10 wird die Einschätzung der Wahrheit sehr problematisch. 10 ist unvollständig, 11 ist vage (Was ist unser Standard für ‚groß': Menschenbabys? Dann sind Babyelefanten ziemlich groß; durchschnittliche Elefanten? Dann sind Babyelefanten sicher nicht groß), 12 und 13 sind wegen ihrer starken Kontextrelativität ebenfalls unvollständig oder unklar, 14 ist eine Geschmacksaussage, die auch nicht ohne Weiteres als wahr oder falsch betrachtet werden kann, und bei den Aussagen 15–20 handelt es sich nicht mehr um übliche deskriptive Sätze, sondern um verschiedene Formen von wertenden Aussagen.

An diesem Punkt könnte man den Schüler*innen die Unterscheidung zwischen normativen bzw. präskriptiven (vorschreibenden) und deskriptiven (beschreibenden) Behauptungen erklären, sofern dies noch nicht geschehen ist. Normative Behauptungen oder Wertaussagen mit Wörtern wie „gut, schlecht, sollen, dürfen, berechtigt, wahnsinnig, toll, Dummkopf etc." werden traditionell von rein deskriptiven Aussagen, die lediglich neutral die Welt beschreiben wollen, klar getrennt. Deskriptive Aussagen sind üblicherweise wahr oder falsch. Normative Aussagen sind, wie man an der Liste sieht, problematisch. Vielleicht sind sie weder wahr noch falsch. Aber hier sind verschiedene Positionen denkbar. Denn manchmal lassen sich auch vermeintlich normative Aussagen deskriptiv interpretieren. 17 wurde beispielsweise dem österreichischen Schulunterrichtsgesetz (§ 43) entnommen. Insofern man die Aussage relativ zur österreichischen Gesetzeslage interpretiert, ist sie eine deskriptive Aussage und damit wahr, weil sie die österreichische Gesetzeslage (zutreffend) beschreibt. Vielleicht könnte man sie jedoch auch relativ zu einem anderen System interpretieren. Wenn die Lehrperson L ein Moralsystem vertritt, in welchem Schüler*innen tatsächlich verpflichtet sind die für den Unterricht erforderlichen Unterrichtsmittel mitzubringen, dann könnte die Aussage auch als deskriptive Aussage über Ls Moralsystem verstanden werden. Ähnliche Manöver könnte man vielleicht auch bei den anderen Aussagen einsetzen. Sind Aussagen über Schönheit, Moral, Sinnlosigkeit und Berechtigung vielleicht verkleidete deskriptive Aussagen? Auch hier können sich kontroverse und interessante Wortmeldungen ergeben. Zum Abschluss dieses Teils erklärt man den Schüler*innen die verschiedenen Formen von Wahrheitsrelativismus (schwach und stark) wie sie oben ausgeführt wurden.

Um den Unterschied zwischen dem starken und dem schwachen Wahrheitsrelativismus zu erläutern, kann man nochmals kurz die Liste der 20 Aussagen durchgehen und die Frage stellen: Angenommen wir akzeptieren den schwachen aber nicht den starken Wahrheitsrelativismus: Von welchen Behauptungen kann man sagen, dass sie wahr oder falsch sein können und bei welchen Aussagen ist die Wahrheit nach wie vor problematisch? Eine mögliche (aber keineswegs ausgemachte) Kompromissposition wäre zu sagen, dass bis einschließlich Aussage 13 kein starker Wahrheitsrelativismus nötig ist, wir diesen jedoch ab Aussage 14 bemühen müssen (die Aussage über Gott ist vielleicht ein Ausnahmefall, weil es vom Standpunkt von Personen abhängen kann, was man unter ‚Gott' versteht). Der Kontext alleine könnte hier ausreichen, um die Aussage wahr oder falsch zu machen. Ein(e) starke/r Wahrheitsrelativist*in wird üblicherweise auf Behauptungen im Sinne von 14 bis 20 verweisen.

2.3   Reflexionsaufgaben zur Vertiefung

Aufgabe 1

Hier ist ein Kommentar aus dem Jahr 2011. Analysieren Sie die Aussage dieses Zitats und nehmen Sie begründend dazu Stellung:

> Wenn die großen Geister ihrer Zeit an die Erde als Scheibe geglaubt haben, wer sagt dann, dass unser jetziges Wissen richtig ist. Sicher ist nur, dass es so lange gilt, bis es durch neue Erkenntnisse ersetzt ist. Wahrheit ist also immer nur ein Zwischenstopp im Erkenntnisprozess. Leider hat sich das Wissen über die Relativität der Wahrheit noch nicht überall durchgesetzt.[2]

Aufgabe 2

Betrachten Sie folgendes Zitat des antiken Philosophen Sextus Empiricus und führen Sie *einen* der darunter angegebenen Aufträge (entweder a oder b, aber nicht beide) aus:

> Die Uneinigkeit über das Wahre selbst reicht aus, um uns eines Urteils zu enthalten. […]
>
> Jemand, der sagt es gebe etwas Wahres, behauptet dies einfach oder er beweist es. Und wenn er es einfach behauptet, dann wird er das Gegenteil seiner Behauptung zu hören bekommen und zwar: dass *nichts* wahr ist. Aber wenn er beweist, dass es etwas Wahres gibt, […] wie kommt es dann, dass das, was uns beweist, dass etwas wahr ist, selbst wahr ist? […] Wenn das von einem anderen Beweis kommt, dann wird wiederum gefragt werden, wie *dies* wahr sein kann und so weiter bis ins Unendliche. Da es nun notwendig ist, eine Unendlichkeit zu begreifen, damit wir etwas Wahres lernen, es aber unmöglich ist, eine Unendlichkeit zu begreifen, ist es unmöglich, sicher zu wissen, ob es irgendetwas Wahres gibt. (Bett 2005, 90/93; Übers. P.M.)

a) Kritisieren Sie diese Meinung (im 1.Satz), indem Sie zeigen, dass sie unvernünftig ist und das vorgebrachte Argument dafür fehlerhaft oder irrelevant ist. Erläutern Sie dies auch anhand eines modernen Beispiels.

b) Verteidigen Sie diese Meinung (im 1.Satz) entweder durch das angegebene Argument oder durch ein anderes, indem Sie zeigen, dass sie üblicherweise die vernünftigste Position ist. Erläutern Sie dies auch anhand eines modernen Beispiels.

Aufgabe 3

Betrachten Sie folgende Aussage:

> Du sollst nicht lügen.

Führen Sie einen der folgenden Aufträge (entweder a oder b) aus:

---

[2]Quelle: https://www.volksstimme.de/kultur/kultur_regional/670127_Wahrheit-ist-relativ.html (Zugriff am 19.03.2021).

a) Begründen Sie, warum diese Aussage *manchmal eindeutig wahr und manchmal eindeutig falsch* ist. Entwerfen Sie dafür zwei konkrete Situationen; eine, in der die Aussage eindeutig wahr ist, und eine andere, in der die Aussage eindeutig falsch ist. Beschreiben Sie diese Situationen präzise und argumentieren Sie, warum die Aussage in diesen Situationen wahr bzw. falsch ist.

b) Begründen Sie, warum diese Aussage *niemals eindeutig wahr oder falsch* ist. Entwerfen Sie dafür zwei Situationen; eine, in der man die Aussage für eindeutig wahr halten könnte, und eine andere, in der man die Aussage für eindeutig falsch halten könnte. Beschreiben Sie diese Situationen präzise und argumentieren Sie, warum auch in diesen beiden Situationen die Aussage nicht eindeutig wahr oder falsch ist.

Literatur

Bett, R. 2005. *Sextus empiricus: Against the logicians*. Cambridge: Cambridge University Press.

Chilisa, B. 2012. *Indigenous research methodologies*. Los Angeles: Sage.

Frankfurt, H.G. 2005. *On bullshit*. Princeton: Princeton University Press.

Grosfoguel, R. 2013. The structure of knowledge in westernised universities: Epistemic racism/sexism and the four genocides/epistemicides. *Human Architecture: Journal of the sociology of self-knowledge* 1(1):73–90.

Kahnemann, D. 2012. *Schnelles Denken, langsames Denken*. München: Siedler.

Kant, I. 1900 ff. *Kant's gesammelte Schriften*. Hrsg. von der königlich preussischen Akademie der Wissenschaften [=AA]. Berlin: G. Reimer.

Keil, G. 2020. *Wenn ich mich nicht irre. Ein Versuch über die menschliche Fehlbarkeit*. Stuttgart: Reclam.

Pfister, J. 2020. *Kritisches Denken*. Stuttgart: Reclam.

Shapiro, D.A. 2012. *Plato was wrong! Footnotes on doing philosophy with young people*. Lanham: Rowman & Littlefield.

Wie sollten wir auf Meinungsverschiedenheiten reagieren?

Dominik Balg

Unsere politische und gesellschaftliche Gegenwart ist nicht nur durch eine Vielzahl schwerwiegender Herausforderungen geprägt, sondern auch durch grundlegende Uneinigkeiten hinsichtlich der angemessenen Einschätzung und erfolgreichen Bewältigung dieser Herausforderungen: Ob Klimakrise, Pandemien oder internationale Konflikte – öffentliche Debatten über aktuelle Probleme scheinen immer mehr geprägt von einer zunehmenden Polarisierung und Radikalisierung einander widersprechender Positionen. Dass Schulen als zentrale Orte institutioneller staatlicher Bildung, an denen Lernende auf ihr späteres Leben in der Gesellschaft vorbereitet und zu konstruktiven Mitgliedern eines demokratischen Gemeinwesens erzogen werden sollen, angesichts dessen einen entscheidenden Beitrag dazu leisten müssen, Schüler*innen zu einem reflektierten und verantwortungsvollen Umgang mit konfligierenden Ansichten anderer Personen zu befähigen, sollte wenig kontrovers sein. Darüber hinaus scheint dem Philosophie- und Ethikunterricht in diesem Zusammenhang auf den ersten Blick eine besondere Bedeutung zuzukommen – handelt es sich bei der Philosophie als für diese Fächer maßgebliche Bezugsdisziplin doch geradezu um den paradigmatischen Ort der wissenschaftlichen Auseinandersetzung mit normativen Fragen des gesellschaftlichen und zwischenmenschlichen Miteinanders.

Vor diesem Hintergrund ist es jedoch umso bemerkenswerter, dass die bisherige theoretische Reflexion der soeben skizzierten Aufgabe in der philosophiedidaktischen Forschung nach wie vor unbefriedigend ist. Tatsächlich erschöpfen sich die diesbezüglich an die Schulpraxis gerichteten Maßgaben und Richtlinien oftmals lediglich in der Empfehlung, Schüler*innen die Chancen und Potentiale

D. Balg (✉)
Johannes Gutenberg-Universität Mainz, Mainz, Deutschland
E-Mail: dbalg@uni-mainz.de

© Der/die Autor(en), exklusiv lizenziert an Springer-Verlag GmbH, DE, ein Teil von
Springer Nature 2023
B. Bussmann und P. Mayr (Hrsg.), *Theoretisches Philosophieren und
Lebensweltorientierung,* Philosophische Bildung in Schule und Hochschule,
https://doi.org/10.1007/978-3-662-67309-6_6

eines pluralistischen Nebeneinanders verschiedener Auffassungen zu verdeutlichen und einen tolerant-offenen Umgang mit widersprechenden Meinungen zu
kultivieren. Beispielhaft für diese Konstellation sei hier nur folgende Passage aus
dem Kernlehrplan Philosophie des Landes Nordrhein-Westfalen zitiert, in dem
es mit Blick auf die Aufgaben und Ziele des Philosophieunterrichts heißt (MSB
NRW 2013, 10):

> So kann der Philosophieunterricht im Sinne einer aufklärerischen Vernunftkultur zu
> einem besseren Selbstverstehen, zu gegenseitigem Verständnis und zu Toleranz gegenüber
> anderen Weltverständnissen und Menschenbildern beitragen.

Dass die in solchen Empfehlungen zum Ausdruck kommende Sichtweise
zumindest verkürzt ist und der Signifikanz einander widersprechender Ansichten
letztendlich nicht gerecht werden kann, wird deutlich, wenn man einen Blick
auf das vergleichsweise junge philosophische Forschungsfeld der sozialen
Erkenntnistheorie wirft, wo sich ein lebhafter Diskurs über den richtigen
Umgang mit und die angemessene Reaktion auf Meinungsverschiedenheiten
entwickelt hat. Im Kern dieses Diskurses steht die Frage, welche erkenntnistheoretische Reaktion die Einsicht erfordert, dass andere Menschen Ansichten
vertreten, die den eigenen Meinungen widersprechen. In dem vorliegenden Beitrag soll die didaktische Relevanz dieses Diskurses diskutiert und in ihren unterrichtspraktischen Implikationen konkret veranschaulicht werden. Der Beitrag
ist folgendermaßen strukturiert: In Abschn. 1 werden vor dem Hintergrund der
obigen Kernfrage einige grundsätzliche Ergebnisse der gegenwärtigen Forschung
zur Erkenntnistheorie der Meinungsverschiedenheiten vorgestellt und auf dieser
Grundlage drei wichtige Desiderate für die schulische Befähigung von Lernenden
zu einem reflektierten und verantwortungsvollen Umgang mit konfligierenden
Ansichten anderer Personen abgeleitet. In Abschn. 2 wird dann der Blick auf den
spezifischen Kontext des Philosophie- und Ethikunterrichts gerichtet und dafür
argumentiert, dass die in Abschn. 1 vorgestellte Forschungsliteratur auch auf einer
unterrichtspraktischen Ebene für diese Fächergruppen von direkter Relevanz ist,
insofern sich der hier diskutierte Problemzusammenhang hervorragend für eine
direkte unterrichtliche Thematisierung eignet. In Abschn. 3 wird dann vor diesem
Hintergrund ein spezifisches Unterrichtsvorhaben vorgestellt, um die geforderte
Berücksichtigung aktueller Ergebnisse der Erkenntnistheorie der Meinungsverschiedenheiten im Rahmen des Philosophie- und Ethikunterrichts beispielhaft zu
veranschaulichen.

1   Die Epistemologie des Dissenses und ihre didaktische Relevanz

Wie sollten wir auf Meinungsverschiedenheiten reagieren? Diese Frage lässt
sich zunächst auf ganz unterschiedlichen Ebenen beantworten. So ließe sich
etwa auf einer *moralischen* Ebene fordern, dass wir auch vor dem Hintergrund

konfligierender Ansichten einen respekt- und rücksichtsvollen Umgang mit unseren Mitmenschen anstreben und inhaltliche Kontroversen nicht als persönliche Angriffe werten sollten. Auf einer *politischen* Ebene wäre unterdies zu fordern, dass einzelne Bevölkerungsgruppen nicht oder nur unter sehr spezifischen Bedingungen aufgrund ihrer Ansichten aus gesellschaftlichen Deliberationsprozessen ausgeschlossen werden dürfen. Die gegenwärtige epistemologische Forschung zur angemessenen Reaktion auf Meinungsverschiedenheiten versucht demgegenüber, sich auf einer rein *erkenntnistheoretischen* Ebene der eingangs formulierten Frage zu nähern. Was bedeutet das konkret?

Tatsächlich ist es auch aus einer rein erkenntnistheoretischen Perspektive hilfreich, zunächst klar zwischen zwei verschiedenen Ebenen zu unterscheiden: Zum einen lässt sich die Frage nach der erkenntnistheoretisch angemessenen Reaktion auf Meinungsverschiedenheiten auf der Ebene *instrumenteller Rationalität* beantworten. Eine diesbezügliche Beantwortung der Frage würde Aufschluss darüber geben, welche Arten des Umgangs mit Meinungsverschiedenheiten am besten der Erreichung unserer epistemischen Ziele zuträglich sind. So haben einige prominente Autor*innen etwa dafür argumentiert, dass es sinnvoll ist, so auf Meinungsverschiedenheiten zu reagieren, dass diese erhalten und ein bunter Pluralismus verschiedener Auffassungen gefördert wird (vgl. bspw. Chang 2012; Zollman 2010). Die Überlegung hinter dieser Forderung ist, dass Personen mit von unseren eigenen Ansichten abweichenden Auffassungen eine wertvolle Quelle kritischer Argumente und alternativer Sichtweisen sind, die uns dabei helfen, die Welt besser zu verstehen und der Wahrheit ein Stück näher zu kommen; eine Idee, die sich letztendlich schon bei John Stuart Mill findet (Mill 2015).

Wenngleich diese sehr positive Sichtweise auf die epistemische Signifikanz von Meinungsverschiedenheiten vermutlich einiger Ergänzung und Relativierung bedarf – schließlich haben Meinungsverschiedenheiten vor dem Hintergrund verschiedener kognitiver Verzerrungen und Biases oftmals auch epistemisch destruktive Konsequenzen und sollten dementsprechend zumindest in manchen Fällen eher vermieden als befördert werden –, soll im Folgenden die Ebene instrumenteller Rationalität ebenfalls ausgeklammert werden, wenn es um die didaktischen Implikationen der Epistemologie des Dissenses geht. Der Grund für diese Einschränkung ist, dass Überlegungen bezüglich des epistemisch Vorteilhaften im Rahmen bestehender didaktischer Konzepte und Richtlinien durchaus bereits berücksichtigt werden. Auch hier sei wiederum beispielhaft auf den Kernlehrplan Philosophie des Landes Nordrhein-Westfalen verwiesen, wo im Laufe der bereits anzitierten Passage etwa Folgendes konstatiert wird (MSB NRW 2013, 11):

Kennzeichen einer philosophisch dimensionierten Problemreflexion ist die Richtung auf Prinzipielles, das die Ebene subjektiver Meinungsäußerung überschreitet und begrifflich-argumentative Aussagen von allgemeiner Bedeutung intendiert. Insofern ist die philosophische Problemreflexion immer zugleich auf die argumentativ-dialogische Auseinandersetzung mit anderen Sichtweisen gerichtet […].

In diesem Zitat wird dem erkenntnistheoretischen Potential der Beschäftigung mit abweichenden Standpunkten als geradezu notwendiger Bedingung einer epistemisch verantwortungsvollen Meinungsbildung didaktisch eindeutig Rechnung getragen.

In Abgrenzung zur instrumentell-pragmatischen Dimension der Frage nach der epistemisch angemessenen Reaktion auf Meinungsverschiedenheiten wird im Folgenden eine zweite wichtige Ebene der erkenntnistheoretischen Debatte im Vordergrund stehen: Diese Ebene bezieht sich auf die *doxastische* Reaktion[1] auf das Bemerken einer Meinungsverschiedenheit und hat dementsprechend die *epistemische Rationalität* unseres Umgangs mit konfligierenden Ansichten im Blick. Die grundsätzliche Idee ist hierbei, dass Meinungsverschiedenheiten nicht nur verschiedene *Umgangsweisen* ermöglichen, die hinsichtlich der Erreichung unserer epistemischen Ziele mehr oder weniger vorteilhaft sein können, sondern darüber hinaus unter gewissen Umständen eine spezifische *Anpassung der eigenen Überzeugungen* rational erforderlich machen. Was hiermit konkret gemeint ist, lässt sich gut anhand eines einfachen, in der Erkenntnistheorie der Meinungsverschiedenheiten berühmt gewordenen Gedankenexperiments von David Christensen – dem sogenannten Restaurantfall – veranschaulichen (Balg 2020, 58):[2]

> Zusammen mit drei guten Freunden gehe ich in einem Restaurant essen. Als am Ende die Rechnung kommt, beschließen wir, den Gesamtbetrag einfach durch vier zu teilen, sodass jeder gleich viel bezahlt. Zu diesem Zweck rechnen mein Freund Ali und ich im Kopf den entsprechenden Teilbetrag aus. Dieses Prozedere hat Tradition: Wir sind schon oft in dieser Konstellation essen gegangen, und immer sind Ali und ich es, die den Betrag im Kopf vierteln. Meistens kommen wir dabei zu demselben Ergebnis – und in den wenigen Fällen, in denen wir zu unterschiedlichen Ergebnissen gekommen sind, lag ich selbst genauso oft falsch wie Ali. Ich gehe also davon aus, dass Ali mit etwa gleich großer Wahrscheinlichkeit Fehler macht, wenn es um einfache Kopfrechnungen geht. Während Ali nun zu dem Ergebnis kommt, dass jeder 17 Euro bezahlen muss, komme ich zu dem Ergebnis, dass jeder 19 Euro bezahlen muss. Wie sollten wir auf die Meinungsverschiedenheit reagieren?

In diesem Fall, so die weit verbreitete Intuition, wäre es für die beiden Freund*innen eindeutig irrational, an ihren jeweiligen Überzeugungen einfach festzuhalten. Das bedeutet, dass Meinungsverschiedenheiten, während sie auf der Ebene instrumenteller Rationalität durchaus gewinnbringend sein können, auf der Ebene epistemischer Rationalität tendenziell toxisch sind: Wenn wir feststellen, dass andere Personen zu einer abweichenden Einschätzung gekommen sind, dann spricht dies eben unmittelbar dafür, dass wir selbst einen Fehler gemacht haben. Gleichzeitig sollte jedoch auch klar sein, dass diese destruktive epistemische Dynamik nicht in allen Fällen greift: Wenn man etwa davon ausgehen kann, dass die Gegenseite unterinformiert, voreingenommen oder kognitiv beeinträchtigt

---

[1] Mit *doxastisch* sind hier all jene Reaktionen bezeichnet, die in einer Bildung, Aufgabe oder Modifikation eigener Überzeugungen und anderer propositionaler Einstellungen bestehen.

[2] Die (englischsprachige) Originalversion dieses Falls findet sich bei Christensen (2007).

ist, dann könnte es nämlich unter Umständen doch gerechtfertigt sein, einfach an seiner eigenen Meinung festzuhalten.

Ob und in welchem Maße die abweichenden Überzeugungen anderer Personen eine Modifikation oder Aufgabe der eigenen Überzeugungen rational erforderlich machen, hängt also unter anderem von der *epistemischen Leistungsfähigkeit* dieser Personen ab. Vor dem Hintergrund dieser Einsicht haben sich in der sozialen Erkenntnistheorie voneinander unabhängige Teildebatten zu verschiedenen Arten von Meinungsverschiedenheiten entwickelt – so haben sich etwa einige Autor*innen auf die Frage nach der rationalen Reaktion auf Meinungsverschiedenheiten mit Expert*innen und Autoritäten, also Personen, die wir für epistemisch leistungsfähiger als uns selbst halten, spezialisiert (vgl. etwa Constantin und Grundmann 2018; Jäger 2016). Andere, wenngleich auch wesentlich überschaubarere Teildebatten drehen sich um die Frage, wie wir auf Meinungsverschiedenheiten mit Personen reagieren sollten, die wir für epistemisch weniger leistungsfähig als uns selbst halten (vgl. etwa Priest 2016) bzw. über deren epistemische Leistungsfähigkeit Unklarheit herrscht (vgl. etwa King 2012). Die mit Abstand größte Aufmerksamkeit hat jedoch die Frage erhalten, wie wir auf Meinungsverschiedenheiten mit Personen reagieren sollten, die wir als uns epistemisch ebenbürtig bewerten. Die gemeinsamen Ziele dieser ausdifferenzierten Teildebatten bestehen darin, mit Blick auf die jeweilige Dissensart herauszufinden, ob eine Anpassung der eigenen Überzeugungen hier rational geboten ist, von welchen weiteren Faktoren die Beantwortung dieser Frage abhängt, welche grundlegenden epistemologischen Prinzipien im Hintergrund der hier relevanten epistemischen Dynamik stehen und worin genau die gegebenenfalls geforderte Überzeugungsanpassung überhaupt besteht.

Was dies im Detail bedeutet, soll im Folgenden beispielhaft anhand der besonders prominenten Diskussion zur angemessenen Reaktion auf Ebenbürtigendissense – also auf Meinungsverschiedenheiten mit Personen, die wir epistemisch für in etwa ebenso leistungsstark wie uns selbst halten – skizziert werden. Eine erste wichtige Frage, die in dieser Diskussion einige Aufmerksamkeit erhalten hat, dreht sich darum, was es überhaupt bedeutet, eine andere Person als epistemisch ebenbürtig einzuschätzen. Frühe Konzeptionen epistemischer Ebenbürtigkeit nehmen in diesem Zusammenhang Bezug auf die grundsätzlichen intellektuellen Fähigkeiten und Tugenden des jeweiligen Gegenübers: Eine Person ist gemäß dieser Konzeptionen genau dann epistemisch ebenbürtig, wenn sie in etwa genauso intelligent, scharfsinnig, aufgeschlossen und aufrichtig ist wie man selbst (Gutting 1982, 83). Das Problem an einem solchen Verständnis epistemischer Ebenbürtigkeit ist jedoch, dass es zu unspezifisch ist: So kann man sich etwa leicht Fälle denken, in denen eine andere Person zwar im Allgemeinen ebenso kompetent und tugendhaft wie man selbst ist, in Bezug auf eine konkret vorliegende Meinungsverschiedenheit allerdings hoffnungslos unterlegen – etwa, weil sie hinsichtlich der strittigen Fragestellung uninformiert oder in der vorliegenden Situation aufgrund von Schlafentzug oder Alkoholkonsum akut beeinträchtigt ist. Dementsprechend gehen die in der neueren erkenntnistheoretischen Forschung vorgebrachten Überlegungen in der Regel von einem wesentlich spezifischeren Ebenbürtigkeitsverständnis aus. Einen vergleichsweise strengen, in der Forschungsliteratur jedoch lange Zeit als Standard akzeptierten Versuch der konkreten Ausformulierung eines solchen Verständnisses stellt der Vorschlag dar, zwei Personen nur dann als epistemisch ebenbürtig zu bezeichnen, wenn sie (i) Zugang zu derselben Evidenzgrundlage haben und (ii) gleichermaßen zuverlässig in der Auswertung dieser Evidenzgrundlage sind (vgl. etwa Christensen 2009; Kelly 2005). Dieser Vorschlag wurde von einigen Autor*innen jedoch als zu restriktiv zurückgewiesen, da er beispielsweise Fälle ausschließt, in denen zwei Personen von unterschiedlichen, aber gleich guten Evidenzgrundlagen ausgehen. Vor diesem Hintergrund wurde eine liberalere Alternative vorgeschlagen, der zufolge zwei Personen genau dann epistemisch ebenbürtig sind, wenn sie hinsichtlich der zugrundeliegenden Fragestellung mit in etwa gleich hoher Wahrscheinlichkeit richtig liegen (Enoch 2010). Liberaler ist diese Alternative insofern, als dass sie neben Fällen unterschiedlicher, aber gleich guter Evidenz auch solche Fälle berücksichtigt, in denen Unterschiede in der Qualität der jeweils verfügbaren Evidenz durch gegenläufige Unterschiede in der jeweiligen Zuverlässigkeit der Auswertung ausgeglichen werden.

Eine weitere, mit den obigen Überlegungen eng verwobene Fragestellung bezieht sich auf die Gründe, die man als Rechtfertigung seiner Ebenbürtigkeitseinschätzungen anführen kann. Im Hintergrund dieser Fragestellung steht die breit akzeptierte Annahme, dass die epistemische Signifikanz von Fällen wie dem Restaurantfall nicht daher rührt, dass das jeweilige Gegenüber *de facto* epistemisch ebenbürtig ist, sondern vielmehr daher, dass man gute Gründe dafür hat, das jeweilige Gegenüber *für epistemisch ebenbürtig zu halten*. Doch unter welchen Umständen liegen solche guten Gründe überhaupt vor? Klar ist, dass die Beantwortung dieser Frage unmittelbar von den obigen Überlegungen zur Natur epistemischer Ebenbürtigkeit abhängt. Davon abgesehen haben jedoch einige Autor*innen dafür argumentiert, dass sich hier auch unabhängig von einer Entscheidung für eine spezifische Ebenbürtigkeitskonzeption ganz grundsätzliche Probleme ergeben (vgl. etwa King 2012). Denn tatsächlich scheint es prinzipiell durchaus schwierig zu sein, die epistemische Leistungsfähigkeit seiner Mitmenschen fundiert einzuschätzen. Nehmen wir etwa den obigen Vorschlag, eine andere Person genau dann als ebenbürtig zu bewerten, wenn diese dieselbe oder zumindest gleich gute Evidenz zur Verfügung hat: Abgesehen davon, dass einem vermutlich unter realistischen Bedingungen selbst oftmals nicht ohne Weiteres klar ist, aufgrund welcher Überlegungen und Informationen man zu seinen Überzeugungen gekommen ist, könnte es auch Fälle geben, in denen einem die Grundlage der eigenen Position zwar bewusst ist, diese jedoch nicht ohne Weiteres an andere Personen kommuniziert werden kann – eine Möglichkeit, die insbesondere mit Blick etwa auf religiöse Erfahrungen oder ästhetische Eindrücke diskutiert worden ist (vgl. etwa Feldman 2007; Rosen 2001; van Inwagen 1996). Ähnliche Probleme ergeben sich vor dem Hintergrund einer Konzeption, die eine vergleichbare Erfolgswahrscheinlichkeit zum entscheidenden Kriterium für Ebenbürtigkeit erhebt: Denn um die Wahrscheinlichkeit einer Person, bezüglich einer konkreten

Fragestellung richtig zu liegen, fundiert einschätzen zu können, bräuchte man Informationen darüber, wie oft diese Person in der Vergangenheit mit Blick auf vergleichbare Fragestellungen richtig gelegen hat. Solche Informationen sind jedoch zumindest unter realistischen Bedingungen kaum verfügbar.

Eine dritte – und in der Forschungsliteratur die mit Abstand prominenteste – Frage bezieht sich nun darauf, worin konkret die angesichts einer Meinungs-verschiedenheit mit Ebenbürtigen rational geforderte doxastische Reaktion besteht. *Dass* das Bemerken eines Ebenbürtigendissenses eine Modifikation der eigenen Ansichten erfordert, wird kaum bestritten – breite Uneinigkeit besteht jedoch bezüglich der genauen Spezifikation dieser Modifikation. Während einige Autor*innen dafür argumentiert haben, dass sich im Falle eines bemerkten Ebenbürtigendissenses die Beteiligten „auf halber Strecke" treffen sollten (engl. *splitting the difference*), ist gemäß alternativer Theorien in einem solchen Fall immer eine Urteilsenthaltung gefordert (für eine kritische Diskussion vgl. Grund-mann 2019). Worin genau der Unterschied zwischen diesen beiden Auffassungen besteht, wird anhand von Beispielen deutlich, in denen die Beteiligten *unter-schiedlich starke* Ansichten haben: Nehmen wir etwa eine Situation, in der eine Person felsenfest von der Existenz eines menschengemachten Klimawandels über-zeugt ist, während eine andere Person diesbezüglich gewisse Zweifel hegt und zu der gegenteiligen Ansicht tendiert. Sich „auf halber Strecke" zu treffen, würde in diesem Fall vermutlich bedeuten, dass nun beide schwach davon überzeugt sein sollten, dass es einen menschengemachten Klimawandel gibt – was klarerweise eine ganz andere Konstellation als eine beiderseitige Urteilsenthaltung darstellt.

In Abgrenzung zu den obigen beiden Auffassungen wurde von anderer Seite eine vergleichsweise milde Sicht auf die epistemische Signifikanz von Ebenbürtigendissensen stark gemacht. So weisen etwa Vertreter*innen der sogenannten *Gesamtevidenzauffassung* (engl. *total evidence view*) darauf hin, dass die soeben skizzierten Theorien insofern zu radikal seien, als dass sie außer Acht ließen, dass auch *nach* Bemerken der Meinungsverschiedenheit aus der Sicht beider Parteien die ursprünglich verfügbare Evidenz nach wie vor für die jeweils eigene Position spreche und dass die durch das Auftreten der Meinungs-verschiedenheit bereitgestellte Evidenz hier lediglich mit einbezogen, nicht jedoch als einzig verbliebene Basis der eigenen Überzeugungsbildung betrachtet werden solle (vgl. etwa Kelly 2011). Auf dieser Grundlage wird nun weiterhin dafür argumentiert, dass das Bemerken einer Meinungsverschiedenheit zwar durchaus eine Anpassung der eigenen Ansichten erforderlich mache, dass diese Anpassung allerdings lediglich in einer leichten Abschwächung und nicht in einer voll-ständigen Angleichung oder Aufgabe der konfligierenden Urteile bestehe.

An dieser Stelle wird bereits deutlich, dass die Diskussion über die ange-sichts eines bemerkten Ebenbürtigendissenses rational geforderte doxastische Reaktion letztendlich auch von Fragen darüber abhängt, welche Art von Evidenz durch das Bemerken einer Meinungsverschiedenheit generiert wird, wie diese Evidenz mit anderen Evidenzmengen interagiert und wie sich solche Interaktionsdynamiken vor dem Hintergrund allgemeiner erkenntnistheoretischer

Prinzipien erklären lassen. Da die diesbezüglich geführten Diskurse sehr schnell vergleichsweise kompliziert werden und darüber hinaus für didaktische Kontexte nur von begrenzter Relevanz sind, wird an dieser Stelle auf eine weitergehende Darstellung verzichtet (für eine deutschsprachige Übersicht vgl. etwa Balg und Constantin 2019). Wichtig für unseren vorliegenden Zusammenhang ist lediglich Folgendes: Obwohl weitgehende Einigkeit in der philosophischen Forschung darüber besteht, dass das Bemerken einer Meinungsverschiedenheit mit einer Person, die man für epistemisch ebenbürtig hält, epistemisch signifikant ist und eine spezifische doxastische Reaktion erfordert, besteht mit Blick auf die meisten epistemologischen Detailfragen nach wie vor Uneinigkeit. Eine ähnliche Diagnose ließe sich ebenso mit Blick auf die anderen Teildebatten in der Erkenntnistheorie der Meinungsverschiedenheiten treffen: Auch hier werden vor dem Hintergrund eines grundsätzlichen Konsenses bezüglich der substantiellen epistemischen Signifikanz bemerkter Meinungsverschiedenheiten kontroverse Debatten über die genaue Interpretation und Erklärung dieser Signifikanz geführt.

Angesichts dessen sollte klar sein, dass eine schulische Befähigung zum reflektierten und verantwortungsvollen Umgang mit konfligierenden Ansichten nicht darin bestehen kann, Lernenden spezifische Ansichten darüber zu vermitteln, wie sie unter welchen Umständen auf Meinungsverschiedenheiten zu reagieren haben. Dennoch lassen sich auf der Grundlage des derzeitigen Forschungsstandes einige wichtige Desiderate für didaktische Kontexte formulieren. So sollte *erstens* ein Desiderat darin bestehen, Lernende für die epistemische Signifikanz bemerkter Meinungsverschiedenheiten überhaupt erst zu sensibilisieren, wobei insbesondere auch die Dimension epistemischer Rationalität in den Blick genommen werden muss: Meinungsverschiedenheiten sind eben nicht nur insofern signifikant, als dass sie auf verschiedene Weisen aufgelöst oder genutzt werden können, sondern auch insofern ihr Bemerken oftmals einen gewissen rationalen Druck generiert, angesichts dessen eine spezifische doxastische Reaktion erforderlich wird. *Zweitens* sollten Lernende dafür sensibilisiert werden, dass es von spezifischen Umständen abhängt, ob bzw. in welchem Maße das Bemerken einer Meinungsverschiedenheit rationalen Druck zur Überzeugungsmodifikation generiert. Insbesondere die Einschätzung der epistemischen Leistungsfähigkeit der jeweiligen Gegenseite scheint in diesem Zusammenhang eine gewichtige Rolle zu spielen – *wie* man auf eine Meinungsverschiedenheit reagieren sollte, hängt dementsprechend davon ab, *mit wem* man diese Meinungsverschiedenheit hat. *Drittens* und letztens sollten Lernende ein differenzierteres Verständnis der verschiedenen doxastischen Reaktionen entwickeln, die angesichts einer bemerkten Meinungsverschiedenheit überhaupt möglich sind. Nur vor dem Hintergrund einer Berücksichtigung dieser drei Desiderate kann die schulische Befähigung zum reflektierten und verantwortungsvollen Umgang mit konfligierenden Ansichten gelingen.

2   Die Befähigung zum verantwortungsvollen Umgang mit Meinungsverschiedenheiten im Rahmen des Philosophie- und Ethikunterrichts

Wie wir im vorangegangenen Abschnitt gesehen haben, ist die gegenwärtige epistemologische Forschung zur rationalen Reaktion auf Meinungsverschiedenheiten für didaktische Zusammenhänge insofern relevant, als dass sich auf Grundlage dieser Forschung unmittelbar einige zentrale, aus didaktischer Perspektive jedoch bisher weitgehend unbeachtete Desiderate für die schulische Befähigung zum reflektierten und verantwortungsvollen Umgang mit konfligierenden Ansichten ableiten lassen. In diesem Abschnitt soll darüber hinaus plausibilisiert werden, dass sich die Relevanz der aktuellen epistemologischen Forschung nicht auf die konzeptuell-theoretische Ebene beschränkt, sondern auch auf unterrichtspraktischer Ebene gegeben ist. Konkret soll dafür argumentiert werden, dass es sich beim erkenntnistheoretischen Problem der angesichts einer bemerkten Meinungsverschiedenheit rational gebotenen Reaktion um ein für den *unmittelbaren unterrichtlichen Einsatz* im Rahmen des Philosophie- und Ethikunterrichts didaktisch hervorragend geeignetes Problem handelt.

Das ist alles andere als selbstverständlich. Tatsächlich ist insbesondere hinsichtlich neuerer Forschungsdebatten der theoretischen Philosophie zu konstatieren, dass hier oftmals Probleme diskutiert werden, die schlichtweg zu kompliziert, zu voraussetzungsreich oder zu spezifisch sind, um sich für eine explizite Thematisierung in schulischen Kontexten anzubieten. Mit Blick auf die im vorangegangenen Abschnitt umrissene Debatte ist diese Sorge jedoch weitgehend unbegründet. So ist zunächst darauf hinzuweisen, dass sich hier sowohl auf inhaltlicher als auch auf methodischer Ebene direkte Anknüpfungspunkte an einschlägige Themen und Arbeitsweisen des schulischen Philosophie- und Ethikunterrichts ergeben: Inhaltlich ermöglicht die Beschäftigung mit der Frage nach der angesichts von Meinungsverschiedenheiten rational gebotenen Reaktion eine kritische Auseinandersetzung mit den grundsätzlichen Möglichkeiten und Grenzen unserer persönlichen Erkenntnisbemühungen und der Legitimität eigener Wissensansprüche, so wie sie letztendlich das erklärte Hauptziel sämtlicher erkenntnistheoretischer Unterrichtsvorhaben darstellt. Und methodisch knüpft die epistemologische Forschung hier insofern an die unterrichtliche Praxis an, als dass sie mit dem Gedankenexperiment in auffällig hohem Maße eine spezifische philosophische Methode in Anspruch nimmt, die auch in unterrichtlichen Kontexten absolut einschlägig ist.

Neben diesen grundsätzlichen inhaltlichen und methodischen Anknüpfungsmöglichkeiten ist mit Blick auf die unterrichtspraktische Eignung jedoch letztendlich entscheidend, dass die Frage nach der rationalen Reaktion auf Meinungsverschiedenheiten ein hohes Maß an *Lebensweltbezug* aufweist: Das Auftreten von Meinungsverschiedenheiten ist nicht nur für philosophische oder politische, sondern auch für allgemein lebensweltliche Kontexte charakteristisch: Lernende werden auch in schulischen, familiären oder freundschaftlichen

Zusammenhängen regelmäßig mit der Tatsache konfrontiert, dass andere Personen ihre Überzeugungen nicht teilen. Darüber hinaus dürfte die Konfrontation mit konfligierenden Ansichten für Schüler*innen tatsächlich insofern von spezifischer Bedeutung sein, als dass sie sich klarerweise in einer Lebensphase befinden, für die das wechselhafte Erkunden und Ausprobieren verschiedener Lebensentwürfe und Identitäten sowie die gezielte Opposition zu etablierten Autoritäten typisch sind. Die lebensweltliche Bedeutung, die diese Erfahrung der Kontroversität der eigenen Ansichten für Heranwachsende haben kann, sollte dabei nicht unterschätzt werden: Anderer Meinung zu sein kann dabei sowohl im positiven Sinne zu einer zusätzlichen Stärkung und Profilierung eigener Identitäten und Lebensentwürfe als auch im negativen Sinne zu Verunsicherungen und Isolationsempfindungen führen.

Fundiert und sachgerecht über die Bedeutung von und den richtigen Umgang mit konfligierenden Ansichten anderer Personen nachzudenken, ist für Schüler*innen also nicht nur auf einer politischen Ebene vor dem Hintergrund gesellschaftlicher Deliberationsprozesse, sondern auch auf einer persönlichen Ebene mit Blick auf individuelle Fragen der Lebensführung und Identitätsentwicklung von besonderer Bedeutung. Dementsprechend bezieht sich die gegenwärtige erkenntnistheoretische Diskussion um die rationale Reaktion auf Meinungsverschiedenheiten auf einen philosophischen Problemzusammenhang, dessen unmittelbare Thematisierung im Rahmen des schulischen Philosophie- und Ethikunterrichts nicht nur problemlos möglich, sondern vielmehr in höchstem Maße wünschenswert ist. Wie eine solche Thematisierung didaktisch realisiert werden kann, soll im Folgenden anhand der Skizze eines konkreten Unterrichtsvorhabens beispielhaft aufgezeigt werden.

3   Wie sollten wir auf Meinungsverschiedenheiten reagieren? Eine unterrichtspraktische Skizze

Das in diesem Abschnitt skizzierte Unterrichtsvorhaben stellt eine an dem „Bonbonmodell philosophischer Lernprozesse" (Sistermann 2016) orientierte (Teil-)Sequenz zu der übergeordneten Problemstellung „Wie sollten wir auf Meinungsverschiedenheiten reagieren?" dar. Die in diesem Vorhaben verwendeten Gedankenexperimente sind teilweise eigens für den unterrichtlichen Einsatz entwickelt, teilweise direkt aus der philosophischen Literatur übernommen.[3] Grob zu verorten ist das Vorhaben im Philosophieunterricht der gymnasialen Oberstufe, entsprechend angepasst kann es jedoch auch problemlos in jüngeren Jahrgangsstufen oder anderen Schulformen durchgeführt werden. Die unterrichtliche

---

[3]Als ergiebige Materialsammlung und Inspirationsquelle für die Entwicklung eigener Gedankenexperimente sei hier auf Frances (2014) verwiesen, wo insgesamt 55 Fallbeispiele von Meinungsverschiedenheiten übersichtlich präsentiert und hinsichtlich ihrer jeweiligen epistemischen Implikationen diskutiert werden.

Realisierung des hier vorgestellten Vorhabens ist auf die Erreichung folgender Teillernziele gerichtet: Die Schüler*innen

1. beschreiben verschiedene Arten von Meinungsverschiedenheiten und erläutern diese anhand philosophisch relevanter Gemeinsamkeiten und Unterschiede,
2. erfassen auf dieser Grundlage die Frage nach der epistemisch rationalen Reaktion auf das Bemerken eines genuinen Dissenses als philosophisch bedeutsam,
3. entwickeln eigene Hypothesen über die angesichts einer aufgetretenen Meinungsverschiedenheit rational gebotene Reaktion,
4. rekonstruieren philosophische Ansätze zur epistemischen Signifikanz von Meinungsverschiedenheiten und stellen gedankliche Bezüge zu ihren eigenen Hypothesen her,
5. bewerten die epistemische Signifikanz von Meinungsverschiedenheiten mit Blick auf ihre eigenen Erkenntnisbemühungen und konkreten Entscheidungskontexte.

Im Folgenden werden nacheinander die verschiedenen Phasen der im Rahmen des hier vorgestellten Vorhabens angestrebten Lernprogression in ihrer didaktischen Funktion erläutert und anhand konkreter Materialien und Arbeitsaufträge veranschaulicht.

3.1 Problemhinführung

In dieser Phase sollte den Lernenden die Möglichkeit gegeben werden, sich dem zugrundeliegenden Problem aus einer breiteren Perspektive zu nähern und es in seiner philosophischen Umgebung zu verorten. Zu diesem Zweck ist es sinnvoll, den Begriff der Meinungsverschiedenheit einer ersten Schärfung zu unterziehen und von benachbarten Begrifflichkeiten abzugrenzen. So sollten insbesondere *genuine* Meinungsverschiedenheiten von bloß *verbalen* Disputen einerseits und von sogenannten ‚fehlerfreien‘ (engl. *faultless*) Meinungsverschiedenheiten andererseits abgegrenzt werden, bei denen ohne Weiteres beide Seiten recht haben können. Zudem bietet es sich an, schon an dieser Stelle ein differenzierteres Verständnis verschiedener doxastischer Einstellungen anzubahnen, im Rahmen dessen Überzeugungen von Urteilsenthaltungen, Urteilsenthaltungen wiederum von der bloßen Abwesenheit eines Urteils abgegrenzt sowie verschiedene Grade der Überzeugung voneinander unterschieden werden. All diese Differenzierungen und Abgrenzungen lassen sich anschaulich anhand konkreter Fallbeispiele erarbeiten, was überdies auf einer methodischen Ebene bereits eine vorbereitende Anbahnung der Arbeit mit Gedankenexperimenten ermöglicht. So könnte man den Lernenden etwa folgende Arbeitsaufgabe geben:

Arbeitsaufträge

a) **Einzelarbeit:** Lesen Sie die folgenden Fallbeispiele durch und beurteilen Sie, ob es sich bei dem jeweiligen Fall um eine echte Meinungsverschiedenheit handelt oder nicht. Begründen Sie Ihre Entscheidung.

b) **Partnerarbeit:** Vergleichen Sie Ihre Ergebnisse und diskutieren Sie etwaige Unterschiede. Formulieren Sie dann auf dieser Grundlage eine gemeinsame Definition des Begriffs ‚Meinungsverschiedenheit‘:

„Eine echte Meinungsverschiedenheit liegt genau dann vor, wenn ..."

Fall 1: Linus ist das erste Mal in seinem Leben in Stuttgart und sucht eine Bank. Herum-irrend spricht er schließlich ein älteres Ehepaar an und fragt die beiden, wo die nächste Bank sei. Ohne zu zögern weisen beide in eine Richtung – allerdings leider in eine jeweils unterschiedliche. Die Frau zeigt nach links, wo in einiger Entfernung eine Parkbank steht. Der Mann zeigt nach rechts, wo in der Ferne eine Sparkasse zu sehen ist.

Fall 2: Maya und Willi standen auf gegenüberliegenden Straßenseiten, als sie Zeugen eines Verkehrsunfalls wurden. Auf der Polizeiwache werden die beiden nun zum Unfall-hergang befragt. Während Maya zu Protokoll gibt, dass der LKW mit hoher Geschwindig-keit von rechts kam und in den Kleinwagen gefahren ist, bezeugt Willi, dass der LKW mit hoher Geschwindigkeit von links kam und in den Kleinwagen gefahren ist.

Fall 3: Max und Anke nehmen gemeinsam an einer Quizshow teil. Der Moderator fragt die beiden, was die Hauptstadt von Moldawien ist. Während Anke glaubt, dass Chişinău die richtige Antwort ist, ist Max völlig aufgeschmissen – er hat noch nie etwas von Moldawien gehört und wusste nicht einmal, dass es sich hierbei um ein Land handelt, geschweige denn wo es liegt, wie groß es ist oder was die Hauptstadt ist.

Fall 4: Katja und Rio gehen in dieselbe Klasse an einem städtischen Gymnasium. Im Bio-logieunterricht sind gerade Beuteltiere das Unterrichtsthema, und die Klasse sollte als Hausaufgabe noch einmal eine Liste mit verschiedenen Beuteltieren wiederholend durch-gehen, was nun vom Lehrer abgefragt wird. Während Katja die Hausaufgabe gemacht hat, hat Rio es verschwitzt. Nun fragt der Lehrer, ob es sich beim Tüpfelkuskus um ein Beutel-tier handelt oder nicht. Katja, die bestens vorbereitet ist, ist fest davon überzeugt, dass der Tüpfelkuskus ein Beuteltier ist. Rio kann sich nur dunkel an die letzte Stunde erinnern und ist sich unsicher, meint aber auch, dass der Tüpfelkuskus ein Beuteltier ist.

Fall 5: Bernd und Frida sind zwei Meteorologen, die die Wettervorhersage für den nächsten Tag vorbereiten sollen. Beide werten die verfügbaren Wetterdaten aus und besprechen sich dann gemeinsam. Bei der Besprechung kommt heraus, dass die beiden die verfügbaren Daten unterschiedlich ausgewertet haben: Während Bernd davon ausgeht, dass es morgen in Strömen regnet, geht Frida davon aus, dass morgen den ganzen Tag die Sonne scheint.

Während in Fall 1 ein nicht einmal eine Meinungsverschiedenheit (sondern nur eine unterschiedliche Begriffsauffassung) vorliegt, ist die Meinungsverschieden-heit in Fall 2 fehlerfrei – da es sich bei *links* und *rechts* um indexikalische Ausdrücke handelt, glauben beide Seiten etwas Wahres. Fall 3 stellt keine Meinungsverschiedenheit dar, da hier eine Seite überhaupt keine doxastische Ein-stellung hinsichtlich der relevanten Proposition hat. In Fall 4 glauben beide Seiten das Gleiche, allerdings in unterschiedlicher Stärke – ob es sich hierbei um eine genuine Meinungsverschiedenheit handelt, ist zumindest kontrovers (für eine Diskussion vgl. etwa Kölbel 2004; MacFarlane 2009). Somit handelt es sich bei Fall 5 um den einzigen klaren Fall einer genuinen Meinungsverschiedenheit. Vor dem Hintergrund einer Beschäftigung mit den obigen Fällen und einer Diskussion der relevanten Unterschiede und Gemeinsamkeiten sollen Lernende nun eigenständig Definitionen des Begriffs der Meinungsverschiedenheit erarbeiten. Da die Frage, was genau eine Meinungsverschiedenheit überhaupt ist, auch in der philosophischen Forschung kontrovers diskutiert wird, kann und sollte diese Phase durchaus ergebnisoffen gestaltet werden. Wichtig ist lediglich, dass die Lernenden erkennen, dass man im Falle einer genuinen Meinungsverschiedenheit nicht einfach die Position der Gegenseite übernehmen kann, ohne die eigene Position zu modifizieren, und dass dies zumindest in paradigmatischen Fällen von Meinungsverschiedenheiten durch eine wie auch immer geartete Spannung zwischen den propositionalen Gehalten der jeweiligen Überzeugungen erklärt werden kann.

3.2 Problemfokussierung

Nachdem die Lernenden ein besseres Verständnis davon entwickeln konnten, was Meinungsverschiedenheiten überhaupt sind und wie man sie von benachbarten Phänomenen abgrenzen kann, muss nun die philosophische Problemfrage, die sich vor dem Hintergrund des Phänomens der Meinungsverschiedenheit ergibt und um die es im Weiteren gehen soll, geschärft werden. Tatsächlich ist die Frage „Wie sollten wir auf Meinungsverschiedenheiten reagieren?" zunächst noch viel zu allgemein, um philosophisch sinnvoll bearbeitet werden zu können. So muss in einem ersten Schritt auf die *erkenntnistheoretisch* gebotene Reaktion fokussiert werden: Es soll nicht darum gehen, welche Reaktionen auf Meinungsverschiedenheiten besonders höflich oder respektvoll sind, sondern es soll vielmehr darum gehen, dass das Bemerken von Meinungsverschiedenheiten aus *erkenntnistheoretischer* Sicht ein Problem darstellt, das eine spezifisch *epistemische* Reaktion erfordert. In einem zweiten Schritt muss dann auf die Ebene *epistemischer Rationalität* als besonderer Aspekt der epistemischen Reaktion fokussiert werden. Das bedeutet nicht, dass die Ebene instrumenteller Rationalität in unterrichtlichen Kontexten keine oder lediglich eine untergeordnete Rolle spielen sollte – tatsächlich ist das hier vorgestellte Unterrichtsvorhaben, wie wir noch sehen werden, so angelegt, dass sich eine anschließende Fokussierung auf Fragen instrumenteller Rationalität unmittelbar anbietet. Dennoch ist es wichtig, klar zwischen diesen beiden Ebenen zu trennen, sodass sich die folgenden Materialien und Überlegungen vor dem Hintergrund der in Abschn. 1 entwickelten Desiderate auf den in didaktischen Kontexten bislang deutlich weniger beachteten Aspekt der epistemischen Rationalität beschränken.

Um die soeben skizzierten Fokussierungen zu ermöglichen, bietet sich wiederum der Blick auf ein konkretes Szenario an – nehmen wir etwa den bereits bekannten Restaurantfall von Christensen: Initial mit diesem Fall konfrontiert, werden viele Lernende vermutlich zunächst mit rein pragmatischen Lösungen aufwarten (man sollte lieber zu viel als zu wenig zahlen, man könnte einfach den höheren Betrag nehmen und dafür weniger Trinkgeld geben, …). Tatsächlich lässt sich jedoch leicht verdeutlichen, dass es hier zumindest auch um ein genuin erkenntnistheoretisches Problem geht – so lenkt bereits die bloße Beschreibung des Szenarios mit den zusätzlichen Informationen zur relativen Kopfrechenkompetenz der beteiligten Parteien die Aufmerksamkeit klar auf die epistemische Dimension. Doch auch unter Verweis auf die epistemische Dimension werden viele Lernende vermutlich weiterhin pragmatisch argumentieren und darauf hinweisen, dass man einfach noch einmal nachrechnen könne, dass man die Kellner*in um einen Taschenrechner bitten könne usw. An dieser Stelle ist es nun sinnvoll, eine Variante bzw. Ergänzung des Restaurantfalls zu präsentieren, die pragmatische Überlegungen von Vornherein ausklammert, wie zum Beispiel:

> „Nehmen wir an, die Protagonist*in muss plötzlich los, noch bevor die Situation in irgendeiner Form aufgelöst werden kann – etwa, weil sie noch einen dringenden Termin hat. Auf dem Weg zu ihrem Termin denkt sie darüber nach, wer in der Situation im Restaurant wohl einen Rechenfehler gemacht hat, und wie hoch letztendlich der korrekte Teilbetrag gewesen wäre."

Lernende werden diese Frage als sinnvoll begreifen, da der ursprüngliche Fall absichtlich so aufgebaut ist, dass hier ein leicht zu erkennender rationaler Druck zur Überzeugungsmodifikation besteht. Die Protagonist*in kann angesichts der entstandenen Meinungsverschiedenheit eben nicht einfach weiter davon ausgehen, dass sie richtig gelegen hat und der korrekte Teilbetrag bei 19 Euro lag. An diesem Punkt liegt das anvisierte philosophische Problem nun auf der Hand:

> „Offensichtlich gibt es Fälle, in denen wir angesichts einer aufgetretenen Meinungsverschiedenheit nicht einfach bei unserer Meinung bleiben können – doch was ist eigentlich das Besondere an diesen Fällen und wie genau sieht hier die angemessene Reaktion aus?"

Konkrete Szenarien wie der Restaurantfall sind also gut geeignet, um verschiedene Dimensionen der angemessenen Reaktion auf Meinungsverschiedenheiten sorgfältig voneinander zu unterscheiden und in diesem Zusammenhang die Frage nach der *rational gebotenen doxastischen Reaktion* als dringliches philosophisches Problem zu plausibilisieren.

3.3   Intuitive Problemlösung

Ziel der intuitiven Problemlösung ist es, den Lernenden die Möglichkeit zu geben, eigene Hypothesen dazu zu formulieren, unter welchen Umständen das Bemerken einer Meinungsverschiedenheit welche doxastische Reaktion erfordert. Diese selbständige Hypothesenbildung sollte jedoch nicht im luftleeren Raum stattfinden, sondern muss durch entsprechende Materialien unterstützt und begleitet werden. Insbesondere in diesem Zusammenhang ist die Methode des Gedankenexperiments absolut einschlägig: Anhand konkreter Fälle können die Lernenden zunächst spezifische Intuitionen artikulieren, um von dieser Grundlage ausgehend dann allgemeinere epistemologische Prinzipien aufzustellen. So könnte die Lehrkraft etwa folgende Szenarien zur Verfügung stellen:

> **Fall 1:** Fritz hat seit einigen Tagen Kopfschmerzen und eine laufende Nase und ist der festen Überzeugung, sich eine Erkältung eingefangen zu haben. Als die Symptome schlimmer werden, beschließt er, seine Hausärztin aufzusuchen. Nach einer eingehenden Untersuchung sagt die ihm, dass er keine Erkältung, sondern eine echte Grippe habe.

> **Fall 2:** Mia wohnt in einer Straße, die mit prächtigen Bäumen gesäumt ist. Zwar ist sie keine Expertin, wenn es um die Bestimmung von Baumarten geht, doch aufgrund einer schnellen Internetrecherche ist sie der Auffassung, dass es sich hierbei um Buchen handelt. Eines Tages hört sie von ihrer Wohnung aus, wie sich zwei Fußgänger über die Bäume unterhalten. Dabei sagt einer der beiden, dass es sich bei den Bäumen um Ulmen handele.

> **Fall 3:** Moritz ist Lehrer und unterrichtet Mathe an einer Grundschule. Mit seiner Klasse übt er zurzeit einfache Multiplikationen – dabei kommt heraus, dass einige seiner Schüler hartnäckig der Auffassung sind, dass $8 \times 4 = 36$ gilt.

> **Fall 4:** Fiona hat einen Hexenschuss, und weil ihre Hausärztin im Urlaub ist, muss sie zu einem fremden Arzt. Der schreibt ihr ein Medikament auf, von dem sie noch nie etwas gehört hat. Als Fiona das Medikament in der Apotheke abholt und die Verpackung sieht, wird sie skeptisch – sie vermutet, dass es sich um ein wirkungsloses Naturheilmittel handelt. Kurz darauf trifft sie ihren Nachbar Jochen, einen Esoteriker und überzeugten Verfechter der Homöopathie. Jochen kennt das Medikament und versichert Fiona begeistert, dass es sich hierbei um ein wahres Wundermittel handele.

Die obigen Fälle unterscheiden sich insbesondere hinsichtlich der jeweiligen Einschätzung der epistemischen Leistungsfähigkeit der Gegenseite. So handelt es sich bei Fall 1 um eine Meinungsverschiedenheit mit einer epistemisch überlegenen Gegenseite, in Fall 3 ist die Gegenseite epistemisch unterlegen. In Fall 2 ist die epistemische Leistungsfähigkeit der Gegenseite unklar und in Fall 4 ist die Gegenseite nicht nur epistemisch unterlegen, sondern sogar systematisch fehlgeleitet. Mit Blick auf die jeweils geforderte doxastische Reaktion ist dementsprechend zu vermuten, dass Lernende in Fall 1 eine starke, in Fall 2 eine schwächere und in Fall 3 überhaupt keine Modifikation der Position der Protagonist*in verlangen. Besonders interessant ist in diesem Zusammenhang Fall 4: Hier scheint es in gewisser Hinsicht sogar plausibel, dass vor dem Hintergrund der systematisch verzerrten Perspektive der Gegenseite angesichts der aufgetretenen Meinungsverschiedenheit eine Stärkung der eigenen Position angemessen ist.

Auf der Grundlage von Fallbeispielen wie den obigen können Lernende eigenständig Prinzipien der rationalen Reaktion auf Meinungsverschiedenheiten formulieren. Die Ergebnisse lassen sich etwa in Form von Entscheidungsbäumen darstellen (Abb. 1) – eine beispielhafte Arbeitsaufgabe wäre:

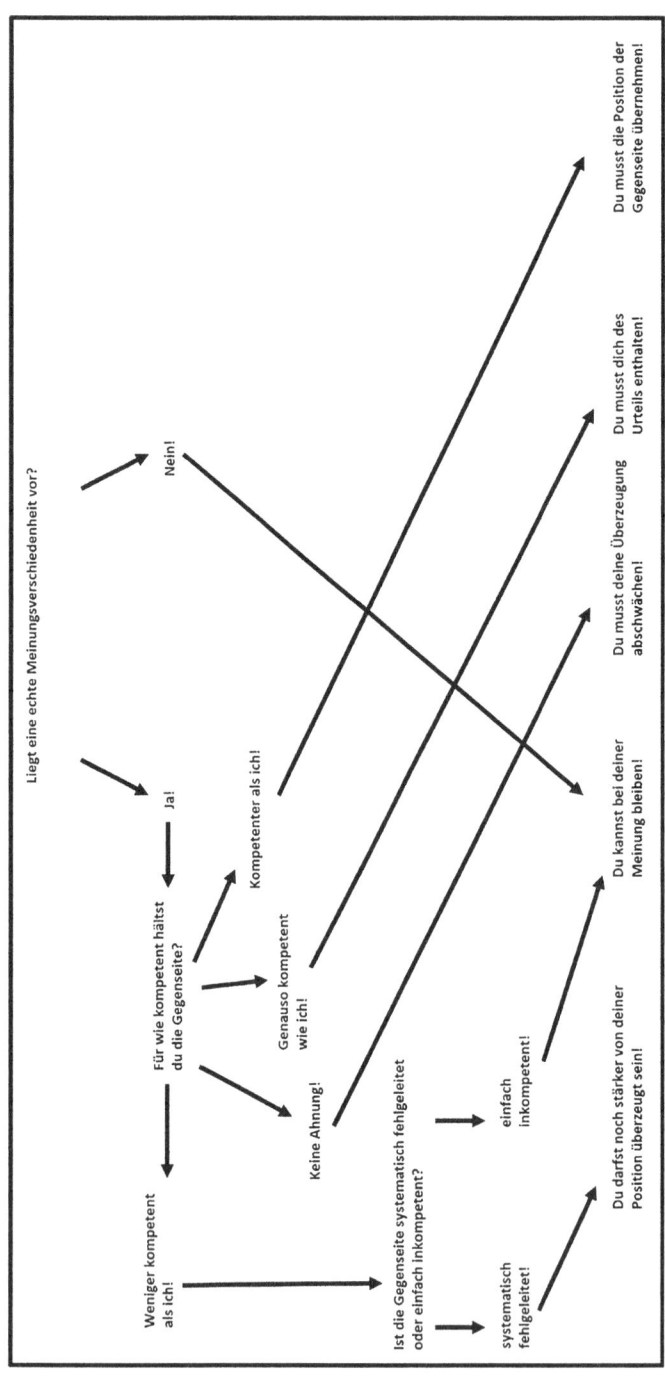

Abb. 1 Mögliches Ergebnis der intuitiven Problemlösung

Arbeitsaufträge

a) **Einzelarbeit:** Lesen Sie die obigen Fallbeispiele durch und beurteilen Sie, inwiefern die Protagonist*in jeweils ihre Überzeugung angesichts der aufgetretenen Meinungsverschiedenheit anpassen sollte. Begründen Sie Ihre Entscheidung.

b) **Partnerarbeit:** Vergleichen Sie Ihre Ergebnisse und diskutieren Sie etwaige Unterschiede. Erstellen Sie dann auf dieser Grundlage gemeinsam einen Entscheidungsbaum, der Aufschluss darüber gibt, unter welchen Umständen welche Anpassung der eigenen Überzeugung im Falle einer Meinungsverschiedenheit geboten ist.

3.4   Angeleitete Problemlösung

Der wesentliche Zweck dieser Phase besteht darin, die in der intuitiven Problemlösung generierten Hypothesen durch Ansätze aus der philosophischen Forschung anzureichern, zu ergänzen und weiterzuentwickeln. Angesichts dessen bietet sich hier inhaltlich insbesondere der Einsatz von Extrempositionen an, die klar über die erwartbaren Schüler*innenhypothesen hinausgehen bzw. diese in ihren philosophischen Implikationen zusätzlich profilieren. Methodisch ist in dieser Phase die philosophische Textarbeit einschlägig, die zudem im Kontext des hier vorgestellten Vorhabens eine wünschenswerte Abwechslung bietet. Gewinnbringend einsetzbar wäre hier etwa die folgende Textpassage von Thomas Kelly, in der für eine grundsätzliche epistemische Insignifikanz von Meinungsverschiedenheiten argumentiert wird (Kelly 2005, 181–183, Übers. D.B.):

> Meinungsverschiedenheiten geben einem keinen guten Grund, skeptisch zu werden oder seine eigene Position zu ändern. Im Folgenden werde ich für folgende These argumentieren: Wenn man erst einmal alle hinsichtlich einer Fragestellung verfügbaren Indizien und Argumente sorgfältig untersucht und ausgewertet hat, spricht die alleinige Tatsache, dass eine andere Person – und sei sie einem selbst auch ebenbürtig – anderer Meinung ist, nicht dagegen, dass man vernünftigerweise an seiner Position festhalten kann. […] Tatsächlich könnte sich herausstellen, dass das Beharren auf dem eigenen Standpunkt im Falle einer Meinungsverschiedenheit die vernünftigste Reaktion darstellt. […] Nehmen wir etwa an, dass die Gruppe all der Philosoph*innen, die (i) ernsthaft über Newcombs Problem nachgedacht haben und (ii) mit den relevanten Argumenten beider Lager vertraut sind, ungefähr zu gleichen Teilen aus ‚One-Boxern‘ und ‚Two-Boxern‘ besteht. Wir können uns mehrere Möglichkeiten vorstellen, wie sich aus solch einer Situation ein Zustand der Einigkeit entwickeln könnte. Hier ist eine: Jemand entwickelt ein geniales Argument, dass alle ‚One-Boxer‘ (oder alternativ alle ‚Two-Boxer‘) von der Falschheit ihrer Position überzeugt. Hier ist eine zweite Möglichkeit: Ein böser und intoleranter Tyrann ist fest entschlossen, die Plage der ‚One-Boxer‘ ein für alle Mal auszurotten und kommt an die Macht. Sofort beginnt er eine systematische und letztendlich erfolgreiche Hetzkampagne zu betreiben, durch die alle ‚One-Boxer‘ vertrieben werden. (Unter diesen Umständen sollte es klar sein, dass die erreichte Abwesenheit jedweder Meinungsverschiedenheit erkenntnistheoretisch völlig irrelevant ist.) Diese beiden Fälle liegen klarerweise an entgegengesetzten Enden eines bestimmten Spektrums. Stellen wir uns als letztes nun eine dritte Möglichkeit vor, in der es keine Meinungsverschiedenheit

über Newcombs Problem gibt. In dieser Möglichkeit gibt es weder einen bösen Tyrannen, noch ein geniales Argument, das alle von der richtigen Lösung überzeugt. Die einzigen verfügbaren Argumente sind hier genau die Argumente, die wir auch in der tatsächlichen Welt zurzeit kennen. Der einzige Unterschied zwischen dieser möglichen Situation und unserer tatsächlichen Situation ist der folgende: In der beschriebenen Situation ist einfach zufällig jede Person, die sich mit Newcombs Problem auseinandergesetzt hat, von genau den Argumenten überzeugt, die in unserer tatsächlichen Situation die ‚One-Boxer' für ihre Position anführen. Deshalb gibt es in dieser Situation auch keine ‚Two-Boxer' – obwohl all die Argumente für ‚Two-Boxing' hier genauso verfügbar sind wie bei uns. […] Darüber hinaus gibt es auch keine tiefere Erklärung für diese Entwicklung – es ist zum Beispiel nicht so, dass die Menschen in dieser möglichen Situation eine besondere Gehirnstruktur aufweisen, die sie besonders empfänglich für die Vorzüge des ‚One-Boxing' machen würde. Es ist einfach so, dass jede Person, die hier bisher über das Problem nachgedacht hat, die Argumente für ‚One-Boxing' insgesamt für überzeugender hält und es deshalb auch einen entsprechenden Konsens gibt.

Machen nun all diese empirischen und kontingenten Tatsachen über die Verteilung einzelner Meinungen einen Unterschied mit Blick auf das, was man vernünftigerweise über Newcombs Problem denken sollte?

Dass hier eine Kenntnis von Newcombs Problem vorausgesetzt wird, ist weniger eine Schwäche als eine Stärke der obigen Passage: So ließe sich die Lektüre didaktisch gewinnbringend durch eine vorherige Präsentation und Diskussion dieses auch für den schulischen Einsatz wunderbar geeigneten Problems anbahnen – mit dem wahrscheinlichen Ergebnis, dass sich die Lernenden bezüglich der richtigen Lösung uneinig sind.[4] Die verblüffende, in der obigen Textpassage verteidigte These, dass das Auftreten einer solchen Meinungsverschiedenheit epistemisch insignifikant ist, wird zwar in der gegenwärtigen Forschung von kaum jemandem geteilt, ist in ihrer Radikalität aber bestens geeignet, die Lernenden zu einer kritischen Reflexion ihrer zuvor formulierten Hypothesen anzuregen.

Kontrastierend dazu würde sich der Einsatz einer Position anbieten, die die epistemische Signifikanz von Meinungsverschiedenheiten im Gegensatz *sehr* ernst nimmt. Hier ist man zudem auch nicht auf Passagen aus der gegenwärtigen Forschung angewiesen – die Überlegung, dass wir angesichts ubiquitärer

---

[4] Bei Newcombs Problem handelt es sich um ein klassisches entscheidungtheoretisches Problem, das sich vor dem Hintergrund folgender fiktiver Entscheidungssituation ergibt: Ein Subjekt (S) sieht sich zwei Schachteln gegenüber. In der ersten Schachtel (Schachtel 1) befinden sich in jedem Fall 1000 Euro, in der zweiten Schachtel (Schachtel 2) befinden sich entweder 1.000.000 Euro oder gar nichts. S hat die Wahl entweder (i) nur Schachtel 2 oder (ii) beide Schachteln zu nehmen. Entscheidend ist nun, dass ein Supercomputer bereits im Vorhinein eine geheime Vorhersage darüber gemacht hat, welche Wahl S treffen wird, und auf der Grundlage dieser Vorhersage wird über die Bestückung von Schachtel 2 entschieden: Sieht der Supercomputer voraus, dass S nur Schachtel 2 wählen wird, wird diese Schachtel mit 1.000.000 Euro bestückt. Sieht er allerdings voraus, dass S beide Schachteln wählen wird, bleibt Schachtel 2 leer. Meistens sind die Vorhersagen des Supercomputers korrekt. Wie sollte sich S – gegeben, dass es mit all diesen Informationen vertraut ist – hier entscheiden? Wenn Sie der Meinung sind, dass S beide Schachteln wählen sollte, gehören Sie zum Lager der ‚Two-Boxer'. Sind Sie jedoch der Meinung, dass S lediglich Schachtel 2 wählen sollte, gehören Sie zum Lager der ‚One-Boxer'. Für eine ausführlichere Erläuterung des Problems vgl. etwa Weirich (2020, Abschn. 2.1).

Meinungsverschiedenheiten nicht einfach an unseren persönlichen Ansichten fest-
halten können und letztendlich sogar zu einer weitgehenden Aufgabe all unserer
Meinungen gezwungen sein könnten, findet sich an verschiedenen Stellen in der
philosophischen Tradition. Besonders einschlägig ist hier etwa die pyrrhonische
Skepsis – so ließen sich beispielsweise folgende Passagen aus Sextus Empiricus'
„Grundriss der pyrrhonischen Skepsis" einsetzen (Empiricus 1968, 130–138):

> Die jüngeren Skeptiker überliefern fünf Tropen der Zurückhaltung […]: als ersten den
> aus dem Widerstreit […] Der Tropus aus dem Widerstreit besagt, daß wir über den vor-
> gelegten Gegenstand einen unentscheidbaren Zwiespalt sowohl im Leben als auch unter
> den Philosophen vorfinden, dessentwegen wir unfähig sind, etwas zu wählen oder abzu-
> lehnen, und daher in die Zurückhaltung münden [I, 164-165]

> […]

> Das »Ich halte mich zurück« verwenden wir anstelle von »Ich vermag nicht zu sagen,
> welchen von den vorliegenden Gegenständen man glauben und welchem man nicht
> glauben soll«, und wir zeigen damit an, daß die Dinge uns hinsichtlich ihrer Glaubwürdig-
> keit und Unglaubwürdigkeit gleich erscheinen. Ob sie auch gleich sind, versichern wir
> nicht, sondern wir sagen nur, was uns über sie erscheint, wenn sie uns begegnen.
>   Auch die »Zurückhaltung« ist benannt nach dem Zurückhalten des Verstandes, so daß
> er wegen der Gleichwertigkeit der fraglichen Gegenstände weder etwas setzt noch auf-
> hebt. [I 196]

Skeptische Positionen wie diese sind sehr gut geeignet, um mit Lernenden die
Implikationen der epistemischen Signifikanz von Meinungsverschiedenheiten
kritisch zu diskutieren. In jedem Fall sollte den Lernenden die Gelegenheit
gegeben werden, anhand der erarbeiteten philosophischen Positionen ihre zuvor
formulierten Hypothesen zu überdenken. In der anschließenden Sicherungsphase
sollen die verschiedenen Ansätze dann miteinander verglichen, kritisch diskutiert
und gegebenenfalls anhand weiterer Kriterien oder Testfälle abschließend beurteilt
werden. Eine mögliche Arbeitsaufgabe sähe etwa folgendermaßen aus:

> DOXA ist eine Terrororganisation, die es sich zum Ziel gesetzt hat, möglichst vielen
> Menschen ihre Ansichten zu nehmen. Nachdem sie in der Vergangenheit mit ver-
> schiedenen Technologien und Chemikalien herumexperimentiert hat, verfolgt die
> Organisation nun eine neue, vergleichsweise einfache Strategie: Wann immer ein DOXA-
> Mitglied mitbekommt, dass jemand in seiner Nähe eine Meinung äußert, spricht es die
> Person an und versichert ihr, der gegenteiligen Meinung zu sein – um direkt darauf
> wieder zu verschwinden. Während Teile der Bevölkerung in diesen Aktionen eine echte
> Bedrohung sehen und harte Strafen fordern, halten andere das Ganze für einen harmlosen
> Scherz. Um sich ein besseres Bild von der Lage zu machen, hat die Regierung nun zwei
> namhafte Erkenntnistheoretiker – Thomas Kelly und Sextus Empiricus – um ein kritisches
> Gutachten über das Gefahrenpotential von DOXA gebeten.

Arbeitsaufträge

a) **Einzelarbeit:** Verständigen Sie sich mit Ihrer*m Partner*in darüber, wer von
   Ihnen Thomas Kelly und wer Sextus Empiricus ist und verfassen Sie aus der

Perspektive des Ihnen zugeteilten Erkenntnistheoretikers ein kurzes Gutachten, in dem Sie eine begründete Einschätzung der Bedrohung vornehmen, die DOXA für die Ansichten der Bevölkerung darstellt.

b) **Partnerarbeit:** Stellen Sie sich Ihre Ergebnisse gegenseitig vor. Überprüfen Sie, inwieweit die erkenntnistheoretischen Positionen von Thomas Kelly und Sextus Empiricus in Ihren Gutachten angemessen angewandt werden. Diskutieren Sie dann, wie Sie persönlich das erkenntnistheoretische Gefahrenpotential von DOXA einschätzen würden.

3.5   Vertiefung und Transfer

In dieser letzten Phase sollte zum einen ein expliziter Lebensweltbezug hergestellt werden, um so den Lernenden die Möglichkeit zu geben, die Relevanz der erarbeiteten Problemlösungen für ihre eigene epistemische Praxis zu reflektieren, andererseits können Anknüpfungspunkte an weiterführende Problemstellungen vorbereitet werden. Um diesen didaktischen Zielsetzungen gerecht zu werden, kann beispielsweise das folgende Zitat von David Christensen als Impuls herangezogen werden (Christensen 2007, 194, Übers. D.B.):

> Meinungsverschiedenheiten liefern einem Gründe, die eigenen Ansichten zu revidieren. Meiner Meinung nach ist das etwas Gutes: Die Ansichten anderer Leute bieten uns unter diesen Umständen Möglichkeiten zur epistemischen Verbesserung.

Dieses Zitat mag auf den ersten Blick überraschen – ist es nicht gerade etwas Schlechtes, dass man angesichts von ständig auftretenden Meinungsverschiedenheiten seine Ansichten revidieren und im schlimmsten Fall aufgeben muss? An dieser Stelle bietet sich wiederum der Einsatz eines konkreten Fallbeispiels an, anhand dessen die Lernenden verschiedene epistemische Verbesserungsmöglichkeiten, die durch das Auftreten von Meinungsverschiedenheiten geboten werden, herausarbeiten, kritisch diskutieren und auf ihre eigene Lebenswelt beziehen können. In diesem Zusammenhang wäre etwa folgende Arbeitsaufgabe denkbar:

> Vincent hat schon seit einiger Zeit ein Auge auf Fiona geworfen, die eine Stufe über ihm auf dieselbe Schule geht – allerdings war er bisher zu schüchtern, um sie anzusprechen. Nach einem Schulfest kommen die beiden jedoch ins Gespräch, es folgen einige weitere Treffen, und schließlich werden sie ein Paar. Vincent ist überglücklich und total verliebt – gleichzeitig bemerkt er, je besser er Fiona kennenlernt, dass die beiden zu vielen Dingen ganz unterschiedliche Ansichten haben: Während er gerne Fleisch isst, ist sie seit Jahren Vegetarierin. Sie benutzt geschlechtergerechte Sprache, worüber er sich früher immer lustig gemacht hat. Andersherum macht sie sich gerne darüber lustig, dass er ihr immer die Tür aufhält, was sie als altmodisch und unnötig empfindet. Obwohl diese Meinungsverschiedenheiten die Harmonie zwischen den beiden nicht wirklich trüben, ist Vincent doch überrascht, dass Fiona oft ganz anders über die Welt nachdenkt als er …

Arbeitsaufträge

a) Diskutieren Sie, inwieweit die Meinungsverschiedenheiten zwischen Vincent und Fiona den beiden jeweils Möglichkeiten zur epistemischen Verbesserung bieten. Worin bestehen diese Verbesserungsmöglichkeiten konkret?

b) Überlegen Sie gemeinsam, was die beiden konkret tun sollten, um die sich bietenden epistemischen Verbesserungsmöglichkeiten bestmöglich nutzen zu können.

c) Skizzieren Sie eine spezifische Situation, in der Sie selbst mit einer Meinungsverschiedenheit konfrontiert waren und reflektieren Sie, inwieweit diese Situation zu einer epistemischen Verbesserung geführt hat.

Neben einer lebensweltlichen Anbindung der erarbeiteten Ergebnisse bietet eine solche Aufgabe auch die Gelegenheit, den bisher gezielt beibehaltenen Fokus auf die Dimension der epistemischen Rationalität zu lockern und auch instrumentelle Fragen mit einzubeziehen. So könnten die Lernenden etwa diskutieren, welche konkreten Handlungen angesichts einer aufgetretenen Meinungsverschiedenheit überhaupt epistemisch zielführend und welche Handlungen eher kontraproduktiv sind – man denke hier etwa an verschiedene Diskussionsstile oder andere Formen des kooperativen Austauschs und Beschaffens von Informationen. Bei Bedarf können die hier angestellten Überlegungen als Ausgangspunkt für eine weiterführende, gänzlich auf die Dimension instrumenteller Rationalität fokussierte Beschäftigung mit dem Phänomen der Meinungsverschiedenheiten genutzt werden.

Literatur

Balg, Dominik, und Jan Constantin. 2019. Epistemologie der Meinungsverschiedenheiten. In *Handbuch Erkenntnistheorie*, Hrsg. Martin Grajner und Guido Melchior, 295–301. Stuttgart: J.B. Metzler.

Balg, Dominik. 2020. *Leben und leben lassen. Eine Kritik intellektueller Toleranz*. Berlin: J.B. Metzler.

Balg, Dominik. 2021. *Toleranz – was müssen wir aushalten?* Berlin: J.B. Metzler.

Chang, Hasok. 2012. *Is water H2O? Evidence, realism and pluralism*. Dordrecht: Springer.

Christensen, David. 2007. Epistemology of disagreement. *Philosophical Review* 116(2):187–217.

Christensen, David. 2009. Disagreement as evidence. The epistemology of controversy. *Philosophy Compass* 4(5):756–767.

Constantin, Jan, und Thomas Grundmann. 2018. Epistemic authority. *Synthese* 197(9):4109–4130.

Empiricus, Sextus. O. J. *pyrrhoneíai hypotypôseis*. Deutsche Ausgabe: Empiricus, Sextus. 1968. *Grundriss der pyrrhonischen Skepsis. Übers. M. Hossenfelder*. Frankfurt a. M.: Suhrkamp.

Enoch, David. 2010. Not Just a truthometer. Taking oneself seriously (but not Too Seriously) in cases of peer disagreement. *Mind* 119(476):953–997.

Feldman, Richard. 2007. Reasonable Religious Disagreements. In *Philosophers Without Gods. Meditations on Atheism and the Secular Life*, Hrsg. Louise M. Antony, 194–214. Oxford: Oxford University Press.

Frances, Bryan. 2014. *Disagreement*. Cambridge: Polity.

Grundmann, Thomas. 2019. How to respond rationally to peer disagreement. The preemption view. *Philosophical Issues* 29(1):129–142.

Gutting, Gary. 1982. *Religious belief and religious skepticism.* Notre Dame: University of Notre Dame Press.

Jäger, Christoph. 2016. Epistemic authority, preemptive reasons, and understanding. *Episteme* 13(2):167–185.

Kelly, Thomas. 2005. The epistemic significance of disagreement. In *Oxford studies in epistemology,* Bd. 1, Hrsg. John Hawthorne und Tamar Gendler, 167–196. Oxford: Oxford University Press.

Kelly, Thomas. 2011. Peer disagreement and higher-order evidence. In *Social epistemology. Essential readings,* Hrsg. Alvin I. Goldman und Dennis Whitcomb, 183–221. Oxford: Oxford University Press.

King, Nathan L. 2012. Disagreement. What's the problem? Or A good peer is hard to find. *Philosophy and Phenomenological Research* 85(2): 249–272.

Kölbel, Max. 2004. Indexical relativism versus genuine relativism. *International Journal of Philosophical Studies* 12(3):297–313.

MacFarlane, John. 2009. Varieties of disagreement. http://johnmacfarlane.net/varieties.pdf. Zugegriffen: 10. Febr. 2022.

Mill, John Stuart. 2015. On Liberty. In *John Stuart Mill. On liberty, utilitarianism, and other essays,* Hrsg. Mark Philp und Frederick Rosen, 5–112. Oxford: Oxford University Press.

Ministerium für Schule und Weiterbildung des Landes Nordrhein-Westfalen (MSB NRW, Hrsg.). 2013. *Kernlehrplan für die Sekundarstufe II Gymnasium/Gesamtschule in Nordrhein-Westfalen.* Düsseldorf: Philosophie.

Priest, Maura. 2016. Inferior disagreement. *Acta Analytica* 31(3):263–283.

Rosen, Gideon. 2001. Nominalism, naturalism, philosophical relativism. *Noûs* 35(15):69–91.

Sistermann, Rolf. 2016. Problemorientierung, Lernphasen und Arbeitsaufgaben. In *Neues Handbuch des Philosophieunterrichts,* Hrsg. Jonas Pfister und Peter Zimmermann, 203–223. Bern: Haupt.

van Inwagen, Peter. 1996. It is wrong, everywhere, always, for anyone, to believe anything upon insufficient evidence. In *Faith, freedom, and rationality. Philosophy of religion today,* Hrsg. Jeff Jordan, 137–154. Lanham: Rowman & Littlefield.

Weirich, Jan. 2020. Causal Decision Theory. In *Stanford Encyclopedia of Philosophy* (Winter 2020 Edition), Hrsg. Edward N. Zalta. https://plato.stanford.edu/archives/win2020/entries/decision-causal/. Zugegriffen: 19.07.2023.

Zollman, Kevin J. S. 2010. The epistemic benefit of transient diversity. *Erkenntnis* 72(1):17–35.

Wie können Argumentations-schaltpläne kritisches Denken und Argumentieren fördern?

7

Frank Brosow

*The way we generally go about cultivating critical thinking is
to expect that students somehow will pick it all up through some
mysterious process of intellectual osmosis.*
(van Gelder 2005, 44)

1 Warum theoretisches Philosophieren?

1.1 Theoretische Philosophie und Allgemeinbildung

Die theoretische Philosophie steht in Bildungseinrichtungen unterhalb des Hoch-
schulniveaus offenbar unter einem besonderen Rechtfertigungsdruck. Als Fach ist
Philosophie in den meisten Bundesländern nur als Oberstufenfach vorgesehen. In
der Sekundarstufe I finden sich dafür Fächer wie Ethik, Praktische Philosophie
oder Werte und Normen. Zwar bekennen sich diese Fächer überwiegend zur Philosophie als Bezugswissenschaft. Dennoch scheinen viele Bundesländer die begriffliche Eingrenzung der Philosophie auf ihre ‚praktischen' Anteile für nötig zu
halten, um die Vermittlung philosophischer Bildung an Schulen zu rechtfertigen
(vgl. Roew und Kriesel 2017, Kap. 1; Anl. 1 u. 2).

Schaut man sich die Kompetenzen an, die die Fächergruppe Philosophie/Ethik
gemäß ihrem Selbstverständnis vermitteln will, stehen logisches Denken und

Ergänzende Information Die elektronische Version dieses Kapitels enthält Zusatzmaterial,
auf das über folgenden Link zugegriffen werden kann https://doi.org/10.1007/978-3-662-
67309-6_7.

F. Brosow (✉)
Pädagogische Hochschule Ludwigsburg, Ludwigsburg, Deutschland
E-Mail: brosow@ph-ludwigsburg.de

Argumentieren hoch im Kurs. An Hochschulen werden sie als so fundamental für das Fach betrachtet, dass obligatorische Kurse in Logik und Argumentationstheorie bzw. die Klausuren, mit denen diese abgeschlossen werden, oft eine Gate Keeper-Funktion erfüllen: Sie stellen sicher, dass nur diejenigen Studierenden ihr Philosophiestudium fortsetzen, die abstraktes Denken in Formeln und Variablen weder abschreckt noch überfordert. Die Zahl der Seminare, in denen auf die Formelsprache der formalen Logik dann wirklich zurückgegriffen wird, ist jedoch meist gering.

Das Bildungssystem behandelt theoretische Philosophie im Allgemeinen und Logik und Argumentationstheorie im Besonderen somit als elitäre Bildungsgüter. Sie werden nicht oder kaum in die Allgemeinbildung unterhalb des Gymnasiums eingebunden, gleichzeitig jedoch dazu benutzt, an der Hochschule diejenigen aus dem Fach herauszuhalten, für die Philosophie ‚nicht das Richtige' ist. Wer an der Schule nicht vermittelt, was als Eintrittskarte in das fortgeschrittene Hochschulstudium erwartet wird, bevorzugt diejenigen, die ihre Eintrittskarte außerhalb des Bildungssystems erhalten. Nicht zufällig liegt der Zusammenhang zwischen Elternhaus und schulischer Leistung in Deutschland deutlich über dem OECD-Schnitt (vgl. OECD 2018).

1.2   Weltanschauung und Wissenschaft

Der Mangel an *epistemischer Kompetenz* (vgl. Kötter und Bussmann 2018) in der Bevölkerung wird zunehmend gefährlich. Die fehlende Verbreitung von Kompetenzen zum kritischen Denken und Argumentieren fördert auf *beiden* Seiten des politischen Spektrums Pseudowissenschaften, Wissenschaftsverweigerung, Verschwörungsmythen, Populismus, Fake News und quasi-religiöse Ideologien. Mindestens zum Teil sind diese Probleme darauf zurückführen, dass wir als Gesellschaft und als Fach nicht konsequent genug zwischen Weltanschauung und Wissenschaft unterscheiden.

Wissenschaft zielt auf die *Erkenntnis* beobachterunabhängig gegebener Tatsachen und Relationen, Weltanschauung basiert auf dem *Bekenntnis* zu einer kontingenten, sozial anerkannten Sichtweise (Brosow 2022). Wissenschaft zeigt uns die objektiven Aspekte der Welt auf. Weltanschauung behandelt die Welt, ‚als ob' sie so wäre, wie wir sie als Subjekte zu sehen beschließen, weil uns dies psychologische und soziale Vorteile verschafft. Maßstab weltanschaulicher Überzeugungen ist nicht, ob sie nachweislich wahr sind, sondern ob sie attraktiv sind.

Wer Philosophie als Wissenschaft behandelt, vertritt philosophische Theorien, weil und insofern sie beobachterunabhängig begründbar sind. Wer Philosophien als Weltanschauungen vertritt, bewertet sie danach, ob sie subjektiv als attraktiv, das heißt als ‚sympathisch', ‚interessant' oder ‚sozial akzeptabel' empfunden werden. Die Fokussierung der Schule auf Themen der praktischen Philosophie begünstigt ein rein weltanschauliches Verständnis von Philosophie. Dies verdankt sich der Entwicklung der Fächergruppe Philosophie/Ethik aus einem Ersatzfach für Religion, lässt jedoch zentrale Bildungschancen ungenutzt.

1.3   Rationalität und soziale Netzwerke

Für Menschen, die den Unterschied zwischen Wissenschaft und Weltanschauung nicht verstehen oder nicht anerkennen, ist Wissenschaft nur eine Weltanschauung neben anderen. Rationalität *als* Weltanschauung kann für sie dennoch als Mittel zum Zweck attraktiv sein. Wenn ich andere von meiner Weltsicht überzeugen will, sind vernünftige Argumente ceteris paribus erfolgreicher als unvernünftige, weil sie für alle Menschen nachvollziehbar sind (vgl. Mercier und Sperber 2018, Kap. 10). Argumente, die auf subjektiven Ängsten und Vorurteilen beruhen, erfahren weniger soziale Bestätigung, sofern diese Ängste und Vorurteile nicht mehr oder weniger zufällig von allen in der Gruppe geteilt werden.

Genau dies ist in den Filterblasen der sozialen Netzwerke der Fall. Wenn ich mir mein Umfeld selbst aussuchen kann und das Teilen meiner Ängste und Vorurteile zur Eintrittsbedingung in meine soziale Gruppe mache, erhöht Rationalität nicht länger die Chance, dass sich andere meiner Sichtweise anschließen. *Gegen* Rationalität spricht, dass sie anstrengend ist, weil sie von uns das aktive Filtern intuitiver Denkprozesse verlangt (vgl. Kahneman 2011, Kap. 3). Wenn ungefiltertes Denken und Reden ohne diese Anstrengung dieselben sozialen Vorteile liefert, und wenn diese Vorteile das einzige Ziel des Austauschs von Argumenten sind, ist es paradoxerweise sogar nach rationalen Kosten-Nutzen-Analysen ‚vernünftig‘, sich *nicht* um vernünftige Argumente zu bemühen.

Es ist fruchtlos, aufgrund dieser Überlegungen die sozialen Medien zu verteufeln. Diese Medien entwickeln sich, weil sie tief verwurzelte, soziale Bedürfnisse befriedigen. Solange diese Bedürfnisse sich nicht ändern, verschwinden auch die sie bedienenden Medien nicht. Wenn Rationalität und ihre Systematisierung als Wissenschaft dennoch bestimmende Mindsets unserer zunehmend digitalisierten Lebenswelt bleiben sollen, muss das Bildungssystem zwei Dinge tun: Es muss (a) die Attraktivität, d. h. die sozialen Vorteile von Rationalität als Weltanschauung wiederherstellen und (b) aufzeigen, dass Attraktivität weder der einzige noch der wichtigste Maßstab wissenschaftlicher Theorien ist.

2   Woran fehlt es im Bildungssystem?

2.1   Formale Logik ohne kritisches Denken

Diese praktischen Probleme allein durch Kurse in formaler Logik und Argumentationstheorie lösen zu wollen, käme dem Versuch gleich, die Sportlichkeit der Bevölkerung durch sportwissenschaftliche Lektürekurse zu erhöhen. Angebote dieser Art dienen der *Reflexion* einer Praxis. Benötigt wird ein Lehrkonzept, das auf die *Beherrschung* der Praxis zielt.

Der akademische Betrieb reagiert auf dieses Desiderat durch das Angebot von Logik-Übungen. Diese Kurse werden besucht, *um* formale Logik einzuüben. Die Entscheidung, dass und wie Logik anzuwenden ist, wird den Lernenden dort abgenommen. Die Motivation der Studierenden richtet sich in der Regel auf das bloße Bestehen dieser Kurse. Nötig wären hingegen Übungen, die den Wert sauberer Argumentation durch ihren Beitrag zur Lösung von Problemen der Studierenden aufzeigen. Formale Logik ist dabei nur von geringem Wert. Selbst für Studierende, zu deren Alltag philosophische Seminare gehören, hängt die Qualität von Argumenten selten von Fragen nach der Verteilung von Wahrheitswerten oder nach der formalen Gültigkeit von Argumentationsmustern ab.

Es liegt daher nahe, den Schwerpunkt dieser Übungen auf informelle Logik und kritisches Denken zu verlagern. „Critical thinking is reasonable and reflective thinking focused on deciding what to believe or do." (Ennis 2011, 1). Kritisches Denken zählt neben Kommunikation, Kollaboration und Kreativität zu den vier zentralen Kompetenzen des 21. Jahrhunderts (vgl. Haber 2020, 112). In den USA wurde es zum nationalen Bildungsziel erklärt (vgl. Walter und Wenzl 2016, 5). Seither erfüllen Kurse in Critical Thinking an dortigen Universitäten fächerübergreifend eine ähnlich zentrale Funktion wie Logikkurse für deutsche Philosophieinstitute.

2.2   Kritisches Denken ohne Didaktik

Die (englischsprachige) Literatur zum kritischen Denken ist unüberschaubar. Ihre Qualität ist durchwachsen. Das zentrale Problem ist hier dasselbe wie im Fall der Logikkurse: Entweder werden die Prinzipien des kritischen Denkens rein abstrakt eingeführt oder beliebige Probleme werden als Mittel zum Zweck ihrer Veranschaulichung eingesetzt, statt umgekehrt kritisches Denken als Mittel zur Lösung echter Probleme der Lernenden zu nutzen. Philosoph*innen neigen zum ersten, Autor*innen aus anderen Wissenschaftsbereichen zum zweiten dieser beiden Extreme. Das Ergebnis sind Bücher, die über kritisches Denken oder seine Problembereiche informieren und reflektieren, statt kritisches Denken zu fördern.

Einige Bücher über kritisches Denken sind sich dessen bewusst und enthalten gut gemeinte, aktivierende Übungen. So schlagen Richard Paul und Linda Elder vor, man solle eine Liste der Probleme seines eigenen Denkens erstellen (vgl. Paul und Elder 2014, 11) oder sich in Erinnerung rufen, wann man einmal ein wichtiges Konzept nicht verstanden habe (vgl. ebd., 15). Solche Fragen funktionieren in der Praxis kaum und werden beim Lesen meist übergangen. Die Erinnerung an Denkfehler lässt sich nicht abrufen wie die Erinnerung an einen Unfall oder an das Verpassen einer Zugverbindung. Um Denkfehler zu beseitigen, reicht es auch nicht aus, den Ist-Zustand des Denkens dem idealen Zielzustand kritischen Denkens gegenüberzustellen. Es bedarf einer Didaktik, die gangbare Wege aufzeigt, wie reale Menschen dieses Ziel effektiv erreichen können. Wer weiß, was kritisches Denken ist und aus welchen Kompetenzen es besteht, ist deshalb noch nicht gut darin. Und wer kritisches Denken beherrscht, weiß deshalb noch nicht, wie man es anderen beibringt.

2.3   Didaktik ohne theoretisches Philosophieren

Um anderen kritisches Denken und Argumentieren beizubringen, brauchen wir nicht nur apriorische Theorien über das Wesen der Rationalität, sondern auch empirische Erkenntnisse über menschliche Denkprozesse (Brosow 2019). Auf dieser Basis entstehen technische Modelle darüber, wie sich rationales Denken realer Menschen in realen Situationen wirksam fördern lässt. Die „technologische" Forschung zur Entwicklung und Evaluation dieser Modelle ist Aufgabe der Philosophiedidaktik (vgl. Tiedemann 2011, 30 f.). Technologisch ist diese Art der Forschung, insofern sie nicht Wissen generiert, sondern Modelle und Methoden konstruiert und deren Funktionalität und Akzeptanz durch die jeweilige Zielgruppe testet (vgl. Kruse 2017, 140).

Die Parallele zur Forschung in den Ingenieurwissenschaften mit Schwerpunkt auf Funktionalität statt auf Wahrheit erklärt, warum sich vergleichsweise wenige Personen gleichzeitig für theoretische Philosophie und für die Didaktik der Philosophie interessieren. Da die in der theoretischen Philosophie benötigten Kompetenzen eine große Schnittmenge mit denen des kritischen Denkens aufweisen (vgl. Ennis 2011; Rudisill 2011, App. A u. B), werde ich diese Kompetenzen für die Zwecke dieses Beitrags gemeinsam behandeln – ohne damit eine Identität von kritischem Denken und (theoretischem) Philosophieren zu unterstellen.

3   Was hilft?

3.1   Deep Learning

Beginnen wir mit der Unterscheidung zwischen *Lernen* und *Verstehen*. Wer (auswendig-)lernt, was Kant über synthetische Urteile a priori sagt, kann es leicht wieder *ver*lernen. Die Erinnerung an das Gelernte verblasst und ist irgendwann nicht mehr abrufbar. Wer hingegen einmal verstanden hat, was synthetische Urteile a priori sind, wird es nie wieder „ent-verstehen" (vgl. Beck 2021, 9) – auch nicht, wenn einzelne Vokabeln, die für die Erklärung des Konzeptes hilfreich sind, vergessen werden.

Das Fach Philosophie und seine Didaktik sind vorrangig auf Verstehensprozesse ausgerichtet. Das kommt Studierenden mit unterschiedlichen Lerngewohnheiten in unterschiedlichem Maße entgegen. Mit Lerngewohnheiten sind hier *keine* Lerntypen oder Lernstile (*abstrakt, visuell, auditiv, kinästhetisch*) gemeint. Die Lerntypentheorie ist ein Beispiel für eine ‚weltanschauliche Didaktik'. Sie ist verbreitet, weil sie vielen Lehrenden *gefällt*, wurde aber nie wissenschaftlich belegt (vgl. Agarwal und Bain 2019, Kap. 7). Gemeint ist vielmehr die Tendenz zum *oberflächlichen (superficial), strategischen (strategic)* und *tiefgründigen (deep)* Lernen. Diese Unterscheidung bezieht sich auf die Gefühle, die Lernende beim Lernen empfinden, und auf die Ziele, die sie dabei verfolgen (vgl. Bain und Zimmerman 2009, 9).

Ich lasse hier diejenigen außen vor, die nicht wirklich zur Gruppe der Lernenden gehören, weil sie an Sitzungen nicht teilnehmen oder die vorbereitenden Texte nicht lesen. *Oberflächlich* Lernende sind diejenigen, die diese Mindestbedingungen erfüllen, weil es von ihnen erwartet wird und sie nicht durchfallen wollen. Sie fürchten Fehler und versuchen, möglichst viele Details in Erinnerung zu behalten und für Tests zu replizieren. *Strategisch* Lernende wollen mit möglichst geringem Aufwand möglichst gute Noten erzielen und bedienen sich dazu einer Kosten-Nutzen-Rechnung. Sie lernen nicht für sich selbst, sondern für den Test. *Tiefgründig* Lernende wollen verstehen, was sie lernen. Sie denken über die Bedingungen, Folgen und Anwendungsmöglichkeiten des Gelernten nach und suchen Zusammenhänge mit verwandten Konzepten und Problemen (vgl. Bain und Zimmerman 2009, 10).

Das gängige Vorurteil besagt, die Wahl zwischen diesen Lerngewohnheiten hänge von den Lernenden ab: Intelligente Lernende lernen eher tiefgründig, weniger intelligente eher oberflächlich. Die empirische Forschung hat dieses Vorurteil nicht bestätigt. Stattdessen finden sich starke Hinweise darauf, dass die entscheidenden Gründe bei den *Lehrenden* liegen (vgl. Bain und Zimmermann 2009, 10). Diejenigen Lehrenden, die viele tiefgründig Lernende hervorbringen, sind nicht zwingend die beliebtesten, aber die erfolgreichsten.

3.2   Problemorientierung

Der Schlüssel zu diesem Erfolg liegt im Nutzen oder Erzeugen *intrinsischer* Motivation (vgl. Bain und Zimmermann 2009, 11). Gute Lehrkräfte finden Wege, die *Lehr*ziele ihres Faches mit intrinsischen *Lern*zielen der Lernenden zu verbinden. Dafür ist induktives Vorgehen eher geeignet als deduktives: Man startet mit einem interessanten Einzelproblem, an dem die Lernenden eigenständig arbeiten, bevor man ihnen die sachgerechte Lösung von Expert*innen präsentiert (Beck 2021, Abschn. 3.3).

Um etwas Neues zu lernen, muss man zunächst einsehen, dass man es noch nicht weiß oder kann. Erfolgreiche Lehrkräfte sorgen dafür, dass das Ausgehen von Intuitionen, bekannten Konzepten und bereits beherrschten Arbeitsweisen zunächst zu falschen oder unbefriedigenden Ergebnissen führt. Gute Lehre ist ein Stück weit ineffizient (Beck 2021, Abschn. 3.4). Sie lässt Irrwege zu, um Interesse und Wertschätzung gegenüber besseren Wegen zu wecken. Gute Lehrkräfte nutzen wünschenswerte Erschwernisse (vgl. Agarwal und Bain 2019, Kap. 1), um den Schwierigkeitsgrad der Probleme so zu variieren, dass sie herausfordern, ohne zu frustrieren. Das Vermeiden von *Frustration* darf dabei nicht mit dem Vermeiden der fruchtbaren Erfahrung des vorläufigen *Scheiterns* verwechselt werden.

Die Erfahrung, mit den bisherigen mentalen Modellen nicht weiterzukommen, führt mit höherer Wahrscheinlichkeit zu tiefgründigem Lernen, wenn die Lernenden Feedback erhalten und basierend darauf neue Versuche zur Problemlösung unternehmen, *bevor* sie für den fraglichen Abschnitt des Lernprozesses bewertet werden. Dabei spielen die genaue Art des Feedbacks, Wortwahl und Verhalten der Lehrkraft sowie die Bewertungskriterien am Ende des Prozesses eine entscheidende Rolle (vgl. Bain und Zimmermann 2009, 11). Die Arbeit an interessanten Einzelproblemen führt idealerweise zur Vermittlung einer allgemeinen *Theorie* des kritischen Denkens, Argumentierens und Philosophierens. Dazu gehört die Aneignung eines speziellen Vokabulars, mit dessen Hilfe sich die Stärken und Schwächen von Argumenten präzise beschreiben lassen (vgl. van Gelder 2005, 44).

3.3 Praxiserfahrung

Verstehen ist also wichtiger als bloßes Lernen und wird durch Problemorientierung begünstigt. Kritisches Denken und Argumentieren müssen jedoch nicht nur als Konzepte verstanden, sondern auch als Tätigkeiten beherrscht werden. Die Vermittlung von *Fähigkeiten* (*skills*) erfordert eine andere Form von Didaktik als die Vermittlung von *Erkenntnissen*. „You will not get better without practice, and getting really good takes lots of practice" (van Gelder 2005, 43). Unter Lehramtsstudierenden genießen Lehrkräfte, die täglich in der Schulpraxis tätig sind, darum oft mehr Vertrauen als Dozierende der Philosophiedidaktik. Die primäre Aufgabe guter Lehrkräfte beschreibt David Concepción als das Designen von lerngruppenorientierten Aktivitäten, in deren Verlauf die Lernenden die richtigen Dinge in der richtigen Reihenfolge *selber* tun (vgl. Concepción 2018, 28).

Bevor sich Studierende bestimmte Lehrkräfte zum Vorbild nehmen, lohnt ein Blick auf deren Lehr- und Lerngewohnheiten. Dass sie schon lange unterrichten, heißt nicht, dass ihr Unterricht auch *gut* ist. Wer im Studium *oberflächlich* gelernt hat, wird meist auch an der Schule gemäß der Prinzipien Fehlervermeidung und Replikation des Bekannten unterrichten. Wer im Studium *strategisch* studiert hat, wird sich auch an der Schule vorrangig um Effizienz statt um Qualität bemühen. Nur wer *tiefgründig* lernt, wird sich an der Schule zu einer *gelehrten Lehrkraft* (*scholary teacher*) entwickeln, die ihre Lehreinheiten unter Berücksichtigung didaktischer Forschungsliteratur konzipiert (vgl. Concepción 2018, 27).

Wie das Unterrichten erfordern auch die Fähigkeiten des kritischen Denkens und Argumentierens *Übung*, verbessern sich aber kaum durch bloße *Wiederholung*. Ein wesentliches Ziel der Didaktik besteht darin, wirksame Formen des Übens von weniger wirksamen zu unterscheiden.

3.4 Deliberate Practice

Unter dem Begriff *bewusstes Üben* (*deliberate practice*) stellen Karl A. Ericsson und sein Team ein didaktisches Prinzip vor, das vom Erlernen von Musikinstrumenten und Sportarten bekannt ist. Das regelmäßige Ausführen einer komplexen Tätigkeit hebt die eigene Expertise von Anfänger*innen zwar auf ein bestimmtes Niveau. Dieses wird jedoch oft zu einem Entwicklungsplateau, von dem aus es trotz weiterer Erfahrung zu keiner Verbesserung mehr kommt. Wer etwa beim Tennisspielen mehrfach einen Rückhandvolley verpasst, wird diese Schwäche nicht durch regelmäßiges Tennisspielen beseitigen, weil diese Art Schlag dabei zu selten vorkommt. Der spezielle Schlag muss isoliert und konzentriert geübt werden, am besten unter Anleitung und mit allmählich steigendem Schwierigkeitsgrad (vgl. Plant et al. 2005, 98).

Dieser Ansatz wurde oft aufgegriffen, jedoch auch kritisiert. In einer umfangreichen Meta-Studie heißt es etwa, bewusstes Üben erkläre nur 26 % der Leistungsunterschiede bei Spielen, 21 % in der Musik, 18 % im Sport, 4 % im Bereich Bildung und 1 % in anderen Professionen (vgl. Macnamara et al. 2014, 1608). Ericssons Team führt diesen kritischen Befund auf ein zu schwammiges Verständnis von *bewusstem Üben* zurück (vgl. Ericsson und Harwell 2019). Ein genauer Blick auf die Details des gemeinten Konzeptes ist daher unerlässlich.

Bewusstes Üben (*deliberate practice*) ist erstens abzugrenzen vom *naiven Üben* (*naïve practice*). Darunter versteht Ericssons Team das regelmäßige Ausüben von domänenspezifischen Tätigkeiten in Sport, Spiel und Beruf ohne das Ziel der Leistungsverbesserung. Zweitens unterscheidet es sich vom *zielgerichteten Üben* (*purposeful practice*), bei dem Individuen zur Leistungsverbesserung, aber ohne Anleitung durch kompetente Trainer*innen üben. Drittens ist es vom *strukturierten Üben* (*structured practice*) zu trennen. Dieses wird von Trainer*innen geplant und begleitet, ist jedoch nicht auf den individuellen Leistungsstand einzelner Mitglieder der Lerngruppe abgestimmt. Beispiele dafür sind der Frontalunterricht in Schulklassen oder das Training in diversen Mannschaftssportarten. Diese Abgrenzungen veranschaulichen den Kern des gemeinten Konzeptes von *bewusstem Üben*:

1. Es wird von einer qualifizierten Lehrkraft begleitet, die jedem Mitglied der Lerngruppe individuelle Aufgaben und Techniken zur Verbesserung der bisherigen Leistung empfiehlt.
2. Die Lehrkraft kommuniziert das Lernziel so, dass die Lernenden es beim konzentrierten Üben mental repräsentieren können, um die eigene Leistung damit zu vergleichen.
3. Die Lehrkraft beschreibt eine Übungsaktivität, durch die die Lernenden das gesteckte Ziel erreichen können; diese Aktivität ermöglicht unmittelbares und präzises Feedback.
4. Die Lernenden erhalten Gelegenheit zu wiederholten Überarbeitungen mit zunehmender Schwierigkeit, um sich im eigenen Tempo schrittweise dem angestrebten Ziel anzunähern.

Es geht hier *nicht* um das Automatisieren von alltäglichen Prozessen wie Radfahren oder Lesen, die man nach kurzer Zeit unbewusst und mühelos ausführen will. Stattdessen richten die Lernenden maximale Aufmerksamkeit auf ihren Lernprozess, können ihre Gedanken während der Planung und Bewertung ihrer Tätigkeit verbalisieren und verarbeiten bei der Bewältigung neuer Herausforderungen möglichst viele relevante Informationen. Dazu sind Einzelarbeit, ein ablenkungsfreies Lernumfeld und der ungehinderte Zugang zu notwendigen Übungsressourcen erforderlich (vgl. Plant et al. 2005, 98; Ericsson et al. 1993, S. 367.).

3.5 Gestaffelte Lernziele

In einem preisgekrönten Aufsatz in *Teaching Philosophy* haben Ann J. Cahill und Stephen Bloch-Schulman ein Konzept vorgelegt, das die Einsichten zu bewusstem Üben in einen Kurs zu kritischem Denken und Argumentieren überführt. Studierende arbeiten in ihrem individuellen Tempo eine festgelegte Abfolge von Aufgaben mit steigendem Schwierigkeitsgrad ab. Die Note errechnet sich aus der Zahl der Schritte, die die Studierenden im Laufe eines Semesters gemeistert haben. Inspiriert wurde der Ansatz von Kampfsportkursen, in denen Prüfungen zum Erlangen verschiedener Grade/Gürtel abgelegt werden. Die Instruktor*innen (Sensei) entscheiden individuell, wann ein*e Schüler*in bereit ist, die nächste Prüfung abzulegen. Die Prüfungen haben einen ansteigenden Schwierigkeitsgrad und beinhalten auch die Demonstration derjenigen Kompetenzen, die in zuvor bestandenen Prüfungen demonstriert wurden (vgl. Cahill und Bloch-Schulman 2012, 41).

Die Autor*innen berufen sich explizit auf die Konzepte des tiefgründigen Lernens und des bewussten Übens (vgl. Cahill und Bloch-Schulman 2012, 43–45) Die Studierenden werden in das Material eingeführt und arbeiten dann selbständig einen Zehn-Punkte-Plan ab. Dieser beginnt beim *Verstehen* von Argumenten, schreitet voran zu deren *Bewertung* und gipfelt in deren *Konstruktion*. Die Schritte umfassen (vgl. Cahill und Bloch-Schulman 2012, 51 f.):

1. zwischen Argumenten und anderen sprachlichen Äußerungen unterscheiden
2. Schlussfolgerungen in kurzen Texten identifizieren
3. eine Argumentationskarte (*argument map*) von kurzen Argumenten erstellen
4. eine Argumentationskarte langer Argumente (zwei Seiten Text) erstellen
5. ein Argument visualisieren und die Prämissen einzeln nach Annehmbarkeit bewerten
6. ein Argument visualisieren; die Prämissen nach Annehmbarkeit und Relevanz bewerten
7. Argumente visualisieren; die Prämissen nach Zulänglichkeit, Annehmbarkeit und Relevanz bewerten
8. eine komplexe Bewertung eines Arguments (ohne Argumentationskarte) ausformulieren
9. ein eigenes, starkes Argument konstruieren und ausformulieren
10. eine Live-Diskussion mit Vertreter*innen einer gegenteiligen Position führen

Die Studierenden erledigen in ihrem eigenen Tempo Übungsaufgaben, zu denen die Dozierenden individuelles Feedback geben. Sobald Grund zu der Annahme besteht, dass die angestrebte Fähigkeit beherrscht wird, erfolgt ein individueller

Test in Echtzeit, bei dem die erlernte Fähigkeit demonstriert wird. Ist der Test erfolgreich, gehen die Studierenden zum nächsten Schritt über. Wenn nicht, erhalten sie nicht einfach eine schlechte Note und gehen weiter zum nächsten Lerninhalt, sondern üben weiter an der Fähigkeit, bis sie einen neuen Test bestehen. Die Tests späterer Schritte greifen stets auch auf das für frühere Schritte Gelernte zurück, das so wiederholt wird (vgl. Cahill und Bloch-Schulman 2012, 48). Es hängt von den Lernenden selbst ab, wie viele Kompetenzen sie in einer gegebenen Zeit erwerben bzw. wie viel Zeit sie zum Erlernen eines gegebenen Sets von Kompetenzen benötigen. Noten, Leistungspunkte und Abschlüsse spiegeln nicht die investierte Zeit und Mühe, sondern die Menge der tatsächlich erfolgreich demonstrierten Kompetenzen wider.

Zu ergänzen ist, dass die Übungsmaterialien einen anfangs niederschwelligen und dann langsam ansteigenden Schwierigkeitsgrad aufweisen sollten (Franzen 2022) und inhaltlich mit den intrinsischen Interessen und Erkenntniszielen der Studierenden verwoben sein müssen, um zu tiefgründigem Lernen anzuregen. Gelingt dies, holt der Ansatz alle Lernenden dort ab, wo sie stehen, und führt sie so weit zur Beherrschung neuer Fähigkeiten, wie die gegebene Zeit und ihr individueller Einsatz es zulassen. Lernende und Lehrende können so präzise beschreiben, was bis zu welchem Grad gelernt wurde. Das fördert die Metakognition der Lehr-Lern-Gruppe (vgl. Cahill und Bloch-Schulman 2012, 48). Um das nötige lernwirksame Feedback geben zu können, müssen Lehrende über fundierte Kenntnisse und Fertigkeiten in der Didaktik des Argumentierens verfügen. Einen kommentierten Überblick über hilfreiche und weniger hilfreiche Literatur auf diesem Feld liefert Christian Wilhelm (2022). Die Bedingungen der Vermittlung von Argumentationskompetenz aufseiten der Lernenden untersucht David Lanius (2022).

Ein Lernplan aus kumulativen Schritten in einer festen Abfolge eignet sich für Anfängerkurse, in denen grundlegende Fähigkeiten erworben und gefestigt werden (vgl. Concepción 2018, 29). Dies ist inhaltlich mit der Vermittlung von Grundwissen kombinierbar, etwa mit Texten zu Grundpositionen der theoretischen und praktischen Philosophie oder der Fachdidaktik (Brosow und Maisenhölder 2019, 2021). Ein solcher Kurs lässt sich mehrfach mit neuen Lerngruppen wiederholen, was den Aufwand seiner Erstellung rechtfertigt. In Kursen für Fortgeschrittene würde man zwar auf die erlernten Fähigkeiten aus dem Anfängerkurs zurückgreifen, diese aber freier kombinieren, indem man durchmischte Aufgaben stellt und auf komplexe Probleme zurückgreift, die keine einfachen Lösungen und mehr als einen Lösungsweg erlauben (vgl. Concepción 2018, 30).

3.6   Argument Mapping

Ein für Anfänger- und Fortgeschrittenenkurse gleichermaßen nützliches Hilfsmittel sind Argumentationskarten (*argument maps*). „If evidence forms complex hierarchical structures, then those structures can be diagrammed. […] [W]e can draw maps that make the logical structure of the argument completely explicit" (van Gelder 2005, 44).

Anders als Bilder, auf denen man vieles gleichzeitig wahrnimmt, sind Texte linear. Man muss ein Wort nach dem anderen lesen, um einen Satz zu verstehen, einen Satz nach dem anderen, um ein Argument zu verstehen, und ein Argument nach dem anderen, um einen Argumentationsgang zu verstehen. Je komplexer der Text, desto schwieriger ist es, das bereits Gelesene mental präsent zu halten und zu neuen Inhalten in Verhältnis zu setzen. Die mentalen Ressourcen dafür werden frei, wenn man die Struktur der Argumentation visualisiert. So behalten wir zwar eine kurze und einfache Wegbeschreibung in ihrem Wortlaut leicht im Gedächtnis. Zur Orientierung in einer Großstadt ist eine Straßenkarte jedoch ein unverzichtbares, visuelles Hilfsmittel (vgl. van Gelder 2005, 45).

Durch Argumentationskarten lassen sich zugleich die Komplexität und die einfachen Bestandteile philosophischer Argumentationen veranschaulichen. Dies ist didaktisch nutzbar, um ein schwieriges Argument in einfache Bestandteile zu zerlegen, kann jedoch auch umgekehrt die Komplexität und Schönheit einer Argumentation veranschaulichen, in der alle Teile gut abgestimmt zusammenpassen. Tim van Gelder fasst die Vorteile von *argument maps* so zusammen (vgl. van Gelder 2005, 45):

1. Sie machen Argumentationen leichter verständlich. Lernende können sich direkt auf Elemente des kritischen Denkens konzentrieren, statt ihre Aufmerksamkeit darauf richten zu müssen, den Argumentationsgang erst aus einem Text herauszuarbeiten.
2. Wenn Lernende die Struktur einer Argumentation vor Augen sehen, können sie wichtige Punkte leichter identifizieren, z. B. ob jemand eine Behauptung aufstellt, ob eine Prämisse der weiteren Stützung bedarf oder ob auf einen Einwand eingegangen wird.
3. Wenn Argumente als Schaubild präsentiert werden, können Lernende vertiefende Stufen des kritischen Denkens erreichen. Vielschichtige Argumente beinhalten zahlreiche, gesonderte Schritte, die in einer bestimmten Reihenfolge vollzogen werden müssen.
4. Wenn Argumente nach strikten Regeln in Diagrammform dargestellt werden, können Lehrende sofort ‚sehen‘, was die Lernenden denken. Dieser ‚Röntgenblick‘ in ihre Gedanken erlaubt der Lehrkraft ein deutlich schnelleres und zielgerichtetes Feedback und lässt Lernende besser verstehen, worauf sich das Feedback bezieht und was genau zu tun ist, um Probleme ihres eigenen Denkens zu beheben.

Die Ergebnisse, die der Einsatz von Argumentationskarten der empirischen Lehr-Lern-Forschung zufolge hervorbringt, sprechen für sich: Ein Semester angeleitete Arbeit mit Argumentationskarten kann einen Zuwachs an argumentativen Fähigkeiten hervorbringen, wie er normalerweise erst im Laufe eines kompletten Studiums zu erwarten wäre (vgl. van Gelder 2005, 45). So unbestritten der Nutzen von Argumentationskarten sein mag, so umstritten ist jedoch die Frage, ob dieser Nutzen den mit ihnen verbundenen Aufwand rechtfertigt. Dieses Problem gilt es, aus Sicht der Lehrenden *und* der Lernenden ernst zu nehmen.

4   Wie lässt sich all dies effizient umsetzen?

4.1   Argumentationsschaltpläne (ASP) als Arbeitserleichterung

Wie können Argumentationskarten eingesetzt werden, ohne Lehrende oder Lernende zeitlich zu überfordern? Geht es statt um die reine Darstellung auch um die Bewertung von Argumenten, bevorzuge ich anstelle des Begriffs *Argumentationskarte* den Begriff *Argumentationsschaltplan* (ASP). So wie ein Schaltplan beim Bauen, Verstehen und Reparieren von Schaltkreisen hilft, so hilft beim Verfassen, Analysieren und Korrigieren von Argumenten deren schematische, visuelle Darstellung. Wenn ein Schaltkreis (Argument) alle nötigen Teile (Prämissen) enthält, alle Teile unbeschädigt (alle Prämissen wahr) und an der richtigen Stelle platziert sind (ein gültiges Argumentationsmuster bilden), fließt Strom (,schließt' der Schluss). Das Entfernen oder Ersetzen mancher Elemente des Schaltplans ist unschädlich oder sogar nützlich, das Verändern anderer macht das System funktionsunfähig.

In der hier abgebildeten Argumentationskarte umrahmt der hellgrauen Kasten die gesamte Argumentation. Der weiße Kasten enthält deren These, die farbigen Kästen enthalten zwei Aussagen. Der dunkelgraue Kasten um diese herum zeigt an, dass sie gemeinsam ,Argument 1' bilden. Die Pfeile zeigen an, auf welche These sich die Aussagen beziehen.

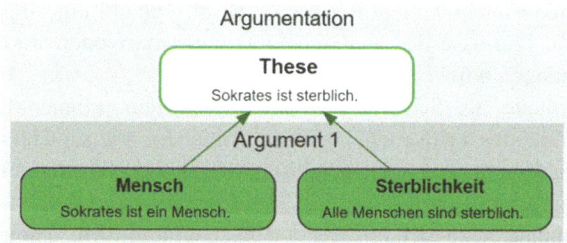

Ein ASP führt zusätzliche Farbkodierungen ein: Grüne Pfeile stützen die These, rote greifen sie an, schwarze zeigen eine andere Art von Beziehung auf. Die Farbe Grün um oder in einem Kasten bedeutet, dass die These oder Aussage für wahr gehalten wird, die Farbe Rot, dass sie falsch ist, die Farbe Blau, dass ihre Bewertung noch aussteht. Verschiedene Grün- und Rottöne können unterschiedliche Grade von Gewissheit oder Wahrscheinlichkeit ausdrücken. Der ASP zeigt so nicht nur die Struktur des Arguments an, sondern auch, ob jemand es für schlüssig hält. Eine gute Argumentation führt von grünen Aussagen über grüne Pfeile zu grün umrahmten Thesen.

Dass die Korrektur von ASP für Lehrende eine Arbeitserleichterung sein kann, wird klar, wenn man sie mit der Korrektur *ausformulierter* Argumentationen vergleicht. Lernenden kann ein an die Wand projizierter ASP längere Textlektüre ersparen. Alternative Auslegungen von Argumentationen innerhalb der Lerngruppe können durch die Gegenüberstellung mehrerer ASP schnell geklärt werden.

4.2 ASP-Erstellung mit Argdown

Zur Erstellung von Argumentationsschaltplänen (ASP) gibt es viele Möglichkeiten. Man kann sie per Hand mit Bleistift und Buntstiften anfertigen. Dann ist es aber schwer, nachträglich Änderungen an ihnen vorzunehmen. Alternativ kann man in Microsoft Word die Funktion ‚SmartArt' verwenden und dort eine Struktur aus der Gruppe ‚Hierarchie' auswählen. Im Internet gibt es frei erhältliche und kostenpflichtige Programme zur Erstellung von *mind maps, concept maps* und *argument maps*. Diese Programme haben unterschiedliche Vor- und Nachteile. Einige sind teuer, andere nicht sehr benutzerfreundlich, wieder andere liefern keine ansehnlichen Ergebnisse, die sich für Präsentationen eignen. All diese Möglichkeiten sind vergleichsweise zeitaufwändig. Die Zeit, die man mit Zeichnen oder dem Anlegen, Formatieren und Abändern von Grafiken verbringt, fehlt für die mentale Auseinandersetzung mit der Argumentation.

Das Karlsruher Institut für Technologie (KIT), genauer gesagt das dortige DebateLab am Institut für Philosophie, hat vor einigen Jahren eine Software zur Erstellung von *argument maps* entwickelt, die dieses Problem zu lösen hilft. Aufbauend auf der vereinfachten Programmiersprache *Markdown* entwickelte man dort mit *Argdown* eine eigene Syntax, die speziell auf die Darstellung und Analyse von Argumenten ausgerichtet ist. Argdown ist kein Programm, sondern eine Art Sprache bzw. ein virtuelles Regelsystem, das Programmen sagt, wie sie mit dem eingegebenen Text umgehen sollen. Das einfache Schaubild oben im Text habe ich mit Argdown innerhalb von 90 Sekunden erzeugt. Ich habe dazu in einen einfachen Text-Editor den folgenden Text eingetippt:

```
# Argumentation

[These]: Sokrates ist sterblich.

## Argument 1

<Sterblichkeit>: Alle Menschen sind sterblich.

<Mensch>: Sokrates ist ein Mensch.

[These] #wahr
  + <Sterblichkeit> #wahr
  + <Mensch> #wahr
```

Natürlich musste ich vorher einmalig noch ein paar andere Dinge tun. Ich musste recherchieren, um ein geeignetes, kostenloses Programm (z. B. den von Microsoft entwickelten Text-Editor *Visual Studio Code*) zu finden, das mit Argdown arbeiten kann, die (wirklich sehr einfache) Programmiersprache lernen und mir eine eigene Konfigurationsdatei schreiben, damit das Programm auf den Text so reagiert, wie ich das wollte. Mithilfe eines von mir verfassten, schriftlichen Tutorials[1] lernen meine Studierenden, wie sie dieses Programm, die Erweiterung für Argdown und meine selbst erstellte Konfigurationsdatei auf ihren Rechnern installieren und kleine Texte wie den aus dem grauen Kasten (s. o.) schreiben. Dazu müssen sie nur zwischen die eckigen und spitzen Klammern sinnvolle Schlagworte setzen und hinter den Doppelpunkten in eigenen Worten Aussagen von Argumentationen zusammenzufassen. Wie man diese aus philosophischen Quellen extrahiert, erarbeiten sie anhand eines Aufsatzes über das Lesen philosophischer Texte (s. Zusatzmaterial unter https://doi.org/10.1007/978-3-662-67309-6_7; vgl. Concepción 2004; Betz 2020). Am Ende sind die Argumente nur noch durch die Zeichen + oder - als stützend oder angreifend auf eine der Thesen zu beziehen und können aufgrund der Konfigurationsdatei durch intuitive *tags* wie #wahr, #unplausibel oder #rot in einer passenden Farbe dargestellt werden.

Was hat das alles mit Philosophie zu tun? Sehr viel! Ein wichtiges Anwendungsfeld für logisches Denken und andere Methoden der theoretischen Philosophie sind Bereiche wie künstliche Intelligenz und Software-Entwicklung. Indem Studierende lernen, dem Programm präzise zu sagen, was es tun soll, lernen sie logisches Denken und das Zerlegen komplexer Argumente in einfache Schritte. Beides werden sie als Lehrkräfte an der Schule brauchen und dort an ihre Schülerinnen und Schüler weitergeben können. Das Programm hilft ihnen sogar beim Lernen. Wenn sie einen Fehler machen, erhalten sie sofort Feedback, weil der ASP dann nicht so aussieht, wie sie ihn haben wollen. Zudem macht das Programm in Echtzeit Verbesserungsvorschläge zur korrekten Eingabe.

4.3   Argumentationsschaltpläne in der Lehre

Die Investition in einen Anfängerkurs, der alle Studierenden mit Argumentations-schaltplänen und Argdown vertraut macht, zahlt sich aus. ASP können danach im weiteren Studienverlauf in vielen Seminaren eingesetzt werden, um dort die diskursive Auseinandersetzung mit den Argumenten der jeweiligen Seminarlektüre zu erleichtern (vgl. van Gelder 2005, 45). Das bewusste Üben, das zum Erlernen der Fähigkeiten zum kritischen Denken und Argumentieren unverzichtbar ist, wird so auf das gesamte Fachstudium ausgedehnt. Dies setzt jedoch voraus, dass mehrere Dozierende eines Instituts bzw. Lehrkräfte mehrerer Fächer ASP in ihrer Lehre einsetzen. Wo diese Voraussetzung nicht erfüllt ist oder wo das Üben aus anderen Gründen in die Online-Lehre verlagert werden soll, kann man das hier erarbeitete Lehrkonzept auch in E-Learning-Plattformen wie *Moodle* einpflegen.

---

[1] Die konkreten Arbeitsmaterialien können per E-Mail bei mir angefragt werden.

Ein Vorteil dieser Plattformen ist die Möglichkeit zum Erstellen von Multiple-Choice-Tests, die von Lernenden als Lernhilfen statt nur zur Leistungsüberprüfung genutzt werden können. Die unmittelbare, automatische Test-Auswertung ermöglicht es, auch großen Lerngruppen zeitnah das zur Metakognition nötige, individuelle Feedback zu geben. Dies ist entscheidend, denn das vorgestellte Konzept beruht stark auf der Fähigkeit der Lehrenden, möglichst noch während des Lernprozesses der Lernenden schnelles und effektives Feedback zu geben (vgl. Cahill und Bloch-Schulman 2012, 55 f.). Über die reine Wissensabfrage hinaus decken gute Multiple-Choice-Fragen verschiedene Stufen der Bloom'schen Taxonomie ab (vgl. Lofties 2019). So kann man etwa im Text der Aufgabe ein Argument darstellen und in den Antwortmöglichkeiten verschiedene ASP hochladen, die dem Argument in unterschiedlichem Maße gerecht werden. Mit Argdown lassen sich solche alternativen Darstellungen innerhalb von Sekunden generieren und als Grafiken exportieren. Wer unter ähnlichen ASP diejenige auswählt, die das Argument und dessen Bewertung durch den Text korrekt abbildet, erhält einen Punkt und geht weiter zur nächsten Frage mit einem ähnlichen Schwierigkeitsgrad.

Wenn die Lernenden in anderen Aufgaben gezielt aufgefordert werden, selbst ASP zu erstellen, können ihre ASP in späteren Kursen als Grundlage weiterer Multiple-Choice-Fragen verwendet werden. Auf diese Weise lässt sich leicht ein großer Pool von Fragen erzeugen, aus dem in jedem Test per Zufall nur einige (mit vergleichbarem Schwierigkeitsgrad) ausgewählt werden. Wird die Mindestpunktzahl nicht erreicht, kann der Test beliebig oft wiederholt werden, wobei die zufällig ausgewählten Fragen in jedem Durchgang variieren. Wer die Mindestpunktzahl einmal oder mehrfach erreicht hat, demonstriert den Dozierenden die neu erlernten Fähigkeiten einmalig von Angesicht zu Angesicht. Sofern dies gelingt, geht es mit dem nächsten Lernabschnitt mit schwierigeren Aufgaben weiter.

Lernende können mit diesem Konzept so lange bewusst üben, bis sie die Fähigkeiten, die sie erwerben wollen, sicher beherrschen. Die Rolle der Lehrenden ist in solchen Lehr-Lern-Settings eine andere, als wir dies gewohnt sind. Wer in die Erstellung standardisierter Online-Kurse investiert, kann sich die unangenehme Korrekturarbeit jedoch zu großen Teilen sparen, sodass die Arbeitsbelastung unter dem Strich nicht zunehmen muss. Gleichzeitig kann die frei gewordene Zeit in individuelles Feedback investiert werden, das an den konkreten Problemen einzelner Lernender ansetzt.

4.4 Praxisbeispiele

Die beiden hier abschließend abgedruckten ASP (s. Abb. 1 und 2; auch als Zusatzmaterial downloadbar: https://doi.org/10.1007/978-3-662-67309-6_7.) wurden anhand eines Ausschnitts aus Kap. 9 und anhand Kap. 10 dieses Buches erstellt. Sie sind im Kontext eines Seminars meines Kollegen Patrick Maisenhölder an der PH Ludwigsburg entstanden. Dort sollten die Studierenden, angelehnt an das

Was ist ungerecht an epistemischer Ungerechtigkeit? (Kap. 9)

Dieser Argumentationsschaltplan wurde erstellt von Jana Hauke.

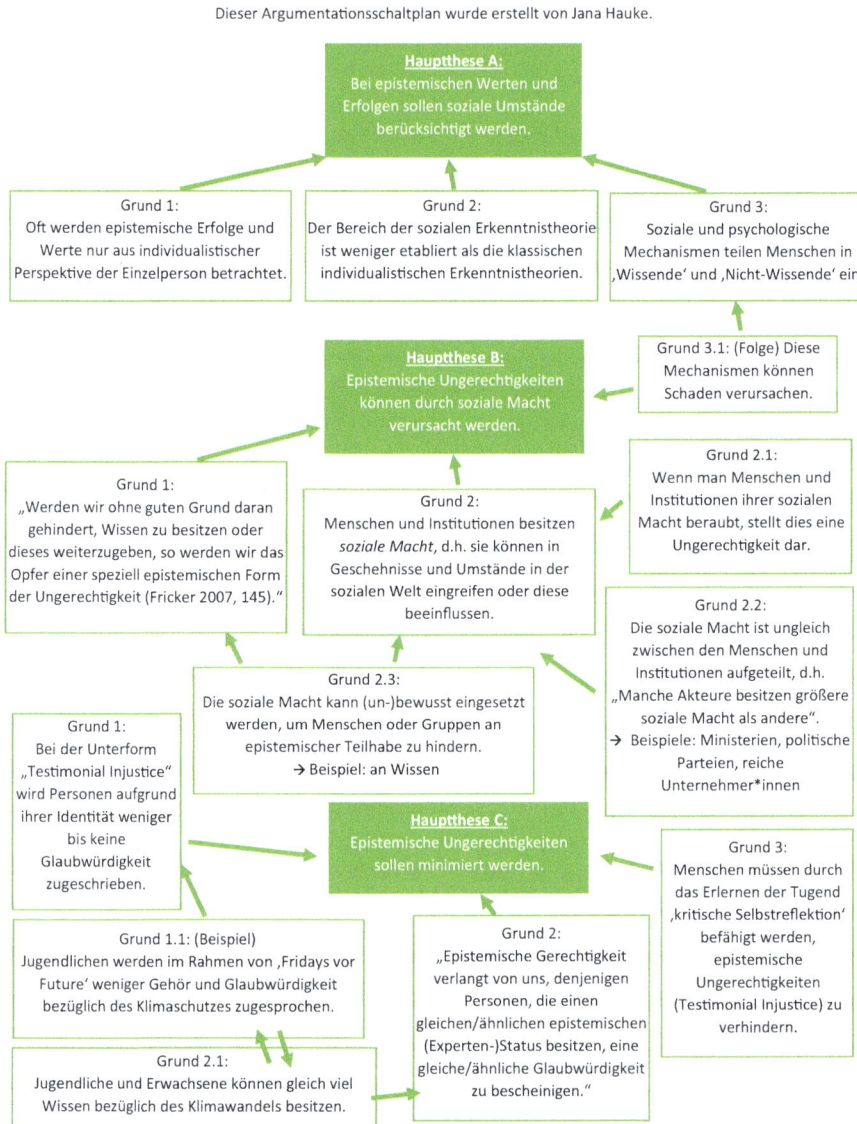

Abb. 1 ASP zu „Was ist ungerecht an epistemischer Ungerechtigkeit?" (Kap. 9)

Konzept dieses Beitrags, Argumentationen visualisieren. Die Aufgabe lautete, die Hauptthesen des jeweiligen Textes herauszuarbeiten und die Gründe, die in der Argumentation angeführt werden, einerseits mit den Thesen und zudem auch untereinander zu verbinden. Auf dieser Basis wurden die Texte dann kritisch reflektiert.

Welchen Expert*innen sollen wir glauben? (Kap. 10)

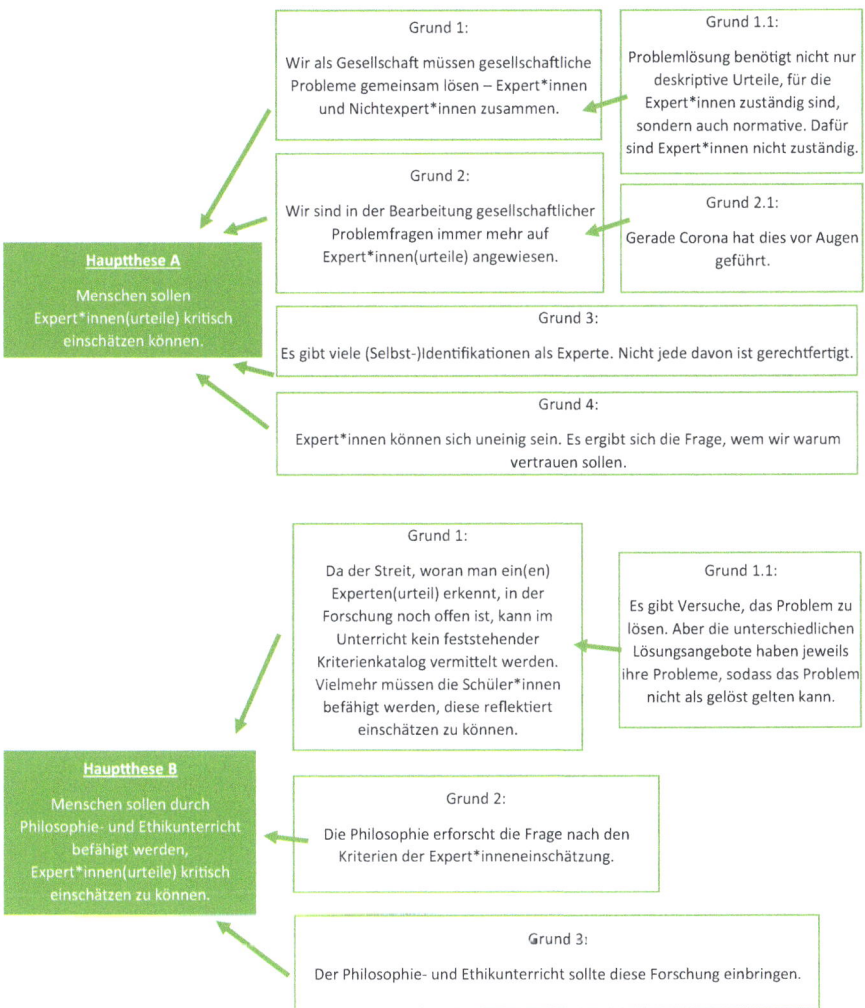

Abb. 2 ASP zu „Welchen Expert*innen sollen wir glauben?" (Kap. 10)

5 Fazit

Theoretische Philosophie gehört zur Allgemeinbildung und umfasst die Fähigkeiten zu kritischem Denken und Argumentieren. Erst durch diese wird die Unterscheidung zwischen Weltanschauung und Wissenschaft möglich. Rationales Argumentieren, wie es in der Wissenschaft üblich ist, muss vom bloßen Bekenntnis zu einer Position, der man zuneigt, abgegrenzt werden. Nachdem man das verstanden hat, muss es zusätzlich durch Einsatz von *deep learning*-Strategien eingeübt werden. Das geschieht am besten über philosophische Fragen, die gleichzeitig allgemein und konkret genug sind, um inhaltlich und methodisch verschiedene Probleme des Erkennens und Verstehens zu thematisieren und zu ihrer Lösung zu motivieren. Die Erstellung von Argumentationsschaltplänen (ASP) ist ein wirkungsvolles Hilfsmittel dazu. ASP dienen als visuelle Argumentationsgrundlage und ermöglichen einfaches Feedback. Erstellt man sie mit Argdown, zeigt dies zusätzlich den Nutzen der Logik beim Programmieren auf. Mit diesem Hilfsmittel können Lehrkräfte und Dozierende leicht wiederverwendbare Multiple-Choice-Tests erstellen, die selbst großen Gruppen von Lernenden intensives Üben erlauben, ohne personelle Ressourcen zu beanspruchen.

Literatur

Agarwal, Pooja K., und Patrice M. Bain. 2019. *Powerful teaching. Unleash the science of learning.* San Francisco: Jossey-Bass.

Bain, Ken, und James Zimmerman. 2009. Understanding great teaching. *Peer Review* 11(2):9–12.

Beck, Henning. 2021. *Das neue Lernen heißt Verstehen.* Berlin: Ullstein.

Betz, Gregor. 2020. *Argumentationsanalyse. Eine Einführung.* Heidelberg: J.B. Metzler & Springer.

Brosow, Frank. 2019. TRAP-mind-theory. Philosophizing as an educational process. *Journal of Didactics of Philosophy* IV:14–33. https://doi.org/10.46586/JDPh.2020.9570. Zugegriffen: 27. Mai 2022.

Brosow, Frank. 2022. Weltanschauung und Wissenschaft im Philosophie- und Ethikunterricht. In *'Wie hast du's mit den Religionen?' Religion und Bildung im Ethik- und Philosophieunterricht. (Jahrbuch für Didaktik der Philosophie und Ethik 2021)*, Hrsg. René Torkler und Markus Tiedemann, Dresden: Thelem: im Druck.

Brosow, Frank, und Patrick Maisenhölder. 2019. Forschungsbericht: Empirische Studie zur Ermittlung philosophisch-ethischer Kerninhalte im Lehramtsstudium. *Zeitschrift für Didaktik der Philosophie und Ethik* 4(2019):90–97.

Brosow, Frank, und Patrick Maisenhölder. 2021. Ermittlung fachdidaktischer Kerninhalte und -kompetenzen im Lehramtsstudium Philosophie/Ethik. Forschungsbericht zur empirischen KOALA-Studie. *Zeitschrift für Didaktik der Philosophie und Ethik* 2(2021):108–115.

Cahill, Ann J., und Stephen Bloch-Schulman. 2012. Argumentation step-by-step: Learning critical thinking through deliberate practice. *Teaching Philosophy* 35(1):41–62.

Concepción, David W. 2004. Reading philosophy with background knowledge and metacognition. *Teaching Philosophy* 27(4):351–368.

Concepción, David W. 2018. Learning to teach. In *philosophers in the classroom. Essays on teaching*, Hrsg. Steven M. Cahn, Alexandra Bradner und Andrew P. Mills, 20–33. Indianapolis: Hackett Publishing Company, Inc.

Ennis, Robert H. 2011. The nature of critical thinking: An outline of critical thinking dispositions and abilities. https://education.illinois.edu/docs/default-source/faculty-documents/robert-ennis/thenatureofcriticalthinking_51711_000.pdf. Zugegriffen: 27. Mai 2022.

Ericsson, Karl A., Ralf T. Krampe, und Clemens Tesch-Römer. 1993. The role of deliberate practice in the acquisition of expert performance. *Psychological Review* 100(3):363–406. https://doi.org/10.1037/0033-295X.87.3.215.

Ericsson, Karl A., und Kyle W. Harwell. 2019. Deliberate practice and proposed limits on the effects of practice on the acquisition of expert performance: Why the original definition matters and recommendations for future research. *Frontiers in Psychology* 10(2396):1–19. https://doi.org/10.3389/fpsyg.2019.02396.

Franzen, Henning. 2022. Argumentieren klein anfangen. Mit Kurztexten wie Online-Kommentaren argumentative Kompetenzen entwickeln. *Zeitschrift für Didaktik der Philosophie und Ethik* 1(2022):60–64.

Haber, Jonathan. 2020. *Critical thinking*. Cambridge: MIT Press.

Kahneman, Daniel. 2011. *Thinking, fast and slow*. New York: Straus and Giroux; dt.: *Schnelles Denken, langsames Denken*. München: Siedler.

Kötter, Mario und Bettina Bussmann. 2018. Between scientism and relativism: Epistemic competence as an important aim in science and philosophy Education. *RISTAL* 1: 82–101. https://doi.org/10.23770/rt1813.

Kruse, Otto. 2017. *Kritisches Denken und Argumentieren. Eine Einführung für Studierende*. Konstanz: UVK.

Lanius, David. 2022. Argumentationskompetenz im Philosophie- und Ethikunterricht vermitteln: Was wir dafür brauchen. *Zeitschrift für Didaktik der Philosophie und Ethik* 1(2022):7–23.

Lofties, J. Robert. 2019. Beyond information recall: Sophisticated multiple-choice questions in philosophy. In *AAPT Studies in Pedagogy 5: From Research to Learning*, S. 89–122. https://philarchive.org/archive/LOFBIR. Zugegriffen: 27. Mai 2022.

Macnamara, Brooke N., David Z. Hambrick und Frederick L. Oswald. 2014. Deliberate practice and performance in music, games, sports, education, and professions: A meta-analysis. *Psychological Science* 25(8):1608–1618. https://doi.org/10.1177/0956797614535810.

Mercier, Hugo, und Dan Sperber. 2018. *The enigma of reason*. London: Penguin.

OECD. 2018. *Pisa-Studie*. https://www2.compareyourcountry.org/pisa/country/deu?lg=de. Zugegriffen: 27. Mai 2022.

Paul, Richard und Linda Elder. 2014. *Critical thinking. Tools for taking charge of your professional and personal life*. New Jersey: Pearson Education.

Plant, E. Ashby., Karl A. Ericsson, Len Hill, und Kia Asberg. 2005. Why study time does not predict grade point average across college students: Implications of deliberate practice for academic performance. *Contemporary Educational Psychology* 30:96–116.

Roew, Rolf und Peter Kriesel. 2017. *Einführung in die Fachdidaktik des Ethikunterrichts*. Bad Heilbrunn: Klinkhardt.

Rudisill, John. 2011. The transition from studying philosophy to doing philosophy. *Teaching Philosophy* 34(3):241–271.

Tiedemann, Markus. 2011. *Philosophiedidaktik und empirische Bildungsforschung. Möglichkeiten und Grenzen*. Münster: Lit.

van Gelder, Tim. 2005. Teaching critical thinking: Some lessons from cognitive science. *College Teaching* 53(1):41–46.

Walter, Paul und Petra Wenzl. 2016. *Kritisch denken – treffend argumentieren. Ein Übungsbuch*. Wiesbaden: Springer VS.

Wilhelm, Christian. 2022. Orientierung für die Argumentationsdidaktik. *Zeitschrift für Didaktik der Philosophie und Ethik* 1(2022):45–59.

Teil II
Erkenntnistheorie: Aktuelle Kontroversen

How to Do Things with Slurs – oder wie wir anhand von Sprache abwerten

8

Stefan Rinner und Alexander Hieke

1   Slurs und ihre sprachlichen Funktionen

In diesem noch jungen Jahrtausend hat eine sprachphilosophische Diskussion über sogenannte *Slurs* begonnen. Slurs, für welche es leider kein passendes deutsches Synonym gibt, sind sprachliche Ausdrücke, welche dazu verwendet werden, Gruppen und deren Mitglieder abzuwerten. Typische Gründe für die Abwertung durch Slurs sind:

- die Herkunft, z. B. „Piefke" in Österreich für Deutsche, „Ösi" in Deutschland für Österreicher*innen,
- die Ethnizität, z. B. das N-Wort („ni**er") in den USA, „Tschusch" in Österreich für Migrant*innen aus Südosteuropa,
- das Geschlecht, z. B. „Weib" im gegenwärtigen Deutsch für Frauen, „Mannsbild" im gegenwärtigen Deutsch (in Österreich und Süddeutschland) für Männer,
- die sexuelle Orientierung, z. B. „Schwuchtel" im Deutschen für homosexuelle Männer, „dyke" im Englischen für homosexuelle Frauen,
- die Religion, z. B. „Kathole" im Deutschen für Mitglieder der katholischen Kirche, „Evangele" für Mitglieder der evangelischen Kirche.

S. Rinner (✉)
Fakultät für Philosophie, Wissenschaftstheorie und Religionswissenschaft, Ludwig Maximilians Universität München, München, Deutschland
E-Mail: stefan.rinner@lmu.de

A. Hieke
Fachbereich Philosophie GW, Paris-Lodron-Universität Salzburg, Salzburg, Österreich
E-Mail: Alexander.Hieke@plus.ac.at

© Der/die Autor(en), exklusiv lizenziert an Springer-Verlag GmbH, DE, ein Teil von Springer Nature 2023
B. Bussmann und P. Mayr (Hrsg.), *Theoretisches Philosophieren und Lebensweltorientierung,* Philosophische Bildung in Schule und Hochschule,
https://doi.org/10.1007/978-3-662-67309-6_8

Die Verwendung von Slurs ist gesellschaftlich ungleich viel relevanter als die Verwendung landläufiger Schimpfwörter wie z. B. „Idiot", „Arschloch" und „Vollpfosten", die meist nur einzelne Individuen ungeachtet einer Gruppenzugehörigkeit abwerten. So haben Slurs primär die folgenden drei gesellschaftlich äußerst relevanten Funktionen:

(a) *negative Einstellungen* gegenüber den Mitgliedern der Zielgruppe des Slurs *erzeugen oder verstärken*;
(b) durch Abwertung und Ausgrenzung der Zielgruppe *soziale Identität* unter und Zugehörigkeit zu den Mitgliedern einer Gruppe *stärken*;
(c) Mitglieder der Zielgruppe *beleidigen und psychisches Leid zufügen*.

Wir wollen diese drei Funktionen im Folgenden anhand von Beispielen aus der Zeitgeschichte genauer erläutern.

Beispiele für (a) sind Verwendungen von Slurs im nationalsozialistischen Deutschland für Juden und Jüdinnen – wie „Saujud". Diese hatten primär die Funktion, negative Einstellungen gegenüber der jüdischen Mitbevölkerung zu erzeugen oder zu verstärken, um diskriminierendes und gewalttätiges Vorgehen gegen Juden und Jüdinnen (bis hin zum Genozid) zu befördern und zu legitimieren. Ähnlich weist Tirrell (2012) darauf hin, dass die Verwendung von „Iyenzi" (dt. „Kakerlake") von Hutus für Tutsis in Ruanda in den frühen 1990er Jahren einen wesentlichen Beitrag zum Völkermord an den Tutsis geleistet hat. Ein drittes Beispiel finden wir im südslawischen Raum mit dem Wort „Balija", welches ein Slur für bosnische Muslim*innen ist, indem er diese als ungebildet und schmutzig darstellt und damit abwertet. Er wurde u. a. von serbischer Seite für Propagandazwecke verwendet, um das gewalttätige Vorgehen gegenüber den Bosniak*innen positiv darzustellen.

Ein Beispiel für (b) ist etwa die Verwendung des schwachen Slurs „Piefke" in Österreich für Deutsche (jenseits von Bayern, im Westen, Osten und Norden). Dieser hat weder die Funktion, negative Einstellungen zu fördern, noch die Funktion, Deutsche zu beleidigen. Er dient vielmehr der kulturellen Abgrenzung (trotz der vielen Gemeinsamkeiten mit den deutschen Ländern) und damit der Förderung einer österreichischen Identität, welche mit einem (diffusen) Gefühl der kulturellen Überlegenheit einhergeht. Ähnliches gilt für den deutschen Slur „Ösis" für Österreicher*innen und den Südtiroler Slur „Walsche" für Italiener*innen.

Beispiele für (c) sind Verwendungen von Slurs, bei denen die primären Adressat*innen die Mitglieder der Zielgruppe sind, wie beispielsweise in einer Äußerung von „Du Schwuchtel!" gegenüber einem homosexuellen Mann. Auch die oben genannten Beispiele für (a) und (b) können natürlich für Beleidigungen verwendet werden. Ganz allgemein können Slurs mehrere dieser drei Funktionen erfüllen, auch wenn in vielen Fällen eine der Funktionen im Vordergrund steht.

Um die eben besprochenen Funktionen in einen sehr bewährten theoretischen Rahmen zu setzen, kann die sogenannte Sprechakttheorie herangezogen werden.

Sprechakte sind Handlungen verschiedener Kategorien, die anhand von sprachlichen Äußerungen vollzogen werden. Daher sind sie wie alle Handlungen Versuche, etwas kausal zu bewirken – manchmal erfolgreich, manchmal nicht.
Und Verwendungen von Slurs sind ja nichts anderes als Versuche, negative Einstellungen zu erzeugen, soziale Identität zu stärken oder Mitglieder der Zielgruppe
zu beleidigen. Während es im Rahmen mancher philosophischer Untersuchungen
angemessen ist, nur von Handlungen im Erfolgssinn zu sprechen, werden in
der Sprechakttheorie auch die Sprechakte, in denen zwar die Absicht, etwas
zu bewirken, gegeben ist, aber die Wirkung nicht eintritt, zu den Handlungen
gezählt. Klassischerweise unterscheidet man beim Sprechakt drei Teilakte, den
lokutionären Akt (Akt *des* Sprechens), den illokutionären Akt (Akt *im* Sprechen)
und den perlokutionären Akt (Akt *durch* das Sprechen). Beim *lokutionären Akt*
wird von der Absicht der sich äußernden Person und der allfälligen Wirkung des
Sprechakts abgesehen, weil es nur um die Produktion einer Reihe von Phonemen
(phonetischer Akt) geht, die grammatikalisch korrekt gebildet ist (phatischer Akt)
und einen Bezug zur Welt bzw. eine Bedeutung in der verwendeten Sprache hat
(rhetischer Akt). Daher sind im Kontext von Slurs vor allem die anderen beiden
Teilakte interessant.

Mit dem *illokutionären Akt* wird beabsichtigt, den geäußerten Ausdruck gemäß
seiner kommunikativen Funktion zu verwenden. Die kommunikative Funktion
von Slurs ist die der *Abwertung*, und in diesem Sinne zählt er zu den *expressiven*
Sprechakten. Wenn jemand einen Slur im illokutionären Sinne erfolgreich verwendet, heißt dies, dass die adressierten Personen die Absicht der Abwertung
erkannt haben. Der *perlokutionäre Akt* ist der Versuch, in den durch die Äußerung
adressierten Personen durch die kommunikative Funktion des geäußerten Ausdrucks etwas zu bewirken. Eine Person, die einen Slur verwendet, bezweckt durch
die Abwertung also etwas, sie verfolgt einen der obigen Zwecke (a), (b) oder (c).
Eine Verwendung eines Slurs ist perlokutionär erfolgreich im Sinne des Zwecks
(a), wenn unter den adressierten (potentiell) gleichgesinnten Personen durch die
Abwertung eine entsprechende negative Einstellung gegenüber der Zielgruppe des
Slurs erzeugt oder verstärkt wird; eine Verwendung eines Slurs ist perlokutionär
erfolgreich im Sinne des Zwecks (b), wenn die soziale Identität der anwesenden
Mitglieder der eigenen Gruppe dadurch gestärkt wird; und eine Verwendung eines
Slurs ist perlokutionär erfolgreich im Sinne des Zwecks (c), wenn die anwesenden
Mitglieder der Zielgruppe tatsächlich beleidigt sind bzw. unter der Äußerung
psychisch leiden.

Wir sehen also, dass der Zweck und damit der potentielle Erfolg der Verwendung eines Slurs wesentlich vom Kontext abhängt: von den anwesenden
Personen und vor allem auch von deren mentalen Eigenschaften und Beziehungen
zur äußernden Person. Bei den Zwecken (a) und (b) muss unter den adressierten
Mitgliedern der eigenen Gruppe bzw. potentiellen Sympathisant*innen zumindest
die mentale Bereitschaft vorhanden sein, gegenüber Mitgliedern der Zielgruppe
negativ eingestellt zu sein oder diese negative Einstellung noch zu verstärken

bzw. das soziale Identitätsbewusstsein zu stärken. Beim Zweck (c) dürfen die Mitglieder der Zielgruppe mental nicht so resilient sein, dass sie durch die Verwendung des sie betreffenden Slurs kein mentales Leid erfahren.

Für Sprachphilosoph*innen sind Slurs und ihre abwertende Kraft deswegen von so großer Bedeutung, da es das Ziel der Sprachphilosophie ist, Sprache in all ihrer Vielfalt zu verstehen und zu erklären. In Bezug auf Slurs bedeutet dies, dass sowohl der illokutionäre Akt der Abwertung als auch die perlokutionären Akte (Erzeugung negativer Einstellungen, Stärkung sozialer Identität, Beleidigung) verstanden und erklärt werden müssen. Diese Aufgabe ist zugleich ein Prüfstein für die Qualität und Korrektheit sprachphilosophischer Theorien. So liefert eine sprachphilosophische Theorie nur dann ein umfassendes Verständnis von Sprache, wenn sie auch ein Verständnis davon bereitstellt, wie anhand von Sprache abgewertet wird. Ein besseres Verständnis davon, wie anhand von Slurs abgewertet wird, ist jedoch nicht nur theoretisch-sprachphilosophisch interessant, sondern auch von praktisch-ethischer Relevanz. Wenn wir nämlich verstehen, wie Slurs funktionieren, dann können wir auch verstehen, wie wir die negativen Konsequenzen ihrer Verwendung verhindern bzw. zumindest eindämmen können, und ob solche Eindämmungsversuche z. B. mit dem Recht auf Redefreiheit vereinbar sind. Letztere Frage werden wir im letzten Abschnitt anhand eines Vorschlags von Caroline West noch genauer diskutieren (s. Abschn. 3).

Übungsaufgaben
1. Geben Sie Beispiele für Slurs aus Ihrer Kultur bzw. Region an, einen starken Slur mit hoher abwertender Kraft und einen schwachen Slur mit geringer abwertender Kraft.
2. Geben Sie für beide Slurs aus Übung (1.) Situationen an, in denen zumindest eine der drei oben genannten Funktionen (a), (b) oder (c) erfüllt ist.
3. Beschreiben Sie anhand einer Ihrer beiden Situationen aus Übung (2.) den lokutionären, illokutionären und perlokutionären Akt, die anhand der Äußerung des Slurs vollzogen werden.

2   Die abwertende Kraft von Slurs

Sprachphilosoph*innen haben sehr unterschiedliche Erklärungen dafür ausgearbeitet, wie Abwertung anhand von Slurs erreicht wird. In diesem Abschnitt werden einige zentrale Theorien von Slurs und deren Probleme kurz vorgestellt. Die Probleme der einzelnen Theorien werden dabei zu einer Liste von Anforderungen führen, die eine adäquate Theorie der Semantik und Pragmatik von Slurs erfüllen muss. Wir beginnen mit sogenannten deskriptiven Ansätzen und dem damit einhergehenden Einbettungsproblem.

2.1   Deskriptive Ansätze und das Einbettungsproblem

Wenn wir uns fragen, warum der Satz (1) im Unterschied zu Satz (2) abwertend ist, dann liegt es nahe zu glauben, dass (1) Fritz im Unterschied zu (2) eine abwertende Eigenschaft zuschreibt.

(1) Fritz ist ein Piefke.
(2) Fritz ist ein Deutscher.

So könnte man sagen, dass der Satz (1) Fritz anders als der Satz (2) nicht die (neutrale) Eigenschaft zuschreibt, Deutscher zu sein, sondern eine abwertende Eigenschaft, wie jene, gering geschätzt zu werden, weil man Deutscher ist. Eine solche Auffassung haben z. B. Hom und May (2013; Hom 2008, 2010, 2012) vertreten. Es wird hier auch gesagt, dass Slurs anders als ihre neutralen Gegenstücke einen abwertenden deskriptiven Gehalt haben. Unter dem deskriptiven Gehalt eines sprachlichen Ausdrucks versteht man dabei das, was der Ausdruck zu den Wahrheitsbedingungen eines Satzes beiträgt. So ist Satz (2) obigem Vorschlag zufolge genau dann wahr, wenn Fritz die Eigenschaft hat, Deutscher zu sein, während Satz (1) genau dann wahr ist, wenn Fritz die Eigenschaft hat, der Geringschätzung würdig zu sein, weil er Deutscher ist.

Obwohl deskriptive Ansätze eine sehr intuitive Erklärung dafür bereitstellen, warum Satz (1) im Unterschied zu Satz (2) abwertend ist, stoßen sie doch sehr bald an ihre Grenzen. So haben deskriptive Ansätze bereits große Schwierigkeiten zu erklären, dass Slurs selbst in Sätzen wie (3) und (4) abwertend sind.

(3) Es ist nicht der Fall, dass Fritz ein Piefke ist.
(4) Lisa glaubt, dass Fritz ein Piefke ist.

(3) ist dabei ein sogenannter wahrheitsfunktionaler Kontext, da der Wahrheitswert von (3) vollständig durch den Wahrheitswert des Teilsatzes „Fritz ist ein Piefke" bestimmt wird. Weitere Beispiele für wahrheitsfunktionale Kontexte sind Disjunktionssätze, Konjunktionssätze, Subjunktionssätze und Bisubjunktionssätze. Hingegen ist (4) ein intensionaler Kontext, da der Wahrheitswert von (4) nicht vollständig durch den Wahrheitswert von „Fritz ist ein Piefke" bestimmt wird. So könnte Lisa unabhängig davon, ob „Fritz ist ein Piefke" wahr oder falsch ist, glauben, dass Fritz ein Piefke ist. Weitere Beispiele für intensionale Kontexte sind Sätze der Form „A weiß/hofft/wünscht, dass S" und Sätze der Form „Es ist möglich/notwendig, dass S". Die Frage, warum Slurs selbst in wahrheitsfunktionalen und in intensionalen Kontexten abwertend sind, ist das Einbettungsproblem. Eine adäquate Theorie von Slurs muss eine Lösung dieses Problems bereitstellen.

Deskriptive Ansätze haben große Schwierigkeiten damit, eine Lösung des Einbettungsproblems bereitzustellen. So sagen die Sätze (3) und (4) unserem obigen Ansatz zufolge dasselbe aus wie die Sätze (5) und (6).

(5) Es ist nicht der Fall, dass Fritz der Geringschätzung würdig ist, weil er Deutscher ist.

(6) Lisa glaubt, dass Fritz der Geringschätzung würdig ist, weil er Deutscher ist.

Dabei ist weder Satz (5) noch Satz (6) abwertend. Hom und May (2013) versuchen, das Problem zu umgehen, indem sie behaupten, dass (4) (und damit auch (3)) in gewisser Hinsicht mitbehauptet, dass es etwas gibt, das der Geringschätzung würdig ist, weil es Deutscher ist. Cepollaro und Thommen (2019) haben dies jedoch sehr stark angezweifelt, weshalb wir in den nächsten Abschnitten einige Alternativen zu deskriptiven Ansätzen kennenlernen werden.

2.2 Fregesche Färbung und expressive Autonomie

Für Gottlob Frege (1892, 1918–19) haben sprachliche Ausdrücke in seiner Terminologie sowohl einen *Sinn* als auch eine *Bedeutung*. Die Bedeutung eines sprachlichen Ausdrucks ist dabei das, was der Ausdruck bezeichnet; auch *der Referent* (bzw. *das Bezugsobjekt*) *des Ausdrucks* genannt. Demnach ist die Bedeutung des Eigennamens „Marie Curie" die bezeichnete Person, d. i. die berühmte polnische Physikerin und Chemikerin. Der Sinn eines sprachlichen Ausdrucks ist hingegen das, was die Bedeutung (den Referenten) des Ausdrucks festlegt. So wäre der Sinn der Kennzeichnung „der erste Mensch auf dem Mond" die Eigenschaft, als erster Mensch auf dem Mond gewesen zu sein, da die Kennzeichnung eben die Person bezeichnet, welche die Eigenschaft hat, als erster Mensch auf dem Mond gewesen zu sein, d. i. Neil Armstrong. Im Falle des Eigennamens „Marie Curie" wäre es für Frege eine auszeichnende Eigenschaft, wie jene, die einzige Frau zu sein, der mehrfach ein Nobelpreis verliehen wurde.

Nun könnte man meinen, dass sich Slurs und ihre neutralen Gegenstücke für Frege einfach in ihrem Sinn unterscheiden. Da Slurs und ihre neutralen Gegenstücke dasselbe bezeichnen, haben sie für Frege nämlich dieselbe Bedeutung. Es liegt jedoch nahe, dass das nicht Freges Position gewesen wäre. So hat sich Frege zwar nicht näher mit Slurs beschäftigt, er hat sich jedoch mit der abwertenden Kraft von Ausdrücken wie „Köter" beschäftigt. Hier war Freges Auffassung, dass „Köter" nicht nur dieselbe Bedeutung hat wie „Hund", sondern auch denselben Sinn. Allerdings, so Frege weiter, haben sprachliche Ausdrücke neben einem Sinn und einer Bedeutung auch noch eine *Färbung*. Damit sind mentale Bilder, Vorstellungen, Einstellungen, Gefühle und andere negative oder positive psychologische Zustände gemeint, welche die Sprechenden mit einem sprachlichen Ausdruck verbinden (Frege 1892, 31; 1918–19, 63). Im Unterschied zu einer Äußerung von Satz (2) wäre eine Äußerung von Satz (1) für Frege also deshalb abwertend, weil Sprechende mit ihren Verwendungen von „Piefke" negative Einstellungen wie Geringschätzung verbinden, während sie mit ihren Verwendungen von „Deutsche" neutrale oder positive Einstellungen verbinden. Auf den ersten Blick könnte Frege auf diese Weise erklären, dass auch Äußerungen der Sätze

(3) und (4) abwertend sind. So könnte Frege einfach sagen, dass Sprechende mit „Piefke" auch bei ihren Äußerungen von (3) und (4) negative psychologische Einstellungen verbinden. Im Unterschied zu deskriptiven Ansätzen scheint Freges Theorie der Färbung also eine Lösung des Einbettungsproblems bereitzustellen.

Ein Problem für Freges Theorie ist jedoch, dass eine Äußerung der Sätze (1), (3) und (4) unabhängig davon abwertend ist, ob die Sprechenden negative Einstellungen gegenüber Deutschen haben. Selbst eine Äußerung von Satz (7) wäre noch abwertend.

(7) Piefke sind die tollsten Menschen der Welt.

Die Frage, warum dem so ist, ist das Problem der expressiven Autonomie. Freges Theorie der Färbung stellt wohl keine Erklärung der expressiven Autonomie von Slurs bereit. So ist eine Äußerung von (7) für Frege nicht abwertend, wenn die Sprechenden mit ihren Verwendungen von „Piefke" keine negativen psychologischen Einstellungen verbinden. Um dieses Problem zu umgehen, haben Philosoph*innen versucht, die negativen Einstellungen des Sprechenden gegenüber der Zielgruppe in der konventionellen Bedeutung des Slurs zu verorten. Theorien dieser Art werden auch *expressive Theorien* genannt.

2.3 Expressive Theorien und die Variation der abwertenden Kraft

Expressiven Theorien zufolge haben Slurs im Unterschied zu ihren neutralen Gegenstücken einen abwertenden expressiven Gehalt. So haben Sprachphilosoph*innen wie David Kaplan (2004) darauf hingewiesen, dass es sprachliche Ausdrücke gibt, die keinen Beitrag zu den Wahrheitsbedingungen von Sätzen leisten; die also keinen deskriptiven Gehalt haben. Beispiele sind hier Ausdrücke wie „autsch", „ups" und „huch". Allerdings können Sprechende mit diesen Ausdrücken Empfindungen, Gefühle und andere psychologische Einstellungen wie Geringschätzung oder Verachtung zum Ausdruck bringen. Sprachphilosoph*innen sagen deshalb, dass die Ausdrücke einen expressiven Gehalt haben. Für Kaplan sind das die Bedingungen, die erfüllt sein müssen, damit es angemessen ist, den Ausdruck zu äußern. So ist es nur dann angemessen, den Ausdruck „autsch" zu äußern, wenn der/die Sprechende (geringfügige) Schmerzen empfindet bzw. zum Ausdruck bringen möchte.

Ausgehend davon behaupten Vertreter*innen einer expressiven Theorie, dass Slurs im Unterschied zu ihren neutralen Gegenstücken einen abwertenden expressiven Gehalt haben. Demnach ist es nur dann angemessen, Sätze wie (1), (3) und (4) zu äußern, wenn der/die Sprechende negative Einstellungen gegenüber Deutschen hat. Meist ist dies die Einstellung, dass der/die Sprechende Deutschen gegenüber Geringschätzung empfindet, und zwar deshalb, weil sie Deutsche sind. Rein expressiven Theorien zufolge haben Slurs darüber hinaus gar keinen deskriptiven Gehalt (Hedger 2012). Sogenannte hybride Theorien behaupten jedoch, dass Slurs sowohl einen deskriptiven als auch einen expressiven Gehalt haben (Saka 2007; McCready 2010; Croom 2011; Jeshion 2013; Gutzmann 2015). Der deskriptive Gehalt von „Piefke" ist beispielsweise die Eigenschaft, deutscher Herkunft zu sein.

Expressive Theorien stellen sowohl eine Lösung des Einbettungsproblems als auch eine Lösung des Problems der expressiven Autonomie bereit. So unterliegen expressive Ausdrücke in wahrheitsfunktionalen Kontexten und in intensionalen Kontexten denselben Bedingungen für angemessene Verwendung wie in einfachen Sätzen wie (1). Demnach ist eine Äußerung von (3) und (4) so wie eine Äußerung von (1) nur dann angemessen, wenn der/die Sprechende Deutschen gegenüber deshalb Geringschätzung empfindet, weil sie Deutsche sind. Gleiches gilt expressiven Theorien zufolge auch für eine Äußerung von Satz (7). Da normale Sprechende der deutschen Sprache davon wissen, so die Erklärung weiter, schließen sie aus einer Äußerung von (7), dass der/die Sprechende Deutschen gegenüber Geringschätzung empfindet; unabhängig davon, ob dies tatsächlich der Fall ist. Auf diese Weise können expressive Theorien erklären, dass eine Äußerung von Satz (7) selbst dann abwertend ist, wenn der/die Sprechende Deutschen gegenüber gar keine Geringschätzung empfindet.

Ein Problem für expressive Theorien stellt jedoch die Tatsache dar, dass die abwertende Kraft von Slurs stark variiert (Hom 2008, 426; Anderson und Lepore 2013a, 40; Jeshion 2013, 233). So ist das N-Wort bedeutend abwertender als „Piefke". Selbst Slurs, welche dieselbe Zielgruppe haben, können sich in ihrer abwertenden Kraft stark voneinander unterscheiden. So ist das N-Wort u. a. auch abwertender als „negro". Darüber hinaus kann die abwertende Kraft eines Slurs über die Zeit hinweg variieren (Hom 2008, 427). So war „negro" bis in die 1960er Jahre in den Vereinigten Staaten ein neutraler Ausdruck für Schwarze, während sich der Ausdruck seit den 70er Jahren zu einem Slur hin entwickelte. Um diese Variation der Intensität von Slurs erklären zu können, scheinen expressive Theorien zu der Auffassung gezwungen zu sein, dass unterschiedliche Slurs unterschiedliche negative Einstellungen zum Ausdruck bringen. Allerdings ist es äußerst fraglich, ob die Bandbreite an negativen Einstellungen ausreicht, um die doch sehr von Slurs einzufangen (DiFranco 2020; Jeshion 2013, 243). Tatsächlich ist es auch vielmehr so, dass Vertreter*innen einer expressiven Theorie der Auffassung sind, dass unterschiedliche Slurs dieselbe negative Einstellung zum Ausdruck bringen, nämlich Geringschätzung bzw. Verachtung. Ausgehend davon nehmen diese Philosoph*innen dann auf nicht-sprachliche Faktoren Bezug, um die von Slurs zu erklären (Saka 2007, 148; Jeshion 2013, 245–248). Allerdings weist DiFranco (2020) darauf hin, dass sich dann die Frage stellt, warum diese nicht-sprachlichen Faktoren nicht gleich dafür herangezogen werden können, um die abwertende Kraft von Slurs zu erklären, wodurch der expressive Gehalt überflüssig würde.

2.4 Voraussetzungen und das Einbettungsproblem 2.0

Im Zusammenhang mit deskriptiven Ansätzen haben wir gesehen, dass Slurs ihre abwertende Kraft auch dann behalten, wenn sie in wahrheitsfunktionale Kontexte wie (8), (9) und (10) und in intensionale Kontexte wie (11), (12) und (13) eingebettet werden.

(8)   Wenn Piefke ordnungsliebend sind, dann sind sie verlässlich.
(9)   Es ist nicht der Fall, dass Piefke ordnungsliebend sind.
(10) Piefke sind ordnungsliebend oder die Erde ist eine Scheibe.
(11) Es ist möglich, dass Piefke ordnungsliebend sind.
(12) Fritz glaubt, dass Piefke ordnungsliebend sind.
(13) Fritz hat gesagt, dass Piefke ordnungsliebend sind.

Für Philosoph*innen wie Schlenker (2007), Cepollaro (2015) und Cepollaro und Stojanovic (2016) legt das nahe, dass Sätze, in denen Slurs vorkommen, abwertende Voraussetzungen machen. Unter einer Voraussetzung eines Satzes verstehen Sprachphilosoph*innen, grob gesagt, das, was von den Konversationsteilnehmer*innen als wahr angenommen werden muss, damit eine Äußerung des Satzes angemessen ist (Lewis 1979). So ist eine Äußerung des Satzes „Peter hat aufgehört zu rauchen" nur dann angemessen, wenn die Konversationsteilnehmer*innen bereits als wahr annehmen, dass Peter geraucht hat. Eine grundlegende Eigenschaft von solchen Voraussetzungen ist, dass sie in wahrheitsfunktionalen und in intensionalen Kontexten projizieren. Das heißt, so wie der Satz „Peter hat aufgehört zu rauchen" voraussetzt, dass Peter geraucht hat, setzen auch die Sätze (14) bis (19) voraus, dass Peter geraucht hat.

(14) Wenn Peter aufgehört hat zu rauchen, dann ist Peter konsequent.
(15) Es ist nicht der Fall, dass Peter aufgehört hat zu rauchen.
(16) Peter hat aufgehört zu rauchen oder die Erde ist eine Scheibe.
(17) Es ist möglich, dass Peter aufgehört hat zu rauchen.
(18) Fritz glaubt, dass Peter aufgehört hat zu rauchen.
(19) Fritz hat gesagt, dass Peter aufgehört hat zu rauchen.

Indem Philosoph*innen wie Schlenker, Cepollaro und Stojanovic behaupten, dass Sätze mit Slurs abwertende Voraussetzungen machen, können sie also erklären, dass Slurs selbst eingebettet in wahrheitsfunktionale Kontexte wie (8) bis (10) und intensionale Kontexte wie (11) bis (13) abwertend sind.

Ein Problem solcher Voraussetzungstheorien ist jedoch, dass die Voraussetzungen eines Satzes in Glaubenskontexten wie (12) und in indirekter Rede wie (13) eliminiert werden können. So setzen die Sätze (20) und (21) im Unterschied zu den Sätzen (18) und (19) nicht voraus, dass Peter geraucht hat, da die Voraussetzung durch den Zusatz „aber Peter hat nie geraucht" eliminiert wird.

(20) Fritz glaubt, dass Peter aufgehört hat zu rauchen, *aber Peter hat nie geraucht.*
(21) Fritz hat gesagt, dass Peter aufgehört hat zu rauchen, *aber Peter hat nie geraucht.*

Anders scheint es sich für die abwertende Kraft von Slurs zu verhalten. So scheinen die Sätze (22) und (23) weiterhin abwertend zu sein (Anderson und Lepore 2013a).

(22) Fritz glaubt, dass Piefke ordnungsliebend sind, *aber Deutsche sind gar nicht der Geringschätzung würdig, weil sie Deutsche sind.*
(23) Fritz hat gesagt, dass Piefke ordnungsliebend sind, *aber Deutsche sind gar nicht der Geringschätzung würdig, weil sie Deutsche sind.*

Eine Voraussetzungstheorie kann das nicht erklären, da der Zusatz „aber Deutsche sind gar nicht der Geringschatzung würdig, weil sie Deutsche sind" zwar die Voraussetzung, aber nicht die Abwertung eliminiert. Cepollaro et al. (2019) versuchen anhand empirischer Untersuchungen zu zeigen, dass Slurs in indirekter Rede wie (13) und (23) tatsächlich weniger abwertend sind, wodurch die Voraussetzungstheorie gegen diesen Einwand verteidigt werden könnte.

2.5 Aneignung von Slurs

Neben abwertenden Verwendungen von Slurs scheint es auch nicht-abwertende Verwendungen zu geben. So kommt es vor, dass die Mitglieder der Zielgruppe den Slur mit der Absicht übernehmen, ihn auf eine nicht-abwertende Weise zu verwenden. Ein Beispiel ist hier die Verwendung des N-Worts durch Afroamerikaner*innen. Darüber hinaus weisen Cepollaro und López de Sa (2022) darauf hin, dass auch Sprechende, die nicht Teil der Zielgruppe sind, einen Slur unter Umständen auf nicht-abwertende Weise verwenden können. Als Beispiel führen Cepollaro und López de Sa u. a. Plakate mit der Aufschrift „We love dykes" von homosexuellen Männern auf Demonstrationen für die Rechte von homosexuellen Frauen Anfang der 90er Jahre an. Der Slur „dykes" adressiert dabei zwar homosexuelle Frauen, kann von homosexuellen Männern in diesem Kontext aber dennoch auf nicht-abwertende Weise verwendet werden.

Solche nicht-abwertenden Verwendungen von Slurs können mit der Zeit sogar dazu führen, dass ein Slur seine abwertende Kraft ganz verliert. Brontsema (2004) spricht in diesem Zusammenhang von *sprachlicher Rückforderung* (*linguistic reclamation*). Ein Beispiel dafür ist der Ausdruck „queer", welcher ursprünglich ein abwertender Ausdruck war, heute jedoch infolge der Aneignung durch nichtheterosexuelle Personen ausschließlich auf nicht-abwertende Weise verwendet wird. Diese Tatsache kann von den bisher genannten Theorien einfach damit erklärt werden, dass sich ein Teil der konventionellen Bedeutung von „queer" mit der Zeit geändert hat. Allerdings bleibt die Frage, warum es für einen gewissen

Zeitraum neben abwertenden Verwendungen eines Slurs auch nicht-abwertende Verwendungen geben kann. So kann die Erklärung nicht einfach darin bestehen, dass Slurs mehrdeutig sind, da dies zu der Frage führen würde, warum die nicht-abwertenden Verwendungen nur bestimmten Sprechenden (Mitgliedern der Zielgruppe etc.) offenstehen. Die Frage, warum es neben abwertenden Verwendungen von Slurs auch nicht abwertende Verwendungen gibt, ist auch als das Problem der Aneignung (*appropriation*) bekannt.

Das Problem der Aneignung stellt sich letztlich für (fast) alle bisher behandelten Theorien. Mit Ausnahme der Theorie der Färbung vertreten nämlich alle diese Theorien die These, dass Slurs aufgrund ihrer konventionellen Bedeutung irgendeine Art von abwertendem Gehalt haben; sei es ein abwertender deskriptiver Gehalt, ein abwertender expressiver Gehalt oder eine abwertende Voraussetzung. Um die Tatsache erklären zu können, dass es neben abwertenden Verwendungen von Slurs auch nicht-abwertende Verwendungen gibt, scheinen deshalb alle diese Theorien zu der These verpflichtet zu sein, dass Slurs mehrdeutig sind. Um dies zu umgehen, haben Sprachphilosoph*innen in erster Linie zwei Möglichkeiten. Einmal könnten Vertreter*innen der bisher behandelten Theorien behaupten, dass nicht-abwertende Verwendungen von Slurs gar keine wortwörtlichen Verwendungen dieser Ausdrücke sind, sondern ironische Sprechakte oder dergleichen (Bianchi 2014; Nunberg 2018). Die andere Möglichkeit wäre zu sagen, dass Slurs als sprachliche Ausdrücke für sich gar keine abwertende konventionelle Bedeutung haben. Abwertend, so die Erklärung weiter, sind nur konkrete Verwendungen von Slurs. Theorien dieser Art werden auch als *pragmatische Theorien* bezeichnet. Diesen wollen wir uns im nächsten Abschnitt widmen.

2.6   Pragmatische Theorien

Ein Paradebeispiel für eine pragmatische Theorie von Slurs ist Anderson und Lepores (2013a, b) Theorie der Prohibition. Dieser Theorie zufolge unterscheiden sich Slurs allein darin von ihren neutralen Gegenstücken, dass sie verbotene Wörter sind. Als solche haben sie dann eine beleidigende Wirkung auf die, denen die entsprechenden Verbote wichtig sind. Whiting (2013) weist jedoch darauf hin, dass eine fremdenfeindliche Gesellschaft Slurs auch in Abwesenheit von Verboten verwenden könnte. So wäre es durchaus denkbar, dass sich eine Gesellschaft ausschließlich aus Menschen mit abwertenden Einstellungen gegenüber einer Gruppe G zusammensetzt, weshalb es niemanden gäbe, der sich für ein Verbot abwertender Ausdrücke für G einsetzt. Darüber hinaus gab und gibt es Gesellschaften, in denen die freie Meinungsäußerung dermaßen unterdrückt ist, dass (fast) niemand sich für ein Verbot von abwertenden Ausdrücken einzusetzen traut. Dennoch könnte es in solchen Gesellschaften Slurs geben (für eine ausführlichere Kritik der Theorie von Anderson und Lepore vgl. Rinner und Hieke 2022).

Andere Ansätze versuchen die abwertende Kraft von Slurs damit zu erklären, dass Verwendungen von Slurs das Teilen der negativen Einstellungen einer Gruppe gegenüber der Zielgruppe des Slurs signalisieren. Dabei unterscheiden sich die einzelnen Ansätze darin voneinander, wie dieses Teilen der negativen Einstellungen signalisiert wird. So signalisieren die Verwendungen eines Slurs für Nunberg (2018) deshalb das Teilen der negativen Einstellungen einer Gruppe, weil die Verwendungen des Slurs im jeweiligen Äußerungskontext nicht der Standard sind. Standardmäßig verwenden wir nach Nunberg nämlich das neutrale Gegenstück des Slurs. Nunberg vergleicht das damit, dass im Englischen in höheren Bildungsschichten mit der Verwendung von „ain't" anstelle von „isn't" signalisiert wird, dass das Gesagte für jedermann klar sein sollte, da „ain't" standardmäßig von Sprechenden einer niederen Bildungsschicht verwendet wird, während „isn't" in höheren Bildungsschichten der Standard ist. Allerdings stellt sich für Nunbergs Ansatz das Problem, dass es unter Sprechenden mit abwertenden Einstellungen gegenüber der Zielgruppe tatsächlich der Standard ist, den Slur zu verwenden. Nunbergs Theorie stellt deshalb keine Erklärung dafür bereit, dass diese Verwendungen des Slurs abwertend sind.

Eine Alternative zu Nunbergs Ansatz ist Bolingers (2017) Theorie, derzufolge Verwendungen von Slurs deshalb das Teilen der negativen Einstellungen einer Gruppe signalisieren, da sich der/die Sprechende bewusst gegen die Verwendung des neutralen Gegenstücks entscheidet. Ein solcher Ansatz kann jedoch nicht erklären, dass es Slurs gibt, die keine neutralen Gegenstücke haben. So war der Ausdruck „Impressionisten" ganz zu Anfang dieser kunstgeschichtlichen Stilrichtung (für einen kurzen Zeitraum) ein abwertender Ausdruck für die Malergruppe rund um Monet. Zugleich war es der erste Ausdruck, der für diese Gruppe eingeführt wurde. Solange der Ausdruck als Slur verwendet wurde, hatte er also kein neutrales Gegenstück.

Wir sehen daher, dass auch pragmatische Theorien nicht frei von Problemen sind, weshalb die Frage nach der abwertenden Kraft von Slurs noch nicht abschließend geklärt ist. Allerdings besteht kaum Zweifel daran, was eine adäquate Theorie von Slurs leisten muss. So sollte eine solche Theorie neben einer Erklärung der identitätsstiftenden und beleidigenden Wirkung von Slurs und der Tatsache, dass Slurs negative Einstellungen erzeugen und verstärken können, auch eine Lösung des Einbettungsproblems, des Problems der expressiven Autonomie, des Problems der Variation der abwertenden Kraft und des Problems der Aneignung bereitstellen.

Übungsaufgaben

1. Geben Sie eigene Beispiele von abwertenden Verwendungen von Slurs in wahrheitsfunktionalen und in intensionalen Kontexten an, jeweils ein Beispiel mit einem wahrheitsfunktionalen Kontext und ein Beispiel mit einem intensionalen Kontext.
2. Geben Sie eine der in Abschn. 2 genannten Theorien an, welche erklären kann, dass Ihre in Aufgabe (1.) genannten Verwendungen von Slurs immer noch abwertend sind. Begründen Sie Ihre Antworten kurz.
3. Geben Sie eigene Beispiele von nicht-abwertenden Verwendungen von Slurs an: ein Beispiel, in dem der Slur durch Mitglieder der Zielgruppe verwendet

wird, und ein Beispiel, in dem der Slur durch Sprechende verwendet wird, die nicht Teil der Zielgruppe des Slurs sind.

4. Die Beispiele von Cepollaro und López de Sa zeigen, dass es neben Mitgliedern der Zielgruppe eines Slurs auch Sprechenden außerhalb der Zielgruppe grundsätzlich möglich ist, den entsprechenden Slur auf nicht-abwertende Weise zu verwenden. Diskutieren Sie ausgehend davon die Frage, welche Sprechenden unter welchen Bedingungen zu nicht-abwertenden Verwendungen eines Slurs in der Lage sind und warum.

3 Slurs und Redefreiheit

Wie in Abschn. 1 erwähnt, ist die in den letzten Jahren und Jahrzehnten geführte Diskussion über Slurs nicht nur aus theoretisch-sprachphilosophischer Sicht relevant, sondern auch aus praktisch-ethischer Sicht. Worte fügen in den seltensten Fällen direktes physisches Leid zu, aber sie können offensichtlich dazu verwendet werden, mentales Leid zu verursachen, vor allem aber auch dazu, physische Gewalt zu fördern und zu rechtfertigen. Starke Slurs wie die oben genannten „Saujud", „Iyenzi" und „Balija" können durch Beleidigung mentales Leid zufügen und durch die Erzeugung und Verstärkung von negativen Einstellungen letztendlich zu großem physischen Leid führen, welches bis zum Genozid reichen kann. Da stellt sich die Frage, welche Verwendungen von Slurs moralisch akzeptabel sind, ja ob es überhaupt moralisch akzeptable Verwendungen von Slurs gibt, geht doch jede Verwendung eines Slurs immer mit einer Abwertung der Mitglieder der Zielgruppe einher.

Wir erinnern uns: Slurs können die folgenden drei Funktionen haben:

(a) Erzeugung oder Verstärkung negativer Einstellungen,
(b) Stärkung sozialer Identität,
(c) Beleidigung und Verursachung psychischen Leids.

Verwendungen im Sinne von (a) können *indirekte* Schäden zur Folge haben, da sie dazu verwendet werden, negative Einstellungen gegenüber der Zielgruppe zu erzeugen bzw. zu verstärken. Dies kann dazu führen, dass deren Mitglieder zunehmend Opfer von Diskriminierung und Gewalt werden (Tirrell 2012). Verwendungen im Sinne von (c) können bei den Mitgliedern der Zielgruppe *direkte* Schäden verursachen, da diese Verwendungen die Mitglieder der Zielgruppe direkt ansprechen. Zu diesen direkten Schäden gehören u. a. mangelndes Selbstwertgefühl und psychische Krankheit (Delgado 1993; Matsuda 1993). Daher gibt es gute Gründe, Verwendungen von Slurs in diesen beiden Funktionen als moralisch verwerflich zu betrachten. Ist aber die Verwendung eines (schwachen) Slurs zum Zweck (b) ebenfalls im moralischen Sinne verwerflich? Es wird hier ja nicht der Zweck verfolgt, negative Einstellungen zu fördern oder gar zur Gewalt aufzurufen. Zudem wird bei Verwendungen zum Zweck (b) oft darauf geachtet, dass keine Mitglieder der Zielgruppe anwesend sind, da es bei solchen Verwendungen nicht um Beleidigung geht. Trotzdem erscheint die Abwertung von anderen, nur um die soziale Identität zu stärken und allenfalls die „kulturelle Überlegenheit" zu betonen, doch keine lobenswerte Tat zu sein.

Dies führt uns zur Frage, ob es auch entsprechende rechtliche Verbote der Verwendung von Slurs geben sollte, d. h. ob es strafrechtliche Bestimmungen geben sollte, die Verwendungen von Slurs – zumindest im öffentlichen Kontext – unter Strafe stellen. Beispielsweise kann man Passagen aus dem § 283 des österreichischen StGB so interpretieren, dass die Verwendung gewisser Slurs unter Strafe gestellt ist: „Wer öffentlich […] Gruppen oder eine Person wegen der Zugehörigkeit zu einer solchen Gruppe in der Absicht, die Menschenwürde der Mitglieder der Gruppe oder der Person zu verletzen, in einer Weise beschimpft, die geeignet ist, die Gruppe oder Person in der öffentlichen Meinung verächtlich zu machen oder herabzusetzen, […] ist mit Freiheitsstrafe bis zu zwei Jahren zu bestrafen."

Ein sehr geläufiges Argument gegen solche rechtlichen Verbote der Verwendung von Slurs besagt, dass derlei Einschränkungen zu mehr Schäden führen, als sie verhindern, insbesondere deshalb, weil staatlichen Institutionen (etwa der Legislative oder der Judikative) nicht vertraut werden kann, wenn es darum geht, „schlechte" Rede von „guter" Rede zu unterscheiden (Jacobson 2007). Eine nicht weniger geläufige Erwiderung hält dem entgegen, dass die direkten und indirekten Schäden von Slurs groß genug sind, um Einschränkungen der Redefreiheit zu rechtfertigen (Waldron 2012). Beide Argumente teilen die Auffassung, dass ein Verbot der Verwendung von Slurs Einschränkungen der Redefreiheit mit sich führt.

In ihrem Aufsatz „Freedom of Expression and Derogatory Words" (2016) stellt Caroline West diese Behauptung infrage. Sie weist darauf hin, dass die meisten Slurs neutrale Gegenstücke haben. So können wir anstelle des abwertenden Ausdrucks „Piefke" auch den neutralen Ausdruck „Deutsche" verwenden. Ausgehend davon vergleicht West ein Verbot von Slurs mit Einschränkungen der Art, der Zeit und des Orts, Meinungen zu äußern, welche es selbst in liberalen Gesellschaften gibt. So ist es beispielsweise nicht erlaubt, seine Meinungen lautstark zu gesetzlichen Ruhezeiten in besiedelten Gebieten zu äußern; weiters ist es verboten, seine Meinung als Fußgänger*in mitten auf der Autobahn kundzutun. Solange es andere Arten, Zeiten und Orte gibt, wie, wann und wo Meinungen kundgetan werden können, werden solche Verbote nicht als Einschränkungen der Redefreiheit angesehen. Ähnlich verhält es sich nach West bei Slurs. So können wir ihrer Meinung nach mit einer Verwendung des neutralen Gegenstücks dasselbe aussagen wie mit einer Verwendung des entsprechenden Slurs. Demnach schränkt ein rechtliches Verbot von Slurs nur eine Art und Weise ein, eine bestimmte Meinung zu äußern. Da eine andere – moralisch akzeptable – Weise, dieselbe Meinung kundzutun, weiterhin möglich ist, nämlich durch Verwendung des neutralen Gegenstücks, handelt es sich nach West bei einem rechtlichen Verbot von Slurs somit nicht notwendigerweise um eine Einschränkung der Redefreiheit.

Eine zentrale Annahme, die Wests Argument zugrunde liegt, ist, dass mit einer Verwendung des neutralen Gegenstücks dasselbe ausgesagt werden kann wie mit dem entsprechenden Slur. Allerdings stellt sich die Frage, ob diese These mit all den unterschiedlichen Theorien der abwertenden Kraft von Slurs, welche wir oben diskutiert haben, vereinbar ist. Wenn die Antwort darauf ein „Nein" ist, dann hängt Wests Behauptung nämlich sehr stark davon ab, welche Theorie von Slurs korrekt ist, was ihr Argument erheblich schwächen würde (Rinner 2022).

Mit anderen Worten stellt sich die Frage, gemäß welcher der oben genannten Theorien mit einer Einschränkung der Verwendung von Slurs auch eine Einschränkung der Redefreiheit einhergeht. Dabei können wir auf folgendes Verständnis von Redefreiheit aus der *Allgemeinen Erklärung der Menschenrechte* der Vereinten Nationen zurückgreifen:

Artikel 19

Jeder hat das Recht auf Meinungsfreiheit und freie Meinungsäußerung; dieses Recht schließt die Freiheit ein, Meinungen ungehindert anzuhängen sowie über Medien jeder Art und ohne Rücksicht auf Grenzen Informationen und Gedankengut zu suchen, zu empfangen und zu verbreiten.

Wird dieses Recht auf Redefreiheit den obigen Theorien zufolge nun eingeschränkt, wenn die Verwendung von Slurs rechtlich verboten wird? Und wenn ja, welche Folgen hätte das für die Debatte um die Einschränkung der Verwendung von Slurs? Solche Fragen zeigen, wie sprachphilosophische Theorien bezüglich der abwertenden Kraft von Slurs praktische Implikationen für Moral und Recht haben können. Deren weitere Diskussion wollen wir an diesem Punkt jedoch der interessierten Leserin bzw. dem interessierten Leser überlassen.

Übungsaufgaben
1. Können Sie eine Theorie aus Abschn. 2 anführen, die Wests Behauptung, dass mit einer Verwendung der neutralen Gegenstücke von Slurs dasselbe ausgesagt werden kann wie mit dem Slur selbst, stützt?
2. Suchen Sie ein bis zwei relevante Paragraphen in Gesetzestexten, in denen die Redefreiheit eingeschränkt bzw. unter Strafe gestellt wird. Wird in diesen Paragraphen auch die Verwendung von Slurs eingeschränkt oder gänzlich verboten?
3. Überlegen Sie, ob die gesetzliche Lage in Ihrem Staat hinsichtlich der Verwendung von Slurs zu strikt oder zu nachsichtig ist. Sollten aus philosophisch-ethischer Sicht also manche der bestehenden Paragraphen aufgehoben werden oder sollten zusätzliche gesetzliche Bestimmungen eingeführt werden?
4. Den Leser*innen wird sicherlich aufgefallen sein, dass wir in diesem Aufsatz das N-Wort als „ni**er" zitiert haben. Dies hängt mit der gelegentlich geäußerten Forderung zusammen, dass starke Slurs nicht einmal wortwörtlich zitiert werden dürfen. Vergleichen Sie dazu auch den folgenden Artikel in *The Washington Post*: https://www.washingtonpost.com/outlook/2021/05/13/slurs-classrooms-law-school-taboo/

Sind Sie der Meinung, dass es zumindest einige Kontexte geben soll, in denen starke Slurs wie das N-Wort jedenfalls zitiert werden dürfen? Suchen Sie nach Kontexten, in denen die Zitation erlaubt sein soll, und nach Kontexten, in denen die Zitation verboten sein soll.

Literatur

Anderson, L., und E. Lepore. 2013a. Slurring Words. *Noûs* 47(1):25–48.

Anderson, L., und E. Lepore. 2013b. What Did you Call Me? Slurs as Prohibited Words: Setting Things Up. *Analytic Philosophy* 54(3):350–363.

Bianchi, C. 2014. Slurs and Appropriation: An Echoic Account. *Journal of Pragmatics* 66:35–44.

Bolinger, R.J. 2017. The Pragmatics of Slurs. *Noûs* 51(3):439–462.

Brontsema, R. 2004. A Queer Revolution: Reconceptualizing the Debate over Linguistic Reclamation. *Colorado Research in Linguistics* 17(1):1–17.

Cepollaro, B. 2015. In Defence of a Presuppositional Account of Slurs. *Language Sciences* 52:36–45.

Cepollaro, B., und I. Stojanovic. 2016. Hybrid Evaluatives: In Defense of a Presuppositional Account. *Grazer Philosophische Studien* 93(3):458–88.

Cepollaro, B., und T. Thommen. 2019. What's Wrong with Truth-conditional Accounts of Slurs. *Linguistics and Philosophy* 42:333–347.

Cepollaro, B., S. Sulpizio, und C. Bianchi. 2019. How Bad Is It to Report a Slur? An Empirical Investigation. *Journal of Pragmatics* 146:32–42.

Cepollaro, B., und D. López de Sa. 2022. Who Reclaims Slurs?. *Pacific Philosophical Quarterly*. https://doi.org/10.1111/papq.12403.

Croom, A.M. 2011. Slurs. *Language Sciences* 33:343–358.

Delgado, R. 1993. Words That Wound: A Tort Action for Racial Insults, Epithets and Name-Calling. In *Words That Wound: Critical Race Theory, Assaultive Speech and the First Amendment*, Hrsg. M.J. Matsuda, C.R. Lawrence III, R. Delgado, und K. Williams Crenshaw, 89–110. Boulder: Westview.

DiFranco, R. 2020. Pejorative Language. *The Internet Encyclopedia of Philosophy*, ISSN 2161–0002. https://www.iep.utm.edu/.

Frege, G. 1892. Über Sinn und Bedeutung. *Zeitschrift für Philosophie und philosophische Kritik* 100:25–50.

Frege, G. 1918–19. Der Gedanke. Eine Logische Untersuchung. *Beiträge zur Philosophie des deutschen Idealismus* I(1918–1919):58–77.

Gutzmann, D. 2015. *Use-conditional Meaning: Studies in Multidimensional Semantics, Oxford Studies in Semantics and Pragmatics*. Oxford: Oxford University Press.

Hedger, J.A. 2012. The Semantics of Racial Slurs: Using Kaplan's Framework to Provide a Theory of the Meaning of Derogatory Epithets. *Linguistic and Philosophical Investigations* 11:74–84.

Hom, C. 2008. The Semantics of Racial Epithets. *Journal of Philosophy* 105:416–440.

Hom, C. 2010. Pejoratives. *Philosophy Compass* 5(2):164–185.

Hom, C. 2012. A Puzzle about Pejoratives. *Philosophical Studies* 158:383–405.

Hom, C., und R. May. 2013. Moral and Semantic Innocence. *Analytic Philosophy* 54:293–313.

Jacobson, D. 2007. Freedom of Speech: Why Freedom of Speech Includes Hate Speech. In *New Waves in Applied Ethics*, Hrsg. J. Ryberg, T.S. Petersen, und C. Wolf, 236–252. New York: Palgrave Macmillan.

Jeshion, R. 2013. Expressivism and the Offensiveness of Slurs. *Philosophical Perspectives* 27:231–259.

Kaplan, D. 2004. The Meaning of Ouch and Oops, unpublished transcription of the Howison Lecture in Philosophy at U.C. Berkeley.

Lewis, D. 1979. Scorekeeping in a Language Game. *Journal of Philosophical Logic* 8(1):339–359.

Matsuda, M.J. 1993. Public Response to Racist Speech. In *Words That Wound: Critical Race Theory, Assaultive Speech and the First Amendment,* Hrsg. M.J. Matsuda, C.R. Lawrence III, R. Delgado, und K.W. Crenshaw, 17–52. Boulder: Westview.

McCready, E. 2010. Varieties of Conventional Implicature. *Semantics and Pragmatics* 3(8):1–57.

Nunberg, G. 2018. The Social Life of Slurs. In *New Work on Speech Acts*, Hrsg. D. Fogal, D.W. Harris, M. Moss. Oxford: Oxford University Press.

Rinner, S. 2022. Slurs and Freedom of Speech. *Journal of Applied Philosophy*. https://doi.org/10.1111/japp.12596.

Rinner, S., und A. Hieke. 2022. Slurs under Quotation. *Philosophical Studies* 179:1483–1494.

Saka, P. 2007. *How to Think About Meaning*. Berlin: Springer.

Schlenker, P. 2007. Expressive Presuppositions. *Theoretical Linguistics* 33(2):237–245.

Tirrell, L. 2012. Genocidal Language Games. In *Speech and Harm: Controversies Over Free Speech*, Hrsg. I. Maitra und M.K. McGowan, 222–248. Oxford: Oxford University Press.

Waldron, J. 2012. *The Harm in Hate Speech*. Cambridge: Harvard University Press.

West, C. 2016. Freedom of Expression and Derogatory Words. In *A Companion to Applied Philosophy*, Hrsg. K. Lippert-Rasmussen, K. Brownlee, und D. Coady, 236–252. Chichester: Wiley.

Whiting, D. 2013. It's Not What You Said, It's the Way You Said It: Slurs and Conventional Implicature. *Analytic Philosophy* 54(3):364–377.

Was ist ungerecht an epistemischer Ungerechtigkeit?

9

Bettina Bussmann, Benedikt Leitgeb und Philipp Mayr

1 Epistemische Ungerechtigkeit: Worum geht es?

Die Ursprünge der #MeToo-Bewegung liegen im Jahr 2006, als Tarana Burke, eine afroamerikanische Aktivistin, begann, die Phrase „me too" (dt. ‚ich auch') zu verwenden, um auf Internetplattformen junge Frauen, besonders schwarze Frauen aus ärmeren sozialen Schichten, zu ermutigen, ihre Erlebnisse sexueller Belästigung und Gewalt zu teilen. Das Ziel war es, Frauen zu helfen, diese traumatischen Erfahrungen besser zu verarbeiten, aber auch ein Bewusstsein über die Häufigkeit solcher Übergriffe zu schaffen, mit dem Ziel, politischen und gesellschaftlichen Wandel herbeizuführen. Im Jahr 2017 ging die Bewegung auf sozialen Plattformen wie Twitter viral, nachdem mehrere Frauen Vorwürfe gegen den mächtigen Filmproduzenten Harvey Weinstein erhoben hatten, er habe sie und andere Frauen in der Vergangenheit sexuell belästigt, genötigt oder sogar vergewaltigt. Im Zuge dieser Vorwürfe wurden viele weitere Vorwürfe von sexueller Belästigung bis hin zu Vergewaltigungen auf sozialen Medien geteilt (Gill und Rahman-Jones, 9.7.2020). Zwei Dinge traten dadurch in das Zentrum der Aufmerksamkeit: Viele Frauen, die ihre Erlebnisse und Überzeugungen mitteilen wollten, wurden in der

B. Bussmann (✉)
Fachbereich Philosophie GW, Paris-Lodron-Universität Salzburg, Salzburg, Österreich
E-Mail: bettina.bussmann@plus.ac.at

B. Leitgeb
Fachbereich Philosophie GW, Universität Salzburg, Salzburg, Deutschland
E-Mail: benedikt.leitgeb@stud.sbg.ac.at

P. Mayr
Massachusetts Institute of Technology, Cambridge, USA
E-Mail: philmayr@mit.edu

Vergangenheit nicht (an)gehört und ernst genommen. Ihnen wurde nicht geglaubt. Außerdem wurde deutlich, dass viele Personen überhaupt nicht *wussten*, dass ihnen in ihrem Leben durch eine bestimmte Handlung ein Unrecht widerfahren ist. Die MeToo-Bewegung hat vielen Frauen Mut gemacht, über eigene Erfahrungen nachzudenken und sie auszusprechen.

In diesem Aufsatz soll es nicht um das Unrecht gehen, das Personen angetan wird, wenn ihnen von anderen Personen physischer Schaden oder anderes Leid zugefügt wird. In diesem Aufsatz geht es um das Unrecht, das allen Menschen – nicht nur Frauen – angetan wird, wenn ihnen das, was ihnen passiert ist, was sie erlebt haben, nicht *geglaubt* wird. Hierbei handelt es sich um eine Ungerechtigkeit, die die Philosophin Miranda Fricker *epistemische Ungerechtigkeit* nennt. Fricker hat diesen Begriff in ihrem Buch *Epistemic Injustice: Power & the Ethics of Knowing* (2007) geprägt. Dabei geht es um das Unrecht, das Personen in ihrer Funktion als *Wissende* zugefügt wird, d. h., Personen wird in Bezug auf ihre *Erkenntnisfähigkeit* ein Unrecht getan. Das Ziel dieses Beitrags ist es, auf Grundlage dieses Buches den zentralen Grundbegriff in der Diskussion um epistemische Ungerechtigkeit, nämlich *testimoniale Ungerechtigkeit* (testimonial = etwas bezeugen können) anhand von Beispielen und Aufgaben zu erklären, zu problematisieren und zu diskutieren.

Lernziele

Dieser Beitrag bietet drei Aufgabenblöcke an, durch welche dementsprechende Kompetenzen zur Thematik der epistemischen Ungerechtigkeit gefördert werden. Nach den hier vorgestellten Aufgaben können Schüler*innen vor allem:

- ihr persönliches Vorverständnis und Wissen bezüglich des Themas ‚Glaubwürdigkeit‘ sammeln und ausdrücken,
- soziale Bereiche identifizieren, in denen epistemische Ungerechtigkeit vorkommen kann,
- Überlegungen dazu anstellen und diskutieren, warum das Wissen bestimmter Personen oder Personengruppen ignoriert oder unterdrückt wird,
- zentrale Begriffe wie *Stereotyp*, *Vorurteil*, und *testimoniale Ungerechtigkeit* erklären,
- die zentralen Begriffe anhand lebensweltlicher Beispiele erläutern,
- den Begriff *epistemische Ungerechtigkeit* von den verwandten Begriffen *epistemisches Pech*, *ehrliche Fehler* und *epistemische Ungleichheit* abgrenzen,
- die Verbreitung des Phänomens der epistemischen Ungerechtigkeit in der Gesellschaft einschätzen,
- lebensweltliche Fälle hinsichtlich epistemischer Ungerechtigkeit analysieren,
- die philosophische und gesellschaftliche Relevanz sowie die Grenzen von epistemischer Ungerechtigkeit kritisch beurteilen.

Abb. 1 Coverfoto des *Routledge Handbook of Epistemic Injustice* (Kidd et al. 2017)

Aufgabenblock 1: Einstieg in die Thematik epistemischer Ungerechtigkeit

1. Interpretieren Sie das Coverfoto (s. Abb. 1) des *Routledge Handbook of Epistemic Injustice*: Welche Assoziationen verbinden Sie mit der Zusammenstellung der dominanten Bildelemente Hand, Handhaltung und Inschrift?
2. Einzelarbeit: Überlegen Sie, welchen Personen man möglicherweise zu wenig Gehör schenkt. Aus welchen sozialen Bereichen und Institutionen kommen sie?
3. Diskutieren Sie Ihre Ergebnisse in einer Großgruppe und überlegen Sie, welche Gründe es in den von ihnen aufgeführten Bereichen geben kann, dass das Wissen bestimmter Personen oder Gruppen von anderen Personen, Gruppen oder Institutionen nicht beachtet oder gar bewusst verboten oder unterdrückt wird (*silencing*)?

2   Epistemische Ungerechtigkeit: Grundlagen

Die Erkenntnistheorie beschäftigt sich mit allerlei Fragen, die epistemische Erfolge betreffen: Wissen, Verstehen, gerechtfertigte oder vernünftige Überzeugungen etc. (s. Kap. 2 und 4). In den ersten Aufsätzen wurden diese epistemischen Erfolge bzw. Werte primär aus der individualistischen Perspektive der Einzelperson diskutiert. Dieser Zugang ignoriert aber häufig die sozialen Eigenschaften der Person, die sie aufgrund ihres Umfelds und ihrer Geschichte besitzt. Personen sind nicht alle gleich: Sie haben unterschiedliche Biografien, unterschiedliche kulturelle Hintergründe und unterschiedliche soziale und politische Rahmenbedingungen, in denen sie leben. Aber spielen diese Umstände überhaupt eine Rolle, wenn es um Fragen der Erkenntnistheorie geht? Die Antwort darauf lässt sich derart umformulieren: Spielen soziale Umstände für die Erreichung epistemischer Werte/Ziele eine Rolle? Die Antwort darauf fällt sicherlich positiv aus. Denn die Gesellschaft, in der wir leben, beeinflusst unsere Überzeugungen. Die Art und Weise, wie und welche Informationen in unseren Gesellschaften verfügbar gemacht werden und wie wir uns gegenseitig einschätzen, beeinflusst, ob wir wahre, falsche, oder gar keine Überzeugungen zu gewissen Themen formen. Kurz gesagt, unsere soziale Welt beeinflusst, was wir wissen – und was wir nicht wissen können.

Diese Überlegung führte dazu, dass sich neben der klassischen individualistischen Erkenntnistheorie der Bereich der sozialen Erkenntnistheorie etablierte. Soziale Erkenntnistheoretiker*innen stellen sich die Frage, *welche sozialen Praktiken unsere epistemischen Werte (wie Wissen) beeinflussen*, und überlegen, *welche normativen Schlüsse für diese Praktiken zu ziehen sind, um unsere epistemischen Ziele bestmöglich erreichen zu können*. Miranda Frickers Untersuchungen zeigen, durch welche sozialen und psychologischen Mechanismen Gesellschaften Menschen in „Wissende" und „Nicht-Wissende" einteilen. Sie betont vor allem den Schaden, der durch diese Mechanismen entsteht. Die Diskussionen über epistemische Ungerechtigkeit verbindet epistemische Fragen mit politischen, ethischen und weiteren Aspekten aus anderen Disziplinen (s. Abb. 2 für Fragen zu dem Schaden, der durch die Unterdrückung von Wissen entstehen kann). Viele Diskussionen in Ethik, den Gender Studies, den Post Colonial Studies, der politischen Philosophie oder der Psychologie haben das Konzept der epistemischen Ungerechtigkeit aufgegriffen und für ihre Fragestellungen weiterentwickelt (für einen ersten Überblick vgl. Kidd et al. 2017).

Abb. 2 Das Thema „Schaden durch Wissensunterdrückung" in der Vernetzung mit anderen Disziplinen (© Bussmann)

Wir alle sind ‚Wissende‘, was bedeutet, dass wir alle die Fähigkeit besitzen, *Wissen zu besitzen* und dieses *Wissen auch weiterzugeben*. Werden wir ohne guten Grund daran gehindert, Wissen zu besitzen oder dieses weiterzugeben, so werden wir das Opfer einer speziell epistemischen Form der Ungerechtigkeit (Fricker 2007, 145). Wir werden der Möglichkeit beraubt, an der wichtigen sozialen Praxis der Wissensgenerierung teilzunehmen.

Die Diskussion um epistemische Ungerechtigkeit beginnt mit der Einsicht, dass jeder Mensch in einer sozialen Welt existiert, in der sich alle als Einzelwesen oder Mitglieder von Gruppen gegenseitig beeinflussen. Soziale Gruppen sind z. B. Familien oder Vereine sowie andere staatliche oder private Institutionen. Die Fähigkeit, in die Geschehnisse und Umstände dieser sozialen Welt einzugreifen und sie zu beeinflussen, verleiht Menschen oder Institutionen *soziale Macht*. Manche Akteure besitzen größere soziale Macht als andere, und können daher die Handlungen anderer Akteure und das generelle soziale Geschehen stärker beeinflussen. Staatliche Institutionen, wie Ministerien oder politische Parteien, besitzen soziale Macht deshalb, weil deren staatliche Autorität von den meisten Personen anerkannt wird – oder aber, weil der Staat ein Gewaltmonopol besitzt und durch soziale Praktiken Angst schürt, manipuliert, unterdrückt oder Missbrauch betreibt. Ein reicher Unternehmer hat z. B. aufgrund seines Reichtums Macht, da Reichtum ihm viele Möglichkeiten bietet, die verschiedensten Aspekte der sozialen Welt zu beeinflussen. Dazu gehören z. B. gesellschaftliche Wertvorstellungen (was ist gut, was schlecht, was vorbildhaft?), politische Entscheidungen, aber auch ganz alltägliche Dinge, wie Straßenplanung, das Design von Postern und so weiter – alles, was wir erleben können, ist Teil dieser sozialen Welt.

Soziale Macht kann von Akteuren entweder direkt ausgehen oder struktureller Natur sein. Eine Polizistin, die Autofahrer*innen anweist, stehen zu bleiben, übt ihre soziale Macht direkt aus. Strukturelle soziale Macht wird von keiner Person oder Institution direkt ausgeübt, sondern ist das Resultat verschiedener sozialer Faktoren und ihrer gegenseitigen Interaktionen. Zum Beispiel wurde in der COVID-19 Pandemie klar, dass Mitglieder von Minderheiten oft ein höheres Risiko hatten an COVID zu erkranken, und auch ein höheres Risiko für einen schweren oder tödlichen Verlauf haben. Dies ist das Resultat verschiedenster Faktoren. Beginnend bei Problemen, notwendige Informationen zu erhalten aufgrund von Sprachbarrieren, bis hin zu Lebens- und Arbeitsumständen, die notwendige Maßnahmen nicht zuließen, über schlechteren Zugang zu Krankenhäusern, Behandlungen oder gesundem Essen und noch einiges mehr, tragen zum erhöhten Risiko bei. Hier liegen strukturelle Probleme vor (Fricker 2007, 10–11; Linos et al. 2022, 1–3).

Soziale Macht kann von Personen und Institutionen – bewusst oder unbewusst – eingesetzt werden, um die Teilhabe von Personen oder Gruppen *am Zugang, an der Erschaffung und an der Weitergabe von Wissensbeständen zu hindern oder auszuschließen*. Soziale Macht ist sozusagen das Mittel, mit welchem epistemische Ungleichheiten geschaffen werden. Solche Ungleichheiten müssen noch nicht ungerecht sein, denn bei manchen Informationen können diese Ungleichheiten durchaus gerechtfertigt sein. Manch sensible Informationen werden mit gutem

Grund nur gewissen Personen anvertraut und es ist auch verständlich, dass nicht alle Meinungen von allen Personen zu allen Themen gleich ernst genommen werden. Kann man eine epistemische Ungleichheit aber nicht überzeugend recht-fertigen, dann ist dies ein Fall *epistemischer Ungerechtigkeit*.

3   Testimoniale Ungerechtigkeit

Fricker beschreibt zwei Formen epistemischer Ungerechtigkeit, wobei hier nur die erste Form näher diskutiert werden soll: *Testimonial Injustice* (in etwa: Ungerechtigkeit bezüglich der Glaubwürdigkeit von Aussagen). Es geht bei testimonialer Ungerechtigkeit darum, dass Personen aufgrund ihrer *Identität* weniger Glauben geschenkt wird, als diese verdienen würden, und sie damit als Subjekt, das Wissen besitzt, verletzt werden.

Jede Person besitzt bestimmte Identitäten. Es ist nicht leicht, genau zu definieren, was eine Identität ist, jedoch reicht ein intuitives Verständnis des Begriffes: eine Identität ist in etwa eine Eigenschaft oder eine Ansammlung von Eigenschaften, die man als besonders wichtig für die Charakterisierung von sich selbst oder anderen Personen ansieht. Ein Mann oder eine Frau zu sein, verleiht einem eine Identität, aber auch homosexuell, arm, reich, schwarz, weiß, einen Migrationshintergrund zu haben, gewisse körperliche oder psychische Beeinträchtigungen zu haben, kann Teil einer Identität sein. Grundlage für die Zuschreibung von Identitäten ist die Tatsache, dass Menschen andere Menschen in soziale Gruppe einteilen, welchen wiederum bestimmte Eigenschaften zugeordnet werden. Diese Assoziationen sind üblicher-weise keine bewussten Überzeugungen, sondern unterbewusste ‚Bilder‘, die wir von gewissen Personengruppen besitzen und die unsere Wahrnehmung von Personen und Geschehnissen beeinflussen können. Diese ‚Bilder‘ sind Generalisierungen von Merkmalen sozialer Gruppen, die man *Schemata* oder *Stereotype* nennt. Dabei *kategorisiert* man Menschen, die z. B. Ähnlichkeiten in ihrem physischen Auftreten aufweisen oder deren Meinungen und Einstellungen zu einem gewissen Thema übereinstimmen. ‚Stereotyp‘ ist ein etwas engerer Begriff für eine speziell sozial dominante Wissensstruktur. Wir alle haben unsere eigenen Schemata, aber Stereo-type sind eher sozial geteilte Überzeugungen über dominante soziale Kategorien, wie Geschlecht, Hautfarbe, Religion oder Nationalität. Dabei ist die Stereotypisierung kein bewusster und von uns gewollter Vorgang. Woran liegt das? Der Journalist Walter Lippmann, der den Begriff prägte, schreibt:

> We do not first see and then define, we define first and then see. In the great blooming, buzzing confusion of the outer world we pick out what our culture has already defined for us, and we tend to perceive that which we have picked out in the form stereotyped for us by our culture. (Lippmann 1922, 81)

Um Komplexität zu reduzieren, aber auch, weil Menschen dazu neigen, den ein-fachen Weg zu wählen, verlassen sie sich beim Urteilen auf die von ihrer Kultur bereit gestellten Stereotypen.

In der Umgangssprache ist der Begriff ‚Stereotyp' üblicherweise negativ besetzt, man verwendet ihn korrekterweise aber als neutralen Begriff, da er jegliche Assoziationen von Eigenschaften umfasst, die man über die Mitglieder innerhalb und außerhalb einer Gesellschaft verbindet. Es gibt also auch positive und neutrale Stereotype: Zum Beispiel kennen wir das Stereotyp, dass Ärzt*innen sehr gebildet und am Wohl ihrer Patienten interessiert sind. Das ist ein positives Stereotyp. Und vielleicht ist es sogar eine gute Generalisierung, wenn tatsächlich viele oder die meisten Ärzt*innen zu einem gewissen Grad gebildet und sehr am Wohl ihrer Patienten interessiert sind.

Stereotype werden von uns auch dazu verwendet, die *Glaubwürdigkeit* von Personen einzuschätzen, besonders von Personen, die wir nicht näher kennen. Wenn eine Ärztin mir also eine Diagnose für meine Symptome präsentiert, so muss ich ein Urteil darüber fällen, ob ich ihr glauben soll oder nicht. Verwende ich das obige Stereotyp der guten Ärztin dafür, wird mein Glaubwürdigkeitsurteil positiv ausfallen. Dabei soll noch einmal darauf hingewiesen werden, dass das Urteil normalerweise nicht bewusst getroffen wird, sondern wir, dank Stereotyp, die Ärztin bereits *als glaubwürdig wahrnehmen*. Fricker merkt an, dass die Verwendung von Stereotypen ganz normal und oft unproblematisch ist. Würde ich versuchen, ohne Stereotype ein Urteil über die Glaubwürdigkeit der Ärztin zu fällen, so müsste ich wahrscheinlich viel Recherchearbeit betreiben, um zu bestimmen, wie glaubwürdig sie eigentlich ist. Wenn das Stereotyp aber relativ akkurat ist, so gelingt mir ein ziemlich gutes und faires Urteil, ohne viel Zeit und Arbeit dafür verwenden zu müssen. Für den Großteil unserer alltäglichen Interaktionen und Urteile sind Stereotype also unabdingbar (Fricker 2007, 31).

Sobald aber Realität und Stereotyp zu weit auseinander gehen, wird es epistemisch und moralisch problematisch, da plötzlich Personen aufgrund ihrer Identität keine oder ein falsches Maß an Glaubwürdigkeit erhalten. Epistemisch und moralisch problematisch sind vor allem Stereotype, die wir trotz gegenteiliger Evidenz weiterhin verwenden, um Urteile zu fällen. Misogyne Stereotype wären ein Beispiel. Dass Frauen z. B. „nicht denken können", wie ihnen von vielen Wissenschaftlern und Philosophen früher zugeschrieben wurden, dürfte mittlerweile als falsch bewiesen sein. Ein anderes Beispiel wäre das antisemitische Stereotyp, dass Juden hinterhältig und verlogen seien. Antisemiten behalten diese Generalisierungen über Juden bei, obwohl diese offensichtlich falsch sind, denn diese sind ein wichtiger Teil des Weltbildes, welches sie nicht aufgeben wollen. Wenn man an Stereotypen festhält, obwohl Evidenz vorliegt, dass es eine falsche Generalisierung einer Gruppe ist und diese Generalisierung die Glaubwürdigkeit der Gruppenmitglieder negativ beeinflusst, dann spricht Fricker von einem *Vorurteil (prejudice)*. Sozialpsychologisch bedeutet ‚Vorurteil' eine (üblicherweise negative) Einstellung zu Personen einer bestimmten Gruppe nur aus dem Grund, *weil sie dieser Gruppe angehören*. So werden Frauen von manchen als schlechte Autofahrerinnen angesehen, *nur weil sie Frauen sind*. Oder Männer werden als unsensibel angesehen, *nur weil sie Männer sind*. Vorurteile sind grundsätzlich moralisch negativ zu betrachten, da sie nicht nur schlechte Generalisierungen sind, sondern auch trotz widersprechender Evidenz beibehalten werden. Wenn sie

gegen eine gewisse Identität gerichtet sind, wie im Falle des antisemitischen Vor-
urteils, dann spricht Fricker von einem „negativen Identitätsvorurteil". *Vorurteile
sind also vor allem Urteile, die wir auf Basis von Stereotypen treffen, die wir trotz
Evidenz der Falschheit des Stereotyps treffen. Sie sind somit immer moralisch
problematisch* (Fricker 2007, 32–35; Aronson et al. 2014, 475).

Stereotype und Vorurteile können dazu führen (und tun dies tatsächlich sehr
oft), dass wir Personen zu viel oder zu wenig Glauben schenken. Wenn ein
negatives Identitätsvorurteil die Glaubwürdigkeit einer Person negativ beeinflusst
und wir ihr somit zu wenig Glauben schenken, spricht Fricker von *testimonialer
Ungerechtigkeit*. Es stellt eine Ungerechtigkeit dar, weil eine Person, die Wissen
besitzt, grundsätzlich auch in der Lage sein sollte, dieses Wissen weiterzugeben.
Schenken wir einer Person nicht die notwendige Glaubwürdigkeit, so behindern
wir sie daran, ihr Wissen weiterzugeben – und wir hindern sie und soziale
Gruppen daran, an der Gestaltung der Gesellschaft mitzuwirken. Fricker betrachtet
deshalb nur Fälle, in denen eine Person zu wenig Glaubwürdigkeit geschenkt
wurde, weil es ihr um den zugefügten Schaden geht (s. Abschn. 5). Sie denkt, dass
zu viel Glaubwürdigkeit der Person nicht oder nur sehr selten schadet oder die
Person als Wissende verletzt (Fricker 2007, 17, 20).

In diesem Punkt mag Fricker durchaus Recht haben. Wir *schaden* beispielsweise einer Ärztin nicht, indem wir ihr *zu viel* Glaubwürdigkeit bescheinigen.
Im Gegenteil: Wir helfen ihr sogar mit ihren Meinungen auf unser gesellschaftliches Zusammenleben Einfluss zu nehmen. Aber dennoch ist es aus Sicht der
epistemischen Werte/Ziele unklar, inwiefern zu wenig Glaubwürdigkeit allgemein
gesehen schwerer wiegen sollte als zu viel Glaubwürdigkeit. Denn in beiden
Fällen begehen wir epistemische Fehler. Wenn wir einer Person zu viel glauben,
dann werden wir langfristig gesehen wohl viele ungerechtfertigte, wenn nicht
sogar falsche, Überzeugungen formen. Das ist ein epistemischer Schaden. Fälle,
in denen haltlose Gerüchte über soziale Medien schnell die Runde machen und
von vielen Personen geglaubt werden, ohne die Quellen dieser Informationen zu
prüfen, könnte man ebenso als epistemische Ungerechtigkeit bezeichnen. Hier
wird den Personen, die das Gerücht in Umlauf gebracht und verbreitet haben,
zu viel geglaubt *und das ist schädlich*. Es mag nicht schädlich für eine Einzelperson sein, aber der gesellschaftliche Schaden, der dadurch angerichtet werden
kann, scheint nicht kleiner zu sein als der Schaden, der durch zu wenig Vertrauen
in gewisse Personengruppen angerichtet wird.

Es ist aber nicht abzustreiten, dass sich der gesellschaftliche Fokus beim Thema
(epistemische) Ungerechtigkeit stärker auf die Benachteiligungs- und weniger
auf die Bevorzugungskomponente richtet. Im Zuge der #MeToo-Bewegung
wurde immer wieder gefordert, Opfern von Gewalt zuzuhören und diese ernst zu
nehmen. Die Kritik ist, dass vielen Opfern, weil sie oft Mitglieder marginalisierter
Gruppen sind, eben eine zu niedrige Glaubwürdigkeit zukommen würde. Diese
Ungerechtigkeit kann wieder direkt von Personen ausgehen, aber auch Resultat
struktureller Prozesse sein. Vielen Opfern von Harvey Weinstein wurde zu Beginn
zunächst reflexartig nicht geglaubt. Dabei wurden bestimmte Stereotype von
Frauen, die von Beruf Schauspielerinnen sind, ins Feld geführt, z. B. in dieser
Form: „Die Frauen haben ihren Körper doch bloß eingesetzt, um eine Rolle zu

bekommen." Eine solche Aussage – hier über Frauen in Schauspielberufen – ist der Nährboden für testimoniales Unrecht. Dass den Opfern von so vielen Personen über die Jahre nicht geglaubt wurde, kann auch ein Beispiel für *systematische* epistemische Ungerechtigkeit sein. Systematisch wird diese Ungerechtigkeit nach Fricker, wenn der Verlust an Glaubwürdigkeit durch Vorurteile verursacht wird, die auch Nachteile und Ungerechtigkeiten in anderen Teilen des Lebens nach sich ziehen, zum Beispiel in der Ausübung des Berufs, in wirtschaftlichen Angelegenheiten oder in der Wahl weiterer Lebensmöglichkeiten. Wir können davon ausgehen, dass Personen, die Opfer von epistemischer Ungerechtigkeit durch negative Identitätsvorurteile werden, oft Opfer von systematischer sowie nicht-systematischer Ungerechtigkeit werden (Fricker 2007, 27).

Ein anderes Beispiel für Testimonial Injustice wäre die Reaktion vieler, vor allem Erwachsener, auf die „Fridays for Future"-Proteste, die erstmals 2018 stattfanden. Diese weltweiten Demonstrationen für Klimaschutz, ausgelöst durch die damals 15-jährige Schülerin Greta Thunberg, werden primär von Schüler*innen und Jugendlichen organisiert und durchgeführt. Sowohl Thunberg als auch anderen Demonstrant*innen wurden von manchen Personen oder Institutionen häufig nicht ernst genommen und sogar verspottet. Christian Lindner, Bundesvorsitzender der liberalen FDP-Partei in Deutschland, schrieb z. B. auf Twitter, dass er es zwar toll fände, wenn sich Schüler*innen politisch engagierten, aber man könne von Kindern und Jugendlichen nicht erwarten, „dass sie bereits alle globalen Zusammenhänge, das technisch Sinnvolle und das ökonomisch Machbare sehen". Klimaschutz sei „eine Sache für Profis". Typische Vorurteile über Jugendliche lauten, dass diese noch zu unreif, zu unerfahren oder im Denken nicht gut genug seien, um gewisse Dinge zu verstehen. Die Forderungen nach mehr Klimaschutz von Jugendlichen nicht ernst zu nehmen, *weil diese Jugendliche sind*, ist ein weiteres Beispiel für Testimonial Injustice (Focus Online, 11.3.2019).

Man könnte sich an dieser Stelle aber beschweren, dass es doch noch keine Ungerechtigkeit sei, Jugendlichen in Klimaschutzfragen nicht zu vertrauen. Das stimmt. So gut wie alle Jugendlichen besitzen in diesen Fragen grundsätzlich nur einen schwachen epistemischen Status: sie sind keine Expert*innen. Wenn wir Jugendlichen nicht vertrauen, weil sie keine Expert*innen sind, dann klingt dies nach einer guten Begründung. Der Punkt ist jedoch, dass dies auf fast alle Erwachsenen ebenso zutrifft. Es gibt nämlich nur sehr wenige Klimaexpert*innen. Epistemische Gerechtigkeit verlangt von uns, denjenigen Personen, die einen gleichen/ähnlichen epistemischen (Experten-)Status besitzen, eine gleiche/ähnliche Glaubwürdigkeit zu bescheinigen. Diese Gerechtigkeitsforderung wird verletzt, wenn wir Erwachsenen in Klimafragen mehr vertrauen als Jugendlichen, *weil die einen Erwachsene und die anderen Jugendliche sind*. Denn die Eigenschaft, erwachsen zu sein, macht eine Person noch nicht epistemisch kompetenter in Klimafragen als jugendliche Personen. Die Kompetenz könnte sogar umgekehrt verteilt sein: dadurch, dass sich Jugendliche mit Klimafragen stark auseinandersetzen und im Zuge ihrer Recherchen viel Wissen von echten Expert*innen übernehmen, sind sie in Klimafragen vielleicht sogar epistemisch kompetenter als viele Erwachsene. Epistemische Ungerechtigkeit hängt also stark mit dem Expert*innen-Problem zusammen (s. Kap. 10): Welchen Personen sollen wir aufgrund welcher

Eigenschaften einen besseren epistemischen Status bescheinigen? Welche Personen sind Expert*innen und wie können wir das als Laien herausfinden?

Aufgabenblock 2: Testimoniale Ungerechtigkeit

1. Tragen Sie in die untenstehende Tabelle ein, was unter den drei Begriffen zu verstehen ist:

Tab. a) Stereotype und Vorurteile über soziale Gruppen

	Erklärung/Definition
Stereotyp	
Vorurteil	
Testimoniale Ungerechtigkeit	

2. Einzelarbeit: Wählen Sie entweder einen Begriff aus jeder Spalte oder eine gesamte Spalte aus der Tab. a aus und formulieren Sie Stereotype und Vorurteile über diese sozialen Gruppen (Tab. b)

Tab. b) Stereotype und Vorurteile zu Geschlecht, Beruf, Nationalität und Religion

Wählen Sie je einen Begriff aus jeder Spalte oder eine ganze Spalte aus	**Stereotyp**	**Vorurteil**
Frauen, Männer, Kinder		
Euroäer*innen, Amerikaner*innen, Chines*innen, Afrikaner*innen		
Friseurkräfte, Professor*innen		
Atheist*innen, Christ*innen, Muslim*innen		

3. **Kleingruppenarbeit**: Vergleichen Sie Ihre Ergebnisse und notieren Sie Gemeinsamkeiten und Unterschiede.
4. Vervollständigen Sie den folgenden Satz: „Vorurteilsbehaftete Überzeugungen können in einer Person selbst dann weiter bestehen, wenn gegenteiligen Evidenz vorliegt. Das liegt z. B. daran, dass....."
5. Entwickeln Sie Szenarien, in denen aufgrund negativer Identitätsurteile/Vorurteile den Personen/Gruppen aus der Tabelle keine Glaubwürdigkeit in bestimmten Fragen geschenkt wird. Zum Beispiel: „Atheist*innen besitzen keinen moralischen Kompass, die sollten auf keinen Fall als Mitglieder in einen Ethikrat aufgenommen werden."
6. Neben negativen Identitätsurteilen gibt es *positive Identitätsurteile*, die dazu führen, dass wir bestimmten Gruppen besonders viel Vertrauen schenken. Entwickeln Sie Szenarien, in denen aufgrund positiver Identitätsurteile

bestimmten Gruppen (z. B. aus der Tabelle) *zu viel* Glaubwürdigkeit in bestimmten Fragen geschenkt wird. Zum Beispiel: „Sie hat Medizin studiert und muss sich daher mit allen körperlichen Beschwerden auskennen. Man sollte jedenfalls auf ihre Ratschläge hören."

7. Erläutern Sie den Unterschied zwischen *epistemischer Ungleichheit* und *epistemischer Ungerechtigkeit* anhand von Beispielen. Entwerfen Sie dafür gesellschaftlich relevante Situationen, in denen eine epistemische Ungleichbehandlung vorliegt, dies aber noch keine epistemische Ungerechtigkeit ist. Warum genau sind Ihre Fälle keine Fälle von epistemischer Ungerechtigkeit?

8. Arbeiten Sie mit den vier Concept-Cartoons (s. Abb. 3):

   a) In welchen Fällen liegt epistemische Ungerechtigkeit vor? Begründen Sie Ihre Auffassung und nehmen Sie dabei Bezug auf mögliche Hintergrundkontexte, die in den Cartoons nicht abgebildet sind.

   b) Erläutern Sie den Unterschied zwischen epistemischer *Ungleichheit* und epistemischer *Ungerechtigkeit*. In welchen der vier Cartoons liegt eine epistemische Ungleichbehandlung vor, die aber keine epistemische Ungerechtigkeit sein muss?

Abb. 3 Concept Cartoons © Bussmann

Abb. 3 (Fortsetzung)

9. Betrachten Sie den folgenden Fall:
   Gewerkschaften sind ein Zusammenschluss von Arbeiter*innen eines Unternehmens, die ihre wirtschaftlichen, sozialen, politischen aber auch ethischen Interessen gegenüber den Besitzern und Leitern des Unternehmens vertreten. Viele große Unternehmen wie Amazon, Starbucks oder Apple versuchen, die Gründung von Gewerkschaften zu verhindern. (The Washington Post, 24.4.2022) Zu diesem Zwecke verwenden Unternehmen verschiedene Maßnahmen und Taktiken, z. B. wurde ihnen in der Vergangenheit oftmals mit Entlassungen gedroht oder es wird Arbeiter*innen untersagt, sich ausreichend untereinander auszutauschen. Die rechtlichen Grundlagen, sich in Gewerkschaften zusammenzuschließen, sind von Land zu Land verschieden.
   Beschreiben Sie die Auswirkungen derartiger Hinderungsmaßnahmen auf die epistemischen Werte der Wissensproduktion und -weitergabe sowie der

Formung von wahren und der Verhinderung falscher Überzeugungen. Handelt es sich hier um einen Fall epistemischer Ungerechtigkeit, oder sollte man dies anders beschreiben?

10. Der Gerichtsstreit zwischen der Schauspielerin Amber Heard und ihrem Ex-Ehemann Johnny Depp hat für mediale internationale Aufmerksamkeit gesorgt. Er ist auch philosophisch interessant, da insbesondere Amber Heard mit vielen Vorstellungen und Stereotypen konfrontiert wurde, die ihre Glaubwürdigkeit in Frage stellen. Lesen Sie sich den untenstehenden Ausschnitt des Interviews durch, den der SPIEGEL mit der Mimikanalystin Barabara Kuster, dem Paartherapeuten Michael Mary und dem Regisseur Jan Georg Schütte geführt hat, um die Glaubwürdigkeit von Amber Heard unter verschiedenen Gesichtspunkten zu analysieren.

a) Identifizieren Sie die Punkte, die für die Glaubwürdigkeit von Amber Heard problematisch gewesen sind.

b) Diskutieren Sie, ob es sich in diesem Fall um epistemische Ungerechtigkeit handeln kann und begründen Sie, wer welchen Schaden (auch langfristig) erleidet.

Szene IV

Amber Heard beschreibt im Moment noch einen Streit: „Ich ging zu ihm hin, er saß am Klavier... Ich weiß, es ist vielleicht schwer zu verstehen, es fällt mir selbst schwer, mich das sagen zu hören... ich wollte, dass alles in Ordnung ist. Saß neben ihm, legte meinen Kopf an seine Schulter. Natürlich war das verrückt. Schrecklich, was er mir angetan hatte, aber ich wollte nur, dass es wieder gut mit uns wird. Ich dachte, ich könnte das Gewalttätige verdrängen... Wie sehr ich diese Person geliebt habe!"

SPIEGEL: Amber Heard, das wurde ihr von den Depp-Anhängern vorgeworfen, weine ohne Tränen, sie schauspielere, und das auch noch schlecht.

Schütte: Jeder weint anders. Es gibt viele Schauspieler, die spielen ein stummes Weinen. Das kann sehr berührend sein.

Mary: Was für die Zuschauer irritierend ist: die unterschwelligen Aggressionen, mit der sie erzählt. Ich glaube, sie ist in Wahrheit sauer auf sich selbst. Darauf, dass sie das alles ertragen hat. Deshalb kann sie nicht wirklich Trauer, Entsetzen oder Verletztheit zeigen, weil sie im Grunde mit sich selbst nicht eins ist.

SPIEGEL: Wirkt es auch deshalb irritierend, weil wir genau zu wissen glauben, wie sich ein Opfer zu verhalten hat?

Mary: Ja, vor allem, wenn es sich um eine Frau handelt. Die Darstellung von Frauen in Krisensituationen zum Beispiel im deutschen Fernsehen ist katastrophal. Sie müssen immer heulen, keuchen, verwirrt sein. In der Realität reagieren Frauen so aber nicht. Aber weil es so dargestellt wird, wird es letztlich auch so erwartet. Amber Heard bemüht sich hier offenbar, Leid zu spielen. Vielleicht hat man ihr auch geraten: Stell dich als Frau da, als Opfer.

Ein schlechter Rat wäre das, sie würde mehr überzeugen, wenn sie ihre Wut
offen zeigen würde.
(aus: DER SPIEGEL 23, v. 4.6.2022. Seite 53–58).

4   Der Schaden epistemischen Unrechts

Epistemisches Unrecht kann unterschiedlichen Schaden anrichten. Erlebt eine
Person testimoniale Ungerechtigkeit nur selten, und das Ausmaß ist relativ klein,
dann wird der Schaden gering bleiben. Besonders viel Schaden wird epistemische
Ungerechtigkeit dann anrichten, wenn diese als gesellschaftliche Praktik
systematisch geschieht und konstant auftritt. Dies ist laut Fricker dann ein Aspekt
von Unterdrückung (Fricker 2007, 58).

Sie unterscheidet zwischen einem primären und einem sekundären Schaden.
Der *primäre Schaden* von testimonialer Ungerechtigkeit wird den Personen als
Wissenden zugefügt: Sie können ihr Wissen nicht oder nur eingeschränkt aus-
üben und anwenden, weil ihnen nicht geglaubt und ihr Wissen unterdrückt wird.
Da dies aus Frickers Sicht ein wichtiger Aspekt unseres Menschseins ist, wird
einer Person somit auch *als Mensch* Unrecht getan, im schlimmsten Falle wird die
Person gar nicht mehr als Mensch gesehen. Hier lassen sich viele Beispiele aus
den Zeiten des Imperialismus finden, in denen das Traditionswissen einheimischer
Bevölkerung durch die europäischen Eroberer systematisch vernichtet wurde
(s. Kap. 16). Primärer Schaden besteht also in der Beleidigung, Demütigung oder
Entmenschlichung durch eine auf Vorurteilen beruhende Praxis der Unterdrückung
von Glaubwürdigkeit (Fricker 2007, 44–45).

Dieser primäre Schaden kann zu Folgeschäden führen, dem *sekundären
Schaden*. Sekundärer Schaden kann praktischer, aber auch epistemischer
Natur sein. Angenommen (hypothetisch), Amber Heard war im Prozess gegen
Johnny Depp ein Opfer testimonialer Ungerechtigkeit; dann erlitt sie einerseits den primären Schaden als Mensch, ihre eigenen Erfahrungen von Gewalt
(wichtiges Wissen für die Anklage) wurden nicht ausreichend beachtet. Deshalb
verlor sie den Prozess. Als *sekundärer Schaden* zählen die vielen praktischen
Konsequenzen: Sie verlor den Prozess, sie musste 10 Millionen Dollar zahlen,
sie konnte ihren Beruf nicht ausüben, sie verlor Freunde usw. Die epistemische
Dimension des sekundären Schadens besteht in dem geringen Selbstvertrauen,
das die Opfer entwickeln können. Dazu zählen z. B. der mangelnde Glaube an
die eigenen Kompetenzen oder der Verlust an Sicherheit in das eigene Wissen.
Menschen benötigen ein gewisses Maß an Sicherheit in die eigenen Überzeugungen, damit diese überhaupt als *Wissen bezeichnet werden können*.
Fehlendes Vertrauen in die eigenen Überzeugungen kann auf diese Weise sogar
bereits bestehendes Wissen zerstören.

Ebenso ist ein gewisses Maß an Selbstvertrauen in das eigene Wissen notwendig für die persönliche Entwicklung und das Erlernen anderer Fähigkeiten

und Tugenden. Jemand, der sich selbst nichts zutraut, wird sich auch nicht an neuen Erfahrungen probieren und Herausforderungen suchen, um an diesen zu wachsen (Fricker 2007, 46–48). Dass dies so ist, konnte bereits empirisch bestätigt werden und ist unter dem Begriff „stereotype threat" bekannt: Wir kennen bestimmte Stereotype über Frauen, Männer oder Berufe und versuchen alles, um diesen negativen Identitätsvorurteilen *nicht* zu entsprechen. Das führt aber zu Stress, Angst oder Motivationshemmungen, so dass wir deshalb in einem Test schlechter abschneiden, in einer Situation schweigen, anstatt zu sprechen und eher in eine Starre verfallen, anstatt auf unser Potential zurückzugreifen. Ein Stereotyp von Frauen lautet zum Beispiel, dass diese in technischen oder mathematischen Bereichen weniger Talent besitzen. Prüft man die technischen und mathematischen Fähigkeiten von Frauen, ohne dass diese es als Überprüfung dieser Fähigkeiten wahrnehmen, so sind die Leistungen von Männern und Frauen durchschnittlich gleich. Ist den Frauen aber bewusst oder wurde ihnen zuvor mitgeteilt, dass mathematische und technische Fähigkeiten geprüft werden, und wurde ihnen gesagt, dass es Unterschiede in den Ergebnissen zwischen Männern und Frauen gibt, so kann dies tatsächlich zu schlechteren Leistungen führen (Steele 1997; Pennington et al. 2016). In einer Serie von Studien mit Afroamerikaner*innen konnte Ähnliches gezeigt werden: Wenn die Aufgaben, die sie lösen sollten, so dargestellt wurden, als wären es Aufgaben zur Überprüfung ihrer Intelligenz, oder sie sollten vor Beginn des Tests angeben, ob sie Afroamerikaner*innen sind, so schnitten die Teilnehmer*innen schlechter ab, weil sie befürchteten dem Stereotyp, dass Afroamerikaner*innen weniger intelligent sind, zu entsprechen. Man vermutet deshalb, dass der *stereotype threat* eine wesentliche Rolle dafür spielt, dass Minderheiten und marginalisierte Gruppen in bestimmten Berufen seltener vertreten sind (Shapiro und Williams 2012, 175–177).

5   Ehrliche Fehler und epistemisches Pech

Testimoniale Ungerechtigkeit ist eng mit moralischen und politischen Themen verknüpft. Aber nicht jedes scheinbare Vorkommnis von epistemischer Ungerechtigkeit muss auch moralisch verwerflich sein. Ist kein Vorurteil involviert, dann handelt es sich womöglich um etwas anderes als um epistemische Ungerechtigkeit.

5.1   Epistemisches Pech

Manche Fälle von möglicher testimonialer Ungerechtigkeit können auch durch epistemisches Pech zustande kommen. Zum Beispiel dann, wenn der Grund für das Defizit einer Person oder einer Gruppe nicht durch ein Vorurteil zustande kam, sondern weil die *Wissenschaft noch keine Erkenntnisse* über bestimmte Phänomene besaß. Man stelle sich zum Beispiel eine Krankheit vor, die eine gewisse soziale Gruppe besonders betrifft, aber die medizinischen Wissenschaften besitzen leider keine Instrumente und Methoden, um diese Krankheit zu beschreiben. Oder man beruft sich in seinem Glaubwürdigkeitsurteil über eine Person oder Gruppe auf falsche oder irreführende Evidenz. Entweder, weil man ungenau recherchiert hat oder weil diese fehlerhafte Evidenz vorlag. Fricker diskutiert den Fall einer Person, die all die stereotypischen Anzeichen aufweist zu lügen: Sie schaut weg, sie wird rot usw., weshalb wir ihr deshalb kein Glauben schenken. Allerdings haben wir epistemisches Pech, denn die Person hat die Wahrheit gesagt, sie ist aber nur etwas scheu (Fricker 2007, 152).

5.2   Ehrliche Fehler

Ein anderer Fall, bei dem es sich nicht um epistemische Ungerechtigkeit handelt und man niemandem moralische Schuld zuweisen kann, liegt vor, wenn man einen *ehrlichen Fehler* begeht. Ein Vorurteil hat die Besonderheit, dass jemand die Stereotype trotz gegenteiliger Evidenz beibehält. Besitzt jemand ein negatives Stereotyp gegenüber einer Personengruppe, aber behält dieses Stereotyp nicht bei, da Evidenz für die Falschheit des Stereotyps vorliegt, so müssten wir sagen, dass bis zum Punkt, an dem die Person ausreichend Evidenz hatte, sie einfach einen Fehler beging (Fricker 2007, 33–35).

Ehrliche Fehler werden durch psychologische Mechanismen zu einem weit verbreiteten Phänomen. So führt der sogenannte *Fremdgruppen-Homogenitäts-effekt* dazu, dass wir die Mitglieder von Gruppen, die wir als ‚fremd' einschätzen als untereinander sehr ähnlich einschätzen nach dem Motto: „Wir sind verschieden, aber die anderen sind alle gleich" (Quattrone und Jones 1980). Nicht überraschend hängt diese Einstellung damit zusammen, dass wir fremden Gruppen deutlich negativer gegenüberstehen, als unserer eigenen Gruppe. Dies wird als *ingroup favoritism* oder *ingroup bias* bezeichnet (vgl. z. B. Brewer 1979). Aber auch bei weniger fremden Gruppen können ehrliche Fehler schnell passieren. Denn wenn wir die Eigenschaften von Menschen beurteilen, verlassen wir uns (in der Regel unbewusst) auf sogenannte *implizite Persönlichkeitstheorien*. Mit diesen Theorien gruppieren wir gewisse Arten von Eigenschaften, um uns ein Bild einer eher unbekannten Person zu machen. Wer schön ist, wird eher als freundlich und großzügig wahrgenommen, und wer arm ist, wird eher als unglücklich eingeschätzt. Solche Ergänzungen und Gruppierungen von Eigenschaften dienen wieder der Vereinfachung und unserer Orientierung, sind jedoch sehr unzuverlässig. Die daraus erwachsende kognitive Verzerrung des *Halo-Effekts* wurde bereits von Edward L. Thorndike (1920) beschrieben: unsere Schätzungen von offensichtlich verschiedenen Eigenschaften wie Intelligenz, Fleiß, technischen Fähigkeiten oder Zuverlässigkeit weisen eine starke Korrelation auf. Obwohl wir nur wenige Informationen haben, ergänzen wir oft automatisch auf Grundlage unzuverlässiger Stereotype weitere Informationen, für die wir keine unabhängige Evidenz besitzen. Dies bietet einen sehr fruchtbaren Nährboden für ehrliche Fehler.

Nehmen wir zum Beispiel an, Gary besitzt einige rassistische Stereotype, z. B. dass Schwarze weniger klug wären. Aus diesem Grund schenkt er manchen

Personen mit dunkler Hautfarbe zu wenig Glaubwürdigkeit. Gary wuchs in einer Umgebung auf, in denen er nie mit der Falschheit dieser Stereotype konfrontiert wurde, trifft aber im Laufe der Zeit immer mehr Schwarze, die klug, reflektiert und gebildet sind – und er liest entsprechende Literatur und Studien. Bleibt Gary bei seinem Vorurteil gegenüber Schwarzen, so begeht er eine epistemisch und moralisch verwerfliche Tat. Gibt Gary sein Vorurteil jedoch auf und versucht nun, Schwarzen ihr korrektes Maß an Glaubwürdigkeit zukommen zulassen, so wären die vorherigen Vorkommnisse, in denen Gary Schwarzen zu wenig Glauben schenkte, Fälle ehrlicher Fehler, die man Gary nicht vorwerfen sollte. Das heißt übrigens nicht, dass keiner dieser Fälle epistemische Ungerechtigkeit sein kann. Das besondere an systematischer Ungerechtigkeit ist es gerade, dass es sehr schwer oder gar nicht möglich ist, jemandem falsches moralisches Handeln vorzuwerfen. Dies ist insofern ein moralisch interessanter Fall, als dass Gary zuvor klar rassistisch war, und Rassismus sicherlich moralisch sehr verwerflich ist. Andererseits ist es auch offensichtlich, dass die Umstände für Garys Rassismus seine eigene Schuld etwas mildern – doch scheint es auch nicht zu abwegig zu behaupten, dass Gary dennoch eine gewisse epistemische und moralische Schuld tragen könnte. Selbst wenn es für Gary sehr schwer gewesen wäre, Wissen zu erhalten, welche seinen Rassismus herausgefordert hätten: Hätte Gary womöglich die moralische Pflicht, hier besonders viel Sorgfalt walten zu lassen und zu versuchen, dieses Wissen zu bekommen, auch wenn es schwer ist?

Ein Punkt, der Garys Fall noch komplizierter macht, ist die Tatsache, dass Stereotype oft sehr schwer zu erkennen sind. Sie beeinflussen unsere Wahrnehmungen von Personen und Ereignissen und erscheinen normalerweise nicht in unseren bewussten Überlegungen. Gary könnte also *sowohl* klar antirassistische Überzeugungen besitzen *als auch* rassistische Stereotype. Zwar würde Gary rassistischen Aussagen nach seiner Realisierung, dass diese falsch sind, nie mehr zustimmen, aber er könnte immer noch dazu tendieren, schwarze Personen als weniger glaubwürdig *wahrzunehmen*. Auch Personen, die nie rassistische Überzeugungen hatten, könnten solche in der Gesellschaft vorherrschenden rassistischen Stereotype aufnehmen. Im obigen Fall epistemischen Unglücks, in dem die Medizin erst beginnt, eine Krankheit zu verstehen, nahmen wir an, dass dies wirklich einfach Pech ist. Allerdings könnte man argumentieren, dass die Medizin viel früher auf diese Krankheit hätte stoßen können, wenn die Mitglieder der besonders betroffenen Gruppe stärker in die Gesellschaft eingebunden wären, öfter zum Arzt gehen würden oder ihnen in der Vergangenheit häufiger geglaubt worden wäre (Fricker 2007, 37).

6 Möglichkeiten für sozialen Wandel

Selbst wenn in diesen Fällen niemandem direkt epistemisch oder moralisch etwas vorzuwerfen ist, heißt das nicht, dass wir epistemischem Unrecht tatenlos gegenüberstehen sollten. Was können wir also tun, um epistemische Ungerechtigkeit zumindest zu minimieren?

Fricker schlägt vor, dass wir versuchen sollten, die *Tugend epistemischer Gerechtigkeit* (also testimonialer Gerechtigkeit) zu kultivieren. Die Tugend testimonialer Gerechtigkeit auszuüben bedeutet, mit Ausnahme ehrlicher Fehler, Personen so gut wie immer ihr rechtmäßiges Maß an Glaubwürdigkeit zu schenken. Da die allermeisten Menschen diese Tugend nicht von Anfang an besitzen, muss sie durch *kritische Selbstreflexion* erlernt werden: Bin ich dem Einfluss von Stereotypen, Vorurteilen, irreführenden Überlegungen usw. ausgesetzt? Dies kann dazu führen, dass die Glaubwürdigkeit von Personen schrittweise nach oben korrigiert wird. Idealerweise würden wir auch versuchen, negative Identitätsvorurteile entweder zu verlieren oder sogar diese gar nicht erst zu verinnerlichen. Vorurteile können durch Bekanntschaften und direkten Austausch mit den entsprechenden Personen korrigiert werden.

Aufgabenblock 3: Der Schaden epistemischer Ungerechtigkeit

1. Entwerfen Sie Beispielszenarien für Fälle von epistemischem Pech und ehrlichen Fehlern. Sind Ihnen derartige Szenarien in Ihrem Leben bereits untergekommen? Warum handelt es sich bei diesen Szenarien nicht um epistemische Ungerechtigkeit?
2. Der Fall Amanda Knox: Die Amerikanerin Amanda Knox wurde als 19-jährige Studentin weltweit bekannt, da ihr vorgeworfen wurde, während eines Studienaufenthaltes in Italien eine Mitstudentin grausam ermordet zu haben. Sie verbrachte vier Jahre in einem italienischen Gefängnis und wurde 2015 in letzter Instanz freigesprochen: Es handelte sich um einen Justizirrtum, bei dem die öffentliche Berichterstattung eine erhebliche Rolle spielte. Unten finden Sie drei Links zu Berichten über diesen Fall, der erste ist ein längerer Aufsatz, den Amanda Knox selber verfasst hat. Amanda Knox berichtet über ihre Erfahrungen:
   - https://www.theatlantic.com/ideas/archive/2021/07/amanda-knox-stillwater-matt-damon/619628/
   - Bericht im STANDARD: https://www.derstandard.at/story/2000131968981/fuer-amanda-knox-galt-nie-die-unschuldsvermutung?ref=article
   - Bericht im SPIEGEL: https://www.spiegel.de/ausland/fall-amanda-knox-ich-bin-kein-monster-a-a11f93fd-566c-4392-be0b-ccaa5349f5bf?sara_ecid=soci_upd_KsBF0AFjflf0DZCxpPYDCQgO1dEMph
   a) Bilden Sie zwei Gruppen. Die eine beschäftigt sich mit den beiden Zeitungsartikeln und die andere mit dem Erfahrungsbericht von Amanda Knox. Arbeiten Sie heraus, welche ‚Bilder', Stereotype und andere psychologischen Mechanismen dazu geführt haben, dass die Berichterstattung und der Prozess so abliefen, wie sie abliefen.
   b) Identifizieren Sie die möglichen epistemischen Schäden für Amanda Knox und für die Gesellschaft.
   c) Halten Sie ein Plädoyer dafür (oder dagegen), dass es sich hier um einen Fall epistemischer Ungerechtigkeit handelt.
   d) Entwickeln Sie in Ihren Gruppen Möglichkeiten, auf welche Weise man solchen Irrtümern vorbeugen kann.

3. Schauen Sie sich den Vortrag „The danger of a single story" der nigerianischen Schriftstellerin Chimamanda Ngozi Adichie (https://www. youtube.com/watch?app=desktop&v=ZrB-62WnOcw) an und übertragen Sie ihr Wissen über epistemische Ungerechtigkeit auf den Fall. Wo sehen sie in ihrer Geschichte Parallelen/Anwendungsbeispiele aber auch *Grenzen* zum Konzept epistemischer Ungerechtigkeit?

4. Betrachten Sie folgenden Fall:

   Frau N. hat kürzlich eine COVID-19 Infektion durchgemacht und fühlt sich seither sehr schlecht. Sie kann kaum etwas essen und sich nur eingeschränkt bewegen, weil sie so schnell erschöpft ist. Sie weiß nicht, was mit ihr los ist und wendet sich in ihrer Verzweiflung an den Arzt M. Nachdem sie M. ihre Situation schilderte, antwortet dieser: „Ach, da machen Sie sich mal keine Sorgen. Gehen Sie täglich eine Stunde spazieren, dann sind Sie schnell wieder fit." Frau N. ist enttäuscht und auch etwas wütend über diese Antwort, weil sie wissen wollte, was mit ihr los ist. Sie glaubt nicht, dass sie nur an einer vorübergehenden Erschöpfung leidet, die sich durch Spaziergänge schnell kurieren lässt und fühlt sich nicht ernstgenommen.

   Handelt es sich hier um einen Fall epistemischer Ungerechtigkeit? Wenn Sie meinen, dass man dies noch nicht beurteilen könne, beschreiben Sie den Fall näher und beurteilen Sie danach, ob es sich um epistemische Ungerechtigkeit handelt. Wie hätte M. reagieren können, um negative Konsequenzen zu vermeiden?

5. Eine internationale Schule wirbt mit dem Foto auf Abb. 4 in der Abflughalle eines Flughafens. Analysieren Sie, welche Stereotype hier für die jungen Männer und Frauen bedient werden.

   a) Wie würde das Bild aussehen und auf Sie wirken, wenn einige der dargestellten traditionellen Stereotype für Männer and Frauen umgekehrt verteilt wären?

Abb. 4 Werbeplakat für eine Schule an einem Flughafen

b) Diskutieren Sie, welche Konsequenzen derartige Plakate mit sich bringen können und ob eine solche Werbung verboten werden sollte. Spielt hier epistemische Ungerechtigkeit eine Rolle?

c) Sie sind Mitglied der Kommission „The Future of Just Life". Erörtern Sie Möglichkeiten zur Förderung epistemischer Gerechtigkeit auf allen gesellschaftlichen Ebenen.

6. Vervollständigen Sie die Mindmap (Abb. 5), indem Sie jeden der 7 aufgelisteten Begriffe auf die Aussage von Donald Trump anwenden (*Washington Post*, 16.6.2015). Beispiel: Begeht er mit der Aussage möglicherweise einen ehrlichen Fehler? Warum, warum nicht? Welche Konsequenzen kann eine solche Aussage auf die epistemische Glaubwürdigkeit bestimmter Personengruppen nach sich ziehen?

7. Nehmen Sie Stellung zu Trumps folgender Antwort auf den Vorwurf, seine Aussagen seien rassistisch und er solle sich entschuldigen. Können Sie argumentative Schwachstellen identifizieren?

   „I can never apologize for the truth. I don't mind apologize for things. But I can't apologize for the truth. I said tremendous crime is coming across. Everybody knows that's true. And it's happening all the time. So, why, when I mention, all of a sudden I'm a racist. I'm not a racist. I don't have a racist bone in my body." (Hee Lee, 8.7.2015)

8. Fricker beschreibt in ihrem Buch eine zweite Form epistemischer Ungerechtigkeit, die sie „hermeneutische Ungerechtigkeit" nennt. Diese Ungerechtigkeit soll entstehen, weil Personen nicht die nötigen Begriffe zur Verfügung haben, um ihre persönliche Situation angemessen beschreiben zu können. Ihr Beispiel ist „sexual harassment" (sexuelle Belästigung). Bevor

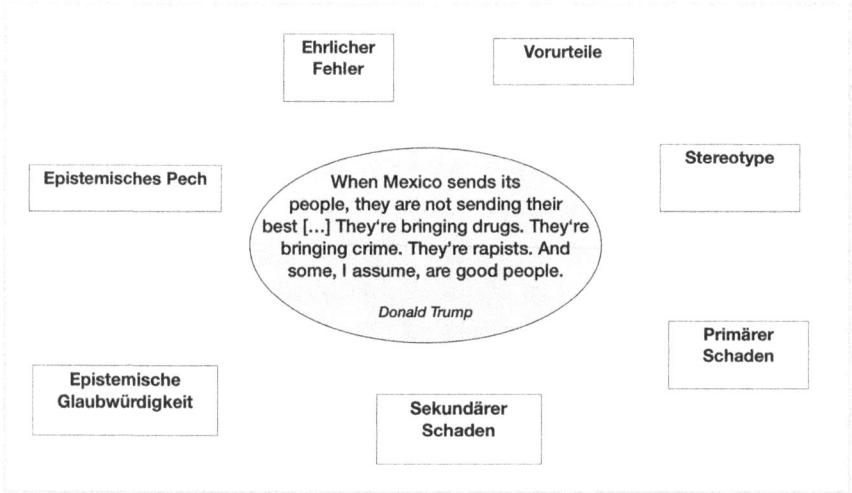

Abb. 5 Zitat von Donald Trump im Kontext epistemischer Ungerechtigkeit

dieser Begriff eingeführt wurde, hatten Frauen laut Fricker keine angemessene Möglichkeit, das, was ihnen angetan wurde, zu beschreiben und zu verstehen. Sie litten zwar unter der Praxis körperlicher Übergriffe, konnten dies aber nicht zum Ausdruck bringen, weil es den Begriff noch nicht gab. Durch diese semantische Lücke konnten sie kein Wissen über ihre Erfahrungen sammeln, konnten sich darüber nicht mit anderen austauschen und konnten nicht *handeln* (Fricker 2007, 161 ff.). Diskutieren Sie den Fall der sexuellen Belästigung und beurteilen Sie, ob dies ein Fall ist, der korrekterweise als ein Fall epistemischer Ungerechtigkeit bezeichnet werden kann. Gibt es (noch) andere Fälle, die belegen, dass Frickers hermeneutische Ungerechtigkeit eine Art epistemischer Ungerechtigkeit ist?

9. Beurteilen Sie, ob die untenstehenden Szenarien Fälle von epistemischer Ungerechtigkeit sind:

   a) Donald Trump hat behauptet, dass die Wahlen 2020 „gestohlen" worden sind. Viele Menschen nehmen das nicht ernst. Sind sie epistemisch ungerecht?

   b) Mill behauptet,

   „[…] das besondere Übel der Unterdrückung einer Meinungsäußerung liegt darin, dass es am menschlichen Geschlecht als solchem Raub begeht, an der Nachwelt so gut wie an den Mitlebenden, an denjenigen, die von dieser Meinung nichts wissen wollen, noch mehr als an denen, die sie vertreten. Denn wenn die Meinung richtig ist, so beraubt man sie der Gelegenheit, Irrtum gegen Wahrheit auszutauschen; ist sie dagegen falsch, dann verlieren sie eine fast ebenso große Wohltat: nämlich die deutlichere Wahrnehmung und den lebhafteren Eindruck des Richtigen, der durch den Widerstreit mit dem Irrtum entsteht."* (Mill 2009, 55)

   Stellen Sie sich vor, eine wachsende Gruppe von Personen behauptet, dass Chemtrails dafür verantwortlichen waren, dass Corona sich global so schnell verbreiten konnte. Argumentieren Sie im Sinne Mills, dass die Gesellschaft solche Aussagen nicht unterdrücken sollte, d. h., sie in den Medien und anderen öffentlichen Orten diskutiert werden sollten. Finden Sie im Anschluss Argumente, die gegen eine solche Praxis sprechen.

10. Nehmen Sie Stellung zu folgender fiktiver Aussage:

   „Die ganze Diskussion um epistemische Ungerechtigkeit hat dazu geführt, dass wir eine Opferkultur etabliert haben. Wenn ich etwas nicht gewusst habe, dann suche ich sofort eine schuldige Person, die mir das notwendige Wissen vorenthalten hat. Jeder wird das Opfer von Machtausübung, obwohl klar ist, dass die Machtausübenden meistens nicht Macht ausüben, sondern ihre Arbeit tun, und zwar nach den gängigen Gesetzen. Die immer geforderte **Autonomie** *der Bürger*innen bedeutet, dass es ihre Aufgabe ist, sich notwendige Informationen selbstständig zu beschaffen."*

Literatur

„Sache für Profis": Lindner wird noch leidtun, wie er künftige Wähler abwatscht (11. März 2019). *Focus Online*. https://www.focus.de/politik/deutschland/aussage-ueber-protestierende-schueler-sache-fuer-profis-lindner-wird-noch-leid-tun-wie-er-kuenftige-waehler-abwatscht_id_10436089.html.

Aronson, A., Timothy, W., Akert, R. 2014. Sozialpsychologie 8., akt. Aufl. Pearson: Deutschland.

Brewer, M.B. 1979. In-group bias in the minimal intergroup situation: A cognitive-motivational analysis. *Psychological Bulletin* 86(2):307–324. https://doi.org/10.1037/0033-2909.86.2.307.

Fricker, M. 2007. *Epistemic injustice: Power and the ethics of knowing* (Reprinted.). Oxford Univ. Press. https://doi.org/10.1093/acprof:oso/9780198237907.001.0001.

The Washington Post. 2015. Full text: Donald Trump announces a presidential bid. 29. Juli. https://www.washingtonpost.com/news/post-politics/wp/2015/06/16/full-text-donald-trump-announces-a-presidential-bid/.

Gill, G., und Rahman-Jones, I. 2020. Me Too founder Tarana Burke: Movement is not over. *BBC News*, 9. Juli. https://www.bbc.com/news/newsbeat-53269751.

Hee Lee, Michelle Ye. 2015. Donald Trump's false comments connecting Mexican immigrants and crime, 8 Juli. https://www.washingtonpost.com/news/fact-checker/wp/2015/07/08/donald-trumps-false-comments-connecting-mexican-immigrants-and-crime/.

Kidd, I. J., Medina, J., und Pohlhaus, G., Hrsg. 2017. *Routledge Handbooks in Philosophy. The Routledge Handbook of Epistemic Injustice*. Routledge Taylor & Francis Group: Routledge, New York, London.

Linos, N., M.T. Bassett, A. Salemi, M. Matache, K. Tararas, R. Kort, S. Gomez, M. Zaghi, R. Lane, B. Harrison, K. Lucke, G. Sanchez, A. Althaus, M.P. Amaya, und T.S. Koller. 2022. Opportunities to tackle structural racism and ethnicity-based discrimination in recovering and rebuilding from the COVID-19 pandemic. *Nature Communications* 13(1):3277. https://doi.org/10.1038/s41467-022-30791-w.

Lippmann, W. 1922. *Public opinion*. Bace and Company: Harcourt.

Mill, J. S. (2009). *On Liberty – Über die Freiheit*. Reclam: Ditzingen, Deutschland.

Pennington, C.R., D. Heim, A.R. Levy, und D.T. Larkin. 2016. Twenty years of stereotype threat research: A review of psychological mediators. *PLoS ONE* 11(1):e0146487. https://doi.org/10.1371/journal.pone.0146487.

Quattrone, G.A., und E.E. Jones. 1980. The perception of variability within in-groups and out-groups: Implications for the law of small numbers. *Journal of Personality and Social Psychology* 38(1):141–152. https://doi.org/10.1037/0022-3514.38.1.141.

Reilly, K. 2016. Here are all the times Donald Trump insulted Mexico. *Time*, 31. August. https://time.com/4473972/donald-trump-mexico-meeting-insult/?amp=true.

Shapiro J.R., und Williams A.M. 2012. The Role of stereotype threats in undermining girls' and women's performance and interest in STEM fields. *Sex Roles 66*, 175–183.

Steele, C.M. 1997. A threat in the air: How stereotypes shape intellectual identity and performance. *American Psychologist* 52(6):613–629. https://doi.org/10.1037/0003-066X.52.6.613.

Thorndike, E.L. 1920. A constant error in psychological ratings. *Journal of Applied Psychology* 4(1):25–29. https://doi.org/10.1037/h0071663.

Tiku, N., Albergotti, R., Jaffe, G., und Lerman, R. 2022. From Amazon to Apple, tech giants turn to old-school union-busting. *The Washington Post*, 24. April. https://www.washingtonpost.com/technology/2022/04/24/amazon-apple-google-union-busting/.

Welchen Expert*innen sollen wir glauben?

10

Philipp Mayr

1 Wie können wir Expert*innen einschätzen?

Dieser Beitrag behandelt weniger eine klassisch historische Frage der Philosophie als ein besonders drängendes lebensweltliches Problem. Die Relevanz der Frage, wie wir als individuelle Bürger*innen mit Expertenurteilen umgehen sollen, stellt sich mit der fortschreitenden Verwissenschaftlichung unserer Lebenswelt und wird deshalb erst Mitte des 20. Jahrhunderts evidenter denn je. Seit dieser Zeit hat daher der Bereich der *sozialen Erkenntnistheorie*, dem das Problem der Expert*innenkonflikte zuzuordnen ist, mächtig an Boden gewonnen. Das vielleicht erste einflussreiche Gesamtwerk zur speziell sozialen Erkenntnistheorie wurde von Alvin Goldman (1999) veröffentlicht.

1.1 Die Expertenproblematik heute

Gerade in den Zeiten der Corona-Krise verging kaum ein Tag, an dem nicht irgendein(e) Expert*in um eine Einschätzung der aktuellen Lage der Pandemie befragt wurde. Allerdings wird es wohl immer gesellschaftlich drängende Themen geben, bei denen man gerne Expertenmeinungen einholt, seien es Mediziner*innen, Physiker*innen, Wirtschaftsforscher*innen, Historiker*innen, Jurist*innen oder andere. Dies liegt daran, dass wir ohne empirische Informationen unsere derzeitigen gesellschaftlichen Probleme nicht adäquat behandeln können, egal, ob es um den Arbeitsmarkt, das Klima, die Gleichstellung

P. Mayr (✉)
Massachusetts Institute of Technology, Cambridge, USA
E-Mail: philmayr@mit.edu

© Der/die Autor(en), exklusiv lizenziert an Springer-Verlag GmbH, DE, ein Teil von
Springer Nature 2023
B. Bussmann und P. Mayr (Hrsg.), *Theoretisches Philosophieren und
Lebensweltorientierung,* Philosophische Bildung in Schule und Hochschule,
https://doi.org/10.1007/978-3-662-67309-6_10

der Geschlechter oder einen anderen schwierigen Bereich geht. Wir brauchen Daten als Grundlage für unsere Entscheidungen, und Expert*innen sind wohl diejenigen Personen, die in ihren Bereichen die verlässlichsten Daten liefern können.

Aber natürlich sind empirische Daten immer nur eine *notwendige* und noch keine *hinreichende* Entscheidungsgrundlage. Wie genau auf Basis dieser Daten zu entscheiden ist, das können Expert*innen letztendlich nicht besser einschätzen als die anderen Mitglieder unserer Gesellschaft. Praktische Entscheidungen verlangen nach normativen Urteilen, die, wie aus den anderen Beiträgen inzwischen hervorgegangen ist, von den deskriptiven Urteilen der Expert*innen zu trennen sind. Die Wissenschaft kann uns diese normativen Entscheidungsurteile nicht abnehmen, und dies beginnt unsere Gesellschaft zu bemerken. So konstatiert die Wissenschaftssoziologin Helga Nowotny (2005), dass ein gewisses kritisches Beäugen der wissenschaftlichen Tätigkeit vor allem vor dem Hintergrund der allgemeinen gesellschaftlichen Aufgaben verstärkt zunimmt. Die Komplexität aktueller Probleme macht es notwendig, dass Wissenschaftler*innen verschiedener Fachrichtungen, Politiker*innen und der große Teil der Laien in unserer Gesellschaft zusammenarbeiten, um Antworten zu finden, welche angemessen auf die Problematik angewendet werden können. Man bemerkt, dass keine Wissenschaft alleine die Entscheidungen über die großen gesellschaftlichen Probleme fällen kann. Nowotny (2005, 34–35) spricht vom intradisziplinären „Modus 1" der Wissensproduktion, in welchem Wissen innerhalb fester Disziplingrenzen generiert wird, und kontrastiert diesen mit dem interdisziplinären „Modus 2", in welchem verschiedenste Akteur*innen mit unterschiedlichen Erfahrungen sich auf Zeit zusammenschließen, um an einem gemeinsamen Problem zu arbeiten.

Die Coronapandemie ist das beste Beispiel. Wie diese Pandemie unter minimalen Kosten für unsere Gesellschaft am besten bewältigt werden kann, das kann uns keine Spezialwissenschaft sagen. Virolog*innen liefern uns Daten zur Wirkungsweise des Virus und Vorschläge zu möglichen Gegenmaßnahmen, Mathematiker*innen und Modellrechner*innen liefern die wichtigsten Daten und Prognosen zur Ausbreitung des Virus, Wirtschaftsforscher*innen informieren uns über die wirtschaftlichen Kosten gewisser Gegenmaßnahmen wie Reisebeschränkungen oder radikaler Shutdowns, Psycholog*innen informieren über die psychischen Risiken unserer Handlungen wie das Schließen von Schulen oder die Pflicht zum Home-Office und Jurist*innen schätzen für uns die rechtlichen Möglichkeiten für unsere Maßnahmen ein. All das muss berücksichtigt werden, wenn wir die Entscheidungen treffen, wie wir mit diesem Virus als Gesellschaft umgehen wollen.

Allerdings reichen all diese Daten und Informationen noch immer nicht aus, um eine Entscheidung zu treffen. Denn üblicherweise gibt es mehrere Handlungsoptionen und es ist oft nicht klar, ob die eine alles in allem besser ist als die andere. Es braucht jemanden, der über diese Daten reflektiert und danach eine Entscheidung trifft. Diese Entscheidung gehört dann nicht mehr in den empirisch-wissenschaftlichen, sondern in den philosophischen, politischen oder allgemein-menschlichen Bereich. Dies ist deshalb so wichtig zu erwähnen, weil die modernen Medien diese Grenzen üblicherweise nicht klar ziehen. Die moderne reflektierte Virologin weiß genau, dass ihre Einschätzung keinen epistemischen Sonderstatus genießt, wenn danach gefragt wird, was die Gesellschaft in einer Pandemie tun *soll*. Nur ihre Urteile bezüglich des Aufbaus, der Entwicklung, der Wirkweise und der Verbreitung des Virus genießen diesen Sonderstatus. Aber aus all diesen Informationen lässt sich noch kein Handeln ableiten. Und dennoch werden Wissenschaftler*innen ständig nach allgemeinen Handlungsempfehlungen gefragt.

Im Allgemeinen akzeptiert unsere Gesellschaft jedoch das klassische Bild: Expert*innen informieren die Politik und die Politiker*innen entscheiden als Volksvertreter*innen darüber, welche Handlungen zu setzen sind. Die große Herausforderung für Politiker*innen, aber auch für uns Laien, ist es, die Informationen, die uns von mutmaßlichen Expert*innen zugetragen werden, angemessen einzuschätzen, um eine fundierte Entscheidung über unsere Handlungen treffen zu können. Da wir die entsprechenden Daten mangels Fachexpertise und Zeit nicht selbstständig prüfen können, müssen wir uns auf die Autorität der Expert*innen verlassen. Wir sind ihnen in gewissem Sinne ausgeliefert.

Aber wir dürfen – aufgrund unserer Verantwortung der Gesellschaft gegenüber – diese Meinungen nicht kritiklos hinnehmen, um zu verhindern, dass wir von gewissen Personen (absichtlich oder unabsichtlich) irregeführt werden. Bei vielen Problemen (z. B. Coronapandemie) steht einfach zu viel auf dem Spiel, als dass es sich eine Gesellschaft leisten kann, Expert*innen quasi blind zu vertrauen. Es geht hier noch nicht einmal nur um die Gesellschaft in ihrer Gesamtheit, sondern um jede(n) Einzelne(n) von uns. Wir suchen Ärzt*innen, Techniker*innen, Ernährungsberater*innen, Gesundheitsexpert*innen und weitere Personengruppen auf, von denen wir uns fundierte Ratschläge und Hilfe bei unseren Problemen erwarten. Bei diesem Vorgehen können sich allerdings selbst Probleme einstellen. Erstens behaupten viele Personen von sich selbst, ein(e) Expert*in zu sein, und wir müssen in der Lage sein, die echten Expert*innen von denen zu unterscheiden, die lediglich behaupten, sie wären ein(e) Expert*in. Zweitens kann es vorkommen, dass sich mehrere mutmaßliche Expert*innen in ihren Einschätzungen uneinig sind. In diesem Fall brauchen wir Anhaltspunkte dafür, welcher dieser Personen eher zu vertrauen ist. Diese Prüfung der Glaubwürdigkeit von Expert*innenurteilen ist die philosophische Kernaufgabe, um die es in diesem Beitrag geht.

1.2   Über Expert*innen philosophieren

Die wahrscheinlich wichtigste Grundsatzfrage der Erkenntnistheorie lautet: Was sollen wir vernünftigerweise glauben? Die Antwort, die in den Beiträgen „Was sind vernünftige Überzeugungen?" (s. Kap. 4) und „Können wir uns an der Wahrheit orientieren?" (s. Kap. 5) zur Diskussion gestellt wurde, lautete in etwa: Das, was uns eher zu wahren Überzeugungen führt. Damit ist aber immer noch nicht gesagt, wie wir das in der Praxis konkret bewerkstelligen sollen. Die hier verfolgte Strategie lautet, *Informationen von anderen Personen* zu erhalten und diese danach kritisch zu prüfen. Diese Erkenntnisquelle nennt man im Deutschen das „Zeugnis anderer" oder „*testimony*" im Englischen, d. h. uns werden Informationen von anderen Personen zugetragen (vgl. Mößner 2019 für einen Überblick). Man sieht sehr schnell, dass dieses Thema äußerst bedeutsam ist. Denn es scheint heutzutage der Normalfall zu sein, dass wir unser Wissen direkt von anderen Personen oder aus dem Radio, Fernsehen und den Zeitungen sowie aus verschiedensten Internetquellen erhalten. Einige dieser Informationen können wir selbstständig prüfen. Wenn der aktuelle Wetterbericht gerade besagt, dass es an unserem Wohnort regnet, dann können wir vor die Tür gehen, um dies zu prüfen. Hier konzentrieren wir uns jedoch auf Informationen, die wir selbst nicht direkt prüfen können. Wenn uns wissenschaftliche Expert*innen über einen Sachverhalt informieren, dann haben wir Laien keine Möglichkeit, dies direkt zu prüfen. Wir verfügen einfach nicht über dieselbe Fachkenntnis und kennen uns in der Methodik, die zur Untersuchung des Sachverhalts notwendig ist, nicht aus. Oft verfügen wir nicht einmal über dieselben Quellen, da viele wissenschaftliche Studien der Öffentlichkeit nicht kostenlos zugänglich sind. Unsere Frage lautet daher: Wie können wir angemessen die Informationen prüfen, die uns von Expert*innen zugetragen werden, obwohl die direkte Prüfung nicht funktioniert? Die einzige Möglichkeit scheint eine unabhängige Prüfung der Vertrauenswürdigkeit des/r Expert*in zu sein. Was also macht Personen aus epistemischer Sicht vertrauenswürdig?

Die Frage, wem wir vertrauen können, ist heutzutage vielleicht die wichtigste Frage der Erkenntnistheorie geworden, auch wenn sie historisch eine eher untergeordnete spielte. Nachdem Descartes im 16. Jahrhundert seine berühmten Meditationen veröffentlicht hatte, war die abendländische Philosophie der nächsten Jahrhunderte von einem erkenntnistheoretischen Individualismus geprägt. Das heißt, man versuchte, Wissen nur aus seinen eigenen subjektiven Ressourcen (dem eigenen Verstand, der eigenen Wahrnehmung, den eigenen Intuitionen, der Beobachtung des eigenen Innenlebens) zu erlangen. In dieser individualistischen Ausrichtung stimmten Descartes, Berkeley, Locke, Hume, Kant und viele weitere überein. Erst als im 20. Jahrhundert die kollektive Sprache als Orientierungspunkt für philosophische Überlegungen und Analysen vor allem in der analytischen Philosophie zentral wurde, begann man sich vom Individualismus zu lösen. Heutzutage hat man längst erkannt, dass unser Wissen derart stark von menschlicher Zusammenarbeit geprägt ist, dass es schlichtweg unsere Lebensverhältnisse nicht widerspiegelt, wenn wir uns vorwiegend auf das Ideal eines subjektiven Wissenserwerbs stützen.

Expert*innen sollten uns für viele Fragen persönlicher, gesellschaftlicher und globaler Natur die sichersten ‚Zeugnisse' liefern können. Wenn wir ihnen also nicht vertrauen können oder nicht wissen, worauf wir bei unserer Urteilsfindung achten müssen, dann haben wir ein ernsthaftes Problem. In der philosophischen Diskussion über Expert*innen werden z. B. folgende Fragen unterschieden: Was sind eigentlich Expert*innen? Wie können Laien diese erkennen? Wie kann man sich zwischen zwei oder mehr Expert*innenmeinungen entscheiden, welche sich widersprechen? Diese Fragen sind nicht voneinander unabhängig und werden daher meist zusammen behandelt. Für den Schulunterricht wird hier allerdings die erste Frage aus Gründen der praktischen Relevanz ausgeklammert, da das Erkennen von Expert*innen in der Praxis zentraler ist als die etwas theoretische Frage danach, was Expert*innen eigentlich sind. Wir alle haben ein intuitives Verständnis davon, was ein(e) Experte*in ist, und damit lässt sich bereits gut arbeiten. Die Konzentration liegt hier also darauf, wie man Expert*innen erkennen kann und welche Expert*innen grundsätzlich vertrauenswürdiger sind.

Die Fachliteratur zu diesem Thema ist naturgemäß sehr jung. Hier seien nur zwei philosophische Werke dazu erwähnt. Der Klassiker zur Expert*innendiskussion stammt von Alvin Goldman (2001). Für ihn sind Expert*innen Personen, welche im Bereich ihrer Expertise im Vergleich zu Durchschnittspersonen mehr Wahrheiten und weniger Falschheiten (und eine substantielle Menge von Wahrheiten) glauben und außerdem in diesem Bereich ihrer Expertise die Fähigkeit haben, auf neue Fragen Antworten zu finden. Dies entspricht ganz der Standardauffassung in der Erkenntnistheorie, dass unser fundamentales epistemisches Ziel Wahrheit bzw. Nicht-Falschheit ist. Expert*innen sind uns Laien (in ihrem Expertenbereich) epistemisch überlegen. Daher sollten sie in diesem Bereich einen besseren Draht zur Wahrheit haben als wir. Aber diese Auffassung ist umstritten.

In einem neuen Aufsatz behauptet Thomas Grundmann (im Erscheinen), dass wir Expert*innen eher mittels der Evidenz definieren sollten, die ihnen zur Verfügung steht (zum Thema Evidenz s. Kap. 14 und 17). Expert*innen verfügten über eine stärkere Evidenz in ihrem Bereich als die Mehrheit der Bevölkerung und bessere Fähigkeiten, auf Basis dieser Evidenz zu argumentieren. Das mache sie kompetent. Grundmanns Argument gegen die Wahrheit als Orientierungspunkt ist, dass auch Nicht-Experten einen besonders guten Draht zur Wahrheit haben können. Wenn ich eine(n) Expertin/Experten gut kenne und dort jederzeit nachfragen kann, dann kann ich die Wahrheit vermutlich besser entdecken als jemand, der keine Expert*innen kennt. Aber das macht mich selbst noch nicht zum/r Expert*in.

Der folgende Unterrichtsimpuls fokussiert sich auf die praktisch besonders drängenden Fragen, woran man Expert*innen als Laie erkennen und wie man entscheiden kann, wem man größeres Vertrauen schenkt. Goldman (2001) diskutiert in seinem Aufsatz fünf Kriterien, anhand derer man die Glaubwürdigkeit mutmaßlicher Expert*innen einschätzen könne:

1. **Argumentationskompetenz:** Laien könnten beobachten, dass von zwei uneinigen Expert*innen die eine Person der anderen *dialektisch überlegen* ist. Während z. B. die eine Person in der Lage ist, Gegenbelege und augenscheinliche Widerlegungen für die gegnerischen Argumente anzuführen, kann die andere Person dies nicht tun.
2. **Übereinstimmung mit anderen Expert*innen:** Laien könnten ermitteln, wie viele andere Expert*innen mit den Meinungen der zu prüfenden Person übereinstimmen. Sie könnten dann denjenigen Personen eher glauben, deren Meinungen mit mehreren anderen Expert*innenmeinungen übereinstimmen.
3. **Metabeurteilung:** Auch Expert*innen wurden und werden in ihrer Karriere durch andere beurteilt. Zeugnisse, akademische Titel usw. können für Laien

als Kompetenznachweise der mutmaßlichen Expert*innen herangezogen werden. Aber auch die sogenannte *Peer-Review* wird oft als ein Kriterium vorgeschlagen. Damit ist die Prüfung durch Gleichrangige (Peers) gemeint. Fachzeitschriften arbeiten heutzutage normalerweise mit diesem Verfahren: Bevor ein Beitrag für die Veröffentlichung akzeptiert wird, wird dieser von anderen Spezialisten in diesem Gebiet auf ihre Güte hin beurteilt. Deren Gutachten müssen die Autor*innen bei der Überarbeitung ihres Fachbeitrags berücksichtigen. Wenn diese Peers in ihrem Gutachten allerdings den eingereichten Beitrag für nicht gut genug befinden, dann wird dieser in der Fachzeitschrift auch nicht veröffentlicht. Für Laien heißt das, dass sie anhand von Veröffentlichungen in Fachzeitschriften mit Peer-Review erkennen könnten, ob eine Person tatsächlich über ein anerkanntes Fachwissen verfügt.

4. **(Un-)Voreingenommenheit:** Laien haben vielleicht allgemeine Gründe anzunehmen, dass die zu überprüfende Person in diesem Bereich nicht vertrauenswürdig ist. Vielleicht lügt sie einfach zu oft. Oder vielleicht hat sie persönliche oder wirtschaftliche Interessen daran, eine bestimmte Meinung zu vertreten. Empirische Studien belegen mittlerweile, dass die Finanzierungsquelle von Studien einen Einfluss auf deren Resultate hat. Goldman selbst verweist auf eine Studie von Friedberg et al. (1999), die sich angesehen haben, wie die Wirksamkeit neuer Medikamente in der Krebsforschung von verschiedenen Studien eingeschätzt wurde. Das Ergebnis: 38 % der Studien, die von Organisationen gesponsert wurden, zogen eher ungünstige Schlussfolgerungen über die Medikamente, während es bei den Studien, die von Pharmakonzernen gesponsort wurden, gerade einmal 5 % waren. Wenn finanzielle Interessen im Spiel sind, könnte das für Laien ein Grund sein, Studien und Expert*innen zu misstrauen.

5. **Erfolgsbilanz der Vorhersagen:** Auch als Laie könnte man rückblickend überprüfen, ob die von der zu überprüfenden Person gemachten Vorhersagen sich als wahr oder falsch erwiesen haben. Wenn diese Person eher zutreffende Vorhersagen machte, dann wäre dies ein Grund, ihr mehr zu vertrauen als solchen Personen, deren Vorhersagen oft unzutreffend waren.

Für Goldman ist die Erfolgsbilanz alter Vorhersagen der Königsweg, da nur diese klare Hinweise darauf gebe, ob die Person in ihrem Bereich wirklich einen guten Draht zur Wahrheit hat. Wenn ihre Vorhersagen eintrafen, dann muss sie sich gut auskennen. Aber auch die anderen Kriterien sind unter Umständen hilfreich. Natürlich sind diese Kriterien nicht unproblematisch. Zum Beispiel scheint die bloße Anzahl von Personen, die mit einer Meinung übereinstimmen, die Wahrscheinlichkeit dieser Meinung noch nicht unbedingt zu erhöhen. Auch spezielle Kriterien wie die Veröffentlichungen in Zeitschriften mit Peer-Review sind problematisch. Ein Problem hier ist die Neutralität der Gutachter*innen, die niemand garantiert. Wenn ein/e Gutachter*in eine bestimmte Position vertritt, der eingereichte Beitrag aber diese Position in einem schlechten Licht erscheinen lässt, könnte der/die Gutachter*in sich aus Voreingenommenheit gegen die Veröffentlichung des Beitrags aussprechen. Goldman ist sich der Probleme dieser Kriterien sehr wohl bewusst, behauptet jedoch in seinem Artikel, dass diese Kriterien belastbar genug seien, um uns eine angemessene Prüfung von Expert*innenmeinungen zu erlauben, die uns nicht dazu zwinge, in einen allgemeinen Skeptizismus über die Möglichkeit der Prüfung von Expert*innenaussagen zu verfallen. Grundmann behandelt ebenfalls Kriterien wie diese, kommt aber zu etwas anderen Schlüssen. Da seine Ausführungen dazu sehr klar und auch sehr hilfreich sind, wird hier vorgeschlagen, mit Schüler*innen einen Ausschnitt aus Grundmanns Aufsatz zu lesen.

2   Unterrichtssequenz

2.1   Einige Erwartungen

Am Ende der Sequenz können die Schüler*innen vor allem:

- ✓ die Relevanz von Expertenmeinungen und deren Überprüfung erklären und anhand eines konkreten lebensweltlichen Beispiels erläutern
- ✓ Kriterien nennen, welche zur Beurteilung von Expertenmeinungen herangezogen werden können
- ✓ Kriterien zur Expertenbeurteilung auf einen konkreten lebensweltlich-relevanten Fall anwenden
- ✓ verschiedene Kriterien zur Expertenbeurteilung kritisch diskutieren
- ✓ zu der Frage Stellung nehmen, anhand welcher Kriterien wir Expertenmeinungen beurteilen sollen und wie Laien sich dadurch bei widersprüchlichen Expertenkonflikten entscheiden können
- ✓ auf der Metaebene reflektieren, worin die Vorzüge und Probleme dieser Kriterien liegen

2.2   Ablauf und Materialien

Für diese Sequenz wird benötigt:

1. PC mit Internetzugang samt Projektor zum gemeinsamen Ansehen eines Youtube-Videos
2. Smartphones für die Schüler*innen oder andere Endgeräte zur Internetrecherche
3. ein Ausschnitt aus dem Text von Thomas Grundmann
4. Tafel, Whiteboard, Flipchart oder Ähnliches für kurze Präsentationen und Sammeln von Informationen
5. eine geeignete Umgebung für Gruppenarbeiten

Nochmals ist zu betonen, dass es sich hier lediglich um einen konkreten Vorschlag handelt, der von Lehrpersonen beliebig adaptiert werden kann. Für den hier vorgeschlagenen Einstieg schreibt man folgende aktuelle Frage an die Tafel oder auf eine Präsentationsfolie: „Ist das Coronavirus deutlich gefährlicher als die gewöhnliche Grippe?". Bevor man sich den beiden Experten widmet, sind Wortmeldungen dazu willkommen. Diese Wortmeldungen sollten sich allerdings nicht in Ja/Nein-Bekenntnissen erschöpfen, sondern man sollte hier vor allem die Gründe sammeln, welche die Schüler*innen selbst vorbringen. Ein Erfragen der Quellen sollte von der Lehrperson nicht übersprungen werden. Die Schüler*innen haben die dementsprechenden Studien sicherlich nicht selbst durchgeführt. Woher also haben sie dieses Wissen? Dabei sollen die Schüler*innen bedenken, dass sich die Datenlage in letzter Zeit sehr stark verbessert hat und es wohl nur wenige geben wird, die leugnen, dass das Coronavirus tatsächlich deutlich gefährlicher ist als die normale Grippe. Die Diskussion war aber im Herbst des Jahres 2020, wo die anschließende Expertendiskussion spielt, sehr aktuell und die Datenlage war lange nicht so eindeutig. Daher sollte man darauf hinweisen, dass diese Frage aus der Perspektive eines Menschen beantwortet werden sollte, der im Herbst 2020 lebt (dazu könnte man auch die damaligen Infektionszahlen präsentieren, sofern sie zugänglich sind).

Danach präsentiert man den Schüler*innen kurz einen Disput zwischen zwei mutmaßlichen Experten zu dem Thema zu dieser Zeit: Ulrich Mansmann und Sucharit Bhakdi. Einschränkend ist hier zu erwähnen, dass Sucharit Bhakdi mittlerweile als kein vertrauenswürdiger Experte mehr angesehen wird. So mancher Fernsehsender, der in den Anfangszeiten der Pandemie Bhakdis Expertise und seine polarisierende Meinung schätzte, hat sich mittlerweile dazu durchgerungen, Bhakdi nicht mehr als Experten einzuladen.[1] Man meint also, Bhakdi mittlerweile als eine Art Schein-Experte entlarvt zu haben. Daher könnte man sich an dieser Stelle fragen, ob dieser Disput für die Expertendiskussion ein gutes Beispiel ist. Dazu sind zwei Punkte zu erwähnen. Erstens steht es Lehrpersonen frei – sie seien an dieser Stelle sogar dazu aufgefordert – Beispiele zu verwenden, die möglichst aktuell sind. Wenn zum Zeitpunkt des Unterrichts also ein anderes besonders kontroverses Beispiel für eine Expertendebatte existiert, dann sollte man natürlich lieber dieses verwenden. Zweitens ist der Disput zwischen Mansmann und Bhakdi noch nicht fruchtlos in seiner Betrachtung, nur weil Bhakdi aktuell nicht mehr als vertrauenswürdig eingestuft wird. Im Gegenteil. Denn erstens stellt sich die Frage, warum das passierte und ob dies aus philosophischer Sicht gerechtfertigt ist, und zweitens ist es interessant, sich die Frage zu stellen: Hätte man bereits zu früheren Zeitpunkten, als beide (Mansmann und Bhakdi) öffentlich noch als Experten galten, herausfinden können, wer vertrauenswürdiger ist? Beide diskutieren mit einer Moderatorin

---

[1] Siehe dazu https://www.derstandard.at/story/2000128210489/antisemitismus-servus-tv-plant-keine-neuen-auftritte-mit-corona-verharmloser.

unter anderem über die Gefährlichkeit des Coronavirus: https://www.youtube.com/watch?v=YWOLsC31grI[2] (hiervon die Minuten 0:00–4:32 und 18:06–18:33).

Nach einer kurzen Einführung wird die Frage nach der Gefährlichkeit des Coronavirus aufgeworfen und an die beiden Experten weitergegeben. Mansmann behauptet, dass sich das Coronavirus noch nicht so gut einschätzen lasse, was es unberechenbarer und damit gefährlicher mache als die übliche Grippe. Bhakdi hingegen behauptet, dass man das Virus mittlerweile sehr wohl gut genug einschätzen könne, und zieht den Schluss, dass es nicht gefährlicher sei als eine leicht gefährlichere Variante der üblichen Grippe. Mansmann widerspricht Bhakdi in den letzten Sekunden ausdrücklich, dass man nach der aktuellen Datenlage solche Schlüsse noch nicht ziehen könne. Die Schüler*innen sind daher mit einem ziemlich klaren Expertenkonflikt konfrontiert.

Dabei ist hinzuzufügen, dass derartig klare Expertenkonflikte eher die Ausnahme als die Regel sind. Meinungsverschiedenheiten von Expert*innen spielen sich in der Regel in Details ab, und angeblich gravierende Unterschiede in Einschätzungen oder angeblich radikale Expertenmeinungen entpuppen sich bei näherer Analyse oft als mediale Übertreibungen. Warum beschäftigen wir uns dann trotzdem mit einem dieser seltenen Konflikte? Weil man an diesen Konflikten die allgemeinen Glaubwürdigkeitskriterien am besten anwenden kann. Wir sind nicht bloß daran interessiert, Meinungsverschiedenheiten zwischen Expert*innen zu entscheiden, sondern wollen allgemein wissen, ob eine Person glaubwürdig genug ist, um Expert*innenstatus zu verdienen. Durch den Vergleich von zwei uneinigen mutmaßlichen Expert*innen sehen wir am besten, was unsere Kriterien in der Praxis taugen.

Bevor sie sich mit dem Text beschäftigen, sollen die Schüler*innen eigene Vorschläge machen, wie man bei einem solchen Expertenkonflikt vorgehen könnte: Wem der beiden soll man glauben? Was sind allgemeine Kriterien dafür, dass ein Experte oder eine Expertin (nicht) glaubwürdig ist? Und an welche dieser Kriterien soll man sich halten, um solche Konflikte zu entscheiden? Die Vorschläge kann man auf der Tafel sammeln, um sie später mit den von Grundmann gemachten Vorschlägen abzugleichen.

Im Anschluss wird der Text von Thomas Grundmann (im Erscheinen) gelesen. Der vom Autor übersetzte Auszug wurde bewusst so ausgewählt, dass Grundmanns eigentlich philosophische Argumentation entfernt wurde, damit die Schüler*innen eigenständig in eine kritische Diskussion dieser Kriterien kommen. Um diese Kritik möglichst substantiell zu gestalten, sollte man die erwähnten Kriterien aber zunächst ernst nehmen und versuchen, mit ihnen den Expertenkonflikt zu entscheiden. Hier ist eine mögliche Aufgabenstellung:

---

[2] Zugriff am 25.03.2021.

Für alle:

Lesen Sie den folgenden Text aufmerksam durch und unterstreichen Sie dabei alle Kriterien für Expertenbeurteilung, die Grundmann nennt. Grundmann macht am Ende einen Vorschlag, wie seiner Meinung nach am besten vorgegangen werden sollte. Wenden Sie Grundmanns Rezept auf den Disput zwischen Sucharit Bhakdi und Ulrich Mansmann an, indem Sie dementsprechende Informationen über die beiden im Internet recherchieren. Wem sollte man nach Grundmanns Rezept eher glauben?

Für die einzelnen Gruppen:

Gruppe 1: Versuchen Sie zusätzlich durch weitere Recherche zu ermitteln, ob man im Sinne der negativen Kriterien etwas darüber sagen kann, ob eher Mansmann oder Bhakdi vertrauenswürdiger ist.

Gruppe 2: Versuchen Sie zusätzlich durch weitere Recherche zu ermitteln, ob man nach dem Kriterium der bisherigen Erfolgsbilanz der Vorhersagen etwas darüber sagen kann, ob eher Mansmann oder Bhakdi vertrauenswürdiger ist.

Gruppe 3: Versuchen Sie zusätzlich durch weitere Recherche zu ermitteln, ob man nach dem Kriterium der dialektischen Kompetenz etwas darüber sagen kann, ob eher Mansmann oder Bhakdi vertrauenswürdiger ist (dafür können Sie sich gerne das ganze Video ansehen).

Gruppe 4: Versuchen Sie zusätzlich durch weitere Recherche zu ermitteln, ob man nach dem Kriterium der Reputation etwas darüber sagen kann, ob eher Mansmann oder Bhakdi vertrauenswürdiger ist.

An alle: Wählen Sie am Ende zwei Gruppenmitglieder aus, welche die Ergebnisse Ihrer Recherche kurz der Klasse präsentieren: Was ist Ihr Ergebnis nach Grundmanns Rezept? Was ergibt sich aus dem Kriterium, das Ihre Gruppe untersuchte? Sind Sie überhaupt zu einem Ergebnis gekommen? Warum (nicht)? Gab es Probleme?

Thomas Grundmann: „Expert*innen: Was sind sie und wie können Laien sie identifizieren?" (Grundmann im Ersch., Auszug, Übers. P.M.):

Warum können Laien Expert*innen nicht identifizieren, indem sie einfach beobachten, wer die überzeugenderen Behauptungen macht oder die überzeugenderen Argumente anbietet? Das wird aus mehreren Gründen nicht funktionieren. Erstens wissen Laien oft nicht, wie sie über ein hoch spezialisiertes Thema denken sollen. Zweitens […] korreliert ihre Beurteilung der Expertenmeinung als überzeugend oder nicht-überzeugend nicht mit deren Wahrheit oder Falschheit. Laien halten wahre wissenschaftliche Theorien oft für völlig kontraintuitiv und umgekehrt. Drittens […] müssten Laien sich auf ihre eigenen Gründe und Überlegungen stützen. Aber bei Expert*innen dürfen sie dies nicht tun, weil sie Expert*innen als epistemische Autoritäten anerkennen sollen. […]

Laien beobachten vielleicht Züge von Betrug, Unehrlichkeit oder epistemischer Verantwortungslosigkeit bezogen auf den/die mutmaßliche(n) Expert*in. Sie hat vielleicht zuvor schon betrügerische wissenschaftliche Methoden benutzt; sie gibt vielleicht die Ansichten und Argumente anderer absichtlich falsch wieder; sie wählt vielleicht nur Belege aus, die ihre eigene Position stützen; sie entzieht sich vielleicht allgemein einem Peer-Review[3] etc. [...] Wir sollten auch niemandem als Expert*in trauen, wenn herauskommt, dass sie in ihrem Urteil stark voreingenommen ist (z.B. durch ihre soziale Identität) oder sie nicht unparteiisch in ihrem Urteil ist, weil sie ein gewisses Interesse daran hat, dass sich spezielle Ansichten als wahr herausstellen. [...]

Beurteilen wir nun alle [positiven] Indikatoren [für Expertise] der Reihe nach und beginnen bei der Erfolgsbilanz. [...] Laien können die Kompetenz eines/einer mutmaßlichen Expert*in beurteilen, indem sie prüfen, ob deren Vorhersagen eingetroffen sind. [...]

Wie steht es mit dialektischer Kompetenz[4] [...] als Indikator für Expertise? Die allgemeine Idee ist, dass der eigene Grad an dialektischer Kompetenz von Faktoren abhängt wie der eigenen Fähigkeit, Einwände und Fragen aufzuwerfen, der eigenen Fähigkeit, Fragen zu beantworten und Einwände zu entkräften und der Schnelligkeit der eigenen argumentativen Züge. [...]

Kommen wir nun zum Kriterium der Reputation. [...] Die eigene Reputation kann entweder in der Beurteilung der eigenen allgemeinen Leistungen bestehen oder in der Akzeptanz der eigenen speziellen Meinung. Ersteres kann durch Zertifikate oder Zugehörigkeit zu gewissen Institutionen (z.B. das Besitzen eines Mastertitels oder eines Doktortitels, die Position eines/r Universitätsprofessors/in oder eines/r Direktors/in eines Forschungsprogramms) durch gewonnene Preise oder durch Einflussfaktoren [d. h. die Häufigkeit, mit der die Person zitiert wird, P. M.] gemessen werden. Letzteres spiegelt sich typischerweise durch Zustimmung anhand von Peer-Review[5] wider. [...]

Grundmanns Rezept:[6]
Der verbleibende Indikator ist die Übereinstimmung mit anderen (relevanten) Expert*innen. [...]

Laien können Expert*innen in einem minimalen Sinn als diejenigen erkennen, die von den prozeduralen Standards der Wissenschaft ausgewählt werden. Unter guten Bedingungen wählt die Wissenschaft ihre Mitglieder durch die folgenden Standards aus:

1. nur ausgebildete und/oder talentierte Leute können Mitglieder werden
2. Wissenschaft ist offen für Diversität
3. es gibt einen starken und offenen Wettkampf zwischen Mitgliedern der Wissenschaftsgesellschaft
4. kritisches Denken, Genauigkeit, Einsatz und Fokussierung werden belohnt
5. wissenschaftliche Forschung wird von den Zielen der Wahrheit, der Selbstkontrolle und der intellektuellen Integrität geleitet

---

[3] Damit ist die Prüfung durch Gleichrangige (Peers) gemeint. Fachzeitschriften arbeiten heutzutage normalerweise mit diesem Verfahren: Bevor ein Beitrag für die Veröffentlichung akzeptiert wird, wird dieser von anderen Spezialisten in diesem Gebiet auf seine Güte hin beurteilt. Deren Gutachten müssen die Autor*innen danach bei der Überarbeitung ihres Fachbeitrags berücksichtigen. Wenn diese Peers in ihrem Gutachten allerdings den eingereichten Beitrag für nicht gut genug befinden, dann wird dieser in der Fachzeitschrift auch nicht veröffentlicht (Anm. des Übers.).

[4] Gemeint ist die mündliche Argumentationskompetenz: *dia-légesthai* (altgr.) = sich (mit jemandem) unterhalten (Anm. P.M.).

[5] Siehe Fußnote 3.

[6] Vom Übersetzer eingefügte Überschrift.

6. der herrschende Standard ist die wissenschaftliche Übereinstimmung unter unabhängigen Gutachtern

[…] Daher werden Laien von der Kombination zweier Kriterien geleitet. Das Basiskriterium der minimalen Expertise besteht darin, ein Mitglied der wissenschaftlichen Gemeinschaft zu sein. Das beste Expertenurteil wird dann durch das weitere Kriterium der Übereinstimmung unter Wissenschaftler*innen identifiziert.

Die von Grundmann erwähnten Kriterien sind also zusammengefasst:

1. negative Kriterien wie betrügerische Züge oder Voreingenommenheit
2. bisherige Erfolgsbilanz der Vorhersagen der Person
3. dialektische Kompetenz (bzw. Argumentationskompetenz)
4. Reputation der Person
5. Übereinstimmung mit anderen Expert*innen
6. Eingebundenheit in die wissenschaftliche Gemeinschaft

Grundmann selbst befürwortet ein Vorgehen aus einer Kombination von 6 und 5. Um Lehrpersonen eine Idee zu geben, wie das Ergebnis der an die Schüler*innen gestellten Aufgabe aussehen könnte, wurde eine kurze und oberflächliche Internetrecherche zu allen Punkten durchgeführt, die hier kurz vorgestellt wird:

Negative Kriterien (Gruppe 1)
Bei Ulrich Mansmann ist oberflächlich kein negatives Kriterium zu finden. Er arbeitet zu dieser Zeit an einigen Projekten, aber es ist nicht ersichtlich, inwiefern er dadurch voreingenommen ist. Auch die Tatsache, dass er sich im Video für „abwarten und weitere Untersuchungen anstellen" ausspricht, legt nahe, dass er momentan kein persönliches Interesse an einer bestimmten Meinung hat. Er hat außerdem einige aktuelle Publikationen (auch mit mehreren Co-Autor*innen) vorzuweisen, was darauf hindeutet, dass er sich der Beurteilung durch andere nicht entzieht. Letzteres ist auch bei Bhakdi bis ins Jahr 2019 gegeben. Allerdings ist auffällig, dass Bhakdi im Jahr 2020 augenscheinlich nur das Buch *Corona-Fehlalarm?* publizierte und auch deswegen sehr oft zu öffentlichen Diskussionen geladen wurde (unter anderem auf dem österreichischen Sender ServusTV). Seine Position in diesen Fragen machte ihn in der Öffentlichkeit bekannt, und wenn man ihm ein nachvollziehbares Interesse an öffentlicher Beachtung unterstellt, dann hat er auch ein Interesse, dass gerade seine strittige Position sich behauptet. Weiterhin erwähnt er auch an anderer Stelle des Videos, dass ihm persönlich das Tragen von Masken sehr zu schaffen macht. Dadurch hätte er ebenfalls ein persönliches Motiv, sich gegen das Tragen derselben auszusprechen. Sich öffentlich gegen die Gefährlichkeit des Coronavirus zu stellen, könnte sich also für Bhakdi als nützlich erweisen.

Erfolgsbilanz (Gruppe 2)
Diese ist zum gegenwärtigen Zeitpunkt (Herbst 2020) so gut wie nicht ermittelbar. Mittlerweile hat sich das geändert. Bhakdis Vorhersagen über das Coronavirus

haben sich oftmals als nicht zutreffend erwiesen. Im Video suggeriert er z. B., dass die Pandemie mehr oder weniger vorbei ist, aber wie man heute weiß, begann die Pandemie im Oktober und November 2020 erst so richtig und die Zahlen ,explodierten'. Mansmanns Vorsicht hat ihn hier vor größeren Fehlern bewahrt. Die Erfolgsbilanz war also damals noch kein ausschlaggebendes Kriterium, aber für die Zukunft kann die Erfolgsbilanz als Argument gegen Bhakdis Kompetenz als Experte angewendet werden, und das wurde wohl auch genauso gemacht. Es sind wohl größtenteils Bhakdis irreführende Vorhersagen über das Coronavirus, die ihn in den Augen der Öffentlichkeit mittlerweile diskreditiert haben.

Dialektische Kompetenz (Gruppe 3)
Auch hier ist es im konkreten Fall sehr schwierig, ein Urteil abzugeben. Bhakdi und Mansmann gehen beide manchmal auf die Aussage des anderen ein und manchmal nicht. Es wird von ihnen hier allerdings auch erwartet, auf die Fragen der Moderatorin einzugehen und weniger, mit dem anderen ein direktes Gespräch zu führen. Für ein genaueres Bild müsste man sich echte Diskussionen unter den beiden ansehen. In der abgespielten Sequenz fällt allerdings auf, dass Bhakdi durchaus auf das von Mansmann vorgebrachte Argument eingeht und Gründe vorbringt, warum er es für unberechtigt hält. Vom Video allgemein ausgehend ist zu konstatieren, dass die dialektische Kompetenz weder den einen noch den anderen zu bevorteilen scheint.

Reputation (Gruppe 4)
Wie bereits davor erwähnt, verfügen beide über viele Publikationen. Beide haben einen Doktortitel und schließlich einen Professorentitel in ihrem Fachgebiet erworben. Bhakdi war über 20 Jahre lang Professor für medizinische Mikrobiologie an der Universität Mainz. Auch Mansmann ist seit dem Jahr 2000 habilitiert und arbeitete an Universitäten in Berlin, Heidelberg und schließlich München. Beide weisen daher dementsprechende Zeugnisse auf. Auch was das Zitiert-Werden betrifft, gibt es kaum Unterschiede. Erkundigt man sich auf Google Scholar, dann werden die einzelnen Publikationen beider auf den ersten Seiten jeweils von ein paar hundert Leuten zitiert. Allgemein besitzen also beide einiges an Reputation, weshalb es nicht möglich scheint zu entscheiden, ob der eine hier deutlich besser abschneidet als der andere.

Grundmanns Rezept:
Grundmann schlägt vor, zuerst zu überprüfen, ob die Person in die Wissenschaftsgemeinschaft eingebunden ist, um zu ermitteln, ob sie Expertenstatus verdient. Bei Mansmann ist der Fall klar. Seine aktuellen wissenschaftlichen Publikationen und seine Forschertätigkeit als Leiter des Instituts für medizinische Informationsverarbeitung, Biometrie und Epidemiologie an der LMU München – all das kann man mittels einer Google-Recherche herausfinden – machen Mansmann nach diesem Kriterium zu einem Experten im Bereich der Statistik und Modellierung in Anwendung auf klinische Studien. Ein solcher Statistiker sollte sich mit den relevanten Zahlen zur Gefährlichkeit von Grippe und Corona auskennen. Bei

Bhakdi ist die Sache unklarer. Seine Publikationstätigkeit und seine Position an den Universitäten Mainz und Kiel sagen uns, dass Bhakdi in die wissenschaftliche Gemeinschaft eingebunden *war*. Er war Experte für medizinische Mikrobiologie. Im Jahr 2020 weist er diese Eingebundenheit allerdings nicht mehr eindeutig auf. Seit 2012 ist er Professor im Ruhestand an der Universität Mainz und daher nicht mehr Mitglied der Universität. Über seine Forschertätigkeit in Kiel ist nach einer kurzen Internetrecherche nur wenig zu erfahren und er weist, wie oben gesagt, im Jahr 2020 kaum eine wissenschaftliche Publikation auf. Bhakdis aktueller Expertenstatus ist daher nach Grundmann etwas zweifelhaft.

Außerdem schlägt Grundmann vor, Uneinigkeiten zwischen Expert*innen danach zu entscheiden, wie die jeweiligen Meinungen der Personen mit anderen Expertenurteilen übereinstimmen. Hier ist der Fall klar. Denn Bhakdis Positionen zum Coronavirus werden bereits 2020 von den meisten Expert*innen mitunter sogar explizit abgelehnt. Lässt man Meldungen im Oktober auch noch gelten, dann finden sich sogar explizite Stellungnahmen der Universitäten Mainz und Kiel, nach denen Bhakdis Behauptungen falsch oder irreführend seien bzw. er sich auf einen Status als Emeritus berufe, den er nicht besitzt.[7] Nach Grundmanns Rezept ist daher eher Mansmann als Bhakdi zu glauben. Die Öffentlichkeit ist, wie wir gesehen haben, dieser Empfehlung mittlerweile implizit gefolgt, aber man hätte diese Empfehlung aus Grundmanns Rezept auch schon im Herbst 2020 ableiten können.

Diese Ergebnisse zeigen bereits, dass die Anwendung der Kriterien in diesem speziellen Expertenkonflikt eine sehr fruchtbare und aufschlussreiche Tätigkeit sein kann. Nachdem jede Gruppe kurz ihre Ergebnisse der Klasse vorgestellt hat, sollten die Schüler*innen einige Informationen aus der Praxis besitzen, wie anwendbar die einzelnen Kriterien tatsächlich sind. Dies sind wichtige Informationen, um dann zur eigentlich philosophischen Tätigkeit überzugehen, in der die Schüler*innen einschätzen sollen, wie gut die einzelnen Kriterien wirklich sind. Nach diesen Präsentationen und einer anschließenden Diskussion sollte man diese philosophische Reflexion anstoßen. Grundmann hat sein Rezept nämlich nicht ohne Grund so gewählt. Aber möglicherweise kommen die Schüler*innen zum Schluss, dass auch Grundmanns Vorschlag seine Schwächen hat. Für die nun anschließende erste Reflexionsaufgabe könnte man folgende Arbeitsanweisung stellen:

Grundmann erwähnt sechs Kriterien für Expertenbeurteilungen. Finden Sie für jedes Kriterium eine Begründung dafür, warum es ein gutes oder ein schlechtes Kriterium ist.

---

[7] Siehe z. B. https://www.unimedizin-mainz.de/medizinische-mikrobiologie-und-hygiene/start-seite/meldungsarchiv.html (Zugriff am 31.03.2021) oder https://www.uni-kiel.de/fileadmin/user_upload/universitaet/newsportal/corona/Stellungnahme-FachschaftBiochemie.pdf (Zugriff am 31.03.2021).

Für jedes Kriterium kann man Vor- und Nachteile finden. Goldman und Grundmann selbst nennen einige, welche kurz in folgender Tabelle zusammengefasst sind:

Kriterium	Pro	Contra
Negative Kriterien (Voreingenommenheit etc.)	Üblicherweise leichter zugänglich für Laien	Mangelnde Aussagekraft (auch Personen ohne Expertise können unvoreingenommen, aufrichtig und neutral sein)
Erfolgsbilanz	Ein neutraler Indikator mit starker Aussagekraft im Sinne des Wahrheitsziels	Sehr schwierig herauszufinden und nicht in allen Bereichen anwendbar (nicht jede Wissenschaft arbeitet mit Vorhersagen)
Dialektische Kompetenz	Mit etwas Übung für Laien ziemlich leicht zu beobachten	Mangelnde Aussagekraft (manche Expert*innen sind rhetorisch schwach und manche Scharlatane sind rhetorisch stark)
Reputation	Leicht recherchierbar, intersubjektiv nachprüfbar und in einigen Fällen auch aussagekräftig für Expertise	Manchmal wenig aussagekräftig (Einflussreichtum ist nicht gleich Kompetenz) und meistens nur vorübergehend aussagekräftig (auch ehemalige Professor*innen und Doktor*innen können nach ihrer wissenschaftlichen Karriere verrückte Ideen vertreten)
Übereinstimmung mit anderen Expert*innen	Universal anwendbar, üblicherweise nicht schwierig zu recherchieren und normalerweise im Bereich der Wissenschaften auch aussagekräftig	Aussagekraft nur gegeben, wenn die verschiedenen Meinungen, die übereinstimmen, unabhängig genug voneinander sind (ein Guru mit 10.000 hörigen Jüngern hat nicht einfach deswegen eine vertrauenswürdige Meinung, weil so viele Personen mit ihm übereinstimmen); außerdem setzt es voraus, dass wir bereits wissen, wer als Expert*in gilt

Kriterium	Pro	Contra
Eingebundenheit in (aktuelle) wissenschaftliche Forschergemeinschaft	Üblicherweise leicht recherchierbar, allgemein anwendbar und im Allgemeinen ein intersubjektiv prüfbares Gütekriterium mit guter Aussagekraft	Auch die Wissenschaften wählen nicht nur kompetente Personen aus; die wirkliche Qualität der wissenschaftlichen Arbeit der Person ist außerdem für Laien nicht wirklich nachvollziehbar; weiterhin setzt dieses Kriterium voraus, dass wir wissenschaftliche Gemeinschaften und nicht-wissenschaftliche Gemeinschaften sauber unterscheiden können; zuletzt lässt dieses Kriterium keine Expert*innen zu, die nicht im Bereich einer Wissenschaft tätig sind, was angesichts mancher mutmaßlicher Expert*innen in nicht streng wissenschaftlichen Bereichen (s. Aufgabe 3 in Abschnitt 2.3 unten) problematisch sein könnte (*die beiden letzten Punkte stammen vom Autor dieses Beitrags, P.M.*)

2.3 Reflexionsaufgaben zur Vertiefung

Aufgabe 1

Der Philosoph Jens Gillessen verortet im Bereich der Klimawissenschaften ein Vertrauensdilemma für jeden und jede einzelne(n) Bürger*in (B):

> Entweder, es mangelt B an Vertrauen in die Aussagen der Klimawissenschaften. Dann werden die informatorischen Akte der Klimawissenschaften auf Bs Meinung keinen Einfluss haben. Sie helfen B dann nicht dabei, sich ein eigenes Urteil über die Dringlichkeit von Klimaschutzmaßnahmen zu bilden. Oder aber, B hat (ein gewisses Maß an) Vertrauen in die Aussagen der Klimawissenschaften. Dann allerdings dürfte B sich fragen, warum B abverlangt wird, sich aus dieser Quelle zunächst umfangreiche Informationen über die Determinanten des Erdklimas anzueignen. Schließlich kann B sich, weil B den Klimawissenschaften vertraut, auch ohne Umschweife darüber informieren lassen, dass Klimaschutzmaßnahmen nötig sind, wenn diese und jene Risiken abgewendet werden sollen. Das Dilemma suggeriert, dass B in keinem Fall von der Praxis profitieren kann, die Öffentlichkeit von den Klimaexperten mit detaillierten Sachinformationen versorgen zu lassen. (Gillessen 2019, 139–140)

Nehmen Sie Stellung zu diesem Dilemma und der Frage, inwieweit Expert*innen die Bürger*innen tatsächlich mit umfangreichen Sachinformationen (über das Erdklima, das Coronavirus oder anderes) versorgen müssen. Ist es für Meinungsbildungsprozesse innerhalb demokratischer Gesellschaften notwendig, sich Wissen direkt anzueignen oder reicht es, sich auf Expert*innen zu verlassen?

Aufgabe 2

In einem Interview mit einem Klimaskeptiker[8] wird diesem die Frage gestellt, warum man ihm eher glauben sollte als den über 26.800 Wissenschaftler*innen, welche eine Petition der Vereinigung „Scientists for Future" unterschrieben haben, die bekräftigt, dass der Klimawandel real und die Zukunft der jungen Menschen gefährdet sei, wenn die derzeitigen Klimaschutzmaßnahmen nicht verstärkt würden. Hier ist seine Antwort:

> Zu diesen Wissenschaftlern gehört, soweit ich weiß, auch der nette Fernsehdoktor Eckhart von Hirschhausen. Ob man dem nun unbedingt Klimakenntnisse attestieren kann, wage ich zu bezweifeln, und ähnlich ist es mit anderen Leuten, die da unterschrieben haben; nichts gegen deren Fähigkeiten und Kompetenz, aber auf dem Klimasektor haben sie sicherlich nur eine geringe. Aber ich kann damit kontern, dass es die Oregon-Petition gibt, die mit 31.000 Wissenschaftlern das sogar noch übertrumpft. […] Das ist die eine Seite. Die andere Seite ist die, dass Demokratie in der Wissenschaft kein eigener Wert ist. Ich pflege immer das Beispiel von Einstein zu nennen. Als man ihm vorwarf, dass 200 Wissenschaftler seine Relativitätstheorie für falsch hielten, sagte der nur trocken: „Wenn die recht hätten, genügte einer". Also: Es stimmt, oder es stimmt nicht, egal ob die Mehrheit das oder jenes sagt. Denken Sie an Galileo, der festgestellt hat, dass die Erde sich um die Sonne dreht. […] Denken Sie an Alfred Wegener, der die Kontinentalverschiebung entdeckt hat […] Er hat leider nicht mehr erlebt, dass seine Theorie sich voll bestätigt hat.

Informieren Sie sich zuerst über die originale deutsche Petition von „Scientists for Future" (2019) – deren Website finden Sie hier: https://scientists4future. org/ – und über die Oregon-Petition. Analysieren Sie danach die Argumentation des Skeptikers, bewerten Sie diese und nehmen Sie Stellung zu der Frage, ob die Petition von „Scientists for Future" samt den über 26.800 Unterschriften für Laien tatsächlich einen guten Grund darstellt, an den menschengemachten und beunruhigend schnell voranschreitenden Klimawandel zu glauben. Nehmen Sie dabei insbesondere auf Grundmanns Rezept zur Expert*innenbeurteilung Bezug.

Aufgabe 3

Reflektieren Sie darüber und nehmen Sie argumentativ Stellung dazu, ob es in den folgenden Bereichen Expert*innen gibt. Wenn ja, versuchen Sie zu erklären, inwiefern sich diese von Laien unterscheiden und woran Laien sie erkennen können:

---

[8] Nachzusehen auf YouTube unter https://www.youtube.com/watch?v=Tk1qIrh84Xw (letzter Zugriff am 13.08.2021).

- Hundetraining
- Politik
- Weingeschmack
- Sport (z. B. Fußball, Tennis, Skifahren etc.)
- Soziale Medien (also für Facebook, Instagram etc.)
- Ethik

Literatur

Friedberg, M., B. Saffran, T.J. Stinson, W. Nelson, und C.L. Bennett. 1999. Evaluation of conflict of interest in economic analyses of new drugs used in oncology. *JAMA* 282 (15): 1453–1457.

Goldman, A.I. 1999. *Knowledge in a social world*. Oxford: Oxford University Press.

Goldman, A.I. 2001. Experts: Which ones should you trust? *Philosophy and phenomenological research* 63 (1): 85–110.

Gillessen, J. 2019. Aufklärung durch die Klimawissenschaften. Worüber und wozu? *Angewandte Philosophie. Eine internationale Zeitschrift*, 127–148.

Grundmann, T. (im Erscheinen), Experts: What are they and how can laypeople identify them? In *Oxford Handbook of Social Epistemology*, Hrsg. J. Lackey und A. McGlynn. Oxford: Oxford University Press.

Mößner, N. 2019. Das Zeugnis anderer. In *Handbuch Erkenntnistheorie*, Hrsg. M. Grajner und G. Melchior, 136–144. Stuttgart: Metzler.

Nowotny, H. 2005. Experten, Expertisen und imaginierte Laien. In *Wozu Experten? Ambivalenzen der Beziehung von Wissenschaft und Politik*, Hrsg. A. Bogner und H. Torgersen, 33–44. Wiesbaden: VS Verlag.

Teil III
Wissenschaftsphilosophie: Grundsatzfragen

Bettina Bussmann

1 Philosophieren über Wissenschaft – ein zentraler Bestandteil unserer Kultur

Die Wissenschaftsphilosophie ist im Vergleich zu anderen philosophischen Disziplinen (z. B. Ethik, Logik oder Metaphysik) eine ziemlich junge Disziplin. Philosophiehistorisch betrachtet ist sie allerdings eine der ältesten Disziplinen überhaupt. Wir kennen Philosophen wie Aristoteles, Leibniz, Descartes, Mill, Kant oder Hume als *Philosophen* und lesen in Schulkontexten häufig nur kleine Auszüge aus einem bestimmten Bereich ihrer gesammelten Werke. Kaum jemand würde sie dezidiert als Wissenschaftsphilosophen oder Naturwissenschaftler bezeichnen. Und doch wäre das nicht falsch. Der Physiker und Astronom Issac Newton bezeichnete sich z. B. als *Naturphilosophen*. Wenige Philosophen (es waren in der Regel Männer) haben sich früher mit einer Vielzahl philosophischer Probleme beschäftigt und Lösungsvorschläge für Probleme gemacht, die wir heutzutage den Bereichen der Physik, Chemie oder Biologie zuschreiben würden. David Hume hat so viele grundlegende philosophische Probleme behandelt, dass sich sowohl Psycholog*innen, Ökonomen und Physiker*innen auf ihn beziehen können; früher wurden all diese Bereiche unter das Arbeitsgebiet der Philosophie subsumiert. Das, was wir heute unter ‚Philosophie' und unter ‚Wissenschaft' verstehen, hat eine lange Rezeptionsgeschichte hinter sich, in der Gelehrte und Wissenschaftler*innen – ob intendiert oder nicht –, auswählen, welche Gedanken von welchen Autor*innen weitergegeben werden und welche nicht. Außerdem unterliegt die Philosophie, wie alle anderen menschlichen Kulturgüter, dem

B. Bussmann (✉)
Fachbereich Philosophie GW, Paris-Lodron-Universität Salzburg, Salzburg, Österreich
E-Mail: bettina.bussmann@plus.ac.at

gesellschaftlichen und wissenschaftlichen Wandel. Die Disziplinen wie wir sie heute kennen, haben sich sukzessive von der Philosophie gelöst und zu eigenständigen Forschungsbereichen entwickelt. Als letzte Disziplin verabschiedete sich die Psychologie. Und so erleben wir heutzutage, dass das Philosophieren über Wissenschaft allgemein und das Philosophieren über bestimmte Wissenschaften – z. B. die Biologie oder Psychologie – unter dem Namen ‚Wissenschaftsphilosophie' eine zunehmend wichtige Disziplin der Philosophie wird.

Aber auch was Gesellschaften als ‚Wissenschaft' bezeichnen, unterliegt den gesellschaftlichen bzw. kulturellen Einflüssen. Zu den gesellschaftlichen Einflüssen zählen theoretische Auffassungen über den Menschen und die Welt, technische Erfindungen, Ideologien, Machtverhältnisse u.v.m. Im Mittelalter war die Theologie das etablierte Wissensparadigma, d. h. der theoretische Bezugsrahmen, unter dem wissenschaftliche Forschung stattfand. Sie definierte damals, was unter *scientia* zu verstehen sei. Forschung geschah in der Regel im Namen und zum Beweis Gottes. Die Fundamente unserer Erkenntnisgewinnung – methodische und logische – wurden ausführlich gelehrt und kaum in Frage gestellt. Metaphysische Voraussetzungen und Annahmen durften hingegen schon in Frage gestellt werden, auch wenn am Ende die religiösen Fundamente unangetastet blieben. So verurteilt Augustinus im 4. Jahrhundert diejenigen „Gottesmänner" sehr scharf, die das durch „Vernunft und Erfahrung erworbene" Wissen von Nichtchristen als falsch bezeichnen und sich dabei unreflektiert auf gewisse Bibelstellen beziehen, die von ihnen ebenfalls falsch verstanden wurden: „Daß ein solcher Ignorant Spott erntet, ist nicht das Schlimmste, sondern daß von Draußenstehenden geglaubt wird, unsere Autoren hätten so etwas gedacht. [...] Denn wenn sie einen von uns Christen auf einem Gebiet, das sie genau kennen, bei einem Irrtum ertappen und merken, wie er seinen Unsinn mit seinen Büchern belegen will, wie sollen sie dann jemals diesen Büchern die Auferstehung der Toten, die Hoffnung auf das ewige Leben und das Himmelreich glauben [...]?" (Augustinus 1961, 33). Auch wenn also über metaphysische Grundfragen gestritten wurde, so blieb die theologische Weltauffassung die fundamentale Grundlagentheorie. Eine Veranschaulichung dieser Überzeugung zeigt z. B. der Titel dieser von Christian Besser 1738 verfassten Arbeit: *Insecto-Theologia, Oder: Vernunft- und Schriftmäßiger Versuch, wie ein Mensch durch aufmerksame Betrachtung derer sonst wenig geachteten Insecten zu lebendiger Erkenntniß und Bewunderung der Allmacht, Weisheit, der Güte und Gerechtigkeit des grossen Gottes gelangen könne* (Bayertz 1989, 229 ff.). Isaac Newton betrieb neben seinen mathematisch-wissenschaftlichen Studien Alchemie und Astrologie, wie im Übrigen die Arbeiten vieler Forscher bis ins 19. Jahrhundert hinein durch eine Mischung aus antikem Gedankengut, christlichem Glauben und metaphysisch-mystischem Überzeugungen geleitet wurde (di Trocchio 1998).

1831 gründete sich die *British Association for the Advancement of Science* und legte ein terminologisch klares Verständnis des Begriffs ‚Science' zugrunde, das nur noch die experimentellen und physikalisch orientierten Bereiche des Wissens einbezog, so dass es für einen „Scientist" jetzt begründungsbedürftig wurde, astrologische oder alchemistische Studien zu betreiben, die wir heute als *pseudo-*

wissenschaftlich bezeichnen würden. Und obwohl diese neue Ausrichtung auf das Messbare ein Meilenstein in der Geschichte der Wissenschaften bedeutete, hatten schon damals viele Forscher mitunter das mulmige Gefühl, dass mit der *alleinigen* Konzentration auf das Experimentieren und Messen, die als Bollwerk gegen den Aberglauben in den Wissenschaften dienen sollten, kein umfassendes Verstehen der Natur und ihrer Gesetze gelingen konnte. So berichtet der Physiker Werner Heisenberg, dass die Royal Society, 1662 für die Wissenschaftspflege der Naturwissenschaften gegründet, eine abergläubische Überzeugung auf diese Weise testete: „So war etwa behauptet worden, daß ein Hirschkäfer, den man unter bestimmten Beschwörungsformeln um Mitternacht in die Mitte eines Kreidekreises auf den Tisch setzt, diesen Kreis nicht verlassen könne. Also zeichnete man einen Kreidekreis auf den Tisch, setzte unter genauer Beachtung der geforderten Beschwörungsformel den Käfer in die Mitte und beobachtete dann, wie er sehr vergnügt über den Kreis weg lief." Heisenberg betont, dass hier ein verkürztes Verständnis von Wissenschaft vorliege. Es seien nämlich immer nur Einzelfälle untersucht und dadurch ein Verstehen des größeren Zusammenhangs, z. B. der Berücksichtigung der Vorannahmen und Vorurteile der Beobachter, ausgeblendet worden. Zwar sei die empirische Überprüfung von Theorien zentral, aber diese dürfe nicht technizistisch verstanden werden, sie ist „keine Handlungsanweisung – so wie etwa heutzutage im Taschenbuch für Ingenieure nützliche Formeln für die Knickfestigkeit von Stäben zu finden sind" (Heisenberg 1969, 279 ff.).

Mit der Profession als Wissenschaftler*in, so die seitdem bestehende Überzeugung, geht man gewisse methodische Verpflichtungen ein, damit bestimmte Ziele erreicht werden. Aber welche Ziele sind das? Heutzutage wollen wohl nur noch sehr wenige Forscher*innen durch ihre wissenschaftliche Arbeit eine Bestätigung der Existenz Gottes und seiner Erscheinungsformen erreichen. Heutzutage suchen wir nach *möglichst gut bestätigten Theorien, die uns mit hoher Wahrscheinlichkeit der Wahrheit über bestimmte Sachverhalte ein Stück näher bringen.* Natürlich muss darüber verhandelt werden, was unter ‚Wahrheit' genau verstanden werden sollte. Die Beiträge in den Teilen zur Erkenntnistheorie haben dazu einige Aufklärung geboten (s. Kap. I u. II). Fest steht aber, dass sich der wissenschaftlich relevante Begriff von ‚Wahrheit' auf die Sachverhalte in der Welt bezieht, die mit den Mitteln naturwissenschaftlicher Forschung entdeckt werden können. Man kann dies als Suche nach *wissenschaftlichen Wahrheiten* bezeichnen und diese Suche ist alles andere als einfach. „Es ist schon nicht leicht, mit dem Wort ‚wissenschaftliche Wahrheit' einen klaren Sinn zu verbinden", sagt Albert Einstein. „So ist der Sinn des Wortes ‚Wahrheit' verschieden, je nachdem ob es sich um eine Erlebnistatsache, einen mathematischen Satz oder eine naturwissenschaftliche Theorie handelt. Unter ‚religiöser Wahrheit' kann ich mir etwas Klares überhaupt nicht denken" (Einstein 1970, 171). Einstein verdeutlicht mit dieser Aussage zum einen, dass die Suche nach Wahrheit unterschiedlichen Ansprüchen und Methoden folgen muss, je nachdem, um welchen Gegenstandsbereich es sich handelt. Und er betont, dass wir diese Wahrheiten in einer natürlichen, realen Welt finden, die wir mit unseren wissenschaftlichen Theorien möglichst genau erklären und vorhersagen können. Übernatürliches kann man zwar empirisch untersuchen, wie den Hirschkäfer im Kreidekreis, aber übernatürliche Annahmen – wie z. B. Geister, Seelenwanderungen oder magische Kräfte –, gehören nicht in unsere wissenschaftlichen Theorien. Diese *naturalistische Grundeinstellung*, die auch Einstein besaß, obwohl er sich als „Pantheisten" bezeichnete, muss man nicht teilen, aber sie ist weit verbreitet und es spricht Vieles für sie (z. B. Beckermann 2021; Mahner 2018).

Mit fortschreitendem wissenschaftlichen Fortschritt sind wir mit unseren Zielsetzungen in Sachen Wahrheit ohnehin immer demütiger geworden. Das liegt vor allem daran, dass wir erkannt haben, von wie vielen Voraussetzungen wissenschaftliche Erkenntnis abhängt und wie fehleranfällig sie vor allem ist. Wissenschaftliche Erkenntnisprozesse sind abhängig von:

- den *Standard-Theorien* der jeweiligen Disziplinen, die sich bestenfalls nicht widersprechen sollten (z. B. sollten evolutionsbiologische Behauptungen mit den Erkenntnissen der Physik und Chemie kompatibel sein),
- dem technologischen Stand der Gesellschaft, die *Instrumente und Experimentalbedingungen* erschafft, die als Weiterentwicklungen menschlicher Erkenntnisfähigkeit für Objektivität sorgen sollen (vgl. Daston und Gallison 2017),
- den *wirtschaftlichen* und *politischen* Interessen der jeweiligen Gesellschaft. Man denke z. B. an die Verwicklungen der Tabakindustrie mit angeworbenen Wissenschaftler*innen in den 1930er Jahren. Die immer wieder bestätigte Tatsache, dass Rauchen Krebs fördert, wurde durch PR-Kampagnen ins Gegenteil gedreht, indem für die Tabakindustrie arbeitende Wissenschaftler*innen behaupteten, Rauchen sei nicht schädlich. Damit sollte verhindert werden, dass sich die Menschen das Rauchen abgewöhnen (Prothero 2013). Momentan erleben wir auf politischer Ebene deutliche Transformationsprozesse, die durch die Pandemie entstanden sind: Politiker*innen können bei vielen Entscheidungen, die sie für das Wohlergehen der Bevölkerung oder für die Gestaltung von Lebensräumen treffen müssen, auf wissenschaftliche Expert*innenurteile nicht mehr verzichten – diese sind aber leider manchmal inkonsistent.
- den *methodischen Gütekriterien*, denen sich die Wissenschaftler*innen verpflichten sollten und welche sowohl aus normativen Prinzipien (z. B., dass wissenschaftliche Ergebnisse von anderen Wissenschaftler*innen intersubjektiv überprüfbar sein müssen) als auch aus praktischen Verfahrensweisen (z. B. den Umgang mit Menschen und Tieren oder den Einsatz von Technik in Studien) bestehen,
- den *epistemischen Tugenden*, wie z. B. wissenschaftlicher Ehrlichkeit und Transparenz, die von Wissenschaftler*innen erwartet werden müssen, wenn das Ideal der Wahrheitsfindung angestrebt werden soll,

- den *Werten und sozialen Normen*, die zum einen bewusst festgelegt werden und bekannt sind oder die unbewusst in die Wissensproduktion mit einfließen (hier hat z. B. die feministische Wissenschaftsphilosophie gezeigt, auf welche Weisen Vorannahmen über das Geschlecht sowohl den Wissenschaftsbetrieb als auch die wissenschaftliche Erkenntnisgewinnung beeinflussen können) und
- den *Ausbildungsbedingungen* des wissenschaftlichen Nachwuchses. Gab es bis Anfang des 20. Jahrhunderts hauptsächlich enge *Meister-Schüler*-Beziehungen in exklusiven akademischen Zirkeln, so haben wir heute Bildungsinstitutionen, in denen Wissenserwerb und Wissensverbreitung insbesondere durch *Digitalität* und *globale Vernetzung* ungeahnten Herausforderungen gegenüberstehen. Diese haben Auswirkungen auf allen Ebenen der Wissensproduktion.

Dies ist nur eine kleine Auswahl aus dem großen Pool wissenschaftsphilosophischer Fragen und Probleme. Wichtig ist, sich darüber klar zu werden, dass die Auseinandersetzung mit den *Bedingungen, Methoden, Zielen und Erfolgen* (bzw. Misserfolgen) wissenschaftlichen Wissens seit jeher zu den zentralen Aufgaben der Philosophie gehört. Die institutionelle Ablösung der Naturwissenschaften von der Philosophie sowie die zunehmenden disziplinären Ausdifferenzierungen haben jedoch dazu geführt, dass Wissenschaftsphilosophie, verstanden als *Reflexion* über die Bedingungen, Methoden, Ziele und Erfolge wissenschaftlichen Wissens, zumindest im deutschsprachigen Raum nicht zu den zentralen Bildungszielen gehört. In der Schule wird in den Naturwissenschaften hauptsächlich naturwissenschaftliches Wissen vermittelt und in den philosophischen Fächern liegt der Schwerpunkt in der Regel auf der praktischen Philosophie – auch wenn diese Fächergruppen durchaus den Teilauftrag haben, Wissenschaftsreflexion zu lehren. Mittlerweile machen lebensweltliche Transformationsprozesse diese Bildungsaufgabe allerdings dringend notwendig. Welche lebensweltlichen Herausforderungen das sind, sollen die folgenden Beiträge in den Teilen III und IV deutlich machen. Im Fokus stehen *nicht* didaktisch aufgearbeitete Einführungen in die klassischen Grundfragen der Wissenschaftstheorie (gute Einführungen in aufsteigendem Schwierigkeitsgrad wären z. B. Okasha 2016, Chalmers 2007 und Schurz 2014). Im Fokus stehen wissenschaftsphilosophische Grundfragen, die in Auseinandersetzung mit gesellschaftlichen Herausforderungen analysiert und anhand vieler Übungsaufgaben diskutiert und beantwortet werden sollen. Im nächsten Abschnitt werden deshalb die Disziplinen vorgestellt und beschrieben, die für die Schulung von Wissenschaftsreflexion von besonderer Bedeutung sind. Da, wie oben bereits geschildert, Begriffe und terminologische Einteilungen dem historischen Wandel, kulturellen Zufälligkeiten und oftmals auch den subjektiven Einschätzungen bestimmter Forschergemeinschaften unterliegen, ist diese Aufgabe nicht ganz einfach. Man kann darauf aber leider nicht verzichten. Zunächst präsentiert Abb. 1 eine systematische Einteilung der Disziplinen und im Anschluss werden die Einteilungen näher erklärt, damit die folgenden Beiträge in diesen Kontext ungefähr eingeordnet werden können.

2   Forschungsfelder der Wissenschaftsphilosophie und Wissenschaftsforschung

Das größte Missverständnis entsteht, wenn man unberücksichtigt lässt, dass das Wort ‚science' im angelsächsischen Raum etwas anderes konnotiert als das deutsche Wort ‚Wissenschaft'. Während ‚science' sich hauptsächlich auf die empirisch arbeitenden Natur- und Gesellschaftswissenschaften bezieht, inkludiert der deutsche Begriff ‚Wissenschaft' auch die Fächer, die man im Englischen unter ‚humanities' subsumiert, also etwa Philosophie, Literaturwissenschaft und Kunstgeschichte, gelegentlich sogar noch mehr, wie z. B. das künstlerische Handeln selbst, solange es innerhalb einer Wissenschaft an einer akademischen Institution gelehrt wird. Der englische Begriff wird häufig sehr eng verstanden, während der deutsche sehr weit gefasst zu sein scheint. Gemäß letzterem zählen alle Disziplinen, die an akademischen Institutionen arbeiten, zur Wissenschaft. In den folgenden Aufsätzen beziehen sich die Autor*innen einerseits auf die Disziplinen, die unter den englischen Begriff ‚science' fallen, andererseits wird die Frage gestellt, welche menschlichen Tätigkeiten man überhaupt sinnvollerweise als ‚Wissenschaft' bezeichnen kann.

Was also ist Wissenschaftsphilosophie? Zentrale Aufgabe der Wissenschaftsphilosophie ist die Untersuchung der philosophischen Grundlagen der empirisch arbeitenden Wissenschaften. Das geschieht in einem Verbund verschiedener Teildisziplinen. Die Zurückverfolgung auf philosophische Grundfragen treten in allen Wissenschaften auf, aber je nach Disziplin in verschiedenen Formen. Abb. 1 präsentiert einen Vorschlag. Die Grenzen sind nicht starr, denn die meisten Forscher*innen arbeiten auch inter-, multi- und/oder transdisziplinär. Insbesondere die Wissenschaftsgeschichte ist eine wichtige Hilfswissenschaft, deren Erkenntnisse für viele wissenschaftsphilosophische Problemstellungen immer wieder herangezogen werden.

Die Wissenschaftsphilosophie besteht aus den zwei großen Teilbereichen Wissenschaftstheorie und Wissenschaftsethik.

Wissenschaftstheorie Die Wissenschaftstheorie ist eine multidisziplinäre Metawissenschaft, d. h., sie ist eine Wissenschaft der Wissenschaften. Die **allgemeine Wissenschaftstheorie** untersucht die *Funktionsweise* wissenschaftlicher Erkenntnis, ihre *Zielsetzungen* und *Methoden,* ihre *Erfolge* und ihre *Grenzen.* Sie nennt sich „**allgemein**", wenn sie für alle Wissenschaftsdisziplinen gelten soll. Dabei stellen sich insbesondere Fragen aus diesen drei Bereichen:

- *Metaphysische Fragen*: Existieren Atome und Elektronen wirklich? Gibt es Strings tatsächlich? Wie kann es sein, dass wir uns als Menschen Theorien ausdenken und dass die darin vorkommenden Gegenstände dann in der Welt zu finden sind? Wenn Physiker*innen von Schwarzen Löchern und von Strings reden, ist das dann eine „Physik ohne Realität", reine menschliche Fantasie (Zeh 2012)? Wie können Begriffe (z. B. Elektron) oder bestimmte Modelle

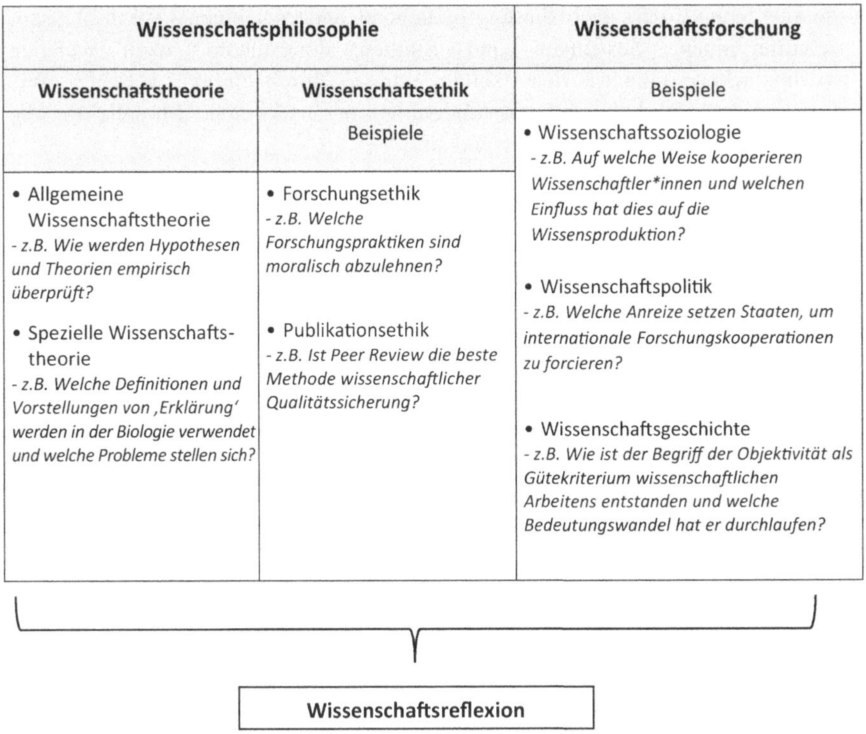

Wissenschaftsphilosophie		Wissenschaftsforschung
Wissenschaftstheorie	**Wissenschaftsethik**	Beispiele
	Beispiele	• Wissenschaftssoziologie - *z.B. Auf welche Weise kooperieren Wissenschaftler*innen und welchen Einfluss hat dies auf die Wissensproduktion?*
• Allgemeine Wissenschaftstheorie - *z.B. Wie werden Hypothesen und Theorien empirisch überprüft?*	• Forschungsethik - *z.B. Welche Forschungspraktiken sind moralisch abzulehnen?*	
• Spezielle Wissenschafts-theorie - *z.B. Welche Definitionen und Vorstellungen von ‚Erklärung' werden in der Biologie verwendet und welche Probleme stellen sich?*	• Publikationsethik - *z.B. Ist Peer Review die beste Methode wissenschaftlicher Qualitätssicherung?*	• Wissenschaftspolitik - *z.B. Welche Anreize setzen Staaten, um internationale Forschungskooperationen zu forcieren?* • Wissenschaftsgeschichte - *z.B. Wie ist der Begriff der Objektivität als Gütekriterium wissenschaftlichen Arbeitens entstanden und welche Bedeutungswandel hat er durchlaufen?*

Wissenschaftsreflexion

Abb. 1 Wissenschaftsreflexive Disziplinen

(z. B. Klimamodelle) unsere Erfahrungen erklären und sogar prognostizieren? Und was bedeutet es, dass ein Ereignis ein anderes verursacht? Ist Kausalität ein Prinzip, das notwendig (nach Naturgesetzen), zwei Ereignisse miteinander verbindet oder ist es nur eine zeitliche Regelmäßigkeit mit einer bestimmten Wahrscheinlichkeit (Korrelation)?

- *Erkenntnistheoretische Fragen*: Was unterscheidet wissenschaftliche Rationalität von Alltagsrationalität? Was unterscheidet wissenschaftliches Wissen von Alltagswissen? Offenbar benötigen wir in den Wissenschaften ein bestimmtes methodisches Know-how, während wir im Alltag mit unseren aus der Erfahrung gebildeten Überzeugungen und Intuitionen ganz gut zurechtkommen. Aber spielen diese nicht auch in unsere wissenschaftlichen Theorien mit hinein? Und wenn ja, müssen wir sie immer sichtbar machen und kontrollieren? Kann man sie überhaupt kontrollieren? Was unterscheidet Wissenschaft von Pseudowissenschaft? Kann man diese voneinander klar abgrenzen oder sind sie immer nur historisch bedingt, d. h. an den jeweiligen Stand der Wissenschaft angepasste Kriterien?

- *Methodologische Fragen*: Wie bestätigen wir wissenschaftliche Theorien? Können wir auf Grundlage unseres jetzigen, auch historischen Wissens normative Gütekriterien für Bestätigungen angeben oder müssen wir damit rechnen, dass sich diese grundlegend ändern können? Wenn Wissen-schaftler*innen Messungen und Studien durchführen, nach welchen methodischen Gütekriterien sollten diese durchgeführt werden? Wie funktionieren Modelle und wie finden wir heraus, welche Modelle für die jeweiligen Problemlösungen passend sind?

Die **spezielle Wissenschaftstheorie** befasst sich mit den grundlagentheoretischen Fragen der einzelnen Disziplinen. So gibt es eine Philosophie der Biologie, Philo-sophie der Physik, Philosophie der Psychologie etc. (vgl. Lohse und Reydon 2019). Hier werden die speziellen Arbeitsweisen der einzelnen Disziplinen philo-sophisch analysiert, was von den Wissenschaftstheoretiker*innen verlangt, dass sie weitreichende Kenntnisse sowohl in Philosophie als auch in der jeweiligen anderen Disziplin haben. Jede Wissenschaft baut in der Regel auf Annahmen auf, die in der konkreten Arbeit vorausgesetzt und nicht mehr hinterfragt werden. Experimentalaufbauten kommen zum Einsatz, Modelle werden angewendet und Studien durchgeführt – aber auf welchen metaphysischen, erkenntnistheoretischen und ethischen Fundamenten stehen diese? Sollten diese philosophischen Fragen zur Grundausbildung von Wissenschaftler*innen gehören oder sind sie nur, wie der Physiker Neil deGrasse Tyson behauptet, eine unnötige theoretische Ablenkung, die die Wissenschaftler*innen durch z. B. unwichtige Definitions-fragen von ihrer produktiven Arbeit ablenken (Pigliucci 2014)? Sollten Wissen-schaftler*innen lediglich evidenzbasiertes Arbeiten erlernen und anwenden, ohne sich mit der Frage zu beschäftigen, was Evidenz eigentlich ist? Ob sich auch Wissenschaftler*innen mit dieser Frage auseinandersetzen sollten, bleibt dahin-gestellt. Philosoph*innen sollten es auf jeden Fall tun, denn es gehört in ihr Auf-gabengebiet. Und im Fall von Evidenz hat sogar die allgemeine Bevölkerung einen Anspruch auf Aufklärung: Da die Medizin evidenzbasiert arbeitet und Bürger*innen mit Mediziner*innen kommunizieren, wenn sie krank sind, kann vermutet werden, dass es ein Anliegen aufgeklärter Bürger*innen ist, ein Verständ-nis von z. B. Evidenzhierarchien zu erlangen (s. Kap. 17).

Wissenschaftsethik Die Wissenschaftsethik ist eine junge Disziplin und behandelt viele Fragen, die auch dem Laienpublikum aus der Presse bekannt sind. Die wichtigste Frage dürfte die nach der Verantwortung von Wissen-schaftler*innen sein, wenn diese bahnbrechende Grundlagenforschung betreiben, die für gefährliche Produkte oder Technologien verwendet werden können. Die Gen-Schere CRISPR-Cas9 ist so ein Fall. Dass bestimmte Technologien weit-reichende Folgen haben können, zeigt der Bau der Atombombe nach der Ent-deckung der Kernspaltung. Kommissionen zur Risikofolgenabschätzung werden deshalb in vielen wissenschaftlichen Kontexten immer wichtiger. Andere Fälle für die wissenschaftsethische Beurteilung sind Plagiate oder Datenfälschungen. Beide Beispiele weisen darauf hin, dass ohne das Bewusstsein für ein *wissenschaftliches Ethos* großer Schaden für Umwelt und Gesellschaft entstehen kann.

In allen Bereichen der Wissenschaftstheorie und der Wissenschaftsethik wird sowohl normativ als auch deskriptiv gearbeitet. Man benötigt faktisches Wissen (deskriptiv), um entscheiden zu können, welche theoretischen und praktischen Normen in den Wissenschaften gelten sollten (normativ). Die Auseinandersetzung mit dem Normativen scheint dabei das zentrale Unterscheidungsmerkmal zwischen Wissenschaftsphilosophie und Wissenschaftsforschung zu sein, denn letztere untersucht, wie Wissenschaft faktisch abläuft.

Wissenschaftsforschung Die Wissenschaftsforschung macht die Praktiken der Wissenschaften zu ihrem Analysegegenstand. Wissenschaftssoziolog*innen untersuchen z. B. die institutionellen, die organisatorischen und politischen Zusammenhänge zwischen Wissenschaft und Gesellschaft. Dazu zählen Fragen der Funktionsweisen internationaler wissenschaftlicher Kooperationen oder Fragen, welchen Einfluss der Arbeitsplatz und die „Wissenskultur" der Disziplin auf die Erkenntnisgewinnung hat (z. B. Knorr-Cetina 1999). Kenntnisse von Wissenschaftsgeschichte spielen, wie oben bereits gesagt, für alle Forscher*innen wissenschaftsreflexiver Disziplinen eine besonders wichtige Rolle. In der internationalen Fachdidaktik der Naturwissenschaften ist die Lehre von Wissenschaftsgeschichte deshalb zentral (z. B. Matthews 2014). Für diese Auffassung scheint einiges zu sprechen, denn eine wissenschaftsgeschichtliche Grundbildung ist für das Verständnis unserer Kultur sicherlich ebenso wichtig wie eine philosophiegeschichtliche bzw. rein geistesgeschichtliche. Unsere Welt ist von Wissenschaft und Technik durchdrungen. Wissen über die Rolle von Instrumenten für die Erkenntnisgewinnung und für den Fortschritt einer Gesellschaft sind z. B. nicht weniger ‚bildend' als das Wissen über die Sonette Shakespeares oder über den Mechanismus tektonischer Plattenverschiebungen. Auch wenn in diesem Band kein Aufsatz aus der Wissenschaftsforschung enthalten ist, wäre es wünschenswert, wenn Themen und Befunde dieser Disziplin stärker zur Kenntnis genommen würden. Zur Schulung epistemischer Kompetenz im Sinne einer umfassenden Wissenschaftsreflexion sollte sie jedenfalls dazugehören.

Die nun folgenden Beiträge sind der Wissenschaftstheorie und der Wissenschaftsethik zuzuordnen. Sie beabsichtigen nicht, in vereinfachter Form Standardinhalte universitärer Wissenschaftsphilosophie abzubilden. Im Zentrum steht die Frage, warum wir aus lebensweltlichen, häufig auch persönlichen Gründen wissenschaftsphilosophische Überlegungen brauchen, um Antworten auf unsere Probleme und Fragen zu erhalten. Die sechs Beiträge betreiben Wissenschaftsphilosophie in praktischer Absicht, d. h., sie philosophieren theoretisch, um Fragen unserer Lebenswelt verstehen und lösen zu können. Hier eine kurze Übersicht:

- *Kritik an den Wissenschaften:* In den Medien ist seit längerem zu beobachten, dass Formen von Wissenschaftskritik, sogar Wissenschaftsleugnung, laut werden. Diese Kritik hat viele Ebenen, von denen hier drei behandelt werden sollen. Zunächst wird die fundamentale Kritik an der Auffassung diskutiert, dass uns die wissenschaftlichen Methoden einen privilegierten Zugang zum Verständnis der Welt ermöglichen. Anhand einiger Beispiele aus Homöopathie und Kreationismus soll die wissenschaftstheoretische Fundamentalfrage nach der Abgrenzung zwischen Wissenschaft und Pseudowissenschaft untersucht und Antworten darauf gefunden werden (s. Kap. 12 von *Mario Kötter*). Danach geht es um die Kritik an der Möglichkeit guter wissenschaftlicher Praxis, die z. B. durch Forschungsskandale und Plagiatsfälle entstanden ist und die zu einem erheblichen Vertrauensverlust in die moralische und epistemische Integrität von Wissenschaftler*innen geführt hat. Diese Fälle sowie weitere werden zum Anlass genommen, um Verstöße gegen und Sicherungsmaßnahmen für gute wissenschaftliche Praxis zu analysieren und diskutieren (s. Kap. 13 von *Alexander Christian*). Schließlich geht es um die Kritik an der westlichen Wissenschaft als der eines Herrschaftssystems, das im Zuge des Kolonialismus' anderen Völkern gegen ihren Willen aufgedrückt wurde und das dazu geführt hat, dass die Wissenssysteme indigener Völker ausgelöscht wurden. Indigene Betroffene und Wissenschaftler*innen leiten daraus Forderungen gegen eine eurozentristische Wissenschaft ab, die als globale Bedrohung gesehen wird, und man muss analysieren, inwieweit diese Forderungen berechtigt sind oder nicht (s. Kap. 16 von *Bettina Bussmann*).

- *Korrelation und Kausalität*: Viele Laien kennen die Aussage „Korrelation ist nicht Kausalität" und denken, dass man den Begriff der Kausalität nicht mehr verwenden bzw. mit ihm denken „darf" bzw. dass Wissenschaftler*innen nicht mehr mit ihm arbeiten. Das dies nicht so ist und wie man mit einem funktionalen Kausalitätsmodell im Alltag arbeiten kann, zeigt der Aufsatz von *Markus Bohlmann* (s. Kap. 15).
- *Evidenz verstehen und anwenden*: Wenn bestimmte politische aber auch private Entscheidungen getroffen werden müssen, hört man immer häufiger den Ratschlag, man solle Informationen darüber einholen, „was die Evidenz dazu sagt". Anhand konkreter Fallbeispiele wollen die Beiträge von *Bettina Bussmann* und *Benedikt Leitgeb* (s. Kap. 14 und 17) die theoretischen Grundlagen von Evidenz erarbeiten, ihre wissenschaftstheoretischen Problempunkte identifizieren und anhand von Fällen aus der Medizin ihren Einsatz und ihre Grenzen diskutieren.

Literatur

Augustinus, A. 1961. Über den Wortlaut der Genesis. In *Der große Genesiskommentar in zwölf Bänden*, Hrsg. Perl, C. J., Bd. 1, Buch I–VI. Paderborn: Schöning Verlag.

Bayertz, K. 1989. Die Entmoralisierung des Lebendigen. In *Verantwortung in Wissenschaft und Technik*, Hrsg. H. Gatzemeier, 220–238. Mannheim: BI-Wissenschaftsverlag.

Beckermann, A. 2021. (zusammen mit Schulte, P.). *Naturalismus. Entwurf eines wissenschaftlich fundierten Welt- und Menschenbilds*. Paderborn: Mentis Verlag.

Chalmers, A.F. 2007. *Wege der Wissenschaft. Einführung in die Wissenschaftstheorie*. Berlin: Springer.

Daston, L., und S. Gallison. 2017. *Objektivität*. Frankfurt a. M.: Suhrkamp.

Di Trocchio, F. 1998. *Newtons Koffer. Geniale Außenseiter, die die Wissenschaft blamierten*. Frankfurt a. M.: Campus Verlag.

Einstein, A. 1970. *Mein Weltbild*. Berlin: Ullstein.

Harré, R. 1972. History of philosophy of science. In *The encyclopedia of philosophy*, Hrsg. P. Edwards, Bd. 5, 289–296. New York: Macmillan Publishing Co., Inc. & The Free Press.

Heisenberg, W. 1969. Positivismus, mit der Physik und Religion. In *Der Teil und das Ganze*. München: Pieper.

Knorr-Cetina, K. 1999. *Epistemic cultures*. Cambridge: Harvard University Press.

Kornmesser, S., und W. Büttemeyer. 2020. *Wissenschaftstheorie. Eine Einführung*. Heidelberg: J.B. Metzler, Springer.

Lohse, S., und T.H.C. Reydon, Hrsg. 2019. *Grundriss Wissenschaftsphilosophie: Die Philosophien der Einzelwissenschaften*. Hamburg: Felix Meiner Verlag.

Mahner, M. 2018. *Naturalismus. Die Metaphysik der Wissenschaft*. Aschaffenburg: Alibri.

Matthews, M. R., Hrsg. 2014. *International handbook of research in history, philosophy and science teaching*. Springer Netherlands. https://doi.org/10.1007/978-94-007-7654-8.

Okasha, S. 2016. *Philosophy of science. A very short introduction*. Oxford University Press.

Pigliucci, M. 2014. Neil deGrasse Tyson and the value of philosophy. https://scientiasalon. wordpress.com/2014/05/12/neil-degrasse-tyson-and-the-value-of-philosophy/. Zugegriffen: 10. Okt. 2022.

Prothero, D. 2013. The holocaust Denier's playbook and the tobacco smokescreen common threads in the thinking and tactics of denialists and pseudoscientists. In *Philosophy of pseudoscience. Reconsidering the demarcation problem*, Hrsg. M. Pigliucci und M. Boudry, 341–358. Chicago: University of Chicago Press.

Schurz, G. 2014. *Einführung in die Wissenschaftstheorie*. Darmstadt: WBG.

Zeh, H.D. 2012. *Physik ohne Realität. Tiefsinn oder Wahnsinn?* Berlin: Springer.

Warum auf die Wissenschaft hören?

12

Mario Kötter

1   Einleitung: Wissenschaft unter Druck

Während einerseits kaum eine Zahnpasta ohne den Hinweis auf ihre in wissenschaftlichen Studien belegte Wirksamkeit an den Konsumenten zu bringen ist, hat sich andererseits in der Gesellschaft eine wissenschaftskritische, teilweise sogar -feindliche Grundhaltung etabliert, die sich in einem schwindenden Vertrauen in die Erkenntnisleistung der Wissenschaft[1] äußert. Diese Haltung ist in der gegenwärtigen Pandemie besonders sichtbar geworden, sie hat aber schon seit längerem die Mitte der Gesellschaft erreicht. Dahinter liegt eine Sichtweise auf die Erkenntnismöglichkeiten von Wissenschaft, deren Wurzeln in den akademischen Dis-

---

[1] Der Dachbegriff ‚Wissenschaft' hat im Englischen keine Entsprechung. Dort wird zwischen den empirischen *science* – Naturwissenschaften sowie *social science* – Gesellschaftswissenschaften und den Geisteswissenschaften (*humanities*) sowie den freien Künsten (*arts*) unterschieden. In diesem Beitrag liegt der Fokus auf der Frage nach den methodologischen Grundlagen der *Naturwissenschaften*, Wissenschaft wird also im Sinne von *science* verwendet. Dies entspricht auch der Schwerpunktsetzung der „klassischen" Wissenschaftstheorie, die ihre Beispiele und Probleme zumeist aus den Naturwissenschaften, speziell der Physik, bezogen hat.

Ergänzende Information Die elektronische Version dieses Kapitels enthält Zusatzmaterial, auf das über folgenden Link zugegriffen werden kann https://doi.org/10.1007/978-3-662-67309-6_12.

M. Kötter (✉)
Dortmund, Deutschland
E-Mail: mkotter@online.de

B. Bussmann und P. Mayr (Hrsg.), *Theoretisches Philosophieren und Lebensweltorientierung*, Philosophische Bildung in Schule und Hochschule, https://doi.org/10.1007/978-3-662-67309-6_12

kursen über Wissenschaft und damit den wissenschaftsreflexiven Disziplinen[2] selbst liegen, und für die die folgenden Überzeugungen charakteristisch sind:

1. Wissenschaftliche Methoden, Objektivität und Rationalität sind Mythen.
2. Wissenschaftliche Erkenntnisse sind ebenso unsicher und vorläufig wie andere Erkenntnisansprüche.
3. Wissenschaftliche Erkenntnisse werden sozial konstruiert, ‚Realität' oder ‚Wahrheit' spielen dabei keine oder eine untergeordnete Rolle.
4. Wissenschaft ist politisiert, sie ist Teil gesellschaftlicher Machtstrukturen. Die Konstruktion von Erkenntnis verfolgt damit primär ideologische Ziele.
5. (Westliche moderne) Wissenschaft kann keine besondere epistemische Autorität gegenüber anderen Ansätzen, z. B. traditionellen ethnischen oder religiösen Welterklärungen beanspruchen (s. Kap. 17).

Beispiele dafür, wie diese Sichtweise aktuelle gesellschaftliche Auseinandersetzungen über Wissenschaft befeuert, sind die Ablehnung naturwissenschaftlicher Erklärungen im Kontext menschlicher Geschlechtlichkeit oder die Ablehnung naturwissenschaftlicher Theorien zur Erklärung des Klimawandels. Deutlich wird die oben skizzierte pessimistische Sichtweise, Wissenschaft sei nur eine Ideologie unter vielen. Dieser bedient sich beispielsweise auch der ehemalige US-Amerikanische Präsident Donald Trump, wenn er von der Klimaforschung als einer „politisierten Wissenschaft" spricht, deren Finanzierung gestoppt werden müsse (Milman 2016). Aber auch klassische Kontroversen, beispielsweise um die Ablehnung naturwissenschaftlicher Erklärungen der Vielfalt der Lebewesen (Evolutionstheorie) oder die Anerkennung nichtnaturwissenschaftlicher Heilpraktiken (z. B. Homöopathie) werden seit einigen Jahren neu ausgetragen. Die folgenden Zitate von Vertretern fragwürdiger Ansätze (Homöopathie und Kreationismus) illustrieren die Ähnlichkeit der neuen Argumentationsweise (Tab. 1).

Seit vielen Jahren gilt *naive* Wissenschaftsgläubigkeit („Szientismus") zu Recht als problematisch. Nun jedoch droht die Gefahr anscheinend aus der Gegenrichtung: Die „zivilisatorische Überzeugung", dass sich Wahrheit, Objektivität, Vernunft etc. grundlegend von Meinung, Subjektivität, Irrationalität und Ideologie unterscheiden und dass Wissen und Vorurteile, Wissenschaft und Ideologie anhand von Kriterien unterschieden werden können, über die man sich rational einigen kann, ist unter Druck geraten (Barber 2010).

Vor diesem Hintergrund erscheint eine wissenschaftstheoretisch elaborierte Auseinandersetzung mit dem Erkenntnisanspruch der Naturwissenschaften, die sich nicht einseitig in Wissenschaftskritik erschöpft, dringend geboten – sowohl im Philosophie- als auch im naturwissenschaftlichen Unterricht. Es stellt sich die Frage, ob und wie beispielsweise die Forderung „Hört auf die Wissenschaft!", die im Zusammenhang mit dem anthropogenen Klimawandel nicht nur Greta

---

[2]Wissenschaftstheorie bzw. -Philosophie, -Geschichte, -Soziologie und -Psychologie bearbeiten ihren gemeinsamen Gegenstandsbereich – Wissenschaft – mit unterschiedlichen Methoden und aus unterschiedlichen Erkenntnisinteressen heraus. Sie werden hier mit dem Oberbegriff ‚wissenschaftsreflexive Disziplinen' bezeichnet.

Tab. 1 Beispiele Relativierung von Wissenschaft

„Die Hintergründe des Wissenschaftskonfliktes um die Homöopathie zeigen, dass es dabei nicht um eine faire Wissenschaftsdiskussion, sondern um persönliche Sichtweisen und wissenschaftliche oder religiöse Ideologien geht, die wie ‚Weltbilder' verteidigt werden. Dieser Konflikt kann […] auch mit den besten Studien nicht gelöst werden, weil der Natur- wissenschaft und Homöopathie unterschied- liche Denkrahmen zugrunde liegen und die ‚Naturwissenschaft nicht auf Fakten, sondern auf Konsens beruht'. […] Diese Aussagen zeigen, dass die Naturwissenschaft und damit auch die Schulmedizin nicht an einem Erkennen der Wirklichkeit interessiert sind, sondern wie jede Wissenschaft bestimmte Sichtweisen vertreten, die konsensgebunden und subjektiv sind." (Dellmour 2009, 2)	„In jeder Zeitepoche gab und gibt es bestimmende Leitideen für wissenschaftliches Arbeiten, auf die sich die Wissenschaftler- gemeinschaft verständigt hat. Wenn andere Forschungsansätze und daraus resultierende Hypothesen ihnen widersprechen, so wurden sie häufig mit dem Pauschalurteil ‚unwissenschaftlich' oder ‚Pseudowissen- schaft' abqualifiziert. Zu solchen vermeintlich unwissenschaftlichen Forschungsansätzen zählen in der heutigen Wissenschaftswelt u. a. […] der Versuch, mittels ‚Intelligent Design' das Sein und das Werden der Lebensformen zu verstehen […]. Eine argumentative und *an den tatsächlichen Inhalten* orientierte Auseinandersetzung wird selten geführt; statt- dessen distanziert man sich, weicht Sachdis- kussionen aus und stigmatisiert die Vertreter abweichender Auffassungen." (Ullrich 2014, 357; Herv. i. O.)

Thunberg (Fridays for Future 2019), sondern auch die wissenschaftlichen Ver-
bände (Mathematisch-naturwissenschaftliche Fachgesellschaften 2020) erheben,
weiterhin begründet werden kann. Die Rationalität öffentlicher Diskurse zu
gesellschaftlichen Problemen hängt von der Akzeptanz der Leistungsfähigkeit der
Wissenschaft und der Akzeptanz des jeweiligen wissenschaftlichen Konsenses ab.
Pseudowissenschaft und die ideologisch motivierte Weigerung, den wissenschaftlichen Erkenntnisstand anzuerkennen („Wissenschaftsverweigerung"[3]), unter-
minieren diese Akzeptanz. Sie sind daher ein gesellschaftliches Problem, dem
mit der Vermittlung von Wissenschaftsverständnis entgegengetreten werden sollte
(Bromme 2020).

Um Personen von der Gültigkeit wissenschaftlichen Wissens zu überzeugen
reicht es jedoch nicht aus, Begründungen für dieses Wissen (die wissenschaftliche
Evidenz, s. Kap. 17) anzuführen: Wissenschaftliche Begründungen sind gerade in
den relevanten Kontexten meistens zu komplex, um von Laien geprüft zu werden
(beispielsweise die Begründungen für die Theorie des anthropogenen Klimawandels jenseits der bekannten und fachlich zweifelhaften Treibhausmetapher),
und sie sind oft auch gar nicht verfügbar, weil der innerwissenschaftliche Diskurs noch nicht abgeschlossen ist (Beispiel COVID-19-Pandemie). Laien bleibt
somit nicht anderes übrig, als sich auf die Experten – Wissenschaftler – zu ver-

---

[3] Der meist verwendete Begriff „Wissenschaftsleugnung" ist ungünstig, da Leugnung impliziert,
dass es eine Wahrheit gäbe, Wahrheit in den Naturwissenschaften jedoch höchstens im Sinne
einer „regulativen Idee" (Küppers 2008, 178) angestrebt wird. Der Begriff ‚Wissenschaftsverweigerung' vermeidet dieses Problem.

lassen. Erfolgversprechender ist es daher, zu vermitteln, wie sie ein informiertes Urteil darüber fällen können, wer eine vertrauenswürdige epistemische Autorität ist (Bromme 2020; s. auch Kap. 10). Bedingung hierfür ist aber, dass Laien ein grundlegendes Verständnis darüber entwickeln, wie Wissenschaft funktioniert, wie sie sich von Pseudowissenschaft und Wissenschaftsverweigerung unterscheidet und warum es rational ist, den jeweiligen wissenschaftlichen Erkenntnisstand für das bestbegründete Wissen zu halten, das gegenwärtig über einen bestimmten Sachverhalt zur Verfügung steht.

Aktuelle Schulbücher für das Fach Philosophie in der Oberstufe (z. B. Aßmann et al. 2015, 397–413, Krommer et al. 2015, 406–427, Peters et al. 2015, 350–365) weisen in Hinblick auf dieses lebensweltlich bedeutsame Problem Lücken auf. Üblicherweise schließt die Auseinandersetzung mit den Erkenntnisansprüchen der Naturwissenschaften ausgerechnet mit Autoren bzw. Positionen der 1960er und 70er Jahre, die häufig relativistisch und antirationalistisch interpretiert und als Bürgen der eingangs skizzierten wissenschaftskritischen Sichtweise angeführt werden. So entsteht möglicherweise der irreführende Eindruck, diese entspräche dem *state of the art* der Wissenschaftsreflexion.

Ziel dieses Beitrags ist es aufzuzeigen, worin ein angemessenes Verständnis von Wissenschaft besteht und wie es im Unterricht vermittelt werden kann. Zunächst wird dargestellt, was die Erosion des Vertrauens in die Wissenschaft verursacht hat. Anschließend wird für eine kritisch-optimistische Sicht auf Wissenschaft argumentiert: Auch wenn die Einwände gegen die Vorstellung einer objektiven und rationalen Wissenschaft nicht ignoriert werden können, gibt es Gründe für die Ansicht, dass westliche moderne Wissenschaft, bei all ihren Schwächen und Problemen, der beste Ansatz zur Erlangung von Wissen über die Welt ist, den die Menschheit bislang hervorgebracht hat.

2   Wissenschaftsreflexion im Wandel

Die folgende Darstellung ist natürlich überaus grob und blendet viele, auch wichtige, Facetten aus. Möglicherweise liegt in der kompakten Darstellung auch ein Vorteil für diejenigen, die einen allerersten Einblick in die Thematik suchen.

An dieser Stelle sei vor allem auf die guten deutschsprachigen Einführungen in die Wissenschaftstheorie verwiesen, (z. B. Schurz 2014, Chalmers et al. 2007 oder Carrier 2008). Eine überaus vergnüglich und auch auf Englisch gut zu lesende Darstellung der kontroversen wissenschaftsreflexiven Positionen des 20. Jahrhunderts und eine Kritik an der soziologisch-postmodernen Wende der Wissenschaftsreflexion ist Laudan (1990). Eine gut verständliche, aber offen-parteiische Darstellung der *science wars* (s. u.) bietet Brown (2001). Harker (2015) demonstriert, wie wissenschaftskritische Argumente von verschiedenen Interessengruppen missbraucht werden, um Kontroversen über Erkenntnisse künstlich zu erzeugen, die in den Wissenschaften längst allgemein akzeptiert sind.

2.1 Wissenschaftsreflexion – deskriptiv oder normativ?

Der klassischen, auf Hans Reichenbach zurückgehenden Systematik zufolge ist es Aufgabe der Wissenschaftstheorie, insbesondere auch *normative Fragen* zu bearbeiten. Wissenschaftstheorie analysiert und beurteilt, ob die epistemischen Anteile des Forschungsprozesses, so wie er idealisiert bzw. rational rekonstruiert in wissenschaftlichen Publikationen dargestellt wird (der sogenannte *context of justification*), gerechtfertigt sind. Die nicht-epistemischen Anteile des Forschungsprozesses, also die Anteile, die üblicherweise in wissenschaftlichen Publikationen nicht beschrieben werden, wie Zufälle, Glück, Weltanschauungen, Vorlieben etc. (der sogenannte *context of discovery*), wird bei dieser Analyse nicht berücksichtigt. Aufgabe der Wissenschaftsphilosophie ist es, Kriterien einer solchen Beurteilung zu erarbeiten, sie betreibt also die Methodenlehre der Wissenschaften.

Von ihren Anfängen im 17. Jahrhundert (Francis Bacon: *Neues Organon*, 1620) bis in die Mitte des 20. Jahrhunderts war die Wissenschaftsphilosophie die dominierende wissenschaftsreflexive Disziplin. Innerhalb der Wissenschaftsphilosophie war dabei eine optimistische Einschätzung der Leistungsfähigkeit des Untersuchungsobjektes ‚Wissenschaft' vorherrschend, sie lässt sich aber auch in soziologischen Arbeiten feststellen (z. B. Robert Mertons *Ethos der Wissenschaft*, 1942).

Ab der Mitte des 20. Jahrhunderts kommt es zu einer Verschiebung der Bedeutung von Arbeitsfeldern der Wissenschaftsphilosophie. Während klassische Fragen der allgemeinen Wissenschaftsphilosophie (Was ist Wissenschaft? Was sind wissenschaftliche Erklärungen? etc.) und die damit verbundene Methodenlehre in den Hintergrund treten, steigt die Bedeutung von Detailfragen der Einzelwissenschaften und der mit ihnen verbundenen Philosophien ‚der' (z. B. Philosophie *der* Biologie, *der* Physik, *der* Soziologie etc., vgl. Lohse und Reydon 2017). Diese Entwicklung stärkt die Wahrnehmung der großen Bandbreite wissenschaftlicher Methoden und der methodologischen Unterschiede zwischen den Einzelwissenschaften. Sie trägt damit dazu bei, dass die klassische Frage nach *der* wissenschaftlichen Methode aufgegeben und durch Konzepte ersetzt wird, die die Vielfalt der Wissenschaften betonen. In diesem Zusammenhang werden auch andere klassische Fragen der Wissenschaftsphilosophie, etwa wie Wissenschaft definiert und von Pseudowissenschaft unterschieden werden kann („Demarkationsproblem"), neu bewertet. Es setzt sich die Einsicht durch, dass auf einem abstrakten Level zwar Aktivitäten identifiziert werden können, die in allen Wissenschaften etabliert sind – diese unterscheiden sich aber nicht von allgemeinen Problemlösestrategien, sie tragen also wenig zur Lösung des Demarkationsproblems bei. Auf der anderen Seite gibt es Aktivitäten, die zwar exklusiv für Wissenschaft sind – aber nicht in allen Einzelwissenschaften oder nur zu bestimmten Zeiten angewendet werden (z. B. Experimentieren). Ein solches Kriterium würde daher viele Wissenschaften ausschließen. Eine Lösung in Form notwendiger und hinreichender Wissenschaftlichkeitskriterien, die für alle Wissenschaften gilt, scheint somit unerreichbar (Laudan 1983), das normative Projekt der Wissenschaftstheorie scheint gescheitert.

Parallel zu den Verschiebungen innerhalb der Wissenschaftsphilosophie nimmt zwischen den wissenschaftsreflexiven Disziplinen die Bedeutung der *deskriptiv arbeitenden Disziplinen* (also Geschichte, Soziologie und Psychologie der Wissenschaft) zu. Eine besondere Rolle spielt hierbei Thomas Kuhns *Struktur wissenschaftlicher Revolutionen* (1962). Maßgeblich durch dieses Buch wird eine historische Wende der Wissenschaftsreflexion ausgelöst, in deren Folge der *context of discovery* für die wissenschaftsreflexive Theoriebildung eine größere Rolle spielt. Kuhns Punkt, dass sich die Wissenschaftsgeschichte als Abfolge von umfassenden Erklärungsansätzen verstehen lässt, die die Wissenschaftlergemeinschaft in einer bestimmten Phase beherrschen und die die wissenschaftliche Praxis leitenden theoretischen Annahmen und Regeln enthalten („Paradigmen"), sowie die damit verbundene Abkehr von Vorstellungen einer rein rationalen Beurteilung von wissenschaftlichen Theorien, war zweifellos eine Zäsur für den akademischen Diskurs. Sie hat aber auch darüber hinaus großen Einfluss gehabt, beispielsweise auf angelsächsische Konzeptionen naturwissenschaftlicher Bildung und sie dominiert, wie oben erwähnt, auch die Darstellung in Philosophieschulbüchern. Der Erfolg von Thomas Kuhn korrespondiert mit gesellschaftlichen Entwicklungen ab den 1960er Jahren, beispielsweise der Umweltschutz- oder Bürgerrechtsbewegung. In diesen ist eine zunehmend kritische Haltung gegenüber Naturwissenschaft und Technik von Anfang an verbreitet. Beispielsweise wird die technologische Entwicklung für die zunehmend sichtbare Umweltzerstörung verantwortlich gemacht oder eine Verflechtung von Wissenschaft mit Wirtschaft und Militär behauptet und kritisiert.

In den 1970er und 80er Jahren folgt auf die historische eine „soziologische Wende", die mit einer Radikalisierung der Wissenschaftskritik einhergeht: So wird im Rahmen des sogenannten *strong programme* der Wissenschaftssoziologie die These vertreten, nicht nur die Misserfolge, sondern auch die Erfolge der Wissenschaften müssten – ausschließlich – soziologisch erklärt werden. Ab den 80er Jahren etabliert sich das heterogene Feld der Wissenschaftsforschung (Science and Technology Studies, STS). Beispielsweise werden Gruppen von Laborwissenschaftlern mit Methoden der anthropologischen Feldforschung untersucht (am bekanntesten sind vermutlich Bruno Latour und Karin Knorr-Cetina). Die so gewonnenen empirischen Befunde über naturwissenschaftliche Forschung sind ernüchternd und erodieren die idealtypischen Vorstellungen über Wissenschaft weiter: Offensichtlich folgen Forschende keiner erkennbaren wissenschaftlichen Logik oder besonderen Methodik. Der Laboralltag wird stattdessen bestimmt durch Rituale, Machtkonstellationen und zwischenmenschliche Beziehungen innerhalb und zwischen Forschergruppen.

Zusammenfassend lässt sich festhalten: Einerseits ist das normative Programm der Wissenschaftsphilosophie einer Erklärung des Erfolges der Wissenschaften durch ihren methodologischen Sonderstatus auf große Probleme gestoßen. Andererseits legen die Erkenntnisse der deskriptiv arbeitenden wissenschaftsreflexiven Disziplinen nahe, dass das Idealbild wissenschaftlicher Rationalität weder auf Ebene einzelner Forschender noch auf der von Forschergruppen haltbar ist: Formulierung und Auswahl von Erkenntnisansprüchen hängen nicht von den empirischen Daten ab – diese sind selbst konstruiert – sondern von nicht-epistemischen Faktoren (Vorlieben, Macht, Karrieredenken etc.). Wissenschaft ist ein gesellschaftliches Subsystem wie jedes andere, ihre Aussagen besitzen keinen epistemischen Sonderstatus.

Es ist umstritten, ob Thomas Kuhn die relativistische und irrationale Lesart seiner Thesen beabsichtigt hat oder nicht. Es ist aber offensichtlich, dass seine Argumente genutzt wurden und werden, um wissenschaftsfeindliche Agenden zu stützen. Dies gilt auch für die späteren soziologischen Ansätze, die einen starken *Konstruktivismus* vertreten, d. h. die Annahme, dass wissenschaftliche Tatsachen, auch die empirischen Befunde selbst, konstruiert bzw. hergestellt werden. Daraus folgt in üblicher Lesart ein starker *Relativismus*: Was eine Tatsache ist, entscheidet aus dieser Perspektive die jeweilige Forschergemeinschaft nach dort geltenden Kriterien – statt „Realität" sind z. B. Machtkonstellationen ausschlaggebend.

Die Radikalität dieser oft mit dem Label ‚postmodern' versehenen Ansichten über Wissenschaft ist in der Gesellschaft und unter Naturwissenschaftlern kaum bemerkt worden, und zunächst haben auch nur wenige Wissenschaftsphilosophen den Angriffen auf die epistemische Sonderstellung der Wissenschaft wider-sprochen. Dies hat sich in den 1990er Jahren geändert und ist in eine öffentlich-keitswirksam als *science wars* bezeichnete, teilweise sehr polemisch ausgetragene Auseinandersetzung zwischen Wissenschaftlern und Wissenschaftsphilosophen auf der einen und Wissenschaftssoziologen auf der anderen Seite gemündet. Wenngleich die *science wars* lange vorüber sind, dauert die Auseinandersetzung über den Status und die Reichweite der Naturwissenschaften im Speziellen und die Bedeutung von Wahrheit, Wissen und Rechtfertigung im Allgemeinen an. Sie hat, vor allem in den angelsächsischen Ländern, mittlerweile die Dimension eines Kulturkampfes angenommen.

2.2   Grundsätzliche Erkenntnisprobleme gelten auch für wissenschaftliche Erkenntnis

Dass in der Wissenschaftsphilosophie insgesamt eine tendenziell optimistische Sicht auf Wissenschaft und ihre Erkenntnisfähigkeit verbreitet war und vermut-lich bis heute ist, bedeutet nicht, dass Wissenschaftsphilosophen für die grund-sätzlichen Probleme menschlicher Erkenntnis blind wären. Das optimistische Bild von Wissenschaft hatte bereits in seiner Hochphase, in der zweiten Hälfte des 19. und in der ersten Hälfte des 20. Jahrhunderts, durch verschiedene Einwände Risse bekommen. Zu den wichtigsten Einsichten zählen:

1. Das **Induktionsproblem (auch Hume-Problem)**: Der Begriff ‚wissenschaftliche Methode' umfasst sämtliche Verfahren und Kriterien, die der Rechtfertigung wissen-schaftlicher Erkenntnisansprüche dienen. Ein zentraler Streitpunkt in der Wissen-schaftsphilosophie ist die Frage gewesen, wie sich wissenschaftliches Wissen empirisch prüfen und bestätigen lässt. Insbesondere induktive Schlüsse, grob gesagt Verallgemeinerungen empirischer Befunde, sind dabei in die Kritik geraten. Sie sind unsicher, weil immer die Möglichkeit besteht, dass sie durch neue empirische Daten widerlegt werden.

Dennoch spielen in wissenschaftlichen Publikationen ebenso wie im Alltag Induktionsschlüsse nach wie vor eine wichtige Rolle bei der Begründung von Behauptungen. Die Rationalität von Induktionsschlüssen hat beispielsweise Hans Reichenbach verteidigt. Reichenbach argumentiert aus pragmatischer Sicht, dass Induktionsschlüsse dann gerechtfertigt wären, wenn wir annehmen, dass die Welt zumindest in Teilen uniform ist bzw. Regularitäten aufweist. Das können wir zwar nicht mit Sicherheit sagen, aber der Punkt ist hier, dass es für den Fall, dass die Annahme nicht zutreffen sollte, die Welt also chaotisch wäre, überhaupt keine Schlussregeln gäbe die gültig wären und wir auch prinzipiell keine Erkenntnis über eine solche Welt erlangen könnten. Also ist es, so Reichenbach, rational, von einer teilweise uniformen Welt auszugehen und Induktion zur Begründung von Erkenntnissen über eine solche Welt zuzulassen.

2. Das Problem der **Unterbestimmtheit** wissenschaftlicher Hypothesen und Theorien (auch Duhem-Quine-These): Diese These, von der verschiedene Variationen existieren, ist gegen den wissenschaftlichen Realismus gerichtet und besagt, dass Hypothesen und Theorien durch empirische Evidenz weder bestätigt noch widerlegt werden. Das liegt daran, dass Theorien Netzwerke von Sätzen sind (z. B. Sätzen der Logik und Mathematik, empirische Sätze). Daher können sie mit Beobachtungsdaten durch Modifikationen an vielen Stellen innerhalb des Netzwerks in Einklang gebracht werden. So ist es immer möglich, empirisch äquivalente Alternativ-Theorien zu konstruieren. Quines Beispiele für faktische Unterbestimmtheit stammen aus der Physik und sind schwer verständlich – in der wissenschaftlichen Praxis kommt Unterbestimmtheit kaum vor, weil Wissenschaftler sich eigentlich immer auf die Weiterentwicklung *einer* Theorie einigen können. Dementsprechend ist der Punkt auch nicht, dass es verschiedene Konkurrenztheorien wirklich gäbe, sondern dass die Prozesse, die zur Wahl einer bestimmten Theorie geführt haben, nicht durch die Beobachtungsdaten determiniert werden. Damit gewinnen andere, z. B. soziale Kriterien, an Raum. Thomas Kuhn hat darüberhinausgehend argumentiert, dass die Evidenz an sich in unterschiedlichen Paradigmen unterschiedlich interpretiert würde, was das Unterbestimmtheitsproblem weiter verschärft (s. Kap. 14; s. u. *Inkommensurabilität*).

3. Das Problem der **Normenzirkularität**: Mit diesem Begriff bezeichnet Paul Boghossian (*Angst vor der Wahrheit*, 2006) ein grundlegendes Argument für den epistemischen Relativismus. Die These lautet, dass alternative, in epistemischer Hinsicht gleichwertige Welterkennungssysteme existieren. Dies wird vereinfacht damit begründet, dass es unmöglich sei, die Überlegenheit eines epistemischen Systems (z. B. westliche moderne Wissenschaft) gegenüber einem alternativen epistemischen System (z. B. eine indigene ‚Wissenschaft') epistemisch zu begründen, weil sich eine solche Begründung zwangsläufig auf die Normen des eigenen epistemischen Systems stützen müsste und damit zirkulär wäre. Diese Argumentation lässt sich beispielsweise bei Autoren wie Thomas Kuhn oder Paul Feyerabend, aber auch dem oben genannten *strong programme* der Wissenschaftssoziologie nachweisen. Boghossian wie auch andere Autoren (z. B. Seidel 2014, 192 ff.) weisen das Argument u. a. mit dem Hinweis zurück, dass die Befürworter Rechtfertigung erster und zweiter Ordnung verwechseln würden: Selbstverständlich können Personen, die alternativen epistemischen Normen folgen, darin gerechtfertigt sein. Dies ist beispielsweise der Fall, wenn sie diese Normen von vertrauenswürdigen Personen (alternative Experten, z. B. Priester) übernommen haben. Daraus, dass Personen gerechtfertigt sein können, falsche epistemische Normen für korrekt zu halten (zweite Ordnung) folgt jedoch *nicht*, dass diese Normen selbst gerechtfertigt wären (erste Ordnung). Und selbstverständlich folgt damit auch nicht, dass Personen, die falsche epistemische Normen für korrekt halten, dafür nicht kritisiert werden dürften.

4. Das Problem der **Inkommensurabilität**: Der Begriff wurde, mit unterschiedlichen Gehalten, von Thomas Kuhn und Paul Feyerabend in die Diskussion eingeführt. Im Kern ist damit gemeint, dass sich Theorien bzw. „Paradigmen" (Kuhn) bzw. „Weltbilder" (Feyerabend, vgl. Normenzirkularität) nicht ineinander überführen aber auch nicht miteinander vergleichen lassen, weil zum einen unterschiedliche Begriffe für gleiche Gegenstände, zum anderen gleiche Begriffe aber mit unterschiedlicher Bedeutung verwendet werden. Vor diesem Hintergrund ist unklar, ob und in welchem Sinne wissenschaftlicher Fortschritt überhaupt stattfindet, ob also ein nachfolgendes Paradigma seinem Vorgänger überlegen ist. Allerdings ist umstritten, ob aus einer begrifflichen, d. h. semantischen Inkommensurabilität auch eine inhaltliche Inkommensurabilität folgt, die verhindert, dass Theorien bzw. Paradigmen rational verglichen werden können. Die Diskussion hierzu ist allerdings sehr umfangreich und kann hier nicht angemessen dargestellt werden. Kuhn selbst hat ausgeführt, dass Paradigmen nur dann aufgegeben werden, wenn ein neues Paradigma zur Verfügung steht, welches (1) den überwiegenden Teil der Phänomene erklärt, die bereits das alte Paradigma erklärt hatte, und darüber hinaus (2) auch Probleme löst, die das alte nicht lösen konnte. Er gibt also den Fortschrittsgedanken nicht gänzlich auf.

5. Das Problem der **Theoriebeladenheit** von Beobachtung beinhaltet immer eine starke Färbung durch unsere Vorerfahrungen. Sie erfolgt quasi durch eine spezifische Wahrnehmungsbrille, die – um mit einem von Norwood Hanson in die moderne wissenschaftsreflexive Diskussion eingeführten Begriff zu sprechen, *theoriebeladen* sei (Hanson 1965; selbstverständlich findet man den Gedanken schon früher, beispielsweise bei Kant). Damit ist nicht etwa gemeint, dass Beobachtungen im Nachhinein interpretiert würden, sondern dass von den Vorerfahrungen abhängt, was überhaupt erst beobachtet wird. Vor diesem Hintergrund ist ein objektives Sammeln empirischer Daten unmöglich, alle Beobachtungen werden durch die Theorie, auf die sie bezogen werden, mitbestimmt. Thomas Kuhn illustriert dies mit dem Beispiel eines Physikers der, nachdem er den Umgang mit bestimmten Messinstrumenten (z. B. der Blasenkammer) gelernt hat, buchstäblich Spuren von Elektronen *sieht*. Laien hingegen sehen keine Elektronen, sondern Blasen in einer Flüssigkeit. Ob sich aus der Theoriebeladenheit ein Problem für die Objektivität wissenschaftlicher Erkenntnis ergibt, ist umstritten. Beispielsweise könnte eingewendet werden, dass es in Anbetracht der erfolgreichen praktischen Anwendung dieser Erkenntnisse offensichtlich gelingt, empirische Daten zumindest teilweise objektiv einzubeziehen.

6. Das Problem der **pessimistischen Meta-Induktion** wurde von Larry Laudan vorgebracht: Der Blick in die Wissenschaftsgeschichte zeigt, so Laudan, dass sich viele wissenschaftliche Theorien als falsch herausgestellt haben. Das gilt selbst für sehr erfolgreiche Theorien wie die Newtonsche Mechanik, die die Physik über 200 Jahre lang geprägt hat und die bis heute empirisch erfolgreich ist, d. h. in vielen Bereichen sehr gute Vorhersagen ermöglicht. Laudan zieht den Schluss, dass es zumindest zweifelhaft sei, dass unsere gegenwärtigen Theorien in dieser Hinsicht eine Ausnahme darstellen. Diese Ansicht kann jedoch ebenfalls kritisiert werden: Beispielsweise ist zweifelhaft, ob Laudans Liste erfolgreicher aber widerlegter historischer Theorien eine geeignete Stichprobe darstellt, um auf dieser Basis einen Induktionsschluss zu bilden. Und zweitens ist zweifelhaft, ob sich aus dem Scheitern historischer Theorien auf aktuelle Wissenschaft der Schluss auf das zukünftige Scheitern aktueller Theorien überhaupt ziehen lässt. Dies wäre nur dann plausibel, wenn es einen Kausalzusammenhang wissenschaftliche Theorie → Scheitern gäbe. Worin dieser bestehen könnte, ist aber unklar. Damit ist durchaus denkbar, dass unsere aktuellen wissenschaftlichen Theorien, zumindest in ihren Grundzügen, historischen Ansätzen überlegen sind und Bestand haben werden.

3   Ist eine kritisch-optimistische Sicht auf Wissenschaft möglich?

Selbstverständlich werden Einsichten wie die prinzipielle Unterbestimmtheit von Theorien durch empirische Daten oder die Unsicherheit von Induktionsschlüssen heute von den allermeisten Wissenschaftsphilosophen grundsätzlich akzeptiert. Es ist auch klar, dass Unterschiede zwischen dem methodischen Ideal, wie es die klassische Wissenschaftsphilosophie gezeichnet hat, und dem tatsächlichen Wissenschaftsbetrieb, wie er durch die historische und soziologische Analyse einschlägiger Beispiele der Wissenschaftsgeschichte und der aktuellen Forschungspraxis beschrieben wird, bestehen. Beispielsweise hat die Verabsolutierung rationaler Kritik als wissenschaftliche Methode (im Falsifikationismus nach Karl Popper) wenig damit zu tun, wie Forscher tatsächlich handeln. Eine *uneingeschränkt* optimistische Sicht auf Wissenschaft wird vor diesem Hintergrund nur noch von wenigen Autoren vertreten (z. B. Bunge 2015; Ladyman 2011).

Abweichend von der Wahrnehmung vieler Protagonisten außerhalb der Wissenschaftstheorie gilt eine kritisch-optimistische Einschätzung der Leistungsfähigkeit der Wissenschaften innerhalb der akademischen Wissenschaftsphilosophie jedoch keineswegs als „überwunden" oder „gescheitert" (Laudan 1990, viii–xi). Grundsätzlich folgt aus dem Umstand, dass sich ab den 1970er Jahren der wissenschaftstheoretische Fokus von allgemeinen Fragen zu Problemen der Einzelwissenschaften verschoben hat nicht, dass sich damit auch die Haltungen der Experten gegenüber Wissenschaft verändert hätten (Sober 2015). Tatsächlich haben nur die wenigsten Experten aus den Arbeiten Kuhns, Feyerabends und ihrer Nachfolger den relativistischen Schluss gezogen, Wissenschaft sei von anderen Weltzugängen ununterscheidbar und ihnen in epistemischer Hinsicht gleichgestellt.

Verschiedene Gründe sprechen insbesondere im Hinblick auf lebensweltliche Fragen dafür, eine *kritisch* optimistische Sicht auf Wissenschaft und wissenschaftliches Wissen beizubehalten:

Die Wissenschaften sind faktisch erfolgreich
Den Allermeisten – Laien und Wissenschaftsphilosophen – zeigt sich die Überlegenheit der Naturwissenschaften gegenüber anderen Weltzugängen in der erfolgreichen Voraussage und technischen Beherrschung von Naturphänomenen. Es ist bezeichnend, dass auch Pseudowissenschaftler und Wissenschaftsverweigerer die Erkenntnisse der Wissenschaften und ihre technischen Anwendungen in nahezu allen Lebensbereichen für wahr halten und nutzen, dieser Wissenschaft aber in Bezug auf einen speziellen Gegenstandsbereich die Leistungsfähigkeit auf fundamentaler Ebene absprechen (Harker 2015, 95). Von Hilary Putnam stammt ein zentrales Argument für den wissenschaftlichen Realismus, bei dem aus dem Erfolg der Naturwissenschaften auf ihre Wahrheitsnähe geschlossen wird: Nach Putnam würde es an ein Wunder grenzen, wenn die offensichtliche Passung wissenschaftlicher Theorien mit den empirischen Daten Zufall wäre. Da es

Wunder nicht gibt, ist es die bessere Erklärung, dass wissenschaftliche Theorien tatsächlich etwas von der Realität erfassen (*no-miracle-argument*). Auch aktuelle Befragungen von Wissenschaftsphilosophen stützen diese Position: So bezeichnen sich ¾ der befragten Experten als wissenschaftliche Realisten, lehnen also Konstruktivismus und Relativismus in Bezug auf naturwissenschaftliche Erkenntnisse ab (Bourget und Chalmers 2014).

Wissenschaft muss nicht perfekt sein
Allgemein lässt sich sagen, dass die im vorangegangenen Abschnitt skizzierten Argumente gegen eine allzu optimistische Einschätzung der epistemischen Leistungsfähigkeit von Wissenschaft zwar prinzipiell überzeugend sind. Ihre Reichweite ist jedoch umstritten, und es ist offensichtlich, dass sie wenig zur Lösung lebensweltlicher Probleme beitragen („Soll ich mich impfen lassen?"): Aus der prinzipiellen Unsicherheit und damit *Vorläufigkeit* von Wissen (z. B. Induktionsproblem, Unterbestimmtheit, Theoriebeladenheit etc.) ergibt sich nicht, dass wissenschaftliches Wissen *unzuverlässig* wäre. Gewissheit ist vermutlich nicht zu erreichen, sie ist aber auch nicht notwendig. In der Praxis reichen gute Gründe, um Entscheidungen zu treffen und zu handeln, und wissenschaftliches Wissen ist im Vergleich zu anderen Wissensbehauptungen besonders gut begründet. In den institutionalisierten Verfahren der Begründung von Erkenntnisansprüchen liegt die Besonderheit des gesellschaftlichen Subsystems Wissenschaft, auf die sich das Vertrauen in die Verlässlichkeit wissenschaftlichen Wissens stützt. Gerade die intersubjektiven Konventionen der globalen Wissenschaftsgemeinschaft stützen die Ansicht, dass Wissenschaft mehr ist als eine bloße Weltanschauung unter vielen. Aus dem Umstand, dass Wissenschaft weniger objektiv oder rational und wissenschaftliches Wissen weniger sicher ist, als man es sich erhoffen mag, folgt somit nicht, dass Wissenschaft nun ein gänzlich subjektives und irrationales Unterfangen und wissenschaftliches Wissen unzuverlässig wäre. Und es folgt auch nicht, dass Wissenschaft in diesen Hinsichten den gleichen Status hätte wie Pseudowissenschaft und Wissenschaftsverweigerung. Diesen Eindruck hervorzurufen, ist aber die Strategie der Anhänger von Pseudowissenschaft und derjenigen, die wissenschaftliches Wissen wider besseres Wissen aus ideologischen (politischen, ökonomischen) Gründen ablehnen.

Wissenschaft kann von Pseudowissenschaft unterschieden werden
Mit dem Verschwinden der Vorstellung, dass es eine einheitliche wissenschaftliche Methode gäbe, ist auch das Demarkationsproblem in Schwierigkeiten geraten. Die Probleme, den Begriff ‚Wissenschaft' über eine einheitliche Methode zu definieren, bedeuten aber weder, dass es keine Unterschiede zwischen Wissenschaft und Nichtwissenschaft gäbe, noch dass – zumindest nach Ansicht vieler Wissenschaftsphilosophen – eine Abgrenzung von Wissenschaft in strittigen Fällen unmöglich ist. Akzeptiert man den andauernden Erfolg der Naturwissenschaften als Faktum, ist es zudem plausibel, dass es Gründe für die diese Leistungsfähigkeit geben muss, und dass sich die Naturwissenschaften in epistemisch relevanter Hinsicht von Nicht-Naturwissenschaft unterscheiden –

es ist und bleibt Aufgabe von Wissenschaftsphilosophie, die Besonderheit von Wissenschaft herauszuarbeiten und so zu einem besseren Wissenschaftsverständnis beizutragen (Schurz 2014, 44).

Hierzu wurden in den vergangenen Jahren verschiedene Vorschläge unterbreitet, deren Gemeinsamkeit darin besteht, dass die Beurteilung des Wissenschaftlichkeitscharakters anhand von *Familienähnlichkeit* vollzogen wird, d. h. von graduellen Ausprägungen bestimmter Merkmale abhängt. Ein Beispiel für einen solchen Ansatz ist das Konzept des deutschen Wissenschaftsphilosophen Paul Hoyningen-Huene: Die Besonderheit von Wissenschaft und wissenschaftlichem Wissen besteht in ihrer vergleichsweise höheren Systematizität in verschiedenen Bereichen. So unterscheidet sich die Begründung von Wissensansprüchen in verschiedenen Wissenschaften zwar (z. B. Beweise in den Formalwissenschaften wie der Mathematik, empirische Belege in den Realwissenschaften). Sie ist jedoch insgesamt dadurch gekennzeichnet, dass menschliche Fehlbarkeit durch den systematischen Einsatz von Methoden der Irrtumselimination in größerem Umfang berücksichtigt wird als in den Nichtwissenschaft. Gleiches gilt für die Organisation des kritischen Diskurses in den Wissenschaften, die systematische Nutzung von Beschreibungsinstrumenten etc. Damit ist also nicht gesagt, dass Alltagswissen per se unsystematisch wäre. Aber wissenschaftliches Wissen über einem bestimmten Gegenstandsbereich wird systematischer begründet als Alltagswissen oder pseudowissenschaftliche Ansätze zu demselben Gegenstandsbereich (Hoyningen-Huene 2013). Der wichtigste Punkt hierbei ist, dass es nicht darum geht, ob Wissen wissenschaftlich ist oder nicht, sondern darum, ob wir Gründe haben, dieses wissenschaftliche Wissen für das verlässlichste Wissen über die fragliche Sache zu halten (vgl. auch Laudan 1983, 124; Harker 2015, 23). Höhere Systematizität wäre ein plausibler Grund.

Familienähnlichkeit
Zeitgenössische Antworten auf die Frage „Was ist Wissenschaft?" geben den Versuch auf, notwendige und hinreichende Kriterien für Wissenschaft zu finden und bedienen sich stattdessen des Konzeptes der Familienähnlichkeit. Der Begriff geht auf Ludwig Wittgenstein zurück, der ihn im Zusammenhang mit dem Universalienproblem der Philosophie vorgeschlagen hatte. Familienähnlichkeit bedeutet vereinfacht, dass die mit einem Begriff bezeichneten Gegenstände in einem Cluster überlappender Eigenschaften verbunden sind, ohne dafür zwingend gemeinsame Merkmale aufweisen zu müssen. Zum Beispiel könnte es vier Merkmale (A, B, C, D) geben und eine Anzahl Objekte, die jeweils 3 der 4 Merkmale aufweisen, z. B. (A, B, C), (A, D, C) oder (B, C, D). Die Überlappungen begründen die Familienähnlichkeit. Wittgensteins Beispiel ist der Begriff ‚Spiel'. Es gibt keine besondere Eigenart von Spielen, die alle Spiele miteinander teilen und die sie außerdem von anderen menschlichen Aktivitäten unterscheidet. Dennoch weisen Spiele Familienähnlichkeit auf: Brettspiele teilen sich gewisse

Eigenschaften mit Kartenspielen, andere mit Ballspielen, die wiederum Eigenschaften mit Kartenspielen gemein haben, etc. Aus diesem Grund können wir eine unbekannte Aktivität als Spiel erkennen. Ähnliches trifft auf den Begriff ‚Wissenschaft' zu.

Die wissenschaftliche Methode ist zwar ein Mythos – methodologische Grundlagen sind für Wissenschaft aber unverzichtbar

Wie kann der Erkenntniserfolg der Naturwissenschaften erklärt werden? Die klassische Antwort auf diese Frage lautet, dass systematisches Vorgehen wie Beobachtung, Vergleich und Experiment, induktives und deduktives Schluss-folgern sowie die Formulierung und Prüfung von Hypothesen und Theorien typische Methoden der Naturwissenschaften sind. Diese können, trotz Unter-schieden im Detail, als _Kanon_ epistemischer Aktivitäten in den Naturwissen-schaften aufgefasst und zur Unterscheidung von Nicht-Naturwissenschaft aber auch von vorgetäuschter Wissenschaft, sogenannter Pseudowissenschaft, heran-gezogen werden.

Damit korrespondiert die in der Gesellschaft aber auch in Konzepten natur-wissenschaftlicher Bildung verbreitete Vorstellung, dass in der Wissenschaft eine feste Abfolge von Schritten durchlaufen wird (z. B. Weitzel und Schaal 2012, 90). Auch wenn sich die Darstellungen verschiedener Autoren im Detail unterscheiden, werden im Wesentlichen die folgenden Schritte genannt:

1. Wahrnehmung eines Phänomens und Formulierung einer wissenschaftlichen Frage
2. Formulierung von Hypothesen als möglichen Erklärungen des Phänomens
3. Ableitung beobachtbarer Konsequenzen aus der Hypothese (wenn → dann)
4. Überprüfung (z. B. durch Experiment, Beobachtung oder Vergleich)
   a) Bestätigung der Hypothese (s. 5a)
   b) Widerlegung der Hypothese (s. 5b)
5. Wissenschaftlicher Fortschritt
   a) Entwicklung einer wissenschaftlichen Theorie durch Kombination von wiederholt bestätigten Hypothesen
   b) Verwerfen der Hypothese und weiter mit Schritt 2

Demgegenüber hat sich in der Wissenschaftsphilosophie die Einsicht durchgesetzt, dass Naturwissenschaftler in der Praxis eine Vielzahl von Aktivitäten zur Erkennt-nissuche nutzen, und dass sie dabei nicht Schritt für Schritt einem erkennbaren Erkenntnisalgorithmus folgen. In diesem Sinne ist _die_ naturwissenschaftliche Methode, insbesondere als Abgrenzungskriterium, also tatsächlich ein Mythos.

Dass es _die_ wissenschaftliche Methode nicht gibt, bedeutet jedoch nicht, dass methodologische Grundlagen bei der Begründung wissenschaftlicher Aussagen insgesamt irrelevant wären. Peter Janich argumentiert beispielsweise, dass der Forschungsprozess in ganz erheblichem Maß auf methodischen Standards inner-halb der jeweiligen Wissenschaftsbereiche beruht (_Universalität_). Ohne diese Übereinkünfte wäre ein fachlicher Austausch über Forschungsergebnisse (_Trans-subjektivität_) als wesentlicher Aspekt von Wissenschaftlichkeit gar nicht denkbar (Janich 2007).

Auf einer basalen Ebene gehört zu diesen methodischen Standards die Akzeptanz formaler Logik, die Befolgung grundlegender ethischer Normen und die Anwendung der Mathematik, insbesondere der Stochastik (Matthews 2004, 103–105). Der US-amerikanische Wissenschaftsphilosoph Elliot Sober betont beispielsweise, dass große Einigkeit in der Wissenschaftstheorie darüber bestünde, dass deduktive Schlussweisen ebenso wie die Grundlagen der Statistik unabhängig davon gültig seien, in welcher Wissenschaft sie angewendet würden und dass sie auch faktisch zu den Grundprinzipien wissenschaftlicher Beweisführung gehören (Sober 2015). Auf welche Weise Erkenntnisansprüche in wissenschaftlichen Publikationen begründet werden müssen (z. B. die Erfüllung der bekannten „Gütekriterien" empirischer Sozialforschung: Objektivität, Reliabilität, Validität, oder das in vielen naturwissenschaftlichen und medizinischen Journalen übliche sogenannte IMRAD-Format: Introduction, Method, Results, Analysis, Discussion), wird von angehenden Wissenschaftler*innen spätestens im Rahmen von Qualifikationsarbeiten erlernt. Selbstverständlich bilden diese Publikationen den tatsächlichen Forschungsprozess nicht 1:1 ab, d. h. sie sind Idealisierungen bzw. Rekonstruktionen. Sie sind aber deswegen keine „Fälschungen" (*fraud*), wie von kritischen Autoren bisweilen behauptet wird (McComas 2020, 50). Die Art der Darstellung erfüllt epistemische Zwecke, sie ist für die Reflexion und epistemische Beurteilung des Forschungsprozesses unerlässlich (International Committee of Medical Journal Editors 2020, 14). Das oben aufgeführte Schema muss also verändert werden:

(1) Findung von Forschungsfragen und Forschung
(2) Darstellung des Forschungsprozess nach allgemein akzeptierten Standards (im Prinzip entsprechend dem Schema oben)
(3) Veröffentlichung der idealisierten Darstellung nach vorangegangener Prüfung durch Expertenkollegen (*„peer-review"*) in einem Fachjournal
(4) Ggf. Diskussion der Erkenntnisansprüche in der wissenschaftlichen Gemeinschaft
(5) Ggf. Einordnung in den jeweiligen Forschungsstand zum Thema (*„Review-Studien"*, *„Meta-Analysen"*)

Im Rahmen dieses kurzen Beitrags ist selbstverständlich keine umfassende Verteidigung der epistemischen Autorität der Wissenschaften möglich. Es ist aber hoffentlich gelungen, an einigen Aspekten deutlich zu machen, dass eine optimistische Perspektive auf Naturwissenschaft sowohl fachwissenschaftlich als auch lebensweltlich immer noch bedeutsam ist. Was sollen Schülerinnen und Schüler also im Philosophieunterricht über das Thema ‚Erkenntnis in den Naturwissenschaften' lernen und welches Bild von Naturwissenschaft soll dabei vermittelt werden?

4   Schlussfolgerungen für den Unterricht

Die klassische Perspektive auf (Natur-)Wissenschaft leidet unter vielfältigen Problemen. Entgegen früherer Hoffnungen hat sich Naturwissenschaft nicht als sicherer Weg zur Wahrheit erwiesen. *Die* wissenschaftliche Methode ist ebenso dem Reich der Mythen zuzuordnen wie die Unterscheidung von Wissenschaft und Pseudowissenschaft mittels einfacher Kriterien. Wissenschaftliche Objektivität und Rationalität, Mechanismen der Selbstkorrektur – bei näherer, z. B. soziologischer Betrachtung sind all diese Eigenschaften eher idealtypische Darstellungen als das, was in der real existierenden Wissenschaft geschieht.

Eine gewisse Skepsis gegenüber den im Namen der Wissenschaft vorgebrachten Erkenntnisansprüchen ist also angebracht, selbst wenn wissenschaftliches Wissen im Allgemeinen das Beste, nämlich das am besten gerechtfertigte Wissen sein sollte, das wir über einen Gegenstandsbereich haben. Klar ist auch, dass die Autorität der Wissenschaft missbraucht werden kann und eine naiv-optimistische bzw. wissenschaftsgläubige Haltung einen solchen Missbrauch erleichtert. Selbstverständlich ist schließlich, dass der Bereich, in dem Naturwissenschaft Erklärungen liefern kann, begrenzt ist: Eine Ausweitung des Gegenstandsbereichs der Wissenschaft auf alle Aspekte menschlichen Lebens und die Vermischung wissenschaftlicher mit wertenden Aussagen sind hochproblematisch.

- Ein Ziel des Philosophieunterrichts ist es daher, verbreitete Alltagsvorstellungen über Wissenschaft, oft trivialisierte Versionen der klassischen Perspektive und damit verbunden naive Wissenschaftsgläubigkeit (naiver Szientismus), unter Bezug auf den Diskussionsstand der wissenschaftsreflexiven Disziplinen zu hinterfragen und auf eine *kritische Haltung* gegenüber Wissenschaft hinzuwirken.

Ein Fehler wäre es jedoch, wenn hierbei über das Ziel hinausgeschossen würde. Die Entwicklung einer pessimistischen oder sogar ablehnenden Haltung gegenüber Wissenschaft und die Relativierung von Wissenschaft als ein Erkenntnissystem unter vielen gehen zu weit. Ein Unterricht mit diesem Ergebnis würde eine naive Vorstellung durch eine andere ersetzen. Es ist offensichtlich, dass die Naturwissenschaften in Bezug auf die Erklärung, Vorhersage und damit Beherrschung von Naturphänomenen besonders erfolgreich sind. Sie besitzen in dieser Hinsicht unter allen erkenntnisproduzierenden Institutionen faktisch einen Sonderstatus. Es ist plausibel anzunehmen, dass der unterschiedliche Erkenntniserfolg mit Unterschieden zwischen den Naturwissenschaften und nicht-naturwissenschaftlichen Bereichen erklärt werden kann. In der Wissenschaftstheorie sind in den vergangenen Jahrzehnten Vorschläge zu der Frage erarbeitet worden, worin diese Unterschiede bestehen und wie sie genutzt werden können, um Wissenschaft von Nichtwissenschaft zu unterscheiden.

- Ein weiteres Ziel des Philosophieunterrichts ist es daher, die zunehmend ebenfalls verbreiteten wissenschaftsfeindlichen, erkenntnisrelativistischen und irrationalen Strömungen zu kritisieren sowie die Gründe für den epistemischen Sonderstatus der Wissenschaft herauszuarbeiten und auf die Akzeptanz ihrer Erkenntnisse und eine *wertschätzende Haltung* hinzuwirken (elaborierter Szientismus).

Im Folgenden werden Anregungen gegeben, wie lebensweltliche Kontroversen um den Status mutmaßlicher Pseudowissenschaft als Kontext für die Auseinandersetzung mit der Frage „Was ist (Natur-)Wissenschaft?" und die Förderung wissenschaftsreflexiver Kompetenz genutzt werden können.

5   Vorüberlegungen: Pseudowissenschaft im Unterricht?

Die meisten Schülerinnen und Schüler dürften eine intuitive Vorstellung davon haben, was Wissenschaft ist. Diese Vorstellungen werden im Alltag nur selten herausgefordert, daher ist es für Schülerinnen und Schüler im Allgemeinen nicht erforderlich, sie anzupassen. Klärungsbedarf entsteht vor allem dann, wenn es Streit darüber gibt, was zur Wissenschaft zählt und was nicht. Die Öffentlichkeit erreichen solche Kontroversen über Wissenschaftlichkeit nur selten, etwa wenn am Wissenschaftsstatus der Zugang zu öffentlichen Geldern (wie beim Streit um die Homöopathie) oder zum Bildungsbereich (wie beim Streit um einen ,wissenschaftlichen' Kreationismus) hängt oder wenn die epistemische Autorität von Wissenschaften bestritten wird. In diesen Fällen kommt die Wissenschaftsphilosophie ins Spiel und trägt zum Diskurs bei, etwa wenn Philosophen als Experten zu juristischen Auseinandersetzungen befragt werden oder sich mit Publikationen öffentlich zu Wort melden.

Aufgrund der Kontroversität auf konkret-lebensweltlicher Ebene (in Hinblick auf die Beurteilung von Wissenschaftlichkeitsansprüchen) und auf fachphilosophischer (hinsichtlich der Lösbarkeit und Relevanz des Demarkationsproblems), bietet der Streit um Pseudowissenschaft für Schülerinnen und Schüler die Möglichkeit, ihre Vorstellungen über Wissenschaft einer Tauglichkeitsprüfung zu unterziehen – *wissenschaftsreflexive Kompetenz* wird gefördert. Die Kontroversität des Themas gewährleistet dabei eine hohe Motivation – sie stellt aber auch eine Herausforderung für die Lehrenden dar, wenn Emotionen auf Lernendenseite ins Spiel kommen und Kritik als persönlicher Angriff wahrgenommen wird (s. Kasten zur Kontroversität). Im Folgenden wird eine Unterrichtssequenz vorgestellt (methodologische Standards in der Medizin und in der Homöopathie).

Umgang mit Kontroversität

Bei der Nutzung von Kontroversen über Wissenschaft als Unterrichtskontext ist zu beachten, dass die Alltagsvorstellungen, die Schülerinnen und Schüler von Wissenschaft haben, in vielen Fällen mit Einstellungen gegenüber Wissenschaft verbunden sein dürften, die dem sozialen Umfeld entstammen. Wissenschaftsfeindlichkeit ist eine einflussreiche gesellschaftliche Strömung der Gegenwart. Sie zeigt sich aktuell besonders deutlich in Phänomenen wie Coronaleugnung und Querdenkertum, die aber mit allgemeiner Impfgegnerschaft (z. B. Diskussion um die Masernimpfung) und Homöopathiegläubigkeit in Deutschland eine längere Tradition haben. Das kann in einem Unterricht, der sich des Streits um Pseudowissenschaft oder Wissenschaftsverweigerung bedient, zu Konflikten führen, wenn Schülerinnen und Schüler beispielsweise aufgrund des familiäre Hintergrundes Überzeugungen anhängen, die mit wissenschaftlichen Erkenntnissen inkompatibel sind, und diese Überzeugungen mit negativen Einstellungen gegenüber Wissenschaft verbunden sind.

Kritik an den Alltagsvorstellungen kann dann als persönlicher Angriff wahrgenommen werden, weil Einstellungen eine affektive und oft identitätsstiftende Dimension beinhalten. Dieses Problem kann hier nicht erschöpfend diskutiert werden. Grundsätzlich gilt jedoch (1), dass aus dem Umstand, dass eine Person gerechtfertigt sein kann, eine bestimmte Überzeugung zu haben, nicht folgt, dass die Überzeugung selbst gerechtfertigt ist (s. o. Normenzirkularität), und dass (2) Überzeugungen von den Personen zu trennen sind, die sie vertreten. Während Personen grundsätzlich akzeptiert bzw. respektiert werden sollten, gilt das nicht für ihre Überzeugungen. Fehlerhafte oder ungerechtfertigte Überzeugungen können nicht akzeptiert, sondern bestenfalls toleriert werden. Da (3) Toleranz, als unbefriedigender Zwischenzustand, entweder in Akzeptanz oder Kritik münden sollte, müssen diese Überzeugungen, wenn sie nicht akzeptiert werden können, missbilligt werden (z. B. Schmidt-Salomon 2016, 75–112). Eine Rücksichtnahme auf die Befindlichkeiten von Personen, welche irrationale Positionen vertreten, wäre auch deshalb unangebracht, weil dies (4) letztlich bedeuten würde, diese Personen nicht ernst zu nehmen und sie wie kleine Kinder zu behandeln, denen man die Konfrontation mit ihrer Irrationalität nicht zumuten kann (Laats und Siegel 2016, 82–92).

6 Unterrichtssequenz: Homöopathie zur Behandlung von COVID-19?

Szenario
In der hier vorgeschlagenen Unterrichtssequenz diskutieren Schülerinnen und Schüler die Frage, welche methodologischen Standards für die Überprüfung der Wirkung von Arzneimitteln gelten sollten. Dabei setzen sie sich mit zentralen wissenschaftsphilosophischen Argumenten auseinander.

Ziele der Unterrichtssequenz
Die Schülerinnen und Schüler können:

- zentrale Argumente (sowie ggf. rhetorische Mittel und logische Fehler) in Aussagen von Homöopathie-Befürwortern identifizieren und kritisch analysieren,
- etablierte methodologische Standards in der wissenschaftsorientierten Medizin erklären,
- zu diesen Standards aus epistemischer und lebensweltlicher Sicht begründet Stellung nehmen,
- diese Standards auf die Homöopathie anwenden und
- begründet eine Meinung dazu vertreten, ob Homöopathie als Pseudowissenschaft einzustufen ist.

Hintergrundinformationen Homöopathie

Während homöopathische Behandlungen und Arzneimittel in vielen Ländern mittlerweile kritisch gesehen und in der Folge beispielsweise aus dem Leistungskatalog von Krankenkassen entfernt werden (z. B. House of Commons Science und Technology 2010), erfreuen sie sich in Deutschland weiterhin großer Beliebtheit (Deutsches Ärzteblatt 2014). Allerdings gibt es auch hierzulande mittlerweile einigen Widerspruch, beispielsweise aus der Medizinethik (z. B. https://muensteraner-kreis.de/).

Besondere Brisanz erhält das Thema aktuell dadurch, dass sich einige Homöopathen in der COVID-19-Pandemie gegen Impfungen und Vorsichtsmaßnahmen ausgesprochen, die Erkrankung verharmlost und als durch Homöopathika therapierbar dargestellt haben (z. B. Hahnemann Gesellschaft).

Kurzinfo Homöopathie

Die Homöopathie geht auf den Arzt und Apotheker Dr. Samuel Hahnemann zurück, der seine Lehre ab etwa 1790 formulierte (Hauptwerk 1810). Grundidee der Homöopathie ist es, über einen Reiz in Form homöopathischer Arzneimittel die Selbstheilungskräfte des Körpers zu aktivieren. Die Arzneimittel sind hauptsächlich nach zwei Prinzipien gestaltet:

Simile- bzw. Ähnlichkeits-Prinzip: Es werden zur Behandlung Substanzen verwendet, die bei einem gesunden Menschen Symptome auslösen, die denen der Erkrankung ähnlich sind. Diese Symptome (sog „Arzneimittelbild") werden durch Selbstversuch und Selbstbeobachtung von gesunden Personen ermittelt.

Prinzip der Potenzierung: Arzneimittel wirken umso stärker, je stärker sie (in einem speziellen Verfahren) verdünnt wurden. Dies gilt auch, wenn aufgrund der Verdünnung kein Wirkstoff mehr enthalten ist.

Eine spezifische therapeutische Wirksamkeit der Homöopathie konnte in Studien, die die regulären medizinischen Standards erfüllen, nicht nachgewiesen werden. Die Behandlungserfolge durch homöopathische Arzneimittel lassen sich nach heutigem Kenntnisstand vollständig durch *Placeboeffekte* erklären (Shang et al. 2005).

Inhaltlich erübrigt sich vor dem Hintergrund der Datenlage die Diskussion um die Plausibilität der Homöopathie und mögliche Erklärungen ihrer Wirkungen (z. B. durch ein sogenanntes „Wassergedächtnis", Quanteneffekte etc.) sowie deren Kompatibilität beispielsweise mit dem physikalischen Hintergrundwissen: Da keine Wirkung nachgewiesen werden kann, gibt es aus naturwissenschaftlicher Sicht kein erklärungsbedürftiges Phänomen. Auch die bisweilen vorgetragene Argumentation, schulmedizinisch könne die Wirksamkeit zwar nicht belegt aber auch nicht widerlegt werden, läuft erkennbar ins Leere: Da Nichtexistenz im Gegensatz zu Existenz im Allgemeinen nicht belegt werden kann, ist eindeutig, dass diejenigen, die die Existenz von Wirkungen behaupten, die Beweislast hierfür tragen (vgl. hierzu auch Feynman im Video zur Existenz von Außerirdischen auf der Erde: https://youtu.be/EYPapE-3FRw).

In Deutschland dürfen homöopathische Arzneimittel therapeutisch dennoch eingesetzt werden, weil sie von der gesetzlichen Pflicht eines Wirksamkeitsnachweises ausgenommen sind. Eine für Schülerinnen und Schüler gut verständliche Information zum Thema Homöopathie bietet beispielsweise das Wissenschaftsmagazin Quarks des Westdeutschen Rundfunks (QUARKS 2018).

Ein Großteil der Kontroverse um die Homöopathie dreht sich um die Frage, nach welchen Standards eine mögliche Wirkung nachgewiesen werden müsste. Hierbei muss unterschieden werden: Zum einen gibt es Studien über die Wirksamkeit homöopathischer Arzneimittel, die den Anspruch erheben, gängigen methodologischen Standards der Medizin zu genügen. Diese Studien weisen meist gravierende Qualitätsmängel auf, etwa weil die Stichprobengröße zu klein ist, weil keine Kontrollgruppe existiert oder verschiedene Einflussfaktoren gleichzeitig getestet werden. In Meta-Analysen bzw. Review-Studien ist die Auswahl der Studien oft nicht nachvollziehbar (Ernst 2002, 2015). Letztlich handelt es sich hierbei um schlechte Wissenschaft.

Wissenschaftstheoretisch interessanter ist ein anderer Aspekt: Anhänger der Homöopathie fordern häufig, dass für den Wirksamkeitsnachweis homöopathischer Arzneimittel andere Standards gelten sollen als in der wissenschaftsorientierten Medizin (sog. RCT, s. Kasten zu Doppelt-Blind-Studien). Propagiert werden Ansätze, die in der wissenschaftsorientierten medizinischen Forschung seit langem nicht mehr akzeptiert werden, beispielsweise Befragungen von Ärzten und Patienten nach dem subjektiv wahrgenommenen Behandlungserfolg oder die Schilderung von Einzelfällen. Dieses Vorgehen wird damit gerechtfertigt, dass Medizin eine „Handlungswissenschaft", „Heilkunst" etc., aber keine Naturwissenschaft sei und quantitative statistische Verfahren dem Untersuchungsgegenstand ‚Mensch' unangemessen wären. Adäquat wären andere Verfahren, beispielsweise „gestalttherapeutische Weisen des Erkennens". Hierbei erkennen Ärzte Kausalzusammenhänge (z. B. über Symptome/Ursachen, Behandlung/Wirkung) *unmittelbar* aus der Gesamtbetrachtung des Patienten, ohne Zuhilfenahme weiterer Methoden.

Doppelt-Blind-Studien (Randomized Controlled Trial, RCT)
Der gegenwärtige Standard für den Nachweis therapeutischer Wirkungen von Medikamenten sind randomisierte kontrollierte Studien (s. Kap. 17). Dieser Standard beruht auf verschiedenen Einsichten:

- Wirkbehauptungen müssen grundsätzlich durch systematische empirische Prüfungen begründet werden. Statistische Verfahren sind hierfür geeignete Mittel.
- Es ist erforderlich zwischen spezifischen Wirkungen durch das Medikament und unspezifischen Wirkungen durch die Heilerwartung („Placeboeffekt") zu unterscheiden. Dies erfordert den Vergleich der Effekte in einer Versuchs- (Medikament) und einer Kontrollgruppe (Scheinmedikament: Placebo): Der Einflussfaktor Medikament muss isoliert werden.
- Hierzu ist es zudem erforderlich, den menschlichen Hang zum Selbstbetrug (*bias*) zu kontrollieren. Dies geschieht durch zufällige Verteilung von Probanden in eine Test- und eine Kontrollgruppe („Randomisierung"), ohne dass Arzt und Patient wissen, ob sie in der Test- oder Kontrollgruppe sind („doppelte Verblindung").

Vorschläge zum Ablauf des Unterrichts
Schritt 1: Was ist Wissenschaft?
Material: Video Feynman (https://youtu.be/EYPapE-3FRw).

Arbeitsauftrag:

- Arbeiten Sie Feynmans Kernaussage heraus, indem Sie auf der Basis seiner Aussagen ein Modell von Wissenschaft entwerfen. (*Wissenschaft als Versuch, den menschlichen Hang zum Selbstbetrug zu minimieren, indem Behauptungen mit der Empirie abgeglichen werden. Modell: Vermutungen & Widerlegungen, s. o. in Abschn. 3: „Die wissenschaftliche Methode ist zwar ein Mythos...").* Es bietet sich an, dass die Schüler*innen hier zunächst ein einfaches Modell im Sinne Feynmans entwickeln, das ggf. später modifiziert werden kann*).

Schritt 2: Kritik am optimistischen Bild von Wissenschaft.
Material: Kärtchen mit den wissenschaftskritischen Argumenten (s. Abschn. 2.1).

Arbeitsaufträge:

- Lesen Sie die Argumente auf den Kärtchen und arbeiten Sie die Kernaussagen heraus. Diskutieren Sie, ob Sie der Kritik am Erkenntnisanspruch der Wissenschaften prinzipiell zustimmen können. Notieren Sie auch mögliche Einwände.
- Nehmen Sie Kritikpunkte in das einfache Modell von Wissenschaft aus dem ersten Schritt auf und verfassen Sie eine kurze Kritik am Wissenschaftsbild des Physikers Richard Feynman.

Schritt 3: Ist Homöopathie Wissenschaft?

Material a): Zum Einstieg z. B. Nachrichtenmeldung zum Einsatz von Homöopathie gegen COVID-19: https://www.derstandard.de/story/2000113971218/indisches-ministerium-empfiehlt-homoeopathie-gegen-corona-virus.   Alternativ: Webseite der deutschen Hahnemann-Gesellschaft zum Thema COVID-19: https://www.hahnemann-gesellschaft.de/covid-19/

Arbeitsauftrag:

- Skizzieren Sie auf der Basis ihres Wissenschaftsmodells aus Schritt 1, wie die Frage, ob Homöopathika (prophylaktisch oder bei der Akutbehandlung) gegen COVID-19 wirksam sind, naturwissenschaftlich beantwortet werden kann.

Material b): Artikel, der eigene Wissenschaftsstandards für die Homöopathie verteidigt (z. B. Schmidt 2014 [frei verfügbar]; eine Zusammenfassung des Ansatzes von Schmidt finden Sie hier als Zusatzmaterial: https://doi.org/10.1007/978-3-662-67309-6_12.

Vorbereitend oder im Anschluss an die Gruppenarbeit sollten die ersten drei Abschnitte des Textauszugs von Schmidt (2014) im Kurs besprochen und diskutiert werden. Insbesondere sollten grundlegende wissenschaftskritische Argumente (s. o. Kärtchen), die Schmidt zur Verteidigung der Homöopathie anführt, identifiziert und auf ihre Überzeugungskraft in einem konkreten, lebensweltlichen Kontext (hier Entscheidung für/gegen die Einnahme von Homöopathika) hinterfragt werden.

Arbeitsaufträge (ggf. in Gruppen):

- Arbeiten Sie arbeitsteilig (Gruppe A, B und C) die Begründungen Schmidts für ein alternatives erkenntnistheoretisches Fundament der Homöopathie/Medizin heraus und stellen Sie das Ergebnis im Plenum vor.
- Diskutieren Sie im Kurs, ob Sie, vor dem Hintergrund der vorgetragenen Argumente, der Forderung, dass die Wirksamkeit von Homöopathika nach eigenen methodologischen Standards geprüft werden muss/darf, überzeugend finden.

Schritt 4: Welche methodologischen Standards gelten in der wissenschaftsorientierten Medizin und wie werden sie begründet?

Material:

a) Informationstext, der RCT, Placeboeffekte und *bias* erklärt (z. B. s. o. Infokasten; Informationen zu RCTs s. auch Kap. 17). Alternativ ist eine gute Darstellung in Schmidt 2014 enthalten (wurde im Zusatzmaterial 6.1 gekürzt).
b) Artikel, der evidenzbasierte Medizin erklärt (z. B. Meerpohl 2022 [frei verfügbar]).
c) Artikel zur Funktion von Veröffentlichung und Peer-Review in der Forschung (z. B. ICMJE 2020 [frei verfügbar]; einen Ausschnitt des Artikels finden Sie hier als Zusatzmaterial: https://doi.org/10.1007/978-3-662-67309-6_12.
d) Zur Rolle von Review-Studien auch: https://www.sueddeutsche.de/wissen/umstrittenes-heilverfahren-homoeopathie-missbrauchte-studien-1.1267699-2.

Arbeitsaufträge:

- Richard Feynman wird die Aussage zugeschrieben "The first principle [in science] is that you must not fool yourself – and you are the easiest person to fool." Sammeln Sie (im Hinblick auf Feynmans Aussage) die besonderen Probleme, mit denen medizinische Forschung konfrontiert ist.
- Gruppenweise (z. B. anhand der unter ‚Material' vorgeschlagenen Texte a–d): Fassen Sie zusammen, inwieweit die im Text beschriebenen methodologischen und institutionellen Standards wissenschaftsorientierter Medizin geeignet sind, die oben erkannten Erkenntnisprobleme zu adressieren. Hinweis zu Text c (ICMJE – Ausschnitt): Beachten Sie auch das Inhaltsverzeichnis.
- Ergänzen Sie ihr Modell von Wissenschaft aus Schritt 1.

Schritt 5: Ist die Homöopathie eine Pseudowissenschaft?
Material:

a) Definition Pseudowissenschaft (z. B. aus Hansson 2021 [frei verfügbar]).
b) Ggf. kritische Position gegenüber der Möglichkeit, Wissenschaft und Pseudowissenschaft zu unterscheiden (z. B. Laudan 1983; eine Zusammenfassung des Ansatzes von Laudan finden Sie hier als Zusatzmaterial: https://doi.org/10.1007/978-3-662-67309-6_12.
c) Aktueller Vorschlag zur Abgrenzung von Wissenschaft und Pseudowissenschaft auf Basis von Familienähnlichkeit (z. B. Hoyningen-Huene 2013, 203–207; eine Zusammenfassung des Ansatzes von Hoyningen-Huene finden Sie hier als Zusatzmaterial: https://doi.org/10.1007/978-3-662-67309-6_12.

Arbeitsaufträge:

- Arbeitsteilig: Zu a) Wenden Sie die Definition von Hansson auf das Beispiel Homöopathie an – ist Homöopathie eine Pseudowissenschaft? Verfassen Sie ein Gutachten. Zu b) Arbeiten Sie die Argumentationsstruktur von Laudan heraus. Welche Schlussfolgerungen ergeben sich hinsichtlich der Homöopathie – müssen deren methodologische Standards akzeptiert werden? Zu c) Vergleichen Sie die Systematizität von Homöopathie und ‚Schulmedizin'? Recherchieren Sie zu Homöopathie und Schulmedizin in Bezug auf zwei der folgenden Aspekte: Verteidigung von Wissensansprüchen, kritischer Diskurs, epistemische Vernetztheit und stellen Sie diese in einer Tabelle gegenüber. Welche Schlussfolgerung ziehen Sie?

Literatur

Aßmann, L., R.W. Henke, M. Schulze, und E.-M. Sweing, Hrsg. 2015. *Zugänge zur Philosophie*, 1. Aufl. Berlin: Cornelsen.

Barber, B. 2010. Amerika, du hasst (sic!) es besser. *Süddeutsche Zeitung*, 14.

Bourget, D., und D.J. Chalmers. 2014. What do philosophers believe? *Philosophical Studies* 170(3):465–500. https://doi.org/10.1007/s11098-013-0259-7.

Bromme, R. 2020. Verstehen, Vertrauen und die Verständlichkeit der Wissenschaft: Zu einigen Randbedingungen für den (erfolgversprechenden) Umgang mit Pseudowissenschaft und Wissenschaftsleugnung. In *Wissenschaft, Bildung, Politik*, Bd. 23, Hrsg. R. Neck und C. Spiel. Wissenschaft und Aberglaube, 145–158. Wien: Böhlau.

Brown, J.R. 2001. *Who rules in science? An opinionated guide to the wars*. Cambridge: Harvard University Press.

Bunge, M. 2015. In defense of scientism. *Free Inquiry* 3(1):24–31.

Carrier, M. 2008. *Wissenschaftstheorie zur Einführung*, 2., überarb. Aufl, Bd. 353. Hamburg: Junius.

Chalmers, A. F., C. Altstötter-Gleich, und N. Bergemann. 2007. *Wege der Wissenschaft: Einführung in die Wissenschaftstheorie*, 6., verb. Aufl. Berlin: Springer.

Dellmour, F. 2009. *Argumentarium Teil 3*. https://www.gesundheitlicheaufklaerung.de/wp-content/uploads/2010/10/Argumentarium_Teil3.pdf.

Deutsches Ärzteblatt. 2014. *Homoeopathika immer beliebter*. http://www.aerzteblatt.de/nachrichten/60536/Homoeopathika-immer-beliebter.

Ernst, E. 2002. A systematic review of systematic reviews of homeopathy. *British Journal of Clinical Pharmacology* 54(6):577–582. https://doi.org/10.1046/j.1365-2125.2002.01699.x.

Ernst, E. 2015. Homöopathie: Eine Kritik der gegenwärtigen klinischen Forschung. In *Anders heilen? Wo die Alternativmedizin irrt*, Hrsg. D. Graf und C. Lammers, 1. Aufl., 89–100. Aschaffenburg: Alibri.

Fridays for Future. 2019. *Greta thunberg full speech at the national assembly in Paris, July 23 2019*. https://www.youtube.com/watch?v=ESDpzwWrmGg. Zugegriffen: 09. März. 2023.

Hahnemann Gesellschaft. 2021. *COVID-19*. https://www.hahnemann-gesellschaft.de/category/covid-19/.

Hanson, N. R. 1965. *Patterns of discovery: An inquiry into the conceptual foundations of science (1 Paperback)*. Cambridge: Cambridge University Press.

Hansson, S. O. 2021. *Science and Pseudo-Science*. https://plato.stanford.edu/entries/pseudo-science/.

Harker, D. W. 2015. *Creating scientific controversies: Uncertainty and bias in science and society*. Cambridge: Cambridge University Press.

House of Commons Science and Technology. 2010. *Evidence Check 2: Homeopathy*. https://publications.parliament.uk/pa/cm200910/cmselect/cmsctech/45/45.pdf.

Hoyningen-Huene, P. 2013. *Systematicity: The nature of science. Oxford studies in philosophy of science*. New York: Oxford University Press.

International Committee of Medical Journal Editors (ICMJE). 2020. *The vancouver recommendations*. https://www.icmje.org/icmje-recommendations.pdf.

Janich, P. 2007. Wissenschaft oder Pseudowissenschaft? *ZfDPE* (1).

Krommer, Axel, Volker Frederking, Peter Bekes. 2015. *Philos: Philosophieren in der Oberstufe ([Neubearb.], Dr. A)*. Schöningh-Schulbuch. Paderborn: Schöningh.

Küppers, B.-O. 2008. *Nur Wissen kann Wissen beherrschen: Macht und Verantwortung der Wissenschaft*. Köln: Fackelträger.

Laats, A., & Siegel, H. (2016). *Teaching evolution in a creation nation. The history and philosophy of education*. The University of Chicago Press. Chicago and London.

Ladyman, J. 2011. The scientistic stance. The empirical and materialist stances reconciled. *Synthese* 178(1):87–98. https://doi.org/10.1007/s11229-009-9513-0.

Laudan, L. 1983. The demise of the demarcation problem. *Physics, Philosophy and Psychoanalysis* 76: 111–127. https://doi.org/10.1007/978-94-009-7055-7_6.

Laudan, L. 1990. *Science and Relativism: Some key controversies in the philosophy of science*. Chicago: University of Chicago Press.

Lohse, S., und T. Reydon, Hrsg. 2017. *Grundriss Wissenschaftsphilosophie: Die Philosophien der Einzelwissenschaften* (Lizenzausgabe für die Wissenschaftliche Buchgesellschaft). Darmstadt: WBG.

Mathematisch-naturwissenschaftliche Fachgesellschaften. 2020. *Naturwissenschaftliche Fachgesellschaften zum Klimawandel: „Hört auf die Wissenschaft!"*. https://wissenschaft-verbindet.de/presse/2020/naturwissenschaftliche-fachgesellschaften-zum-klimawandel-hoert-auf-die-wissenschaft.

Matthews, M. R. 2004. Thomas Kuhn's impact on science education: What lessons can be learned? *Science Education* 88(1):90–118. https://doi.org/10.1002/sce.10111.

McComas, W., Hrsg. 2020. *Nature of science in science instruction*. Cham: Springer International Publishing.

Meerpohl, J. 2022, June 29. Null Evidenz? *Falsch!* *FAZ.* https://zeitung.faz.net/faz/natur-und-wissenschaft/2022-06-29/d0eae9f03e9207aab7e809140511e64a?GEPC=s5.

Milman, O. 2016. Trump to scrap Nasa climate research in crackdown on 'politicized science'. The Guardian, 13 November. https://www.theguardian.com/environment/2016/nov/22/nasa-earth-donald-trump-eliminate-climate-change-research.

Peters, J., B. Rolf, K. Draken, M. Gillissen, und M. Peters, Hrsg. 2015. *Philo: Unterrichtswerk für Philosophie in der Sekundarstufe II (NRW)*, 1. Aufl. Bamberg: C.C. Buchner.

QUARKS. 2018. *Darum ist Homöopathie wissenschaftlich nicht nachvollziehbar.* https://www.quarks.de/gesundheit/medizin/homoeopathie-wissenschaftlich-nicht-nachvollziehbar/.

Schmidt, J. M. 2014. Hahnemanns Theorie und Praxis und das moderne Erkenntnisproblem. *Schweizerische Zeitschrift für Ganzheitsmedizin/Swiss Journal of Integrative Medicine* 26(1):2. https://doi.org/10.1159/000358245(OpenAccess).

Schmidt-Salomon, M. 2016. *Die Grenzen der Toleranz: Warum wir die offene Gesellschaft verteidigen müssen.* München: Piper.

Schurz, G. 2014. *Einführung in die Wissenschaftstheorie*, 4., überarb. Aufl. Darmstadt: Wiss. Buchges.

Seidel, M. 2014. *Epistemic relativism: A constructive critique.* New York: Palgrave MacMillan.

Shang, A., K. Huwiler-Müntener, L. Nartey, P. Jüni, S. Dörig, J. A. C. Sterne, und M. Egger. 2005. Are the clinical effects of homoeopathy placebo effects? Comparative study of placebo-controlled trials of homoeopathy and allopathy. *The Lancet* 366(9487):726–732. https://doi.org/10.1016/S0140-6736(05)67177-2.

Sober, E. 2015. Is the scientific method a myth? Perspectives from the history and philosophy of science. *MÈTODE Science Studies Journal* 5:195–199.

Ullrich, H. 2014. Disput um Evolution – ein kritisches Lehrbuch. *Naturwissenschaftliche Rundschau* 67(7):357–360.

Weitzel, H., und S. Schaal. 2012. *Biologie unterrichten: Planen, durchführen, reflektieren*, 1. Aufl. Berlin: Cornelsen.

Was bedeutet gute wissenschaftliche Praxis? 13

Alexander Christian

1   Einleitung

Unter „guter wissenschaftlicher Praxis" versteht man zwei Dinge. Zum einen ist damit die Gesamtheit der in der Wissenschaft wünschenswerten Verhaltensweisen gemeint, beispielsweise die sorgfältige Arbeit im Labor und die korrekte Nennung der verwendeten Quellen in einer wissenschaftlichen Publikation. Zum anderen werden damit aber auch eine Reihe von interdisziplinären und wissenschaftsethischen Diskursen bezeichnet, in denen beispielsweise die Begründung von Prinzipien und Tugenden des wissenschaftlichen Arbeitens, die konkrete Bedeutung von wissenschaftsethischen Grundbegriffen wie „wissenschaftliches Fehlverhalten" und „fragwürdige Forschungspraktiken" und konkrete Fällen von Verstößen gegen wissenschaftliche Standards thematisiert werden. Beispiele für solche Verstöße sind vielfältig. Sie reichen von Fällen, in denen Plagiate in den akademischen Qualifikationsschriften ranghoher Politiker nachgewiesen wurden, über die Wirkung der Anwesenheit kommerzieller Interessen in der Forschung auf die Integrität von Studienergebnissen in der Medikamentenforschung bis hin zu Berichten über sexuelle Belästigung und gender-basierte Diskriminierung in der Wissenschaft. Gute wissenschaftliche Praxis wird zurecht eingefordert und ihr Fehlen in jüngster Zeit vehement kritisiert. So werden inzwischen längst

Ergänzende Information Die elektronische Version dieses Kapitels enthält Zusatzmaterial, auf das über folgenden Link zugegriffen werden kann https://doi.org/10.1007/978-3-662-67309-6_13.

A. Christian (✉)
Institut für Philosophie, Heinrich-Heine-Universität Düsseldorf, Düsseldorf, Deutschland
E-Mail: alexander.christian@hhu.de

© Der/die Autor(en), exklusiv lizenziert an Springer-Verlag GmbH, DE, ein Teil von   221
Springer Nature 2023
B. Bussmann und P. Mayr (Hrsg.), *Theoretisches Philosophieren und Lebensweltorientierung*, Philosophische Bildung in Schule und Hochschule,
https://doi.org/10.1007/978-3-662-67309-6_13

überfällige Diskussion über die Schaffung akademischer Schutzräume geführt und darüber, wie sichergestellt werden kann, dass wissenschaftliche Selbstkorrektur greift.

Betrachten wir einen Fall genauer, der besondere mediale Aufmerksamkeit verursachte, nämlich den Skandal um die rechtswissenschaftliche Promotion des ehemaligen deutschen Verteidigungsministers der Bundesrepublik Deutschland, Karl-Theodor zu Guttenberg. Von 2000 bis 2007 fertigte zu Guttenberg nach dem Studium der Rechtswissenschaften an der Universität Bayreuth (1992 bis 1999), welches er mit dem Ersten Staatsexamen (Note befriedigend) abschloss, eine rechtswissenschaftliche Dissertation bei Peter Häberle (Betreuer) und Rudolf Streinz (Zweitgutachter) an. Nach der erfolgreichen Disputation am 27. Februar 2007 erhielt Guttenberg die Bestnote *summa cum laude*. Seine Promotionsschrift erschien unter dem Titel „Verfassung und Verfassungsvertrag" im Verlag Duncker & Humblot. Ab dem 28. Januar 2009 durfte zu Guttenberg offiziell den akademischen Grad „Doktor der Rechte" führen. Soweit sollte der Vorgang nicht sonderlich interessant sein, wenn da nicht der an der Universität Bremen forschende Rechtswissenschaftler Andreas Fischer-Lescano gewesen wäre. Dieser las die Dissertation zu Guttenbergs Mitte Februar 2011, um darüber eine wissenschaftliche Rezension zu verfassen. Dabei fand er diverse Passagen, in denen mehrheitlich wörtlich, und nicht als direktes oder indirektes Zitat kenntlich gemacht, aus neun fremden Publikationen Text übernommen wurde. Fischer-Lescano informierte daraufhin die Universität Bayreuth und die Gutachter der Dissertation über seinen Plagiatsverdacht. Er vermutete einen Verstoß gegen die Promotionsordnung. Außerdem kontaktierte er Roland Preuß von der *Süddeutschen Zeitung*, der zusammen mit seinem Kollegen Tanjev Schultz die Vorwürfe gegen zu Guttenberg publik machte, nämlich in einem Zeitungsartikel in der *Süddeutschen* vom 16. Februar 2011. Wissenschaftlich dokumentiert wurde der Verdacht in Form einer Rezension der Dissertationsschrift, welche Fischer-Lescano in der von ihm selbst herausgegebenen Fachzeitschrift *Kritische Justiz* veröffentlichte (Fischer-Lescano 2011).

Was folgte, war der erste in einer Reihe von Plagiatsskandalen um Politiker in Deutschland. Der Fall selbst ist hervorragend dokumentiert und kritisch kommentiert (vgl. Lepsius und Meyer-Kalkus 2011; Preuß und Schultz 2011). Im Folgenden werden nur einige Beobachtungen zu diesem Fall notiert: *Erstens* wurde der Zweifel an der wissenschaftlichen Qualität der Dissertation zunächst als politisch motivierter und sachlich haltloser Angriff aus dem linken politischen Spektrum eingeordnet. Binnen weniger Tage zeigte sich allerdings, dass die Dissertation offensichtlich an vielen Stellen nicht kenntlich gemachte Textübernahmen und textuelle Ähnlichkeiten mit Artikeln aus Tages- und Wochenzeitschriften aufweist, der Verdacht also nicht haltlos, sondern vielmehr gut begründet war. *Zweitens* geriet die von Herrn zu Guttenberg gefahrene Verteidigungsstrategie innerhalb kürzester Zeit vollkommen aus dem Ruder. So wurde eine verquaste deutschtümelnde Wortwahl belächelt. Plagiatsvermutungen wurden in Pressemitteilungen des Verteidigungsministers in die semantische Nähe von Majestätsbeleidigung gerückt, es wurde auf die ehrenhafte Pflicht gegenüber den kämpfenden Truppen der Bundesrepublik Deutschland in Afghanistan und die Doppelbelastungen als Vater und Bundestagsabgeordneter während der Anfertigung der Dissertation verwiesen. Es sollte wohl der Eindruck entstehen, dass die wissenschaftliche Kritik an der Dissertation des Verteidigungsministers irgendwo zwischen Ehrenrührigkeit, Vaterlandsverrat und Familienfeindlichkeit eingeordnet werden müsse. *Drittens* wurden die Plagiatsvermutungen nicht nur durch eine Untersuchungskommission geprüft, sondern auch äußerst genau und aussagekräftig in einem von der Universität Bayreuth unabhängigen wiki durch eine anonyme Gruppe besorgter Bürger*innen dokumentiert (guttenplag.wikia. org). *Viertens* wurde plötzlich in der Öffentlichkeit über Plagiatsdefinitionen, Sorgfaltspflichten im Rahmen der Anfertigung akademischer Qualifikations- schriften und deren Bewertung, allgemeine Qualitätsmerkmale von Dissertationen und die Bedeutung und Differenzierung wissenschaftlicher Grundbegriffe, etwa die Unterscheidung von Fußnote und Quellenangabe, diskutiert. *Fünftens* hatte die Aberkennung des Doktortitels, die am 23. Februar 2022 bekanntgegeben wurde, für zu Guttenberg auch eine politische Konsequenz. Er trat vom Amt des Ver- teidigungsministers zurück – er habe die Grenzen seiner Kräfte erreicht und könne die an ihn gerichteten Erwartungen so nicht mehr erfüllen, teilte er am 11. März 2011 der Presse mit (s. Übungsaufgabe zu Pressemitteilungen von zu Guttenberg als Zusatzmaterial hier: https://doi.org/10.1007/978-3-662-67309-6_13, Folie 53).

Die Folgen von Skandalen wie diesem, von Forschungsskandalen allgemein und von Strukturproblemen in der Wissenschaft sind vielfältig und im Einzel- fall nicht immer vollständig abschätzbar. Was aber gesichert gesagt werden kann, ist, dass Verstöße gegen die gute wissenschaftliche Praxis die gemeinschaftliche Suche nach wissenschaftlicher Erkenntnis empfindlich stören, bisweilen sogar zum Scheitern bringen. Ferner schädigen sie das gesellschaftliche Vertrauen in die moralische Integrität der Forschenden und wecken Zweifel an der sachlichen Richtigkeit von Forschungsergebnissen.

Mit Blick auf das thematische Profil des vorliegenden Bandes, in dem theoretisches Philosophieren und Lebensweltorientierung zusammengebracht werden sollen, möchte ich auf eine oftmals implizit gemachte Annahme in der Lehrplanung vieler Hochschulstudiengänge hinweisen: Üblicherweise wird gute wissenschaftliche Praxis in substanzieller Weise erst im Rahmen der späten Hoch- schulausbildung bzw. Postgraduiertenausbildung (ab der Promotion) eingeplant und stellt in den vorherigen Ausbildungsstufen (Bachelor- und Master) nur ein rand- ständiges Thema in der methodologischen Grundlagenausbildung dar. Ein genaues Verständnis für Verstöße gegen die gute wissenschaftliche Praxis in konkreten Fällen, wie im Fall um zu Guttenberg, wird nicht angestrebt. Zumeist beschränkt man sich in der Lehre auf bestimmte Aspekte, die direkt studentische Leistungen in formativen und summativen Prüfungen und fachspezifischen praktischen Übungen betreffen. Beispiele hierfür sind Sorgfalt in der Datenablage und Dokumentation von Programmcodes in der Informatik, das Verbot von Plagiaten und die faire Anerkennung wissenschaftlicher Leistung in Form korrekter Quellenbelege in Essays und Hausarbeiten oder die Einholung der informierten Einwilligung von Versuchsteilnehmern in der psychologischen Forschung. Wissenschaftsethik wird also auf einzelne wenige Problemkontexte reduziert. Systematisches Wissen

um gute wissenschaftliche Praxis und was sie damit zu tun hat, dass Forschungs-
prozesse funktionieren, sowie ein grundlegendes Verständnis von Selbstkorrektur-
prozessen, etwa Methoden zur Aufdeckung von Plagiaten, werden in der frühen
universitären Ausbildung aller wissenschaftlicher Disziplinen kaum je ausführlich
thematisiert (s. Übungsaufgabe zum Forschungsprozess als Zusatzmaterial hier:
https://doi.org/10.1007/978-3-662-67309-6_13, Folie 9).

Die fehlende Berücksichtigung des Themenbereichs der guten wissenschaftlichen Praxis in der Lehre ist jedoch aus mindestens zwei Gründen problematisch:
a) Unprofessionelles Verhalten in Forschungs- und Publikationsprozessen ist
maßgeblich darauf zurückzuführen, dass Wissen über die philosophischen Grundlagen von moralisch und methodisch angemessenem Verhalten in der Wissenschaft
fehlt und die entsprechende Wertevermittlung in der schulischen und universitären
Ausbildung zu spät eingesetzt hat. In der universitären Ausbildung kann man
die Erfahrung machen, dass affektiven Lernzielen, insbesondere der Vermittlung
von Werten, umso stärker Karriereinteressen im Wege stehen, je weiter die
Lernenden im Studium voranschreiten. So werden Kurse zur guten wissenschaftlichen Praxis als zusätzliche Belastung im Promotionsstudium wahrgenommen,
die es unter Einsatz geringstmöglicher Mühen zu absolvieren und dann inhaltlich weitestgehend zu ignorieren gilt. b) Schädlich ist dies aber nicht nur für den
wissenschaftlichen Nachwuchs, sondern auch für diejenigen, die sich gegen ein
Hochschulstudium bzw. eine wissenschaftliche Karriere entscheiden. Zur wissenschaftlichen Literalität (*scientific literacy*), d. h. dem Komplex aus Sachwissen,
Handlungswissen und Bewertungsfähigkeit mit Blick auf natur- und sozial-
wissenschaftliche Wissenschaft, gehört eben auch die Wissenschaftsethik. Ebenso
wie eine auf wissenschaftliche Literalität im Bereich der Naturwissenschaften
ausgerichtete Schulbildung darauf ausgelegt sein muss, dass Schüler*innen
naturwissenschaftliche Fragen als solche erkennen, Erklärungen für natürliche
Phänomene liefern und wissenschaftliche Evidenz nutzen können, muss auch
Wissen aus dem wissenschaftsmoralischen Meta-Diskurs vermittelt werden.
Welche Forschungsfragen sind gesellschaftlich relevant? Welche Rollen spielen
wissenschaftliche Erklärungen für unser politisches Handeln? Wann überwiegt
die Evidenz für eine bestimmte wissenschaftliche Erklärung bzw. wissenschaftliche Theorie? Die Auseinandersetzung mit solchen Fragen braucht wissenschaftsethisches Grundwissen. Ohne dieses scheint die bürgerliche Mitwirkung an
wissenschaftspolitischen Diskursen schwer vorstellbar.

Neben universitären Programmen zur fachübergreifenden wissenschaftsethischen
Ausbildung sollte das Thema der guten wissenschaftlichen Praxis auch in der
gymnasialen Oberstufenlehre repräsentiert sein (Bussmann 2019). Insbesondere der
Philosophieunterricht kann einen Beitrag dazu leisten, dem oben beschriebenen Vertrauensverlust und einem drohenden destruktiven Relativismus entgegenzuwirken,
der dem Gedanken folgt, Forschungsskandale gäben Anlass dazu, bestimmten
Wissenschaften, wissenschaftlichen Institutionen oder wissenschaftlichen Experten
keinen Glauben mehr zu schenken. Der frühe Kontakt mit dem Themenbereich
der guten wissenschaftlichen Praxis könnte auch bereits vor der universitären
Ausbildung einen Beitrag gegen Verunsicherung, Resignationstendenzen und

persönliche Ängste vor fehlender Handlungsmacht und Übergriffen (s. o. gender-basierte Diskriminierung) leisten.

Vor diesem Hintergrund möchte ich dazu ermutigen, sich dem Thema der guten wissenschaftlichen Praxis in der gymnasialen Oberstufenlehre anzunehmen. Der Themenbereich der guten wissenschaftlichen Praxis in der akademischen Forschung kann konstruktiv im Unterricht der gymnasialen Oberstufe erarbeitet werden. Eine mögliche didaktische Umsetzung, bestehend in einer modularen Lehrsequenz aus vier Sitzungen, wird im Folgenden vorgestellt. Sie ist für den Philosophieunterricht in der 12./13. Klasse konzipiert und darauf ausgerichtet, diverse kognitive und affektive Lernziele zu verfolgen, wodurch die wissenschaftliche Literalität in wissenschaftsethischer Hinsicht erhöht wird. Fachliche Kooperationen zwischen Philosophie und anderen Fächern können im Rahmen dieser Lehrsequenz didaktisch sinnvoll in den Lehrplan integriert und kursüber-greifend durchgeführt werden. Der vorliegende Beitrag ist zweistufig aufgebaut: Der erste umfangreichere Teil (s. Abschn. 2–6) gibt zunächst eine Übersicht über den Themenbereich der guten wissenschaftlichen Praxis in der wissenschaftsphilo-sophischen und meta-wissenschaftlichen Forschung. Im zweiten Teil wird dann die beispielhafte Unterrichtssequenz über gute wissenschaftliche Praxis vorgestellt und kurz didaktisch kommentiert (s. Abschn. 7–9).

2 Was ist Wissenschaftsethik?

In diesem Abschnitt werde ich eine kurze Übersicht über den Forschungsstand zur guten wissenschaftlichen Praxis geben. Erschlossen wird das Thema aus-gehend von der Frage nach den disziplinären Merkmalen der Wissenschaftsethik (Problembereiche und Reflexionsebenen). Zur Illustration werde ich im Folgenden immer wieder auf den in der Einleitung genannten Fall um Karl-Theodor zu Guttenberg zurückkommen.

Der Begriff der „guten wissenschaftlichen Praxis" lässt es zunächst offen, in welcher Hinsicht wissenschaftliches Handeln (die Praxis) denn gut sein könnte. So ist beispielsweise in der derzeitigen Diskussion noch unklar, ob etwa der frei-willige Verzicht auf militärische Forschung an öffentlichen Hochschulen als ein Aspekt guter wissenschaftlicher Praxis aufgefasst werden sollte. Die einen argumentieren, dass dies eine Frage der Wahl einer sozial verantwortungs-vollen Forschungsagenda und nicht Teil der guten wissenschaftlichen Praxis im engeren Sinne sei, weil letztere auf methodische Korrektheit abzielt. Andere betrachten die Entscheidung für oder gegen ein solches Moratorium durchaus im Kontext guter wissenschaftlicher Praxis, insofern sozial ver-antwortliche Wissenschaft als Element guter wissenschaftlicher Praxis kon-zeptualisiert wird (vgl. Christian 2020, 11 mit Briggle und Mitcham 2012, 245–256).

Um zu verstehen, in welchem weiteren Zusammenhang der Problembereich der guten wissenschaftlichen Praxis verortet ist, sollten wir uns zunächst vor Augen führen, welche wissenschaftsethische Disziplinen es überhaupt gibt. In Anlehnung an Paul Hoyningen-Huene und Susanna Tarkian können wir drei Problembereiche der Wissenschaftsethik unterscheiden: Erstens umfasst die Wissenschaftsethik *Forschung über die wissenschaftsinterne Verantwortung* professioneller Akteure in Forschungs- und Publikationsprozessen. Sie leistet damit einen Beitrag zur Klärung von Anforderungen, die Wissenchaftler*innen in der alltäglichen Arbeit erfüllen müssen (professionelle Rollenerwartungen). Die Wissenschaftsethik hilft beispielsweise zu verstehen, wie genau wissenschaftliche Publikationsprozesse reglementiert werden müssen. Dies beginnt bei der Begründung von Anforderungen an Autor*innen bezüglich der Dokumentation von Quellen, der Organisation des Ablaufs von Begutachtungsprozessen bis hin zur Klärung der Verantwortung von Editor*innen wissenschaftlicher Zeitschriften (Hoyningen-Huene und Tarkian 2004).

Zweitens geht es in der Wissenschaftsethik um *moralische Probleme und Anforderungen in der Anwendung wissenschaftlicher Methoden.* Beispiele sind hier der Schutz von menschlichen Versuchsteilnehmern in der klinischen Forschung (im Schnittbereich zur Medizinethik), die Verwendung von sogenannten Tierexperimenten (im Schnittbereich zur Tierethik) oder der Schutz von Patientendaten in der Forschung (im Schnittbereich zur Informationsethik). In diesem Problembereich geht es nicht um methodisch korrektes Arbeiten, sondern um moralisch begründete Einschränkungen der bei der Wahl von Forschungsmethoden.

Drittens befasst sich die Wissenschaftsethik mit *individuellen, kollektiven und institutionellen Formen der sozialen Verantwortung der Wissenschaft gegenüber wissenschaftsexternen Instanzen.* Diese externen Instanzen umfassen alle gesellschaftlichen Subsysteme, die zwar informationellen Kontakt zur Wissenschaft haben, etwa auf die Beratung durch Expertinnen angewiesen sind, aber nicht selbst Teil des akademischen Hochschulwesens sind. Beispiele wären etwa die Bürgerschaft, politische Gremien, wirtschaftliche Akteure, kulturelle Institutionen und Organe der Rechtsprechung. Typischerweise stellt sich hier die Frage, welche Forschungsziele konkret verfolgt werden sollten, inwiefern die Öffentlichkeit in die Regulierung von Forschung und die Wahl einer Forschungsagenda einbezogen werden sollte und wie wissenschaftliche Erkenntnisse bzw. Expertise in die Gesellschaft (in politische, wirtschaftliche und juristischen Entscheidungsprozesse) eingebracht werden sollte (s. ferner Übungsaufgabe zu Henrietta Lacks als Zusatzmaterial hier: https://doi.org/10.1007/978-3-662-67309-6_13, Folien 71–72).

Fälle wie der Skandal um Karl-Theodor zu Guttenberg berühren in gewisser Weise alle diese Problembereiche, weil methodisch inkorrektes Arbeiten auch immer die Frage aufwirft, ob bewusst getäuscht wurde (ein moralisches Versagen) und eventuell ein gesellschaftlicher Schaden in Form eines öffentlichen Vertrauensverlusts in wissenschaftliche Institutionen entstanden ist.

Neben verschiedenen Themenbereichen sollten wir zudem mit David Resnik zwischen drei philosophischen Reflexionsebenen unterscheiden, auf denen die oben genannten Probleme bearbeitet werden. Auf der meta-ethischen Ebene der Wissenschaft werden der Status moralischer Normen der Forschung und die Möglichkeit ihrer Begründung erforscht. Auf der normativ-ethischen Ebene geht es um Theorien der Moral und wie aus der Perspektive unterschiedlicher Theorien das Wesen guter wissenschaftlicher Praxis verstanden wird. Auf der Ebene der angewandten Ethik wir schließlich die Lösung konkreter praktischer Probleme in der Forschungs- und Publikationspraxis angestrebt (Resnik 2008, 81–82).

Anhand der öffentlichen Diskussion zum Fall Karl-Theodor zu Guttenberg lässt sich die Verschränkung dieser Reflexionsebenen gut illustrieren. Auf einer hohen philosophischen Reflexionsebene bewegte sich beispielsweise die Frage nach der Begründung von Plagiatsverboten und der rechtlichen Verbindlichkeit wissenschaftlicher Standards, die im Kontext der Anfertigung wissenschaftlicher Qualifikationsschriften gelten. Auf einer weniger hohen, d. h. auf konkrete Sachverhalte bezogenen Reflexionsebene wurden Verfahren zum Nachweis von Plagiaten auf ihren methodischen Wert befragt und es wurde diskutiert, ob durch die öffentliche Untersuchung von vermeintlichen Plagiatsfundstellen eine Vorverurteilung und ein Verstoß gegen die Unschuldsvermutung stattfinden würde.[1]

3   Forschungsskandale als Anlässe zur Explikation von guter wissenschaftlicher Praxis

Forschungsskandale haben eine entscheidende Funktion für die Weiterentwicklung des philosophischen und wissenschaftlichen Diskurses über gute wissenschaftliche Praxis und sind gleichzeitig als Lehrbeispiele für Studierende und Schüler spannend, weil sie als wissenschaftliche Kriminalgeschichten erfahren werden. Im deutschsprachigen Raum führte ein Forschungsskandal, nämlich die Datenfälschungen und der Ideendiebstahl der Onkologen Friedhelm Herrmann und Marian Brach zwischen 1994 und 1996 (Christian 2020, 1, 26), sogar zur Entwicklung der ersten Empfehlungen zur Sicherung guter wissenschaftlicher Praxis der DFG. Im Rahmen der Untersuchung dieses Falls durch eine eigens eingesetzte Kommission wurden 347 Veröffentlichungen von Herrmann und Brach geprüft, von denen nur 132 Beiträge von einem Anfangsverdacht befreit werden konnten. In 121 Fällen konnten Datenfälschungen nicht ausgeschlossen werden, in 65 Veröffentlichungen wurde ein konkreter Verdacht auf Fälschungen festgestellt und ganze 29 Veröffentlichungen konnten als fälschungsbehaftet identifiziert werden. Seit diesem Fall, der in Deutschland hohe Wellen schlug, wurden national wie international eine Vielzahl von Fällen bekannt, in denen Wissenschaftler*innen gegen professionelle Sorgfaltspflichten verstießen (Zankl 2003, 153–162).

Viele Forschungsskandale – und auch der oben genannte Fall um zu Guttenberg – folgen einer bestimmten Logik der Skandalbildung. Nachdem erste Hinweise

---

[1] Eine Anmerkung hierzu: Die Unschuldsvermutung gilt im Strafrecht, nicht im für Plagiatsfälle relevanten Urheberrecht. Ferner ist die Untersuchung und öffentliche wissenschaftliche Diskussion von vermeintlichen Plagiatsstellen in wissenschaftlichen Quellen explizit durch den Forschungsfreiheitsparagraphen gedeckt (vgl. Zenthöfer 2022).

auf Verstöße gegen die gute wissenschaftliche Praxis – etwa in Form von Datenfälschung, Datenmanipulationen oder Plagiaten – bekannt werden, folgt eine Phase,
in der konkrete Verdachtsmomente diskutiert werden, wobei Vorverurteilungen
Schutzbemühungen provozieren. Im Rahmen der institutionellen Aufarbeitung
durch Untersuchungskommissionen und des Engagements von Plattformen zur
kollaborativen Dokumentation von Plagiaten konkretisieren sich dann in einer
zweiten Phase Verdachtsmomente. In einer dritten Phase, in der die Beweislage ein
Urteil über den zur Diskussion stehenden Fall erlaubt, wird dann auf die Etablierung
von Verfahren zur wissenschaftlichen Selbstkontrolle und mehr Verantwortung
von Wissenschaftler*innen und wissenschaftlichen Institutionen gedrängt. Nicht
selten ist dabei die Schwierigkeit zu beobachten, dass gut gemeinte Appelle zur
Etablierung von Verfahren der wissenschaftlichen Selbstkontrolle methodisch
unspezifisch bleiben („Gutachter*innen sollten mehr auf Plagiate in Promotions-
schriften achten") und zentrale wissenschaftsethische Konzepte, etwa forschungs-
ethische Urteilsbegriffe wie „wissenschaftliches Fehlverhalten", „fragwürdige
Forschungspraktiken" oder „mangelnde Sorgfalt", zumeist intuitiv-anklagend verwendet werden (Bulkow und Petersen 2011).

4   Der Begriff der guten wissenschaftlichen Praxis

Eine zentrale Frage im ersten Problembereich ist, wie der Begriff der guten
wissenschaftlichen Praxis präzise begrifflich bestimmt werden kann. Grob
lassen sich hier zwei Strategien zur konzeptuellen Klärung unterscheiden. Entweder wird im Rahmen einer direkten (positiven) Strategie der Begriff der „guten
wissenschaftlichen Praxis" innerhalb einer Prinzipien- oder Tugendethik der
Wissenschaft eingeführt. Alternativ wird im Rahmen einer indirekten (negativen)
Strategie normabweichendes Verhalten untersucht und auf den Gegenbegriff des
„wissenschaftlichen Fehlverhaltens" fokussiert. Die Denkschrift der Kommission
Selbstkontrolle in der Wissenschaft der Deutschen Forschungsgemeinschaft
(DFG) von 2013 wählt beispielsweise den positiven Ansatz:

> „Wissenschaft gründet auf Redlichkeit. Diese ist eines der wesentlichen Prinzipien
> guter wissenschaftlicher Praxis und damit jeder wissenschaftlichen Arbeit. Nur redliche
> Wissenschaft kann letztlich produktive Wissenschaft sein und zu neuem Wissen führen.
> Unredlichkeit hingegen gefährdet die Wissenschaft. Sie zerstört das Vertrauen der Wissen-
> schaftlerinnen und Wissenschaftler untereinander sowie das Vertrauen der Gesellschaft
> in die Wissenschaft, ohne das wissenschaftliche Arbeit ebenfalls nicht denkbar ist."
> (Deutschen Forschungsgemeinschaft 2013, 8)

Diese Charakterisierung – Wissenschaft basiert auf Redlichkeit – mag auf den
ersten Blick überzeugen, bei näherer Betrachtung offenbaren sich jedoch einige
Schwächen. Erstens ist Redlichkeit *eine Tugend* und *kein moralisches Prinzip*.
Sie ist die Disposition einer Person, sich entsprechend den Regeln einer Gemeinschaft richtig und gegenüber der Gemeinschaft damit loyal zu verhalten. Ein
moralisches Prinzip hingegen ist eine allgemein formulierte moralische Norm,

die auf den ersten Blick (*prima facie*) und unter Auslassung weiterer Angaben (*ceteris paribus*) akzeptabel ist. Als Beispiel kann wieder der Fall um zu Guttenberg dienen. In der Wissenschaft gilt im Allgemeinen das Prinzip der fairen Anerkennung wissenschaftlicher Leistungen. Konkret bedeutet das beispielsweise, dass man Artikel, die in eigenen Veröffentlichungen aufgegriffen werden, mit Quellenangabe zitiert. Dadurch wird Wertschätzung für die Leistungen anderer zum Ausdruck gebracht, Kolleg*innen werden als Expert*innen sichtbar und als Urheber*innen von Texten, Argumenten, Ideen etc. ausgezeichnet. Problematisch ist an der oben zitierten Passage die Unterstellung, dass Wissenschaft auf Tugenden von Wissenschaftler*innen basieren würde. Dem ist m. E. zu widersprechen: Wissenschaft basiert auf Prinzipien guter wissenschaftlicher Praxis und der Einhaltung von Regeln, die aus diesen Prinzipien abgeleitet werden (s. u. Prinzipienansätze).

Zweitens ist es auch sachlich ungenau, von „der Wissenschaft" zu sprechen, wenn eigentlich nur Individuen oder Gruppen gemeint sein können, an die die Erwartung von ‚Redlichkeit' gestellt werden kann. Unter ‚Wissenschaft' kann man sinnvollerweise die kooperative Suche nach wissenschaftlicher Erkenntnis verstehen. Wissenschaft selbst kann nicht redlich sein, höchstens diejenigen, die sich an ihr beteiligen, können diese Tugend aufweisen – oder auch nicht. Dementsprechend müsste es genaugenommen heißen, dass das Funktionieren der Wissenschaft (Forschung und Lehre) als gesellschaftlicher Institution von der Redlichkeit der Wissenschaftlerinnen und Wissenschaftler abhängt.

Drittens wird hier auch ein irreführendes Verständnis des Ursprungs von handlungsleitenden, orientierungsgebenden oder identitätsstiftenden Prinzipien in der Wissenschaft deutlich. Die Formulierung „… und *damit* jeder wissenschaftlichen Arbeit" (s. o.) legt nämlich nahe, dass ein Prinzip in der wissenschaftlichen Arbeit Geltung habe, weil das Prinzip Teil der guten wissenschaftlichen Praxis sei. Genau das Gegenteil ist der Fall. Ein Prinzip der guten wissenschaftlichen Praxis wird vielmehr als normative Verallgemeinerung aus der Beobachtung erfolgreicher Wissenschaftspraxis abstrahiert, weil es sich im Hinblick auf ein allgemeines wissenschaftliches Erkenntnisziel (Findung wissenschaftlicher Erkenntnis, Findung von Wahrheit, Findung von sozial relevantem Wissen etc.) empirisch bewährt hat, der in dem Prinzip abstrahierten Normengruppe gemäß zu handeln. Dieser Punkt sollte betont werden, weil sonst der im Zitat nachfolgende rechtfertigungstheoretische Satz über die Produktivität der sogenannten redlichen Wissenschaft nicht einsichtig wäre.

Die von der DFG vorgeschlagene Klärung wirft also einige konzeptuelle Fragen auf und stellt keine philosophisch befriedigende Antwort auf die Frage nach dem Wesen guter wissenschaftlicher Praxis dar. Sie wurde hier en détail kritisiert, um die philosophische Reflexion wissenschaftsethischer Konzepte beispielhaft zu verdeutlichen.

In der Forschung zur guten wissenschaftlichen Praxis wurden zwar diverse philosophische Ansätze entwickelt, aber alle kranken an etwas, was Thomas Reydon recht treffend beschreibt:

„[Es] muss zuerst festgestellt werden, dass es keine allgemein akzeptierte Definition dieses Begriffs gibt [..., sondern in] den verschiedenen institutionell festgelegten Regelwerken [...] die Bedeutung des Begriffs der guten wissenschaftlichen Praxis üblicherweise dadurch festgelegt wird, dass die Idee der guten wissenschaftlichen Praxis in sehr allgemeinen Begriffen umrissen wird und für eine weitere Spezifizierung Bezug genommen wird auf das, was gute wissenschaftliche Praxis nicht ist, nämlich wissenschaftliches Fehlverhalten." (Reydon 2013, 100).

Der direkten Strategie folgend wurde seit Anfang der 2000er Jahre eine Reihe von Prinzipien- und Tugendethiken entwickelt wurden, innerhalb derer der wissenschaftsethische Terminus der guten wissenschaftlichen Praxis erörtert wird. Prinzipien- und Tugendansätze verfolgen das gemeinsame Ziel der Sicherung guter wissenschaftlicher Praxis bzw. der Integrität im wissenschaftlichen Handeln, haben aber verschiedenartige Zielinterpretationen und Vorstellungen von den angemessenen Mitteln, um dieses Ziel zu erreichen. Während prinzipienbasierte Ansätze das Augenmerk auf Prinzipien guter wissenschaftlicher Praxis, daraus abgeleitete konkrete Regeln und deren Einhaltung legen, stehen in tugendethischen Ansätzen Charaktereigenschaften und Verhaltensmerkmale im Zentrum der Aufmerksamkeit, die in Forschung und Lehre wünschenswert sind.

Ein bekannter Prinzipienansatz in der Wissenschaftsethik wurde von Adil Shamoo und David Resnik entwickelt. Der Ansatz umfasst 15 Prinzipien wie Ehrlichkeit, Objektivität, Sorgfalt, Anerkennung wissenschaftlicher Leistung, Offenheit, Vertraulichkeit, kollegialen Respekt, Achtung vor intellektuellem Eigentum, Freiheit, den Schutz von menschlichen Versuchsteilnehmern und sogenannten Versuchstieren, den verantwortungsvollen Einsatz von Forschungsmitteln, Respekt vor dem Gesetz, Mitwirken an der Aufrechterhaltung professioneller Standards und die Übernahme sozialer Verantwortung. Shamoo und Resnik entscheiden sich bewusst für einen weit gefassten normativen Rahmen, d. h. sie fassen viele verschiedene moralische Ansprüche unter den Begriff der guten wissenschaftlichen Praxis (Shamoo und Resnik 2015, 18–19). Anzumerken ist hierbei, dass hinter den hier schlagwortartig genannten Begriffen – die auch Tugendbegriffe umfassen (bspw. Ehrlichkeit) – konkret immer allgemeine regelartige Handlungsempfehlungen stehen (s. Übungsaufgabe zum Prinzip der Ehrlichkeit als Zusatzmaterial hier: https://doi.org/10.1007/978-3-662-67309-6_13, Folie 20).

Als ein Beispiel für einen tugendethischen Ansatz kann die von Bruce Macfarlane entwickelte Theorie gelten. Gute wissenschaftliche Praxis wird hier nicht als die Einhaltung von Regeln gedacht, sondern als verinnerlichte wissenschaftliche Tugenden, die sich im konkreten Handeln von Wissenschaftler*innen positiv bemerkbar machen. Wissenschaftliche Tugenden werden dabei als Mittel zwischen zwei Extremen konzipiert: Tugendhafte Wissenschaftler*innen zeigen beispielsweise bei der Formulierung von Forschungsfragen Mut (Tugend) und vermeiden sowohl Feigheit (Mangel) als auch Übermut (Übermaß). Konkret schlagen sie Hypothesen vor, die durchaus falsch sein könnten, und vermeiden triviale oder sensationalistische Thesen. Ebenso sind sie im kollegialen Umgang respektvoll (Tugend) und vermeiden manipulatives Verhalten (Mangel) oder Parteilichkeit

(Übermaß) (Macfarlane 2009, 5) (s. Übungsaufgabe zur Kollegialität als Zusatzmaterial hier: https://doi.org/10.1007/978-3-662-67309-6_13, Folie 24).

Ein Tugendethiker würde sich also tendenziell eher mit den Gründen für die fehlende Verinnerlichung wünschenswerte wissenschaftlicher Verhaltensweisen und mit dem wissenschaftlichen Selbstbild befassen. Ihn würde vor allem der *moralische Charakter* beispielsweise eines Doktoranden Karl-Theodor zu Guttenberg interessieren. Eine Prinzipienethikerin hingegen wäre tendenziell eher am Nachweis von Plagiaten, der Verletzung wissenschaftlicher Standards sowie der Herleitung wissenschaftlicher Standards aus Prinzipien guter wissenschaftlicher Praxis interessiert.

5 Was ist ein Verstoß gegen die gute wissenschaftliche Praxis?

Wir verfügen nun über ein besseres Verständnis von prinzipien- und tugendethischen Ansätzen über gute wissenschaftliche Praxis; diese Ansätze erklären mit anderen Worten, was Wissenschaftler*innen idealerweise tun sollten. Im Folgenden werden wir uns mit der negativen Charakterisierung von guter wissenschaftlicher Praxis befassen, nämlich mit der Frage, was gute wissenschaftliche Praxis definitiv *nicht* ist. Dies ist sinnvoll, weil die positive und die negative Strategie einander ergänzende Zugänge sind. Dazu werden wir auf Urteilsbegriffe eingehen müssen, mit denen Verhalten in Forschungs- und Publikationsprozessen bezeichnet wird, das gegen wissenschaftliche Standards verstößt. Es gibt eine Vielzahl von Begriffen, die hierfür bemüht werden, beispielsweise „wissenschaftliches Fehlerhalten", „fragwürdige Forschungspraktiken", „Inkompetenz", „mangelnde Sorgfalt" und „ehrliche Fehler". Von diesen Begriffen werden jedoch nur „wissenschaftliches Fehlverhalten" und „ehrliche Fehler" einigermaßen einheitlich verwendet (Christian 2020, 127). Wir konzentrieren uns im Folgenden auf den zentralen Begriff des wissenschaftlichen Fehlverhaltens. In den Lehrmaterialien ist allerdings auch eine Einheit zum Problem mangelnder Sorgfalt in der biomedizinischen Forschung zu finden (s. Übungsaufgabe zum Prinzip der Sorgfalt als Zusatzmaterial hier: https://doi.org/10.1007/978-3-662-67309-6_13, Folien 75–76).

Wissenschaftliches Fehlverhalten (engl. *scientific misconduct*) wurde als Fachbegriff der Wissenschaftsethik in den 1980er Jahren erstmals vom Office of Scientific Integrity (OSI) und der National Science Foundation (NSF) in den USA formuliert. Sie definieren wissenschaftliches Fehlverhalten als

> „[…] Fabrication, falsification, plagiarism, or other practices that seriously deviate from those that are commonly accepted within the scientific community for proposing, conducting, or reporting research. It does not include honest error or honest differences in interpretations or judgements of data." (Code of Federal Regulations, part 50, subpart A., 08.08.1989)

Diese wegweisende Definition spiegelt sich auch in den Formulierungen großer Forschungsförderer wieder, so weisen sowohl die Deutsche Forschungsgemeinschaft, die Max-Planck-Gesellschaft zur Förderung der Wissenschaften wie auch die Wissenschaftsgemeinschaft Gottfried Wilhelm Leibniz darauf hin, dass wissenschaftliches Fehlverhalten eine schwerwiegende intendierte Art des Verstoßes gegen wissenschaftliche Sorgfaltspflichten in einem wissenschaftserheblichen Zusammenhang sei, welche sich insbesondere, aber nicht ausschließlich in Datenfälschung, Datenmanipulation und Plagiaten zeige (s. Übungsaufgaben zur Bildmanipulation als Zusatzmaterial hier: https://doi.org/10.1007/978-3-662-67309-6_13, Folien 38–42). Wissenschaftliches Fehlverhalten liegt beispielsweise vor, wenn Texte ohne Quellenangabe verwendet werden (Plagiarismus), statistische Daten manipuliert oder gefälscht werden oder – generell gesagt – gegen wissenschaftliche Sorgfaltspflichten verstoßen wird, wodurch es zu erheblichen Störungen in Forschungs- und Publikationsprozessen kommt.

Gegenwärtig werden in der Forschungsethik eine Reihe von Anschlussproblemen bezüglich wissenschaftlichen Fehlverhaltens diskutiert. Als besonders schwierig zu beantworten erweist sich beispielsweise die Frage, wie man die Schwere eines konkreten Verstoßes gegen die gute wissenschaftliche Praxis bewerten soll. Unmittelbar einleuchtend ist immerhin, dass wohl so etwas wie eine untere Bagatellgrenze für Verstöße gegen die gute wissenschaftliche Praxis gelten sollte. Unterhalb dieser Schwelle müsste ein Mangel an Sorgfalt oder eine fragwürdige Forschungspraktik kritisiert werden, aber von „wissenschaftlichem Fehlverhalten" zu reden, erschiene übertrieben. Wo eine solche Schwelle liegt und wie jenseits davon Schweregrade von wissenschaftlichem Fehlverhalten zu bestimmen sind, ist hingegen nicht so leicht zu sagen. Die Diskussion der Bemessung der Schwere eines Verstoßes ist von praktischem Interesse, weil sich zum einen Wissenschaftler*innen, die unter dem Verdacht stehen, gegen wissenschaftliche Sorgfaltspflichten verstoßen zu haben, üblicherweise mit der Behauptung der Geringfügigkeit eines normabweichenden Verhaltens verteidigen. Beispielsweise verteidigte sich zu Guttenberg mit der Konzession, dass er durchaus hier und da eine Fußnote in seiner Promotion falsch gesetzt haben könnte – aber natürlich nicht plagiiert habe. Die Schwere eines Verstoßes zu bestimmen, ist außerdem wichtig, wenn es um eine angemessene Antwort des Wissenschaftssystems darauf geht: Je massiver der Verstoß, umso drastischer sollte die Strafe ausfallen – so zumindest eine unmittelbar plausible Annahme. Hierbei sind mögliche Strafen etwa der Ausschluss von der Bewerbung um Fördermittel, der Ausschluss aus Fachgesellschaften oder die Aberkennung des Doktortitels.

Eine Reihe von pragmatisch gewählten Kriterien zur Bestimmung der Schwere eines Regelverstoßes in der Wissenschaft bieten sich bei aller Sensibilität für methodische Probleme doch an:

1. der Status der verletzten wissenschaftlichen Regel
2. die nachweisliche Absicht zur Verschleierung des Regelverstoßes
3. der Umfang von Datenfälschung, Datenmanipulationen und Plagiaten
4. die individuelle Vorteilsnahme durch einen Regelverstoß
5. die Inkaufnahme von Risiken für weitere Beteiligte durch einen Regelverstoß

6. die Behinderung von Untersuchungs- und Ermittlungsverfahren
7. das Ausmaß wirtschaftlichen Schadens
8. das Ausmaß der Störung der Arbeitsabläufe in betroffenen wissenschaftlichen Institutionen

Mithilfe solcher Kriterien scheint die differenzierte Bewertung der Schwere eines Verstoßes gegen die gute wissenschaftliche Praxis durchaus möglich. Im Fall von zu Guttenberg könnte man sagen, dass die erhebliche Anzahl an Plagiatsfunden und das durchgängige Muster an Plagiaten – letzteres lässt absichtsvolles Handeln vermuten –, durchaus eine besondere Schwere bedeuten und die Aberkennung des Doktorgrades sachlich begründeten.

6 Wie können Verstöße gegen die Regeln der guten wissenschaftlichen Praxis erklärt werden?

Die Forschung über die Häufigkeit von Verstößen gegen die gute wissenschaftliche Praxis lässt vermuten, dass wissenschaftliches Fehlverhalten sehr viel seltener ist als fragwürdige Forschungspraktiken und mangelnde Sorgfalt in der Wissenschaft. In einer wegweisenden und häufig zitierten Meta-Studie, d. h. einer Übersichtsstudie auf der Grundlage vieler Einzelstudien, zeigte Daniele Fanelli, dass durchschnittlich 2 % der in empirischen Studien befragten Wissenschaftler*innen zugaben, Daten gefälscht, manipuliert oder anderweitig modifiziert zu haben. Ein Drittel der befragten Wissenschaftlerinnen und Wissenschaftler gab an, fragwürdige Forschungspraktiken verwendet zu haben, etwa die Löschung von Daten aufgrund von Bauchgefühlen oder die Änderungen am Design von Studien aufgrund von Druck durch Geldgeber. Interessanterweise unterschieden sich die Ergebnisse hinsichtlich der Selbstauskunft und der Auskunft über Verstöße durch Fachkolleginnen und -kollegen (Fremdauskunft) stark. Wurde in den Studien nämlich danach gefragt, ob bei Fachkolleginnen und -kollegen wissenschaftliches Fehlverhalten beobachtet worden war, bejahten dies durchschnittlich 14 % der Befragten. Durchschnittlich 72 % der Befragten gaben darüber hinaus an, dass Kolleg*innen ihrer Beobachtung nach fragwürdige Forschungspraktiken angewandt hätten (Fanelli 2009, 8).

Für Studierende, die in der schulischen Ausbildung mit einem Idealbild funktionaler Wissenschaft und ihrer Erfolgsmomente konfrontiert wurden, sind solche empirischen Daten und die illustrativen Beschreibungen von Forschungsskandalen irritierend und erklärungsbedürftig. Gegenwärtig werden verschiedene Gründe für Verstöße gegen die gute wissenschaftliche Praxis diskutiert. Oft genannt wird in der Literatur ein starker Publikationsdruck in Kombination mit Unsicherheit in akademischen Beschäftigungsverhältnissen. Weitere Faktoren, insbesondere bei Verstößen durch etablierte Wissenschaftler*innen, sind ein ausgeprägter Karrieredrang und eine generell fehlende kritische Kultur in Forschungsgemeinschaften und wissenschaftlichen Einrichtungen. Hinzu kommt, dass das Aufdeckungsrisiko für Verstöße gegen wissenschaftliche Standards gering ist und Defizite in der wissenschaftlichen bzw. wissenschaftsethischen Ausbildung bestehen. Letztlich wird auch auf das Eindringen wirtschaftlicher und politischer Interessen und den einfachen Zugang zu Manipulationsverfahren, etwa zu Software zur Bildbearbeitung und statistischer Software, hingewiesen (Goodstein 2010, 3–4; Shamoo und Resnik 2015, 46–48; Weber-Wulff 2014, 20–21).

Obwohl diese Faktoren sicher in Einzelfällen zur Erklärung herangezogen werden können – so wurde im Fall zu Guttenberg Karrierismus und Geltungsdrang vermutet –, stellen Einzelfaktoren sicher keine allgemeinen Ansätze zur Erklärung dar. Zusätzlich zu den o. g. Faktoren werden deswegen drei Erklärungsansätze diskutiert: Nach der *Faule-Äpfel-Theorie* sind Verstöße gegen die gute wissenschaftliche Praxis das Handeln von einzelnen (wenigen) Wissenschaftler*innen, die wissenschaftliche Ideale nicht hinreichend verinnerlicht haben. Im Rahmen der *Umwelttheorie* werden Verstöße gegen die gute wissenschaftliche Praxis als individuelle Reaktionen auf Organisations- und Ausbildungsprobleme in wissenschaftlichen Institutionen aufgefasst und nach der *Strukturkrisentheorie* sind Verstößen gegen die gute wissenschaftliche Praxis das Resultat von misslungenen Transformationsprozessen im Wertesystem der Wissenschaft – etwa einer zunehmenden Orientierung an wirtschaftlichen Interessen. Aktuell ist nicht klar, welcher dieser Ansätze die Mehrzahl der Fälle von Verstößen gegen die gute wissenschaftliche Praxis angemessen erklärt. Ausgeschlossen werden sollte auch nicht, dass alle drei Ansätze einen Beitrag zur Erklärung leisten (Christian 2020, 66).

7 Lehrmaterialien

Die zuvor dargestellten philosophischen Diskussionen über gute wissenschaftliche Praxis können im Philosophieunterricht der Oberstufe gemeinschaftlich erarbeitet werden. Es müssen dabei jedoch mindestens drei Faktoren bedacht werden, welche die Lehr- und Lernsituation erschweren: Erstens sind Empfehlungen und Regelwerke zur Sicherung guter wissenschaftlichen Praxis zwar weithin verfügbar, allerdings für Schülerinnen und Schüler kaum lesbar. Zweitens fallen solche formalen Texte aus dem Wissenschaftsbetrieb auch hinter die methodologischen Ansprüche philosophischer Texte zurück – beispielsweise durch uneinheitliche, sinnvermengende oder sinnentstellende Rede von „Regeln", „Tugenden" und „Pflichten der guten wissenschaftlichen Praxis". Empfehlungen sind auch nicht mit dem Anspruch einer argumentativen Grundlegung verfasst, sondern behaupten einfach die Notwendigkeit regelkonformen Handelns, punktueller Interventionen oder struktureller Transformationen im Wissenschaftssystem. Sie sind für Wissenschaftler*innen verfasst, die bereits über ein solides Verständnis des Wissenschaftsbetriebs verfügen. Drittens sind wissenschaftliche Veröffentlichungen, in denen tiefergehende philosophische Aspekte von guter wissenschaftlicher Praxis oder praktische Fragen erörtert werden, nicht minder voraussetzungsreich und praktisch immer in englischer Sprache verfasst – hier kommt also noch eine Sprachbarriere hinzu. Als Literatur für die Lernenden im gymnasialen Kontext sind daher nur wenige deutschsprachige Texte eingeschränkt empfehlenswert.

Literaturempfehlungen für Lehrende und Lernende
- Reydon, T. 2013. *Wissenschaftsethik. Eine Einführung*. Ulmer/UTB.
- Zankl, H. 2003. *Fälscher, Schwindler, Scharlatane. Betrug in Forschung und Wissenschaft*. Wiley–VCH.
- Zenthöfer, J. 2022. *Plagiate in der Wissenschaft*. transcript.

Lehrmaterialien zu der im Folgenden beschriebenen Lehrsequenz können Sie unter diesem Link abrufen: https://doi.org/10.1007/978-3-662-67309-6_13.[2]

8   Konzeption der Lehrsequenz

Die vorgeschlagene Lehrsequenz kombiniert ein Pflichtmodul, bestehend aus drei Sitzungen über gute wissenschaftliche Praxis, mit einer oder mehreren Sitzungen aus einem Wahlpflichtmodul, mit dem spezifische Themenschwerpunkte zu Normverstößen in der Wissenschaft gesetzt werden können. In den ersten drei Sitzungen erwerben die Lernenden ein Verständnis von Wissenschaft als sozialem Kooperationsprozess, in dem professionelle Akteure wissenschaftliche Erkenntnis produzieren. Dann werden in der zweiten Sitzung die Konzepte der „guten wissenschaftlichen Praxis", des „moralischen Prinzips" und der „Regel" eingeführt, durch die das Phänomen normkonformen Handelns professioneller Akteure in Forschungs- und Publikationsprozessen verständlich wird. Danach werden in der dritten Sitzung des Pflichtmoduls verschiedene Arten des normabweichenden Verhaltens von professionellen Akteuren eingeführt. An dieses Pflichtmodul schließen dann eine oder, je nach verfügbarer Stundenkapazität, auch mehre Sitzungen zu Schwerpunkt-themen bezüglich Normverstößen in der Forschungs- und Publikationspraxis an.

1. Pflichtmodul: Gute wissenschaftliche Praxis
- Was genau ist eigentlich Wissenschaft?
- Was ist gute wissenschaftliche Praxis?
- Was ist schlechte wissenschaftliche Praxis?

2. Wahlpflichtmodul: Themenschwerpunkten zu Normverstößen
1. Plagiate in der Promotionsschrift von Karl-Theodor zu Guttenberg
2. Datenfälschung in der Physik durch Jan Hendrik Schön
3. Mangelnde Sorgfalt: Kontamination von Zellkulturen in der Krebsforschung
4. Ehrliche Fehler in der Genetik durch Anwendungsfehler in Microsoft Excel

---

[2] Bei Fragen dazu kann der Autor gerne kontaktiert werden.

Kommentar

1. drei Sitzungen Pflichtmodul + mindestens ein Sitzung Wahlpflichtmodul
2. je 45 Minuten
3. Wahlmodul nach Interessen der Schülerinnen auswählen

Durch die modulare Struktur kann der voraussetzungsreiche Themenbereich der guten wissenschaftlichen Praxis sukzessive mit den Lernenden erarbeitet (Sitzungen 1–3) und mit spannenden Fallbeispielen (ab Sitzung 4) vertieft werden. Zudem sind durch das Wahlpflichtmodul Kooperationen mit anderen Fachbereichen möglich. In didaktischer Hinsicht ist die folgende Lehrsequenz an kompetenzorientierten Unterrichtsmodellen orientiert (Kiel 2018, 30 ff.; Städeli et al. 2013, 2021). Im Rahmen dieser Lehrsequenz scheint ein informierender Einstieg zweckdienlich zu sein, der mit einer kurzen Informationseinheit durch die Lehrkraft über das Thema der aktuellen Sitzung, kognitive Lernziele mit Beispielen, Themenschwerpunkte und Relevanz der Lerninhalte und Kompetenzen und den Verlauf der Sitzung beginnt. Bei älteren Schülern und Studierenden, die ein Zusatzangebot im Studium wahrnehmen, trägt die nachvollziehbare Darstellung des konkreten beruflichen Nutzens von Lerninhalten zur Selbstmotivation und zum Lernerfolg bei (Frey und Frey-Eilig 2009, 87 f.; Burger 2018, 115–118).

Beispielhaft ist im Folgenden eine Lehrsequenz für die vierte Themeneinheit skizziert:

Im Rahmen des in Abb. 1 dargestellten Ablaufs können insbesondere in den Abschnitten zur Information, Verarbeitung und Vertiefung verschiedene Sozialformen eingeleitet und Aufgaben für die Lernenden gestellt werden. Im Abschnitt „Informieren" könnte beispielsweise die Definition von Plagiarismus von Lawrence Fishman auf einer Folie präsentiert werden:

„Ein Plagiat liegt vor, wenn jemand …

- Wörter, Ideen oder Arbeitsergebnisse verwendet,
- die einer identifizierbaren Person oder Quelle zugeordnet werden können,
- ohne die Übernahme sowie die Quelle in geeigneter Form auszuweisen,
- in einem Zusammenhang, in dem zu erwarten ist, dass eine originäre Autorschaft vorliegt,
- um einen Nutzen, eine Note oder einen sonstigen Vorteil zu erlangen, der nicht notwendigerweise ein geldwerter sein muss."
(Fishman 2009, 5)

Im nächsten Schritt könnten dann zur Definition Verständnisfragen durch die Lernenden gestellt werden. Der Lehrende kann hier auch mit Leitfragen die Diskussion anregen, insbesondere sollten die Bedeutung zentraler Konzepte und die Logik der Definition (fünf notwendige und zusammen hinreichende Bedingungen) erörtert werden. Vorweg bietet es sich erfahrungsgemäß an, wenn der Begriff der Definition allgemeinverständlich dargestellt wird. Hier genügt der Hinweis, dass eine Definition im wissenschaftlichen Sinne die systematische Einführung eines Begriffs meint, dessen Anwendungsbedingungen genau angegeben werden

	Erläuterung
Kognitive Lernziele (nach Bloom 1974)	1. Wissen / Erinnern: Definition von wissenschaftlichem Fehlverhalten 2. Wissen / Erinnern: Definition von Plagiarismus 3. Verstehen: Erklären von Gründen gegen Plagiarismus 4. Anwenden: Plagiate in Textabschnitt identifizieren 5. Anwenden: Plausibilität von Versuchen der Verteidigung gegen Plagiarismusvorwürfe prüfen
Ablauf	**Ankommen** (5 Minuten) - Politiker Guttenberg vorstellen - Vorwürfe darstellen - Rückfragen an Schüler*innen: Wer kennt den Fall? Was ist passiert? War sein Rücktritt angebracht? etc. **Vorwissen abfragen** (10 Minuten) - Erinnern sich Schüler*innen an Definition von wissenschaftlichem Fehlverhalten (Sitzung 3)? - gegebenenfalls Wissen nachliefern **Informieren** (15 Minuten) - Definition von Plagiarismus sowie Typologie von Plagiaten vorstellen - Methode: Gruppenarbeit mit Referat über eine Form von Plagiaten pro Gruppe **Verarbeiten & Vertiefen** (10 Minuten) - Beispiele für Plagiate aus der Dokumentation des Falls besprechen - Quelle: https://guttenplag.fandom.com/de/wiki/GuttenPlag_Wiki - Differenzierung zwischen ehrlichen Fehlern und intendierten Plagiaten **Auswerten** (5 Minuten) - Quiz mit Abstimmen - Heimarbeit: Video mit Statement von Guttenberg anschauen und Glaubhaftigkeit bewerten (150 Wörter)
Kooperationen	Sozialwissenschaften (politische Dimension des Skandals), Deutsch (Plagiarismus in der Literatur)
Quellen	Reydon, T. (2013). *Wissenschaftsethik – Eine Einführung*. Ulmer / UTB. Lepsius, O. und Meyer-Kalkus, R. (Eds.). (2011). *Inszenierung als Beruf*. Suhrkamp. Preuß, R. und Schultz, T. (2011). *Guttenbergs Fall – Der Skandal und seine Folgen für Politik und Gesellschaft*. Gütersloher Verlagshaus.

Abb. 1 Lehreinheit 4 „Plagiate in der Promotionsschrift von Karl-Theodor zu Guttenberg?"

(Bedingungen 1 bis 5). Sobald alle Bedingungen erfüllt sind, darf der durch die Bedingungen definierte Begriff angewendet werden.

Zur inhaltlichen Arbeit mit der Plagiatsdefinition bieten sich beispielsweise folgende Fragen an: Was ist eine wissenschaftliche Quelle? Welche Arten wissenschaftlicher Literatur kennen Sie? Was ist ein Quellennachweis und wie werden Quellen in der Wissenschaft dokumentiert? Eine Vertiefungsfrage für sehr gute Schüler*innen und Studierende wäre, ob man nach der oben genannten Definition sich selbst plagiieren kann (sie erlaubt es strenggenommen, weil im Kriterium zwei eine „identifizierbare" und nicht eine „*fremde*" (vom Autoren unterschiedliche) identifizierbare Person" genannt wird).

Zur Verarbeitung und Vertiefung sollten anschließend verschiedene Formen von Plagiaten eingeführt werden (Weber-Wulff 2014, 6–14). Hier bietet sich beispielsweise eine kurze Phase mit Gruppenarbeit an. Da die Lernenden mit wissenschaftlichen Texten mutmaßlich nicht vertraut sind und die Typisierung von Plagiaten anhand konkreter Textstellen zeitaufwändig ist, könnte hier beispielsweise in Form von Gruppenarbeit eine Illustration (schematisches Bild zur Erläuterung) von Plagiatsformen erarbeitet werden. Den Lernenden wird hierzu die folgende Liste mit Plagiatsformen präsentiert und der Arbeitsauftrag zur Erstellung von Illustrationen gegeben:

- **Copy & Paste:** Ein Text wird direkt aus einer Quelle entnommen, ohne die Ursprungsquelle anzugeben.
- **Übersetzungsplagiat:** Ein Text wird übersetzt und ohne Quellenangabe als eigener Text ausgegeben.
- **Patchwork-Plagiat:** Ein Text wird aus den Versatzstücken einer Vielzahl von anderen Texten ohne Quellenangabe zusammengesetzt (Satz für Satz, Abschnitt für Abschnitt).
- **Strukturplagiat:** Der argumentative Aufbau eines Textes wird plagiiert, der Inhalt selbst verfasst.
- **Bauernopfer:** Ein Text wird weitestgehend plagiiert, jedoch werden ab und an korrekte Literaturangaben gemacht.
- **Cut & Slide:** Ein Text wird in seine Bestandteile zerlegt und ohne Quellenangabe neu arrangiert.
- **Selbstplagiarismus:** Eigene Texte oder Fragmente aus eigenen Texten werden ohne Quellenangabe wieder verwertet.

Die Lehrkraft sollte zu einer dieser Plagiatsformen selbst eine Illustration anfertigen und erläutern, damit der Arbeitsauftrag richtig erfasst wird. Die Lehrkraft könnte auch vorgeben (s. Abb. 2), dass die Illustration immer zwei Seiten haben muss: links in der Illustration sind die plagiierten Quellen symbolisch dargestellt (etwa kleine Bücher, Textseiten, Wörter etc.), rechts in der Illustration ist eine symbolische Textseite zu sehen, die der Plagiierende erstellt hat.

Mit farbigen Pfeilen und weiteren Bildelementen können die Schüler*innen dann weitere Plagiatsformen visualisieren. Nach der Gruppenarbeitsphase könnten besonders gelungene Illustrationen in einer Übersicht zusammengestellt und geteilt werden (s. Übungsaufgabe zur Illustration von Plagiatsformen als Zusatzmaterial hier: https://doi.org/10.1007/978-3-662-67309-6_13, Folie 48). Die konkrete Arbeitsanweisung für die Schüler würde so lauten:

1. Erstellen Sie zu jeder der Plagiatsformen eine Grafik.
2. Tauschen Sie die Grafiken untereinander aus.
3. Sammeln Sie besonders gelungene Grafiken auf einem Poster.

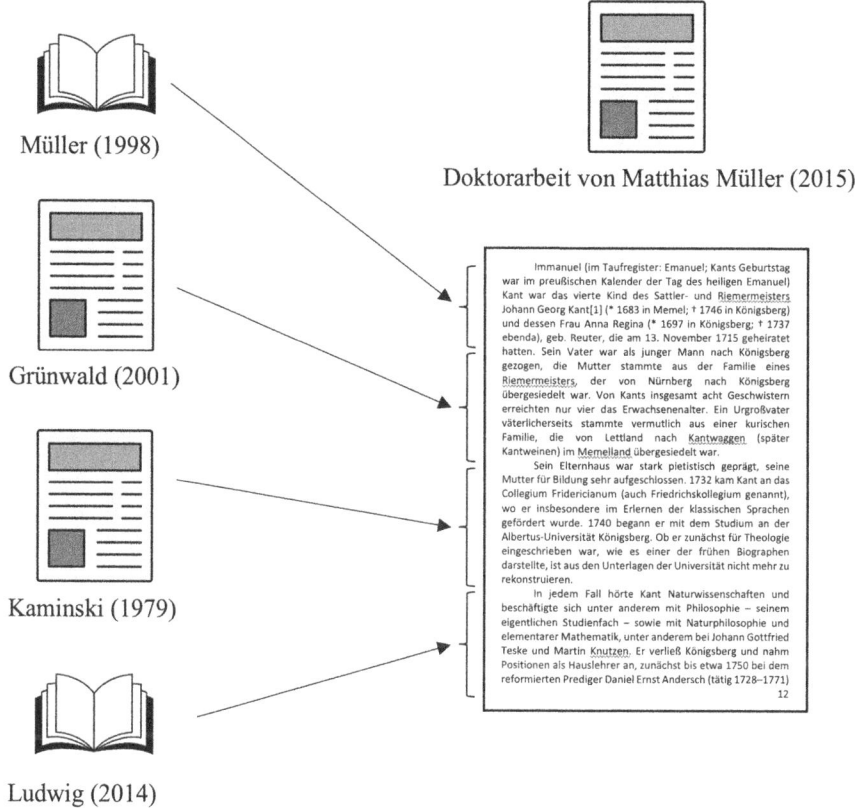

Müller (1998)

Doktorarbeit von Matthias Müller (2015)

Grünwald (2001)

Kaminski (1979)

Ludwig (2014)

Abb. 2 Illustration von Patchwork-Plagiaten

9   Kurzer Didaktischer Kommentar zur Lehrsequenz

Im Folgenden möchte ich diese Lehrsequenz noch kurz kommentieren: Erstens sollten in schleppenden Unterrichtsphasen mit ausbleibender Beteiligung themenbezogene motivationale Elemente eingesetzt werden. Beispielsweise können mit Comics über Wissenschaft visuelle Reize gesetzt werden (z. B. https://xkcd.com/1732/) oder kurze humorvolle Texte über Forschungsskandale in Wirksprache referiert werden (vgl. Zankl 2003). Zweitens hängt die Wirksamkeit von wissenschaftsethischer Lehre entscheidend davon ab, ob Lernende die Lerninhalte als nicht delegierbar und nützlich für ihren beruflichen Lebensweg oder allgemeine Lebenszwecke erachten. Drittens sollte die Sozialform sukzessive gewechselt werden (z. B. Lehrvortrag, dann Unterrichtsgespräch, dann Gruppenarbeit mit Ergebnisdiskussion). Viertens lohnt sich besonders im Kontext des Themenbereichs der guten wissenschaftlichen Praxis die Zusammenarbeit mit

Kolleg*innen aus anderen Fachbereichen, sei es in Form eines Erfahrungs-
austausches oder durch Unterrichtskooperationen. So könnten Beispiele für
Datenfälschung und Datenmanipulation aus der Zell- und Molekularbiologie
im Biologieunterricht besprochen werden. Die politischen Auswirkungen von
Plagiatsskandalen von Politiker*innen könnten im Geschichts- oder Politikunter-
richt erörtert werden. Plagiate sind in der Literatur zu finden oder in der Musik,
Kooperationen mit den entsprechenden Fachbereichen bieten sich dementsprechend an.

Literatur

Briggle, A., und C. Mitcham. 2012. *Ethics and Science – An Introduction*. Cambridge:
    Cambridge University Press.
Bussmann, B. 2019. Der wissenschaftsorientierte Ansatz. In *Moderne Philosophiedidaktik –
    Basistexte*, Hrsg. M. Peters und J. Peters. Meiner.
Bulkow, K., und C. Petersen, Hrsg. 2011. *Skandale*. Wiesbaden: VS Verlag für Sozialwissen-
    schaften. https://doi.org/10.1007/978-3-531-93264-4.
Burger, T. 2018. *Rhetorik für Lehrkräfte*. Verlag Julius Klinkhart/UTB.
Christian, A. 2020. *Gute wissenschaftliche Praxis*. Berlin: De Gruyter. https://doi.
    org/10.1515/9783110702521.
Deutschen Forschungsgemeinschaft. 2013. *Safeguarding Good Scientific Practice*. Bonn: Wiley.
Fanelli, D. 2009. How Many Scientists Fabricate and Falsify Research? A Systematic Review
    and Meta-Analysis of Survey Data. *PLoS ONE* 4(5):e5738. https://doi.org/10.1371/journal.
    pone.0005738.
Fischer-Lescano, A. 2011. Karl-Theodor Frhr. zu Guttenberg, Verfassung und Verfassungsver-
    trag. Konstitutionelle Entwicklungsstufen in den USA und der EU, 2009. *Kritische Justiz*
    112–119.
Fishman,T. 2009. „We know it when we see it" is not good enough: Toward a standard definition
    of plagiarism that transcends theft, fraud, and copyright. Presented at the 4th Asia Pacific
    Conference on Educational Integrity (4APCEI).
Frey, K., und A. Frey-Eilig. 2009. *Ausgewählte Methoden der Didaktik*. Zürich: vdf/UTB.
Goodstein, D. 2010. *On Fact and Fraud*. Princeton: Princeton University Press.
Hoyningen-Huene, P., und T. Tarkian. 2004. Wissenschaftsethik. In *Enzyklopädie der Philo-
    sophie und Wissenschaftstheorie*, Hrsg. J. Mittelstraß, Bd. 4, 724–726. Metzler.
Kiel, E., Hrsg. 2018. *Unterricht sehen, analysieren, gestalten*, 3. Aufl. Bad Heilbrunn: Verlag
    Julius Klinkhardt/UTB.
Lepsius, O., und R. Meyer-Kalkus. 2011. *Inszenierung als Beruf: Der Fall Guttenberg*. Berlin:
    Suhrkamp.
Macfarlane, B. 2009. *Researching with Integrity – The Ethics of Academic Enquiry*. London:
    Routledge.
Preuß, R., und T. Schultz. 2011. *Guttenbergs Fall: Der Skandal und seine Folgen für Politik und
    Gesellschaft*. Gütersloh: Gütersloher Verlagshaus.
Resnik, D. B. 2008. Ethics of Science. In *The Routledge Companion to Philosophy of Science*,
    Hrsg. S. Psillos und M. Curd, 149–158. Routledge.
Reydon, T. 2013. *Wissenschaftsethik – Eine Einführung*. Stuttgart: Ulmer/UTB.
Shamoo, A. E., und D. B. Resnik. 2015. *Responsible Conduct of Research*, 3. Aufl. New York:
    Oxford University Press.
Städeli, C., A. Grassi, K. Rhinner, und W. Obrist. 2013. *Kompetenzorientiert unterrichten – Das
    AVIVA-Modell Fünf Phasen guten Unterrichts*, 2. Aufl. Bern: hep.

Städeli, C., M. Maurer, C. Caduff, und M. Pfiffner. 2021. *Das AVIVA-Modell: Kompetenz-orientiert unterrichten und Prüfen*. Bern: hep.

Weber-Wulff, D. 2014. *False Feathers*. Berlin: Springer. https://doi.org/10.1007/978-3-642-39961-9.

Zankl, H. 2003. *Fälscher, Schwindler, Scharlatane – Betrug in Forschung und Wissenschaft*. Weinheim: Wiley-VCH.

Zenthöfer, J. 2022. *Plagiate in der Wissenschaft*. Berlin: transcript.

Was ist Evidenz? Und wozu brauchen wir sie?

14

Bettina Bussmann und Benedikt Leitgeb

1 Was ist Evidenz? Ein Fallbeispiel zur Einführung

Am 6. April 2009 ereignete sich in der Nähe der italienischen Stadt L'Aquila ein Erdbeben der Stärke 6,3 auf der Richter-Skala. Das Erdbeben und seine Nachbeben richteten enorme Zerstörungen an und führten zu tausenden Verletzten und tragischerweise auch zu über 300 Toten. Im Zuge der Aufarbeitung dieser Tragödie kam es zu Kritik und schließlich auch zur Anklage von sieben Personen, sechs davon Wissenschaftler des italienischen Instituts für Geophysik und Vulkanologie. Die Wissenschaftler waren Mitglieder einer Risikokommission zur Einschätzung der Erdbebengefahr gewesen, nachdem in den Monaten vor dem verheerenden Beben bereits kleinere Beben stattgefunden hatten. Die Kommission hatte in einer Pressekonferenz vor dem großen Beben erklärt, dass kleinere Beben in der tektonisch sehr aktiven Region häufig vorkämen und die Wahrscheinlichkeit eines größeren Erdbebens somit nicht signifikant höher sei. Das Gebiet um L'Aquila war schon lange Zeit als Erdbebenrisikogebiet bekannt. Es gäbe also keinen besonderen Grund zur Sorge. Einige Angehörige der Opfer klagten die Mitglieder der Kommission deshalb an, sie hätten falsche Sicherheit verbreitet und so eine Mitschuld am Tod einiger der über 300 Personen. 2011 und 2012 kam es schließlich zum Prozess, in dem die Wissenschaftler und das siebte Mitglied der Kommission, ein Staatsbeamter, zu mehrjährigen Haftstrafen verurteilt wurden. Die Haftstrafen der Wissenschaftler wurden 2015 nach Berufung aufgehoben und

B. Bussmann (✉) · B. Leitgeb
Fachbereich Philosophie, Universität Salzburg, Salzburg, Österreich
E-Mail: bettina.bussmann@plus.ac.at

B. Leitgeb
E-Mail: benediktrupert.leitgeb@plus.ac.at

die Haftstrafe des Beamten reduziert (Cartlidge 2015; Wallis 2012). Dieser Fall hat europaweit für großen mediale Aufmerksamkeit gesorgt.

Eine kleine Zeitleiste der Ereignisse:

Oktober 2008	Die ersten kleineren Beben beginnen
Vor 31. März 2009	Warnungen vor einem Erdbeben eines Labortechnikers erhalten eine große Medienaufmerksamkeit
31. März 2009	Meeting der Wissenschaftler und Pressekonferenz mit dem Ziel die Öffentlichkeit zu beruhigen
5/6. April 2009	Einige Stunden vor dem großen Beben ereignen sich mehrere, jedoch etwas schwächere Beben
6. April 2009, ca. 3:33 Uhr	Das Erdbeben mit der Stärke 6.3 trifft L'Aquila. Viele Gebäude stürzen ein oder werden beschädigt. 309 Personen sterben, Tausende werden verletzt oder verlieren ihr Zuhause.
September 2011	Der Prozess über die Schuld der Wissenschaftler der Kommission beginnt
Oktober 2012	Die Wissenschaftler und ein Beamter werden des Totschlags für schuldig befunden und erhalten mehrjährige Haftstrafen
November 2015	Der italienische Verfassungsgerichtshof hebt in letzter Instanz die Haftstrafen der Wissenschaftler auf und bestätigt die geringere Haftstrafe des Beamten

Der Prozess wurde international von vielen Wissenschaftler*innen verfolgt und stark kritisiert. Es sei „ungerecht für Wissenschaftler*innen kriminell verfolgt zu werden für das Versagen, auf Information zu reagieren, welche die internationale Wissenschaftsgemeinschaft als inadäquat betrachten würde, um eine Warnung herauszugeben" (Wallis 2012, Übers. B.L.). Es ist tatsächlich der Fall, dass Erdbeben bis heute nicht zuverlässig vorhergesagt werden können, besonders in Risikogebieten wie um L'Aquila. Wissenschaftler*innen suchen bis heute nach zuverlässigen Anzeichen für Erdbeben, aber bisher ohne Erfolg. Manche sind skeptisch, ob solche Vorhersagen je gelingen werden (Hough 2009, 222–227).

Als Konsequenz der Verurteilung der Wissenschaftler wurde von mancher Seite befürchtet, dass dies Wissenschaftler*innen abschrecken könnte, ihre professionelle Einschätzung für politische Entscheidungen anzubieten. Wenn Wissenschaftler*innen bei einer politischen Fehlentscheidung für angeblich falschen Rat sogar ins Gefängnis kommen können, würden sie es sich in Zukunft zweimal überlegen, ihre Expertise anzubieten. Allerdings sind Gesellschaften heute in unzähligen Fragen auf wissenschaftliche Expert*innen angewiesen: Mithilfe von Modellen, Studien oder Experimenten werden Aussagen und Prognosen erstellt, die darüber bestimmen, welche Technologien gefördert, welche Medikamente zugelassen oder – wie in diesem Fall – welche Empfehlungen für die Bevölkerung ausgesendet werden sollen. Sich nicht auf wissenschaftliche Expertise zu verlassen, weil sie im Nachhinein schlechten Rat geben kann, würde womöglich zukünftige Entscheidungen verschlechtern (Brown 2012; AGU Fall Meeting 2012 Press Conference).

Es gibt einige Aspekte, die relevant sind für die Frage, ob die Wissenschaftler tatsächlich eine Schuld am Tod der 300 Personen haben. Waren ihre Schlussfolgerungen missverständlich formuliert? Wie wurden die Aussagen der Wissenschaftler medial aufgenommen, sind ihre Erkenntnisse an ein fachfremdes Publikum verständlich kommuniziert worden? Dies sind alles wichtige Fragen der Wissenschaftskommunikation, doch in diesem Kapitel soll es um die Frage gehen, ob die Wissenschaftler ihre *Evidenz* richtig verwendet haben.

Evidenz ist ein zentraler Begriff unserer Zeit. Oft wird auch von „Daten", „Information" oder „Hinweisen" gesprochen. Gemeint ist damit meistens Evidenz. Das Wort ‚Evidenz' selbst kommt aus dem lateinischen, *evidentia*, und kann unter anderem mit „Veranschaulichung", „Klarheit" oder auch „Sichtbarkeit" übersetzt werden. Es macht etwas, das der Fall ist, sichtbar oder veranschaulicht uns etwas über die Welt. Die Wortherkunft sagt uns jedoch wenig darüber, was Wissenschaftler*innen heute unter Evidenz verstehen. Wir müssen also noch genauer werden. Dafür sollen drei Fragen untersucht werden, zwei eher theoretischer Natur, und eine eher praktische:

1. Welche Funktionen hat Evidenz?
2. Welche Sachverhalte können als Evidenz gelten?
3. Ab wann haben wir Evidenz?

Zu jeder der drei Fragen gibt es am Ende des jeweiligen dazu folgenden Kapitels Aufgaben. Die Ergebnisse dieser Untersuchungen werden im Kapitel „Evidenz in der Medizin" angewendet (s. Kap. 17).

2 Welche Funktionen hat Evidenz?

Die Wissenschaftler besaßen vor dem Erdbeben von L'Aqulia die Information, dass es bereits seit Monaten immer wieder kleinere Erdbeben gegeben hatte. Was sollten oder konnten sie nun mit dieser Information machen? Die drei Funktionen von Evidenz, die hier näher betrachtet werden, sind sich teilweise ähnlich, überschneiden sich oder resultieren womöglich auseinander. Nichtsdestoweniger ist es wichtig, sie voneinander zu unterscheiden, da sie theoretisch unterschiedlich sind und nicht jede Funktion in jeder Situation gleich wichtig sein muss.

2.1 Funktion 1: Wahrheit und Wahrscheinlichkeit

Ein Ziel von Wissenschaft ist es, Wissen zu erlangen. Wissen wird oft als wahre, gerechtfertigte Überzeugung charakterisiert, und obwohl es Diskussionen darüber gibt, inwieweit diese Definition korrekt ist, wollen wir diese Standardauffassung zugrunde legen (s. Kap. 3). Wissen ist nun aus zwei Gründen wichtig: Einerseits kann Wissen einen bestimmten intrinsischen Wert besitzen. Das Wissen, dass Jupiter 79 Monde besitzt, kann bereits an sich wertvoll sein. Wissen hat aber auch eine praktische Bedeutung. Wissen darüber, dass es gerade regnet, hilft mir zu entscheiden, ob ich einen Regenschirm benutzen sollte.

Die Wissenschaften unterscheiden sich bezüglich des Ziels, Wissen zu erhalten, nicht wesentlich von unseren alltäglichen Versuchen. Auch die Wissenschaften versuchen Wissen über die Welt zu erhalten. Das kann ein reiner Selbstzweck sein, Wissen um des Wissens willen (Grundlagenforschung), oder weil wir das Wissen auch praktisch anwenden wollen. Geologie, die Wissenschaft, die sich unter anderem mit Plattentektonik und somit auch mit Erdbeben auseinandersetzt, kann man einerseits betreiben, weil man mehr über Gesteine und die Bewegung der Kontinente wissen will. Man kann sie aber auch betreiben (und das schließt das vorherige Ziel nicht aus), um die gewonnenen Erkenntnisse über z. B. Plattentektonik anzuwenden, um Erdbeben vorhersagen zu können (Cooper 1964, 328).

Um Wissen zu haben, müssen wir etwas Wahres glauben. Im weiteren Verlauf des Kapitels wird einfach von *Sätzen* als den Objekten die Rede sein, die wahr sein können. Dabei geht es um die wörtliche Bedeutung eines Aussagesatzes oder Konditionalsatzes (wenn…, dann), Faktoren wie Sarkasmus oder Ironie, die die Bedeutung des Satzes auch beeinflussen können, werden ignoriert. Es geht also um Sätze wie „Der Himmel ist blau" oder „Wenn Luke seine Ausbildung abbricht, dann wird er kein Jedi", aber nicht um Sätze wie „Mach bitte das Fenster auf".

Sätze, wie sie die Wissenschaft untersucht, sind sowohl solche, für die wir Evidenz mit wissenschaftlichen Methoden sammeln können als auch solche, die sich mit bestimmten Phänomenen und Zusammenhängen der Natur auseinandersetzen. „Ich habe meine Handtasche zuhause vergessen" ist zwar ein Satz, für den wir Evidenz sammeln können, doch es ist kein Satz der Wissenschaften. Bei einem Satz wie „Einhörner sind 2 Meter groß" ist es fraglich, dass wir Evidenz überhaupt finden können; Einhörner gibt es schließlich nicht. Beides sind also keine wissenschaftlichen Sätze. In den Wissenschaften geht es uns daher um eine bestimmte Art von Sätzen, die natürliche Phänomene, die wir zumindest theoretisch untersuchen können, erklären, beschreiben oder vorhersagen. Ein solcher Satz ist „In L'Aquila wird bald ein starkes Erdbeben stattfinden".

Die Menge an Sätzen, die zusammen Phänomene beschreiben und vorhersagen, nennt man *wissenschaftliche Theorie*. Die Sätze, die wissenschaftliche Theorien ausmachen haben dabei unterschiedliche Aufgaben. Manche definieren Terme, wie „Atom" oder „Protein", andere Sätze stellen Verbindungen zwischen diesen Termen her. Der berühmte Satz der speziellen Relativitätstheorie „$E = mc^2$" ist so gesehen nichts anderes als die mathematische Formulierung eines Satzes, welcher uns etwas über die Beziehung theoretischer Terme „Energie" (E), „Masse" (m) und „Lichtgeschwindigkeit" (c) sagt. Zusammen mit anderen Sätzen, die zum Beispiel diese Terme noch näher beschreiben, lässt sich eine Theorie entwickeln, die Vorhersagen machen kann und uns so hoffentlich Erkenntnisse über die Welt bringt (Winther 2021).

Die Wahrheit eines Satzes ist jedoch oft schwer zu ermitteln. Ein Grund dafür ist, dass die Wissenschaften mit unvollständigen oder uneindeutigen Daten arbeiten müssen. Wissenschaftler*innen haben oft nur begrenzte Zeit und Geld für ihre Forschung und können so nicht alle Untersuchungen durchführen, die womöglich wichtig wären. Außerdem ist kein Messinstrument zu hundert Prozent genau, wodurch sich immer Fehler und Ungenauigkeiten einschleichen können. Daher arbeiten die Wissenschaften anstatt mit unumstößlicher Wahrheit vorwiegend mit Wahrscheinlichkeiten.

Die Wahrscheinlichkeit eines Satzes wird entweder in Prozent angegeben, z. B. 56 %, oder als eine rationale Zahl zwischen 0 und 1, z. B. 0,12. Dabei bedeutet 0 % bzw. 0 „falsch" und 100 % bzw. 1 „wahr". Ein Satz mit Wahrscheinlichkeit 0,87 ist wahrscheinlich wahr, während ein Satz mit Wahrscheinlichkeit 0,1 wahrscheinlich falsch ist. Es gibt in der Philosophie und den Wissenschaften teils heftige Diskussionen darüber, wie genau Wahrscheinlichkeiten zu interpretieren sind. Manche sehen in Wahrscheinlichkeiten sogenannte Glaubensgrade, die ausdrücken, wie sicher wir uns sind, dass ein Satz wahr ist. Andere interpretieren Wahrscheinlichkeiten als Ausdruck einer objektiven Häufigkeit oder Eigenschaft eines Phänomens. Für unsere Zwecke ist die genaue Definition und Interpretation von Wahrscheinlichkeiten jedoch weniger wichtig, eine intuitive Auffassung reicht aus. Wichtig ist, dass wir Wahrscheinlichkeiten benötigen, weil wir nur sehr selten tatsächlich, ohne einen Hauch von Zweifel, sagen können, dass ein Satz nun wahr ist oder nicht. Dabei ersetzen Wahrscheinlichkeiten aber nicht die Orientierung am Wahrheitsbegriff. Ein Satz bleibt weiterhin einfach wahr oder falsch, und unser ultimatives Ziel ist es, auch weiterhin Wahrheit und somit Wissen zu erhalten. Wahrscheinlichkeiten drücken den Versuch aus, mit unseren begrenzten Informationen so nah wie möglich an diese Wahrheit heranzukommen. Dieses von Karl Popper formulierte Ziel der *Wahrheitsannäherung* (Popper 1963) wird auch heutzutage weitestgehend vertreten (Hájek 2019).

Das ist die also unsere erste Funktion von Evidenz. Evidenz hilft uns, *die Wahrheit bzw. die Wahrscheinlichkeit eines Satzes (Behauptung, Prognose etc.) zu bestimmen.*

2.2 Funktion 2: Gerechtfertigte Überzeugungen

Evidenz gibt uns nicht nur die Möglichkeit zu bestimmen, ob ein Satz wahrscheinlich wahr ist, sondern gibt uns damit Gründe, einen Satz auch zu glauben. Die nächste Funktion von Evidenz führt die Idee der ersten Funktion weiter. Nehmen wir an, wir konnten unsere Evidenz dafür verwenden, die Wahrheit bzw. eine hohe Wahrscheinlichkeit eines Satzes wie „Am 6. April 2009 wird in der Nähe von L'Aquila ein Erdbeben stattfinden" zu bestimmen. Was tun wir dann damit? Die Antwort darauf ist, dass wir jetzt gerechtfertigt sind, ihn zu glauben. Wir sind gerechtfertigt darin die Überzeugung zu haben, dass es am 6.April 2009 ein Erdbeben geben wird. Funktion 2 ist dabei ein wichtiger Schritt, um Wissen zu erwerben. Wissen war nach unserer Definition „wahre, gerechtfertigte Überzeugung". Eine wahre Überzeugung allein wäre demnach noch kein Wissen. Wir können aber mithilfe von Evidenz den letzten Teil, der für Wissen notwendig ist hinzufügen (Kelly 2016).

Warum die Rechtfertigung von Überzeugungen eine eigene Funktion ist, hängt mit der Schwierigkeit zusammen, die Wahrheit eines Satzes zu bestimmen. Evidenzen sind aufgrund der Schwierigkeiten, eine notwendige Menge an Daten zu erheben oder die *relevanten* Daten zu sondieren, häufig unvollständig, oft widersprüchlich und können einen wahren Satz falsch erscheinen lassen. Da uns meistens nur unvollständige Evidenz zur Verfügung steht, ist die Wahrheit eines selbst sehr wahrscheinlichen Satzes nicht garantiert (daher verwenden wir ja auch Wahrscheinlichkeiten). Manche Philosoph*innen bezweifeln sogar grundsätzlich, dass wir die Wahrheit eines Satzes überhaupt je feststellen können. Solche Positionen werden als Skeptizismus zusammengefasst. Wissen, als wahrer, gerechtfertigter Glaube, wäre nach einer solchen Position kaum möglich (s. Kap. 5). In der Wissenschaftsphilosophie gibt es ähnliche Positionen, die man als *Antirealismus* bezeichnet. Antirealisten zweifeln nicht unbedingt daran, dass wir für gar keine Sätze ihre Wahrheit bestimmen können (wir können vielleicht sehr wohl sagen, dass „Es regnet" wahr ist), sondern sie zweifeln vor allem daran, dass Sätze der Wissenschaft wahr seien oder wir ihre Wahrheit verlässlich feststellen können. Während sich alltägliche Sätze wie „Es regnet" durch unsere eigenen Sinne überprüfen lassen, sind die meisten Sätze, um die es in der Wissenschaft geht, auf Phänomene gerichtet, die nicht durch unsere Wahrnehmung allein überprüft werden können. Und ob wir je herausfinden können, ob ein Satz wie „Wasser besteht aus Molekülen" wahr ist, bezweifeln oder verneinen Antirealisten. Evidenz könnte nach einer solchen Position unsere erste Funktion gar nicht oder nur in speziellen Fällen erfüllen.

Verlangen wir von Evidenz zu viel, wenn wir sie für Wahrheitsbestimmung verwenden wollen? Angenommen Lucia ist überzeugt davon, dass Erdbeben aufgrund seismischer Aktivität in der Erdkruste entstehen, während Gary davon überzeugt ist, dass Erdbeben ein Zeichen der Götter sind. Lucia kann mit ihrer Überzeugung, zusammen mit weiteren Beobachtungen, womöglich richtige und zuverlässige Vorhersagen treffen. Sie könnte zum Beispiel richtig bestimmen, wo die meisten Erdbeben geschehen oder wie stark ein Erdbeben sein wird. Gary kann das mit seinen Überzeugungen nicht tun. Selbst wenn beide Überzeugungen falsch sind, oder wir nichts über die Wahrheit der Überzeugungen sagen können, ist eine davon *praktisch erfolgreicher* und damit besser als die andere. Evidenz hilft uns, indem sie uns Rechtfertigungen gibt, die guten Überzeugungen von den schlechten zu trennen. Und auch wenn wir nie wissen können, ob ein Satz nun wahr ist oder nicht, so sollten wir doch zumindest die Sätze glauben, die uns praktisch nützlich sind. Der Fortschritt in den Wissenschaften zeigt sich eben genau darin, dass aus einer *erfolgreichen* Theorie eine größere Menge an wahren (und weniger falschen) Konsequenzen folgt, als es bei Konkurrenztheorien der Fall ist.

Unsere zweite Funktion von Evidenz ist somit: *Evidenz liefert Rechtfertigungen, einen Satz (Behauptung, Prognose etc.) zu glauben.*

2.3   Funktion 3: Gerechtfertigte Handlungen

Wenn wir nun gerechtfertigte Überzeugungen besitzen, dann wollen wir aufgrund dieser meistens auch etwas tun. Angenommen die kleineren Beben in L'Aquila rechtfertigen uns zu glauben, dass es bald ein Erdbeben geben wird (Funktion 2), bzw. machen den Satz „In L'Aquila wird es bald ein Erdbeben geben" sehr wahrscheinlich (Funktion 1). Das scheint uns moralisch dazu zu verpflichten, die Menschen in der Region zu warnen, zu evakuieren und andere Vorkehrungen zu treffen, um den Schaden so minimal wie möglich zu halten. Ohne diese Evidenz sollten wir diese Handlungsentscheidungen aber nicht treffen. Niemand wäre sonderlich erfreut, ständig vor Erdbeben evakuiert zu werden, welche dann nicht eintreten. Handlungsempfehlungen ziehen oft hohe Kosten nach sich. Wir sollten uns daher schon sicher sein, dass sie auch angebracht sind.

Evidenz soll bestimmen, wie diese Umstände wahrscheinlich aussehen werden, damit wir angemessen handeln können. Moralische und praktische Normen und Überlegungen darüber, welche (moralischen) Ziele wir erreichen sollen und wie wir diese erreichen können sind für diese Entscheidungen natürlich ebenfalls notwendig. Evidenz gibt jedoch den Rahmen vor, innerhalb dessen wir handeln (Kelly 2016; Kim 1988, 382).

Im Falle des Erdbebens von L'Aquila dienten die kleineren Beben in den Augen der Wissenschaftler eben *nicht* als ausreichend rechtfertigend, eine Erdbebenwarnung herauszugeben. Ob sie mit dieser Einschätzung Recht hatten, basiert auch auf einigen juristischen, moralischen und politischen Überlegungen, auf die hier nicht näher eingegangen werden kann. Doch obwohl die kleineren Erdbeben für die Wissenschaftler keine ausreichende Evidenz für ein größeres Beben im Sinne von Funktion 1 und 2 waren, hätten sehr wohl gewisse Vorkehrungen im Falle eines Irrtums getroffen werden können. Die Wissenschaftler hätten dann womöglich falsch gehandelt. Daher ist es notwendig, diese Funktion als Teil des Evidenzbegriffes mit aufzunehmen und von den anderen zu unterscheiden.

Hätten die Wissenschaftler vielleicht doch eine Warnung herausgeben sollen, selbst wenn sie selbst nicht glaubten, dass die kleineren Beben ein großes Beben ankündigten? Diese Frage ist schwer zu beantworten, denn es gibt *immer* Restunsicherheiten. In einem idealen Szenario fallen Funktion 1 bis 3 zwar zusammen, aber es gibt viele Faktoren, die einen großen Spielraum für Irrtümer und Fehlentscheidungen lassen: So ist die Datenerhebung selber oft von Interessen geleitet und die *Interpretation* der Daten basiert auf Studien und Modellrechnungen, die in Konkurrenz zu anderen Modellen und Studien stehen. Hier muss selektiert werden. Wenn wir uns dieser Fallstricke und Probleme jedoch bewusst sind und sie bei wichtigen Entscheidungen berücksichtigen, haben wir gute Gründe, uns an evidenzbasierten Forschungsergebnissen zu orientieren.

Unsere dritte Funktion für Evidenz lautet also, dass *Evidenz das ist, was Personen (auf eine richtige Art und Weise) berücksichtigen müssen, um richtig zu handeln.*

Die **drei Funktionen von Evidenz** sind also zusammengefasst:

✓   Wahrheit bzw. Wahrheitsnähe bzw. Wahrscheinlichkeit bestimmen

✓   Überzeugungen rechtfertigen

✓   Handlungen rechtfertigen

2.4   Aufgaben: Funktionen von Evidenz

Einige Erwartungen

Nach der Unterrichtssequenz können Studierende/Schüler*innen vor allem:

- für wissenschaftliche und nicht-wissenschaftliche Aussagen eigene Beispiele finden, die als Evidenz gelten können
- die Funktionen von Evidenz auf die Beispiele anwenden
- die Relevanz der Evidenzbeispiele kritisch prüfen und begründen, warum einige schwächer und andere stärkere gewichtet werden sollten
- für verschiedene gesellschaftliche Bereiche Handlungsempfehlungen vorschlagen und die dafür notwendigen empirischen Daten identifizieren

Aufgabe 1

1. Im Folgenden sind einige wissenschaftliche und nicht-wissenschaftliche Aussagen aufgelistet, die wahr oder falsch sein können. Suchen Sie sich aus der Liste vier Aussagen heraus und überlegen Sie sich drei Beispiele, die als Evidenz für diese Behauptungen herangezogen werden können.
2. Begründen Sie, welche Funktionen die Evidenz unter welchen Bedingungen erfüllen und welche nicht. Es ist unerheblich, ob die gewählten Aussagen tatsächlich wahr sind oder nicht.
3. Begründen Sie, welche Evidenzen stärker und welche schwächer bewertet werden sollten.

Nr.	Aussage
1	Die Straßenführung im Stadtviertel führt zu Staus in der Innenstadt.
2	Hoher Individualverkehr führt zu einer niedrigeren Luftqualität.
3	Der antike Leuchtturm von Alexandria war ca. 160 Meter hoch.
4	Durch die Lage der Augen können viele Pflanzenfresser nicht sehen, was genau vor ihnen ist.
5	„Sungura" ist Suaheli und bedeutet Kaninchen.
6	Die Höchstgeschwindigkeit einer Boeing 747 beträgt nicht ganz 1000 km/h.
7	Alle Raben sind schwarz.
8	In dreihundert Jahren wird es keine Bisons mehr geben.

Nr.	Aussage
9	Die Corona Schutzimpfung verhindert sehr effektiv einen schweren Krankheitsverlauf.
10	Die literarische Gestalt von Robin Hood basiert auf der Person von Roger Godberd, Anführer einer Bande von Geächteten in England.
11	Alle Objekte fallen im Vakuum gleich schnell zu Boden.
12	Gleiche Repräsentation von Personengruppen in den Medien verringert Vorurteile.
13	Ich bin krank.
14	Telepathie ist real.
15	Erneuerbare Energien sind das beste Mittel, die Erdtemperatur zu verringern.
16	Die neuen Bildungsanforderungen werden zu mehr Stress bei Schüler*innen führen.
17	Alle materiellen Gegenstände bestehen aus Atomen.
18	Es wird dieses Wochenende stark regnen.
19	Männer sind technisch begabter als Frauen.
20	Im Sternensystem Sirius gibt es Leben.

4. Präsentieren Sie Ihre Vorschläge in einer Kleingruppe. Die Zuhörer*innen überlegen sich, ob die vorgestellte Evidenz
   a) wirklich relevant ist für die Aussage
   b) ob sie tatsächlich die gemeinte(n) Funktion(en) erfüllt
5. In der anschließenden Diskussion sollen die Ergebnisse bewertet und kritisch reflektiert werden.

Beispiel: Für Aussage 1 könnten diese drei Arten von Evidenz genannt werden:

1. Erfahrungsberichte einiger Anrainer*innen
2. Rückschlüsse aus Prinzipien der Verkehrsplanung
3. Gesunder Menschenverstand

Bei der ersten Evidenz, dem Erfahrungsbericht, kann man kritisieren, dass Anrainer*innen womöglich nichts von Verkehrsplanung verstehen. Die Gründe für die Staus könnten andere sein als die Straßenführung. Es wäre deshalb womöglich zu viel zu behaupten, dass die Erfahrungsberichte der Anrainer*innen Funktion 1 erfüllen. Funktion 2 oder 3 dagegen in manchen Situationen schon. Die Rückschlüsse aus Prinzipien der Verkehrsplanung liefern hier wahrscheinlich stärkere Evidenz, womöglich stark genug, um sogar Funktion 1 klar zu erfüllen. Der Menschenverstand ist wohl die schwächste Art von Evidenz und würde für manche Handlungen nicht einmal Funktion 3 erfüllen.

Aufgabe 2
Entwickeln Sie in Partner*innenarbeit für einige Bereiche eine mögliche Handlungsempfehlung und überlegen Sie, welche Evidenzen vorliegen sollten, die diese Empfehlung rechtfertigen.

Bereich	Handlungsempfehlung	Welche Evidenz sollte vorliegen? Welche Studien müsste man erheben?
Gesundheitswesen	„Verzichten Sie auf das Rauchen!"	+ Studien zum Zusammenhang von Nikotin und Lungenkrebs + Studien, die zeigen, dass Rauchen abhängig macht + (weitere)
Neue Technologien (z. B. Roboter)		
Schule		
Städtebau		
Ernährung		

3   Welche Sachverhalte können als Evidenz gelten?

Nachdem wir unsere Hauptfunktionen für Evidenz beschrieben haben, müssen wir uns die Frage stellen, auf welche *Sachverhalte* diese Funktionen angewendet werden können. Intuitiv sprechen wir von Evidenz so, als könnte sie alles sein. Die kleineren Beben (*Natur*) können Evidenz für ein baldiges größeres Erdbeben sein, Fußspuren am Tatort (*menschliche Handlungen*) Evidenz für die Schuld des Angeklagten, die Vorhersagen des Wetterberichts (*wissenschaftliches Wissen*) Evidenz für Regen. Kann aber wirklich alles als Evidenz gelten?

Die kleineren Beben sind lediglich Erschütterungen der Erde. Erschütterungen alleine sagen uns zunächst aber noch gar nichts über etwaige stärkere Erdbeben in der Zukunft. Es bedarf *zusätzlicher Messungen*, um zum Beispiel zu bestimmen, wie stark und häufig die Beben sind, wo ihre Epizentren liegen, ob sie tatsächlich auf tektonische Bewegungen zurückzuführen sind oder andere Ursache vorliegen. Auch *weiteres Wissen* über Plattentektonik der Region, Arten von Erdbeben, ihre Entstehung, statistische Kenntnisse, historische Daten sind wichtig, um die Messdaten richtig zu interpretieren und die aufgezeichneten Erschütterungen als mögliche Vorboten eines größeren Erdbebens zu erkennen. All diese Schritte sind notwendig und alles andere als trivial. Die kleineren Erdbeben an sich liefern deshalb nicht Evidenz im Sinne der Funktionen 1–3. Vielmehr ist es etwas *über* diese Beben, das uns als Evidenz dient. Aber um welches erkenntnistheoretische Fundament handelt es sich hierbei?

Eine Auffassung, die in der heutigen Philosophie jedoch nicht mehr sehr verbreitet ist, vertritt die Position, dass es sich bei Evidenz um *Sinnesdaten* handelt. Sinnesdaten sind uns unmittelbar bewusst, wenn wir etwas wahrnehmen. Die Wahrnehmung eines Steines z. B. erzeugt ein „inneres Bild" des Steines, welches Eigenschaften des Steines enthält, die wir wahrnehmen. Das Bild des Steines besteht aus gewissen Sinnesdaten für Farben und einer gewissen Form. Hebe ich den Stein auf, so kommt noch die wahrgenommene Eigenschaft des Gewichts hinzu. Eine solche Position geht mindestens auf René Descartes (1596–1650) zurück und wurde in modernen Zeiten zum Beispiel explizit vom britischen Philosoph Bertrand Russell (1872–1970) vertreten. Die Sinnesdatentheorie wird in der modernen Philosophie allerdings nur noch selten vertreten. Es gibt mehrere Gründe, weshalb Sinnesdaten im 20. Jahrhundert an Popularität verloren. Einerseits waren sie damals nicht wissenschaftlich beschreibbar (und sind dies womöglich bis heute nicht). Aus diesem Grund kritisiert der amerikanische Philosoph Wilfrid Sellars die Sinnesdatentheorien als „Mythos des Gegebenen", da Sinnesdaten alleine noch keine Rückschlüsse über die Welt zuließen. Eine Wahrnehmung müsse erst interpretiert werden, bevor wir sie als Wahrnehmung eines Steines bestimmen können. Die Begriffe, um sie zu interpretieren, z. B. das Konzept eines Steines, müssen jedoch erlernt werden. Ein Sinnesdatum allein, eine Ansammlung reiner Wahrnehmungen, ohne, dass Konzepte wie „Stein" vorher durch Anwendung erlernt wurde, kann kein Wissen darstellen. So wie Erschütterungen der Erde allein noch keine Evidenz für ein größeres Erdbeben sein können, so können Sinnesdaten allein keine Evidenz für z. B. einen Stein sein (Russell 1912, 12; Sellars 1997, 9–11).

Eine andere Position behauptet, dass es sich bei Evidenz um sogenannte „Beobachtungssätze" handelt. Ein Beobachtungssatz ist in etwa eine Aussage über unsere unmittelbaren Wahrnehmungen. Ein Beobachtungssatz drückt dabei aus, was wir sehen, fühlen etc. „Dieser Stein ist braun" ist ein solcher Beobachtungssatz. Aus solchen Sätzen könnte man weitere Evidenz, in Form von Sätzen, (logisch) ableiten, die dann das Fundament unseres Wissens ausmachen würden. Der Vorteil solcher Beobachtungssätze ist es, dass sie *intersubjektiv überprüfbar* sind. Während das, was wir unmittelbar wahrnehmen, nur uns persönlich zugänglich ist, kann theoretisch jeder, der der Sprache mächtig ist, in der der Satz formuliert wurde, den Satz verstehen und damit überprüfen, ob dieser wahr ist (Carnap 1932/33, 228; Quine 1993, 107).

Ein mögliches Problem von Beobachtungssätzen ist ihre „Theoriegeladenheit" (oder auch „Theoriebeladenheit", s. Abschn. 12.2.2). Das bedeutet, dass allein unsere Wortverwendungen, die Satzkonstruktion etc. eine gewisse Hintergrundtheorie implizieren, die in den Beobachtungssätzen mit ausgesagt wird. Ein Beispiel soll dies etwas klarer machen (Kuhn 1962, 111; Quine 1993, 108).

Im Falle des Erdbebens von L'Aquila bezeichnen wir die kleineren Erschütterungen der vorherigen Monate als Erdbeben. Heutzutage meinen wir mit dem Begriff ‚Erdbeben' üblicherweise Erschütterungen, ausgelöst durch Ereignisse wie Plattenverschiebungen. „Es gab ein Erdbeben" würde für uns also bedeuten: „Es gab eine Erschütterung, ausgelöst durch sich verschiebende Kontinentalplatten". In der Antike hielt man Erdbeben jedoch oft für Konsequenzen göttlichen Tuns. Zum Beispiel dachte man, dass Poseidon, wenn er wütend war, Erdbeben und Überflutungen auslösen würde. „Es gab ein Erdbeben" würde für einen antiken Griechen womöglich so etwas bedeuten wie „Poseidon ist erzürnt". Je nachdem, welche Hintergrundtheorie wir besitzen, in die unsere Worte eingebettet sind, bedeutet derselbe Satz „Es gab ein Erdbeben" etwas völlig anderes. Ein Beobachtungssatz lässt somit auch andere Schlüsse zu.

Für jemanden, der Erdbeben als Konsequenz geologischer Prozesse versteht, kann ein Erdbeben Evidenz sein, um gewisse Maßnahmen zu ergreifen, Menschen zu evakuieren, Gebäude zu überprüfen und so weiter. „Es gab ein Erdbeben" ist aber keine Evidenz, die im Hinblick auf unsere moderne Theorie eine Handlung wie ein rituelles Opfer zur Besänftigung von Poseidons Zorn rechtfertigen würde.

Das Problem der Theoriegeladenheit liegt nicht nur darin, dass sich unsere Beobachtungssätze, je nach verwendeter Theorie, in ihrer Bedeutung unterscheiden, sondern auch, dass wir Gefahr laufen, zirkulär zu argumentieren, also unsere Konklusion bereits in unseren Annahmen einbauen. Wir könnten zum Beispiel „Es gab ein Erdbeben" als Evidenz dafür nehmen, dass die Erdkruste eigentlich aus verschiedenen Platten besteht, die sich ständig bewegen. Wenn wir aber „Erdbeben" bereits als Erschütterung, ausgelöst durch plattentektonische Prozesse verstehen, dann haben wir die Existenz von sich verschiebenden Platten ja bereits angenommen. *Wir laufen also Gefahr, unsere Theorie in unsere Evidenz für unsere Theorie einzubauen.* Dieses grundsätzliche Problem der Theoriegeladenheit kann möglicherweise nie ganz gelöst werden. Deshalb sollten sich Wissenschaftler*innen, die ihre Theorien und Modelle anwenden, sich dieses Problems bewusst sein (mehr dazu in den Aufgaben unten).

Ein relativ neuer Vorschlag kommt vom englischen Philosophen Timothy Williamson. Nicht nur ist sein Vorschlag im Vergleich zu den anderen neu, sondern er ist auch einer der wenigen modernen Philosoph*innen, der sich explizit mit der Frage auseinandersetzt, was Evidenz ist. Außerdem hat Williamson mit seinen Überlegungen einen völlig anderen Ansatz als die traditionelle Erkenntnistheorie, was seinen Vorschlag ebenfalls interessant macht. Für ihn ist Evidenz einfach „Wissen". Wissen ist aber für Williamson nicht wahre, gerechtfertigte Überzeugung, sondern ein „faktischer mentaler Zustand" – in gewisser Weise ein Satz in unserem Verstand, der von uns gewusst wird und sich auf eine Tatsache bezieht. Wissen ist also kein faktischer mentaler Zustand, weil es ein Fakt ist, dass wir diesen Zustand haben, sondern weil er sich auf ein Faktum *bezieht* (Williamson 2000, 21–23).

Ein mentaler Zustand ist für Williamson zum Beispiel Freude, Schmerz oder Liebe, aber eben auch unsere Einstellungen gegenüber Sätzen, wie z. B., diese Sätze zu glauben oder zu wissen. Wenn wir Freude empfinden, weil eine Freundin zu Besuch kommt, sind wir in einem mentalen Zustand der Freude. Wenn wir anzweifeln, dass bald ein Erdbeben geschehen wird, im mentalen Zustand des Zweifelns bezüglich eines gewissen Satzes. Etwas zu wissen ist insofern ein ähnlicher Zustand wie etwas zu lieben, sich über etwas zu freuen oder etwas wahrzunehmen. Weiterhin ist Wissen für ihn auch ein *faktischer* Zustand. Während man sich über etwas freuen kann, was nicht wirklich der Fall ist, kann man einen Satz nur wissen, wenn er auch wahr ist. Nur gegenüber einem wahren Satz können wir die Einstellung einnehmen, ihn auch zu wissen. Der mentale Zustand des Glaubens hingegen ist kein faktischer Zustand, schließlich können wir auch Sätze glauben, die nicht wahr sind. Evidenz, für Williamson, ist dann unsere Einstellung zu Sätzen, nämlich unsere Einstellung, diese Sätze auch wirklich zu *wissen* (Williamson 2000, 21–23, 33).

Die Identifikation von Evidenz mit Wissen im Sinne von Williamson erfüllt auf den ersten Blick unsere Funktionen. Wissen hilft uns sicherlich zu entscheiden, ob ein Satz wahr ist, und das kann Grundlage dafür sein, einen anderen Satz zu glauben, was uns dabei hilft, Entscheidungen zu treffen. Williamson führt diese andere Herangehensweise (Wissen eben nicht als wahren, gerechtfertigten Glauben zu verstehen) ein, um Konzepte wie ‚Rechtfertigung' zu definieren (s. unsere Funktion 2). Allerdings macht die Identifikation von Evidenz mit Wissen es womöglich schwer, klar zu entscheiden, ob etwas Evidenz ist oder nicht. Ob unsere Einstellung zu einem Satz, wie „Es wird bald ein Erdbeben geben", der Zustand des Wissens oder einfach nur der Zustand des Glaubens ist, ist schwer zu entscheiden. Das muss allerdings kein Problem für Williamson sein. Schließlich könnte man argumentieren, dass echte Evidenz auch schwer zu erhalten ist – wozu müssten wir sonst Wissenschaft betreiben? Zumindest zeigt Williamsons Ansatz, wie eng Grundprobleme der Wissenschaftsphilosophie mit Fragen der Erkenntnistheorie zusammenhängen können.

Egal, was Evidenz ist – Sinnesdaten, Beobachtungssätze, Wissen oder vielleicht etwas ganz anderes – man kann wohl festhalten, dass Evidenz nicht die Erschütterungen oder die Fußspuren selbst sind, sondern etwas *über* sie. Im weiteren Verlauf wird zwar weiterhin von z. B. Erschütterungen als Evidenz gesprochen werden, allerdings mit dem Wissen, dass dies aus sprachlicher Einfachheit geschieht und nicht, weil die Erschütterungen selbst tatsächlich Evidenz sind.

Arten von Evidenz und ihre Probleme		
	Sachverhalt	Mögliches Problem
1	Sinnesdaten: Das, was uns unmittelbar durch unsere Wahrnehmung bewusst ist	Sinnesdaten benötigen (erlernte) Konzepte, bevor sie etwas bedeuten können
2	Beobachtungssätze: Sätze, die Sachverhalte darstellen	Theoriegeladenheit
3	Wissen: ein mentaler, faktischer Zustand	Schwierigkeit, Evidenz als solche zu erkennen

3.1 Aufgaben: Arten von Evidenz und ihre Probleme

Einige Erwartungen
Nach der Unterrichtssequenz können Studierende/Schüler*innen vor allem:

- das Problem der Theoriegeladenheit an einem Beispiel analysieren und diskutieren
- die unterschiedlichen Arten von Evidenz in einem Fallbeispiel identifizieren
- diese Arten kritisch analysieren
- die Problematik unterschiedlicher Evidenzen und Wahrscheinlichkeiten erkennen und diskutieren

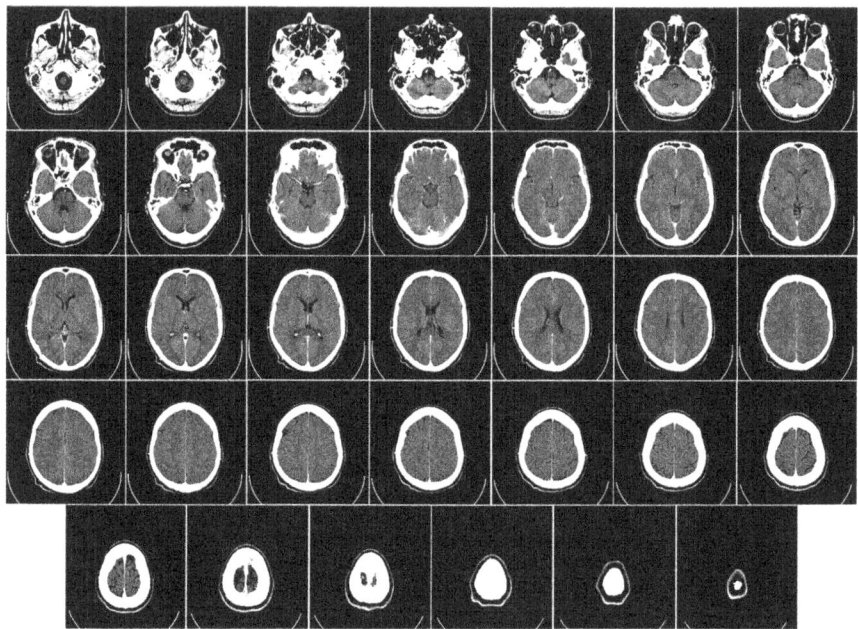

Abb. 1 Computertomographie https://pixabay.com/de/illustrations/computer-tomographie-ct-62942/

Aufgabe 1

Zur Erinnerung: Die *Theoriegeladenheit* von Beobachtung(ssätzen) bedeutet, dass wir Ereignisse, Gegenstände und Prozesse nie ‚nackt' und ‚objektiv' betrachten, sondern durch die Brille unseres Wissens. „In einem bestimmten Sinne ist Sehen eine theoriegeladene Angelegenheit [...]. Die Beobachtung von x wird geformt durch das vorhandene Wissen, dass wir von x besitzen." (Hanson 1958, 19. Übers. B.B.). In Abb. 1 finden Sie die einer Computertomographie. Erörtern Sie folgende zwei Fälle:

1. Recherchieren Sie zunächst eigenständig die wichtigsten Fakten zur Viersäftelehre und machen Sie sich Notizen.
2. Stellen Sie sich vor, eine Neurowissenschaftlerin, die nach den aktuellen Erkenntnissen der Hirnforschung ausgebildet wurde, und ein Forscher, der in der Viersäftelehre ausgebildet wurde, stehen vor der Aufnahme. Wir setzen voraus, dass auch der Viersäfte-Forscher die Aufnahme deuten kann: Wie könnte eine Auffälligkeit des Gehirns von den beiden Personen interpretiert werden?

Aufgabe 2

Bagele Chilisa vergleicht in ihrem Buch über indigene Forschungsmethoden, wie das Wissen über Aids (HIV-Krankheit) vom Hintergrundwissen der Personen unterschiedlicher Kulturkreise geprägt ist (Chilisa 2012, 81). Sie fragt sich: Wessen Wirklichkeit zählt jetzt?

Westliches und indigenes Wissen im Vergleich; Tabelle entnommen Chilisa (2012, 81) (Übers. B.B.)

	Westliches Wissen	Indigenes Wissen der Botswana
Benennung der Krankheit	HIV/Aids	* Herpes * Boloi (Hexerei) * Boloi Jwa Makgoa (die westliche Krankheit, von der die Westler nur den Namen kennen, aber nicht die Heilung) * Bolwetse jwa radio (die Krankheit aus dem Radio)
Übertragungsweg	* Bluttransfusion * Nadeln und Spritzen * Heterosexueller Sex * Mutter-Kind-Übertragung	* Ungleiche Machtverhältnisse zwischen Männern und Frauen * Pflegepraxis * Weitergabe durch die Ehefrau * Religiöse Praktiken

1. Auf welche Arten von Evidenz (Sinneswahrnehmung, Beobachtungssätze, Wissen) verlässt sich der Großteil der westlichen und auf welche der Großteil der Botswanischen Bevölkerung?
2. Fertigen Sie eine Mindmap an, in der Sie die unterschiedlichen Evidenzen clustern.
3. Bewerten und diskutieren Sie die Qualität der Evidenzen.
4. Stellen Sie sich vor, Sie sind Mitglied im internationalen Ausschuss „Strategien globaler Standards im Gesundheitswesen" und halten in Montreal ein Jahrestreffen ab. Eine Gruppe erhebt das Wort und fordert das Recht ein, nach den Wissenstraditionen zu leben, die in ihrem Land bestehen. Dass die westliche Wissenschaft im Zuge des Imperialismus zum dominanten Paradigma geworden ist, hätte dazu geführt, dass wertvolles traditionelles Wissen vernichtet worden sei. Entwerfen Sie eine schriftliche Stellungnahme für die Pressekonferenz, in der Sie begründend darlegen, auf welche Weise der Ausschuss mit diesem Konflikt umgehen wird.

Aufgabe 3

Lesen Sie den folgenden Fall:

Angenommen zwei Personen, Lucia und Ben, diskutieren, ob der Satz „Die Sonne geht im Osten auf" wahr ist oder nicht. Lucia ist sich sehr sicher, dass die Sonne im Osten aufgeht und gibt dem Satz eine Wahrscheinlichkeit von 0,98. Ben hingegen ist sich recht sicher, dass die Sonne nicht im Osten, sondern im Westen aufgeht und gibt dem Satz daher eine Wahrscheinlichkeit von 0,2. Wir nehmen weiterhin auch an, dass Lucia und Ben ähnlich gebildet und intelligent sind, beide sind daher ähnlich vertrauenswürdig. Keine von beiden lügt üblicherweise.

Lucia argumentiert, dass sie erst gestern den Sonnenaufgang gesehen hat. Ben behauptet ebenfalls, er habe erst vorgestern den Sonnenaufgang im Westen beobachtet und dies auch aufgeschrieben. Lucia kontert, sie wisse, dass die Sonne im Osten aufgeht, da sie ein Buch über Physik gelesen hat, welches das Thema behandelt.

a) Beschreiben Sie, welche der verschiedenen Gründe, die Lucia und Ben angeben, als Evidenz gesehen werden können.

b) Beantworten Sie folgende Fragen und begründen Sie Ihre Antworten:

– Kann Ben die Sonne wirklich „im Westen" aufgehen sehen?
– Kann Lucia wissen, dass Ben die Sonne im Westen aufgehen gesehen hat?
– Kann Lucias Beobachtungssatz, basierend auf dem gelesenen Buch, wirklich als Evidenz dienen?

c) Nehmen Sie an, sie vertrauen Lucia und Ben in etwa gleich viel, Sie sind sich jedoch unsicher, ob die Sonne tatsächlich im Osten aufgeht. Lucia sichert Ihnen zu, dass sie zu 98 % sicher ist, Ben sagt Ihnen, dass er das nur zu 20 % glaubt. Sie haben nicht die Zeit weitere Meinungen einzuholen oder nachzusehen. Welche Wahrscheinlichkeit würden Sie dem Satz „Die Sonne geht im Osten auf" geben? Begründen Sie Ihre Antwort.

4 Ab wann besitzen wir Evidenz?

Wir verfolgen mit der Erhebung von Evidenz immer gewisse Ziele. Wir wollen die Wahrscheinlichkeit eines Satzes bestimmen, Überzeugungen überprüfen oder Handlungen durchführen. Gute Evidenz, also Evidenz, die hohen Standards genügt, ist dabei üblicherweise hilfreicher als schlechte Evidenz. Zum Beispiel ist der Wetterbericht als Evidenz sicher zuverlässiger als das eigene Bauchgefühl, wenn wir wissen wollen, ob es regnen wird. Wir sollten daher für das Erreichen unserer Ziele die beste Evidenz verwenden, die wir erhalten können. So erhöhen wir die Chancen, unsere Ziele zu erreichen. Doch es gibt Einschränkungen.

Ein Grund, sich unter Umständen mit schlechterer Evidenz zufrieden geben zu müssen, ist ein Mangel an Zeit und Ressourcen. Üblicherweise geht qualitativ hochwertige Evidenz mit *viel Aufwand* einher. Sehr genaue Computermodelle[1] in den Klimawissenschaften benötigen viel Zeit und Energie. Ihre Ergebnisse sind zwar wahrscheinlich besser als die Resultate weniger komplexer Computermodelle, diese können aber mit viel weniger Aufwand verwendet werden. Auch aus rein *praktischen Gründen* eignet sich das komplexe Modell nicht für gewisse Aufgaben, zum Beispiel das morgige Wetter vorherzusagen. Ein anderer Grund sind die *möglichen Konsequenzen* einer Handlung oder Entscheidung. Wenn es nur darum geht, nicht nass zu werden, ist ein Verfehlen des Ziels eine Unannehmlichkeit, aber mehr auch nicht. Schlechtere Evidenz zu verwenden, um zu beurteilen, ob es regnen wird, kann also durchaus angemessen sein, selbst wenn wir genügend Zeit hätten, bessere Evidenz zu sammeln. Bei schwereren Konsequenzen müssen wir dagegen qualitativ hochwertige Evidenz bevorzugen. Falsche Entscheidungen können entweder fatale Folgen nach sich ziehen, wie das Erdbeben von L'Aquila zeigt, oder milliardenschwere Fehlinvestitionen bedeuten, wenn man z. B. eine bestimmte Technologie für besonders zukunftsfähig hält, sich diese Einschätzung aber als falsch herausstellt.

Standards zu bestimmen, die gute Evidenz in den verschiedenen Wissenschaften festlegt, ist notwendig, um sicherzustellen, dass Evidenz auch unsere Funktionen erfüllt und so verlässlich zum Erreichen unserer Ziele beiträgt. Wir können grob drei Arten von Kriterien unterscheiden, die uns helfen zu entscheiden, ob Evidenz unsere Funktionen erfüllt.

1. Einerseits haben wir *Standards guter wissenschaftlicher Praxis*. Es handelt sich dabei um Richtlinien, auf welche Weise wissenschaftliche Forschung durchgeführt, dargestellt und verbreitet wird. So darf z. B. niemand einfach Daten erfinden (s. Kap. 13).
2. Die zweite Art von Standards betreffen die *methodologische Praxis*. Hier geht es darum, dass Wissenschaftler*innen die Methoden, die sie verwenden, auch korrekt verwenden. Die Einzelkriterien sind abhängig von den Methoden selbst. Zum Beispiel geht es um die richtige Verwendung von Laborinstrumenten oder um den richtigen Aufbau und die Interpretation von Experimenten. Ein Beispiel für diese Kriterien wäre zum Beispiel die Verwendung und Interpretation von p-Werten. Der sogenannte p-Wert ist ein statistischer Kennwert, der anzeigt, wie sehr Beobachtungen mit einer Hypothese übereinstimmen. Allerdings sagt der p-Wert allein nichts über die Wahrheit der getesteten Hypothese aus. Oft wird der p-Wert aber als die Wahrscheinlichkeit der getesteten Hypothese missverstanden. Ein Schluss, der auf der Missinterpretation von p-Werten basiert, würde gegen unsere Standards verstoßen.

---

[1] Es reicht hier eine intuitive Vorstellung aus, was wissenschaftliche (Computer-)Modelle sind. Für mehr Informationen siehe z. B.: https://plato.stanford.edu/entries/models-science/.

3. Damit wir bestimmen können, ob etwas als wissenschaftliche Evidenz gelten kann, muss aber nicht nur richtig gearbeitet werden, es muss auch *theoretisch relevant* sein. Die Theorie, die wir verwenden, um z. B. zu entscheiden, welche Methoden zielführend sind, bestimmt, ob eine Beobachtung Evidenz für oder gegen eine Hypothese ist. Ob und wie relevant eine Beobachtung laut einer Theorie jedoch sein sollte, ist oft alles andere als offensichtlich. Es obliegt den Wissenschaftler*innen dies zu entscheiden, was immer wieder zu Debatten über die Relevanz gewisser Evidenz führt.

Standards für wissenschaftliche Evidenz

	Standards	**Erklärung**
1	Standards bezüglich des *Verhaltens*	Verhaltenscodex gute wissenschaftliche Praxis
2	Standards bezüglich der *Methodik*	Richtige Verwendung von Methoden, korrekte Interpretation der Ergebnisse
3	Standards bezüglich der *theoretischen Kriterien*	Welche Ergebnisse/Daten sind relevant?

4.1 Aufgaben: Evidenz – wie hoch müssen die Standards sein?

Dieser Aufgabenkomplex soll die Diskussion um Standards für Evidenz aufgreifen. Die Studierenden/Schüler*innen sollen zu jeder der folgenden Kategorien überlegen, bei welchen Zielen und Handlungen sie welche Stärke von Standards für Evidenz für angemessen halten. Dabei reicht ein intuitives Verständnis aus, wie stark z. B. ein niedriger Standard ist. Folgende Einteilung ist nicht allgemeingültig, kann aber leitend sein:

1. Niedrige Standards (z. B. Intuitionen)
2. Mittlere Standards (z. B. gerechtfertigte Überzeugungen)
3. Hohe Standards (z. B. wissenschaftliche Ergebnisse)

Einige Erwartungen
Nach der Unterrichtssequenz können Schüler*innen vor allem:

- ihr Wissen über Evidenz auf drei Fallbeispiele anwenden
- unterschiedliche Positionen zum Stellenwert von Evidenz erkennen und kritisch diskutieren
- ethische Fragestellungen im Zusammenhang mit den Erhebungsmethoden erkennen und reflektieren
- mit Hilfe einer Talkshow unterschiedliche Rollen einnehmen und für diese argumentieren

- in der Rolle des Publikums die Güte der Argumente verschiedener Positionen überprüfen
- kritisch reflektieren, welche Rolle evidenzbasierte Entscheidungen in Krisensituationen haben sollten

Aufgabe 1: Ein aktuelles Beispiel – Abtreibung

Besonders in moralisch heiklen oder kontroversen Diskussionen, wie z. B. Abtreibung oder Migration, wird häufig mit Evidenz argumentiert. Schauen Sie sich die Diskussion zu diesem Thema im Magazin „Stern" auf Youtube an: „Abtreibung: Sollte sich der Staat raushalten? Feministin vs. Abtreibungsgegnerin" vom 15.08.2019. Link: https://www.youtube.com/watch?v=ptvn_J4T5r0. Besonders interessant ist der Teil von ca. 1:34–9:17, in der die zwei Teilnehmerinnen darüber sprechen, ab wann eine befruchtete Eizelle ein Mensch ist und somit Rechte besitzt. Beide berufen sich auf Evidenz, die sich allerdings stark voneinander unterscheidet.

Notieren Sie folgende Fragen bereits vor dem Anschauen und bearbeiten Sie sie im Anschluss in Zweiergruppen:

- Für welche Positionen wird Evidenz angeführt und wie lautet diese?
- Kann Evidenz solche Positionen unterstützen?
- Welche Rolle könnte Evidenz in solchen Diskussionen spielen, die sich nicht mit unseren Funktionen von Evidenz deckt?
- Was könnte damit erreicht werden, wenn man sich in solchen Fragen auf „die Wissenschaft" bezieht?

Aufgabe 2: Ein historisches Beispiel – Pockenimpfung

1. Im Folgenden wird die ,Entdeckung' der Pockenimpfung durch Kuhpocken des englischen Arzt Edward Jenner näher beschrieben. Jenner war zwar nicht der Erste, der die Effekte beobachtet hatte, jedoch popularisierte er die Impfung.

Als Erfahrungswissen verfügte man in bäuerlichen Kreisen bereits seit langem über diese Erkenntnis [dass die Ansteckung mit Kuhpocken vor Menschenpocken schützt], wenngleich man die Phänomene nicht medizinisch-wissenschaftlich hinterfragte. Landwirte führten – im deutschsprachigen Raum seit den 1760er Jahren nachweisbar – Übertragungen von Kuhpocken an Familienmitgliedern durch, um diese mit den vergleichsweise harmlosen Beeinträchtigungen der Gesundheit vor regionalen Ausbrüchen der lebensbedrohlichen Blattern, also der Menschenpocken, zu schützen. Auch war beobachtet worden, dass Inokulationen der echten Pocken nach durchgemachten Kuhpocken nicht angingen. […]
Jenner hatte beobachtet, dass Landarbeiter, die sich schon irgendwann einmal mit beim Menschen zu milderen Verläufen führenden Kuhblattern (*Orthopoxvirus vaccinia*) infiziert hatten, von den gefährlichen Menschenpocken (*Orthopoxvirus variola*) verschont blieben. Wenn man also Menschen künstlich mit Kuhblattern infizieren würde, so müsse man dadurch doch auch eine Unempfänglichkeit für die Menschenpocken bewirken können. Jenner wagte das Experiment und impfte 1796 einen achtjährigen Knaben zunächst mit Kuhpocken und wenige Wochen später mit Menschenpocken. Dieses Experi-

ment war ethisch nicht unproblematisch, denn Jenner konnte vom Erfolg seiner Impf-
methode, der Vakzination mit Kuhpocken, vor dem Impfversuch keineswegs überzeugt
sein. Er setzte also wissentlich seinen jungen Probanden einer lebensbedrohlichen Gefahr
aus. Der Versuch verlief allerdings glücklich und der Arzt konnte zwei Jahre später (1798)
seine Versuchsergebnisse als *An Inquiry into the Causes and Effects of Variolae Vaccinae*
der Öffentlichkeit zur Kenntnis bringen, wovon ihm übrigens die Royal Society dringend
abgeraten hatte. (aus: „Untersuchungen über die Ursachen und Wirkungen der Kuhpocken", in Eckart 2016, 7)

Beschäftigen Sie sich in Gruppenarbeit mit den folgenden Fragen.

- Welche Evidenz besaß Jenner *vor* dem Versuch mit dem achtjährigen Jungen
  und *nach* dem Versuch?
- Begründen Sie, für welche der oben beschriebenen Funktionen Jenners
  Information Evidenz ist:
  – Funktion 1 (Wahrscheinlichkeit eines Satzes)
  – Funktion 2 (Rechtfertigung von Überzeugung)
  – Funktion 3 (Handlungen)

2. Führen Sie eine Talkshow durch und verteilen Sie die folgenden Rollen:
   – Wissenschaftler*in, die entscheiden muss, ob weitere Tests an Menschen
     durchgeführt werden sollen
   – Eltern, die entscheiden müssen, ob ihr Kind gegen Pocken geimpft wird
   – Politiker*in, die in einer Pockenepidemie entscheiden müssen, ob eine Impf-
     empfehlung oder Impfpflicht eingeführt werden soll
   – Moderator*in, die die Fragen stellt und das Gespräch lenkt
   – Publikum, das die Überzeugungskraft der Argumente der Gäste prüft (Nach
     einer gewissen Zeit, darf auch das Publikum Fragen an die Gäste stellen)

Geben Sie den Talkshow-Teilnehmer*innen Zeit zur Vorbereitung für ihren Auftritt. Dazu zählen folgende Möglichkeiten:

a) Eigenrecherche im Internet, z. B. für die Politiker*in nach den *rechtlichen*
   Grundlagen und Überlegungen aus dem Gesundheitswesen (*Public Health*).
   Durch die Erfahrungen mit der Corona-Pandemie stehen viele Interviews und
   Aufsätze zur Verfügung.[2]
b) Das Publikum sollte Grundlagenkenntnisse im (logischen) Argumentieren
   besitzen. Während der Talkshow sollten sie wichtige oder fragwürdige Prämissen identifizieren können und Fehlschlüsse sowie fehlende Belege für Prämissen und Schlussfolgerungen erkennen können (vgl. z. B. Tiedemann et al.
   2022; Goergen 2015).

---

[2] Siehe z. B.: https://www.bundestag.de/resource/blob/874446/bb0cd44ee66e471ee08991fa7aa
71e24/WD-3-203-21-pdf-data.pdf.

Aufgabe 3: Ein aktuelles Beispiel – Corona-Pandemie

Das deutsche Netzwerk Evidenzbasierter Medizin e. V. (EbM), ein Fachverband von Ärzt*innen, Forscher*innen und Gesundheitsexpert*innen, veröffentlichte am 04.09. bzw. 09.09.2020 eine Stellungnahme mit dem Titel „COVID-19: Wo ist die Evidenz?"[3], in der sie gewisse Maßnahmen der deutschen Regierung kritisierten und eigene Forderungen stellten, wie man mit dem Virus umgehen sollte. Hier ist ein Ausschnitt aus dem Abschnitt „Schäden durch Lockdown und andere Eindämmungsmaßnahmen mit Nutzen-Schaden Abwägung":

> Derzeit ist es noch nicht möglich, endgültig abzuschätzen, ob durch unbeeinflusste rasche Ausbreitung des Virus oder durch ein Hinauszögern der Ausbreitung und eine dadurch bedingte Verlängerung des gesamten Pandemiezeitraums der größere Schaden angerichtet wird […]. Eine erste gesundheitsökonomische Modellierung aus Großbritannien beziffert die Kosten für ein durch den Lockdown gerettetes Lebensjahr (QALY) mit 220.000 bis 3,7 Mio Pfund. Im englischen Gesundheitssystem wird als maximaler für die Solidargemeinschaft sinnvoller und zumutbarer Wert 30.000 Pfund pro QALY angenommen. Die Diskussion um den vertretbaren Preis eines Lebensjahres ist ethisch problematisch. Im Falle des Lockdowns ist aber jedenfalls – wie oben dargestellt – mit erheblichen gesundheitlichen und möglicherweise auch lebensverkürzenden Auswirkungen zu rechnen. Andererseits ist es durchaus auch möglich, dass die Reduktion von beispielsweise selektiven chirurgischen Eingriffen zu einem Abbau von unnötigen Eingriffen und Überversorgung geführt haben. Auch dies sollte in entsprechenden Studien sorgsam aufgearbeitet werden.

Die Stellungnahme wurde teils sehr scharf kritisiert (vgl. zum Beispiel Hackenbroch 2020). Zum Beispiel schrieb die Virologin Isabella Eckerle auf dem Kurznachrichtendienst Twitter am 15.09.2020: „Sehr kritisch zu betrachtende Stellungnahme des EBM-Netzwerkes, von der man sich angesichts des Stands der Wissenschaft deutlich distanzieren muss. Kontraproduktiv in der aktuellen Situation, u. a. der Teil zur Diagnostik einfach falsch" (Metzger 2020).

1. Geben Sie wieder, welche beiden Schäden hier gegenübergestellt werden.
2. Erklären Sie, was das Netzwerk allgemein mit „Schaden" meinen könnte.
3. Sehen Sie Probleme mit dieser Formulierung oder Herangehensweise des Netzwerkes?
4. Im letzten Abschnitt schreibt das Netzwerk, dass es noch unklar ist, welche Strategie der Pandemiebekämpfung „größeren Schaden" anrichten wird. Sehen Sie grundsätzlich Probleme darin, in Krisensituationen bei Entscheidungen auf ‚gute' Evidenz zu setzen? Oder halten Sie es gerade in diesen Zeiten für unabdingbar? Begründen Sie Ihre Antwort.

---

[3] Die vollständige Stellungnahme findet man hier: https://www.ebm-netzwerk.de/de/veroeffentlichungen/pdf/stn-20200903-covid19-update.pdf/@@download (28.08.2021).

Literatur

American Geophysics Union (AGU). 2012. Fall Meeting 2012 Press Conference: Lessons Learned from the L'Aquila Earthquake. https://www.youtube.com/watch?v=xNK5nmDFgy8. Zugegriffen: 28. Aug. 2021.

Brown, Tracey. 2012. A Chilling Verdict in L'Aqila. *The Guardian*. https://www.theguardian.com/science/2012/oct/23/chilling-verdict-laquila-earthquake. Zugegriffen: 30. Aug. 2021.

Carnap, Rudolf. 1932/33. Über Protokollsätze. *Erkenntnis* 3:215–228.

Cartlidge, Edwin. 2015. Italy's Supreme Court Clears L'Aquila Earthquake Scientists for Good. *Science*. https://www.sciencemag.org/news/2015/11/italy-s-supreme-court-clears-l-aquila-earthquake-scientists-good. Zugegriffen: 9. Aug. 2021.

Chilisa, Bagele. 2012. *Indigenous Research Methodologies*. Sage Publishing. Los Angeles.

Cooper, Neil. 1964. The Aims of Science. *The Philosophical Quarterly* 14(57):328–333.

Eckart, Wolfgang, Hrsg. 2016. *Klassische Texte der Wissenschaft*. Heidelberg: Springer Spektrum.

Goergen, Klaus. 2015. Argumentationsschulung. In *Handbuch Philosophie und Ethik*, Hrsg. Julia Nida-Rümelin, Irina Spiegel, und Markus Tiedemann, Bd. 1: Didaktik und Methodik, 214–223. Paderborn: Ferdinand Schöningh.

Hanson, Norwood Russell. 1958. *Patterns of Discovery. An Inquiry into the Conceptual Foundations of Science*. Cambridge University Press.

Hackenbroch, Veronika. 2020. Corona-Empfehlungen des Deutschen Netzwerks Evidenzbasierte Medizin: Planlos durch die Pandemie. *Der Spiegel*. https://www.spiegel.de/wissenschaft/medizin/corona-die-seltsamen-empfehlungen-des-deutschen-netzwerks-evidenzbasierte-medizin-a-c4d15e4d-d227-4557-a379-837c2b4d1c9f. Zugegriffen: 30. Aug. 2021.

Hájek, Alan. 2019. "Interpretations of Probability", The Stanford Encyclopedia of Philosophy (Fall 2019 Edition), Edward N. Zalta (ed.). https://plato.stanford.edu/archives/fall2019/entries/probability-interpret/.

Hough, Susan Elizabeth. 2009. *Predicting the Unpredictable: The Tumultous Science of Earthquake Prediction*. Princeton University Press

Kelly, Thomas. 2016. "Evidence", The Stanford Encyclopedia of Philosophy (Winter 2016 Edition), Edward N. Zalta (ed.). https://plato.stanford.edu/archives/win2016/entries/evidence/.

Kim, Jaegwon. 1988. What is "Naturalized Epistemology". *Philosophical Perspectives* 2:381–405.

Kuhn, Thomas. 2012 [1962]. *The Structure of Scientific Revolutions*, 4. Aufl. The University of Chigaco Press.

Metzger, Nils. 2020. Medizin-Verband eckt an – Kritik an Corona-Maßnahmen: Papier im Check, zdf heute. https://www.zdf.de/nachrichten/panorama/coronavirus-kritik-pandemieforschung-evidenzbasiert-100.html. Zugegriffen: 28. Aug. 2021.

Popper, Karl R. 1963. *Conjectures and Refutations: The Growth of Scientific Knowledge*, 233–237. London: Routledge and Keegan Paul.

Quine, W. V. 1993. In Praise of Observation Sentences. *The Journal of Philosophy* 90(3):107–116.

Russell, Bertrand. 2014 [1912]. *Probleme der Philosophie*, 25. Aufl. Frankfurt a. M.: Suhrkamp.

Sellars, Wilfrid. 2017 [1997]. *Der Empirismus und die Philosophie des Geistes*, 3. Aufl. Münster: Mentis.

Stellungnahme des Deutschen Netzwerks Evidenzbasierte Medizin e. V. 2020. https://www.ebm-netzwerk.de/de/veroeffentlichungen/covid-19. Zugegriffen: 28. Aug. 2021.

Tiedemann, Markus, David Löwenstein, und Anne Burkard, Hrsg. 2022. *Argumentieren. Zeitschrift für die Didaktik der Philosophie und Ethik (=ZDPE) 1/2022*. Bamberg: Buchner.

Wallis, Emma. 2012. L'Aquila Sentence: Science or Trial? *Deutsche Welle*. https://www.dw.com/
    en/laquila-sentence-science-on-trial/a-16326004. Zugegriffen: 9. Aug. 2021.
Williamson, Timothy. 2000. *Knowledge and its Limits*. Oxford University Press.
Winther, Rasmus Grønfeldt. 2021. "The Structure of Scientific Theories", The Stanford
    Encyclopedia of Philosophy (Spring 2021 Edition), Edward N. Zalta (ed.). https://plato.stan-
    ford.edu/archives/spr2021/entries/structure-scientific-theories/.

Was ist Kausalität? Ein funktionales Modell der Kausalität für den Philosophieunterricht

Markus Bohlmann

Kausalität, die Verbindung von Ereignissen in Verhältnissen von Ursachen und Wirkungen, wurde bisher, wie ich zeigen werde, im Philosophieunterricht als ein Fehlkonzept behandelt. Kausalität galt als ‚Trugbild' oder ‚Mondkalb', wie schon bei Platon jene Dinge heißen, von denen wir eine Vorstellung haben, der aber keine Bedeutung in der Wirklichkeit entspricht (Platon 1970, 150b). Kausalität wird im Unterricht als ein Konzept behandelt, das man zu Beginn der Wissenschaftstheorie eliminieren muss, um sich den realen Problemen der Disziplin auf der Grundlage der empiristischen Erkenntnistheorie Humes zu widmen – „correlation does not imply causation" (Pörschke 2020, 48). Ich werde in diesem Beitrag ein anderes Modell der Kausalität für den Unterricht vorschlagen, das Modell einer funktionalen Kausalität (aufbauend auf: Woodward 2014). Damit wird Kausalität zu einem produktiven und nützlichen Konzept für Lernende der Philosophie. Ich werde argumentieren, dass die Marginalisierung im Philosophieunterricht nicht mehr der gesteigerten Bedeutung kausaler Aussagen in den systemischen Krisen unserer Gegenwart entspricht.

Gegenwartskrisen wie Coronapandemie und Klimakrise gehen mit Aussagen über Ursachen und Wirkungen einher, die in ihrer Struktur nicht trivial sind. Man muss verstanden haben, wie Kausalität funktioniert, um diese Aussagen verstehen zu können; hier kann die Philosophie Orientierung bieten. Die Philosophie der Kausalität ist darüber hinaus heute ein Bereich der Theoretischen Philosophie, der für andere Gebiete im Fach und andere Wissenschaften grundlegend ist. Ethik, Epistemologie und alle Bereiche der Metaphysik kommen heute nicht ohne ein Konzept von Kausalität aus (Beebee et al. 2009, 2). Für viele Wissenschaften neben

M. Bohlmann (✉)
Philosophisches Seminar, Westfälische Wilhelms-Universität Münster, Münster, Deutschland
E-Mail: markus.bohlmann@uni-muenster.de

B. Bussmann und P. Mayr (Hrsg.), *Theoretisches Philosophieren und Lebensweltorientierung,* Philosophische Bildung in Schule und Hochschule, https://doi.org/10.1007/978-3-662-67309-6_15

der Philosophie, insbesondere für empirisch arbeitende Disziplinen wie Medizin, Psychologie oder die Sozialwissenschaften, ist die Suche nach Kausalität eine zentrale Aufgabe (Kühnel und Dingelstedt 2019). Ein funktionales Konzept der Kausalität im Philosophieunterricht kann als Wissenschaftspropädeutik dienen, aber auch als Teil der allgemeinbildenden Wissenschaftstheorie einer „kritischen" Hinsicht auf andere Wissenschaften Rechnung tragen (Bussmann 2020, 55). Eine ganz besondere Relevanz kann das Thema der Kausalität für das Unterrichtsfach „Psychologie und Philosophie" in Österreich haben, denn es bietet eine Schnittmenge aus psychologischer Methodologie und philosophischer Konzeption (Ansätze hierzu bereits bei Geiß 2016, 146, 2017, 222). Die neue funktionalistische Perspektive auf Kausalität im Philosophieunterricht werde ich in Abschn. 2 wissenschaftstheoretisch begründen. In den Abschn. 3 bis 6 werde ich dann neue Zugänge mit Materialien und exemplarischen Aufgaben darstellen zu einer Philosophie der Zeit in Bezug auf die Kausalität, einer Philosophie der Kausalitätswahrnehmung, des Experiments als Suche nach Kausalität und einer Einführung in die Grundlagen nicht-trivialer Kausalität mit Lewis' sogenannten Neuron-Diagrammen. Zunächst werde ich aber im Kontrast die bisherige Didaktik der Kausalität im Philosophieunterricht darstellen. Mit ihr wird klassisch im Oberstufenunterricht die Wissenschaftstheorie eingeleitet. Ich nenne diesen Zugang die *Russellsche Elimination der Kausalität.*

1   Die Russellsche Elimination: Korrelation statt Kausalität

In lerntheoretischer Hinsicht folgte die bisherige Didaktik der Kausalität einem klassischen Konzeptwechselaufbau. Das alltägliche philosophische Verständnis von Kausalität, das Präkonzept als „Notwendigkeit oder Wirkungskraft" (Heidelberger 1989, 2 f.), wird unter Bezug auf Hume und Russell als philosophisch problematisch dargestellt und durch das Konzept der Korrelation ersetzt. Die bereits 1893 von Paul Richter gezeigte Verbindung von Humes Kausalitätsbegriff und dem wissenschaftstheoretisch relevanten Induktionsproblem (Richter 1893) eröffnete dann auch im Unterricht den Weg in die Wissenschaftstheorie in der gymnasialen Oberstufe (Rolf 2000; Goergen 2015; Pörschke 2020). Auf diese Weise findet sich das Thema in den Lehrwerken (z. B. Bekes et al. 2015, 382–385; Rolf und Peters 2015, 338 f.). Im Lehrplan von Baden-Württemberg heißt es sogar explizit, Schüler*innen sollen „Konzeptionen von Kausalität und Korrelation unterscheiden" (Ministerium für Kultus 2016, 9).

Damit greift der Oberstufenunterricht eine auch in heutiger philosophischer Forschung zur Kausalität als grundlegend begriffene alltägliche Vorstellung auf. Kausalität ist ein Konzept der Wirklichkeit, das wir in unserer Lebenswelt ständig in unmittelbarer Weise verwenden. Wir nehmen die Welt als eine Kette von Ursachen und Wirkungen wahr, und die Glieder dieser Kette, die Beziehung der einzelnen Ereignisse, das ist die Kausalität. Dieses Konzept von Kausalität ist tief verwurzelt in unserer Sprache, wenn wir uns Zusammenhänge erklären, in der Welt durch Handlungen intervenieren oder Vorhersagen treffen. Die Lewis-Schüler L.A. Paul und Ned Hall schreiben in ihrer Einführung in das Thema: „causation is a deeply intuitive and familiar relation, one in which common sense appears to possess a powerful grip" (Paul und Hall 2013, 1).

Die eliminative Gegenposition zu Ursachen und Wirkungen, „there are no such things", ist hingegen der Beginn der modernen Forschung in der Philosophie zur Kausalität und stammt aus Bertrand Russells *On the Notion of Cause* (Russell 1912a, 1). Das Problem der Kausalität reihte sich damals in eine ganze Reihe klassischer Probleme der Philosophie ein, die Russell in den Anfängen der Analytischen Philosophie als metaphysische Scheinprobleme enttarnte (vgl. Russell 1912b). Zur Kausalität konstatierte Russell vor allem, dass es ein solches Konzept in der modernen Physik gar nicht gäbe. Das philosophische Konzept der Kausalität habe so keine Entsprechung in der Wirklichkeit: „the word ‚cause' is so inextricably bound up with misleading associations as to make its complete extrusion from the philosophical vocabulary desirable" (Russell 1912a, 1). Wie Michael Heidelberger schon 1989 in seiner Habilitationsvorlesung zeigte, liegt Russells Elimination dabei eine Steigerung der Regularitätstheorie David Humes zugrunde (Heidelberger 1989). Hume schrieb: „We may define a cause to be an object followed by another, and where all the objects, similar to the first, are followed by objects similar to the second" (Hume 1999, Section VII, Part II, 29; Text von 1772). Schon mit Hume ist also die naiv-mechanische Position von Kausalität widerlegt. Es gibt aber die Kausalität noch in der Regelmäßigkeit der Regularität, mit der bestimmte Ereignisse des gleichen Typs aufeinander folgen. Wenn man noch einmal die Kette der Ereignisse als Bild heranziehen mag, so sind die einzelnen Segmente der Kette nicht mehr verbunden; sie liegen in Humes Konzept lose hintereinander. Es gibt keine „Notwendigkeit oder Wirkungskraft" mehr, die Heidelberger den „Klebstoff" der Kausalität nennt (Heidelberger 1989, 2 f.). Dennoch kann man Muster erkennen, Segmente desselben Typs folgen regelmäßig aufeinander, so dass sich auch hier wieder notwendige oder gar hinreichende Bedingungen für das Eintreten eines Ereignisses plausibel machen lassen. Schon Russell wies aber auf zwei Probleme bei Hume hin. Einerseits führt die Humesche Regularitätstheorie der Kausalität dazu, Objekte oder Personen als Träger von Kausalität zu identifizieren und nicht Ereignisse, andererseits sind Ereignisse in Wirklichkeit nie exakt gleich. Ein Beispiel: Die Philosophielehrerin kommt in die Klasse, kurz darauf beginnt der Unterricht – diese einfache Regularität mag dazu führen, dass die Schüler*innen die Lehrerin als Ursache des Unterrichts identifizieren. Tatsächlich ist aber weder die Lehrerin hier als Person die Ursache, noch sind überhaupt diese beiden Ereignisse durch Kausalität verknüpft. Schon morgen kann die Stunde vertreten werden oder die Lehrerin betritt zwar den Raum, beginnt aber gar nicht den Unterricht, sondern organisiert die Klassenfahrt. Man muss sehr viel Kontext kennen, um Ursache und Wirkung zu analysieren. Wenn man hinreichend spezielle Einzelfälle betrachte, wie es die Naturwissenschaften immer täten, so Russell, mache Kausalität keinen Sinn: „The principle ‚same cause, same effect,' which philosophers imagine to be vital to science is therefore uttlery otiose" (Russell 1912a, 8). Die Einzelfallproblematik führte in der Folge von Russells Kritik an Hume dazu, dass der Begriff der

Korrelation vielfach an die Stelle der problematischen *Kausalität* trat. Das von Russell formulierte *Induktionsproblem* als Problem von Wissenschaft liegt mit der Einzelfallproblematik bereits auf dem Tisch: man kann aus einer immer gleichen Folge von Ereignissen nicht schließen, dass sich dahinter ein Naturgesetz verbirgt. Russell hatte für das Induktionsproblem ein berühmt gewordenes Beispiel, das tierethisch recht grausige sogenannte Hühnerbeispiel:

> „Domestic animals expect food when they see the person who feeds them. We know that all these rather crude expectations of uniformity are liable to be misleading. The man who has fed the chicken every day throughout its life at last wrings its neck instead, showing that more refined views as to the uniformity of nature would have been useful to the chicken." (Russell 1912b, 97 f.)

Dieses Induktionsproblem gehört heute noch „zu den zentralen Problemen der Erkenntnistheorie" (Hoerster 2013, 64) und eröffnet im Philosophieunterricht den Weg in die Wissenschaftstheorie mit Karl Poppers vermeintlicher Lösung des Problems durch den Falsifikationismus. Nicht nur diese elegante Überleitung machte diesen Ansatz so attraktiv, es sind auch die weit verbreiteten Schüler*innenvorstellungen von der naiv-mechanischen Kausalität und ihre verblüffenden Widerlegungen durch Hume und Russell. Diese von mir sogenannte *Russellsche Elimination* im Unterricht ist heute aber aus gleich mehreren Gründen didaktisch problematisch.

2   Gründe für die Widerbelebung der Kausalität als funktionales Konzept

Drei Gründe sprechen heute für eine Widerbelebung der Kausalität im Philosophieunterricht im Rahmen eines funktionalen Konzeptes von Kausalität: Sie ist lebensweltlich relevant (I); sie ist fachphilosophisch relevant (II) und sie ist für andere Wissenschaften relevant (III). Das entspricht den drei Seiten des philosophiedidaktischen Dreiecks bei Bussmann (Bussmann 2019, 234).

I. Die gestiegene lebensweltliche Relevanz funktionaler kausaler Aussagen zu systemischen Risiken
In der Corona- und Klimakrise wurden mit vielen zentralen wissenschaftliche Aussagen nicht-triviale, funktionale Aussagen über Beziehungen von Ursache(n) und Wirkung(en) getroffen. Hier ein paar Beispiele:
  a) „Es gibt einen menschenverursachten Anteil am Klimawandel."
  b) „Wenn wir jetzt nicht handeln, wird das 2-Grad-Ziel nicht erreicht."
  c) „Über 100.000 Menschen sind in Deutschland an oder mit einer Coronainfektion gestorben."
  d) „Die Boosterimpfung schützt mit sehr hoher Wahrscheinlichkeit vor einem schweren Verlauf von Covid-19."

Solche Aussagen sind erstens *nicht-trivial*, weil sie nicht die naive Struktur einer Ursache und einer direkten Wirkung als deren Folge besitzen. Hier gibt es etwa mehrere Ursachen einer Wirkung (a), Unterlassen gilt als Ursache (b), Wirkungen sind nicht eindeutig auf eine Ursache zurückzuführen (c) und Wirkungen werden als probabilistisch dargestellt (d). Während die systemischen Risiken unserer Gegenwart sich gerade durch „ein hohes Maß an Komplexität der Ursache-Wirkungs-Ketten auszeichnen" (Renn und Keil 2008, 350), ist es Ziel der öffentlichen Kommunikation von Wissenschaft, diese nicht vereinfachend, aber auch nicht überkomplex darzustellen. Gerade das trennt sie von populistischen Kausalitätsbehauptungen. Wissenschaftliche Aussagen solcher Art sind zweitens *funktional*, weil sie dazu führen sollen, dass Menschen ihr Verhalten ändern. Ein rudimentäres Wissen über einige nicht-triviale, aber auch nicht akademisch-spitzfindige, funktionale Formen von Kausalität ist vor dem Hintergrund der Kausalitätskommunikation in systemischen Krisen daher ein neues Desiderat der Allgemeinbildung. Ein tiefergehendes Verständnis kann ein Ziel der akademischen Bildung jener Professionen werden, von denen Laien erwarten, dass sie solche Ursache-Wirkungs-Ketten erläutern. Das gilt insbesondere für Mediziner*innen, Psycholog*innen und Sozialwissenschaftler*innen.

II. Die produktive Multiparadigmatik in der philosophischen Kausalitäts-theorie in funktionaler Sicht

In 2009 gingen Beebee, Hitchcock und Menzies in der Einleitung zum *Oxford Handbook of Causation* noch von einem „lack of consensus" der philosophischen Debatte über die Kausalität aus: „different authors have radically different views about the metaphysical status of causation" (Beebee et al. 2009, 1). Die Russellsche Elimination hatte sich akademisch nicht durchgesetzt, ganz im Gegenteil explodierte die philosophische Forschung spätestens seit den 1970er Jahren in einen bunten Strauß unterschiedlichster, inkommensurabler Kausalitätstheorien. Im zweiten Kapitel des Oxford-Handbuchs finden sich:

- die Humesche Regularitätstheorie
- Lewis' kontrafaktische Theorie
- probabilistische Theorien
- Kausalprozesstheorien
- Agency- und Interventionstheorien
- und einige weitere exotische Ansätze

In Andreas Hüttemanns Buch *Ursachen*, das eine sehr lesenswerte Einführung auf Deutsch in das Thema der Kausalität darstellt, wird dieser Reihe noch eine weitere, dispositionenbasierte Prozesstheorie, die sogenannte Störungstheorie der Kausalität hinzugefügt (Hüttemann 2013, 171–208). Während man deutlich sieht, dass es Russell nicht gelang, die philosophische Debatte einzudämmen, hat bis in unsere Gegenwart die schiere Zahl inkommensurabler Kausalitätstheorien jede

Didaktik, die diesen neueren Strömungen Rechnung tragen wollte, entweder zu einem ausufernden oder unvollständigen Projekt gemacht. Vor diesem Hintergrund ist James Woodwards funktionaler Zugang didaktisch interessant. Woodward identifiziert drei Projekte bisherige Kausalitätstheorien: ein metaphysisches Projekt (Was ist Kausalität in der Welt?), ein deskriptives Projekt der Alltagssprache (Was meinen wir, wenn wir über Kausalität reden?) und ein abgleichendes Projekt (Welche Konzeption von Kausalität stimmt mit den Ergebnissen gegenwärtiger physikalischer Forschung überein?) (Woodward 2014, 692). Diese drei Projekte ersetzt er durch ein einfaches, von ihm sogenanntes funktionales Projekt: „causal information and reasoning are sometimes useful or functional in the sense of serving various goals and purposes that we have" (Woodward 2014, 693). Dies reiht sich ein in neuere Ansätze, Philosophie generell als Projekt des „conceptual engineering" (Cappelen 2018) oder des „conceptual design" (Floridi 2019) zu verstehen. Philosophische Konzepte sind danach gestaltbar und werden für ihre jeweiligen Zwecke passend modelliert. Was unter einem funktionalen Konzept der Kausalität verstanden wird, ist dann eben stark vom Anwendungskontext der Kausalitätstheorie abhängig. Im didaktischen Bezug ist dies, wie ich im vorigen Unterpunkt gezeigt habe, vor allem die Frage: *Wie kann ich nicht-triviale wissenschaftliche Kausalitätsaussagen verstehen, hinterfragen und anderen erläutern?* Die Artenvielfalt der Kausalitätsmodelle kann so als didaktische Chance verstanden werden, wenn man sie als Differenzierungsprogramm in Folge und aufbauend auf eine basale Didaktik funktionaler Kausalität auf Schulniveau begreifen mag.

III. Die Ausdifferenzierung der physikbezogenen Kausalitätstheorie und die Entstehung einer an den evidenzbasierten Wissenschaften orientierten Kausalitätstheorie

Wie eben bereits in Woodwards Kritik angeklungen, ist das „fit with physics project" (Woodward 2014, 692) nun zumindest insofern ausdifferenziert, als dass nicht mehr alle Kausalitätstheoretiker*innen versuchen, ihre Modelle in Einklang mit den empirischen Daten und theoretischen Modellen der modernen Physik zu bringen. Mathias Frisch argumentiert, dass zumindest das von Woodward so genannte „metaphysical project" nicht vollständig von der Physik getrennt werden kann (Frisch 2020, Abschn. 1.2). Diese Metaphysik wurde bisher stets aus der Warte einer philosophischen Wissenschaftstheorie beschrieben, deren Bezugspunkt traditionell die moderne Physik darstellte. Schon Russells Elimination war ein „fit with physics"-Argument und es wäre mehr als seltsam, wenn die physikalische Kausalität eine andere Wirklichkeit konstituieren würde als die metaphysische Kausalität der Philosoph*innen. Dennoch hat sich eine Notation von Kausalität, die noch in Einklang mit gegenwärtiger Physik stehen kann, weit von einem Alltagsverständnis von Kausalität und den Modellen anderer Wissenschaften entfernt. Schon Russell diskutierte zwei Annahmen der Physik, die nicht in Einklang mit der Zeitsymmetrie der Kausalität sein könnten (eine neuere Diskussion bei Farr und Reutlinger 2013). Die Zeitsymmetrie besagt, dass eine Ursache stets zeitlich einer Wirkung vorausgeht. Diese Asymmetrie ist von Russell in Frage gestellt worden, weil in der Relativitätstheorie keine absolute Zeit mehr denkbar ist und die Gleichungen der Physik eine generelle Wechselseitigkeit physikalischer Prozesse ohne Zeitpfeil zugrunde legen. Aber erst sehr viel neuere Experimente in der Quantenphysik scheinen auch auf der Beobachtungsebene der Zeitasymmetrie direkt zu widersprechen. Quantenphänomene wie die sogenannte ‚spukhafte Fernwirkung' legen heute nahe, dass es, wenn man die philosophische Kausalitätstheorie mit der Physik in Einklang bringen möchte, eine rückwärtige Verursachung geben müsse, die sogenannte „backward causation" oder „retrocausality" (Price 2012). Das ist dann nur noch sehr schwer mit einem Alltagsverständnis von Kausalität in Einklang zu bringen; ein elaboriertes metaphysisches philosophisches Konzept könnte allerdings auch das noch einfangen.

In bestimmter Weise muss es eine Übereinstimmung von Physik und Philosophie in der Modellierung von Kausalität wohl allein schon dadurch geben, dass Physiker*innen die Welt ebenfalls auf Grundlage kausalen Denkens modellieren: „causal reasoning does, as a matter of fact, occupy an important place in how we represent the world within the context of established theories of physics" (Frisch 2014, 234). Hierzu bedienen sie sich heute auch der Konzeptionen der physikbezogenen Philosophie. Die vielen Spezialprobleme, die moderne Physik für eine Kausalitätstheorie bereithält, sind dann aber immer eher einer Philosophie der Physik zuzusprechen und Teil der Physikdidaktik in der Schule. Das physikspezifische Kausalitätsverständnis wird zumindest im Physikleistungskurs tatsächlich an mehreren Stellen behandelt, etwa bei der Deutung der Entropiezunahme, der Diskussion der Determinismusfrage in der Quantentheorie, oder der Kausalstruktur des Minkowski-Raums in der Relativitätstheorie. Für einen basalen Zugang im Philosophieunterricht und auch für eine allgemeine Wissenschaftspropädeutik eignet sich ein physikbezogenes Kausalitätsverständnis in Woodwards funktionaler Sicht eher weniger. Woodward sieht es als zunehmend schwierig an, die Kausalitätsmodelle anderer Wissenschaften mit denen der modernen Physik noch in Einklang zu bringen: „someone holding all these claims needs to explain how they can be true together" (Woodward 2016, 178).

Für den Philosophieunterricht bietet sich heute vielmehr der Bezug zu den evidenzbasierten Wissenschaften wie der Medizin, der Psychologie und den Sozialwissenschaften an. Mit der Disziplinarisierung der Wissenschaftstheorie in Abkehr vom traditionellen Physikbezug haben sich Kausalitätstheorien in Wechselwirkung mit den speziellen Wissenschaften entwickelt; hier wurden eigene methodologische Kausalitätstheorien entwickelt, die in den vergangenen Jahren die Diskussion in der Philosophie angeregt haben (Brady 2009; Kincaid 2012). In *Causality in the Sciences* von Illari et al., das in 2011 einen Meilenstein der philosophischen Behandlung der Kausalitätstheorien spezieller Wissenschaften setzte, wird nicht ohne Grund die Medizin als Bezugsquelle vieler Kausalitätsmodelle behandelt: „biomedical research shares with other domains a number of concerns, from the conditions for inferring causation from correlational data to the definition, use, and role of mechanisms" (Illari et al. 2011, 5). Die evidenzbasierte Medizin (EBM) und ihre zentrale Forschungsmethode der randomisierten Experimente mit Versuchs- und

Kontrollgruppe, der Randomized Controlled Trials (RCTs), haben als Methodologie weit über die Medizin hinausgestrahlt und sind auch in der Psychologie und den Sozialwissenschaften verbreitet. Dahinter steckt ein Modell, das auf Ronald A. Fishers *The Design of Experiments* von 1935 zurückgeht und in der Statistik zum sogenannten Neyman-Rubin-Holland-Modell (NRH) der Kausalität weiterentwickelt wurde (Neyman 1925; Fisher 1935; Rubin 1974; Brady 2002; 2009, 1086; Thompson 2011). Hier ist die Kausalität vor allem eine Frage der experimentellen Methode, mit der Wirkungsfragen gestellt werden, um erfolgreiche Medikationen, Therapien, pädagogische Interventionen, politische Maßnahmen etc. zu generieren. Gerade diese Wissenschaften und diese Wirkungen sind es, die in den systemischen Krisen unserer Gegenwart bedeutend sind. Die Didaktik der Philosophie kann hier über die Funktion des Verständnisses von Kausalitätsaussagen in der Lebenswelt hinaus auch eine kritische Propädeutik dieser Wissenschaften sein.

Aus diesen drei Gründen ist ein funktionales Kausalitätskonzept für den didaktischen Gebrauch notwendig. Eine solches Konzept bereitet immer die Grundlage um „in Naturverläufe eingreifen und sie abändern" zu können (Hüttemann 2013, 137). Also ist dieses Verständnis pragmatisch und eher verwandt mit interventionistischen und kontrafaktischen Kausalitätstheorien als mit dem regularitätstheoretischen Ansatz Humes. Mit einem funktionalen Kausalitätskonzept wird gefragt, welcher Eingriff in den Ablauf der Dinge (Intervention) ein Ereignis hervorgebracht haben könnte, welches so oder auch anders hätte sein können (kontrafaktisch). Eine Intervention ist dabei nicht zwingend als menschliche Handlung vorzustellen, sondern beinhaltet auch solche kontrafaktischen Konditionale (Was-wäre-wenn-Szenarien), die sich dem menschlichen Zugriff entziehen. Sie müssen nach Woodward allerdings so klar spezifiziert werden, dass ein idealisiertes Experiment zumindest vorstellbar ist, in dem die Kausalbeziehung geprüft werden kann. „Being female causes one to be discriminated against in hiring and/or salary" (Woodward 2003, 115), ist eine Kausalaussage, die hierfür zu uneindeutig ist. Was heißt es etwa, eine Frau zu sein? In einem idealisierten Experiment könnte allerdings Folgendes überprüft werden: „differences in employer beliefs about the gender of applicants cause differences in whether applicants are offered a job or the salary they are offered" (Woodward 2003, 115). An dieser Stelle ist die Interventionstheorie eng mit Lewis' kontrafaktischer Theorie verbunden, weil wir auch hier in möglichen Welten denken. Woodward definiert eine Intervention dann auch so: „an idealized experimental manipulation carried out on some variable X for the purpose of ascertaining whether changes in X are causally related to changes in some other variable Y" (Woodward 2003, 94). Das hier im Folgenden didaktisch gezeigte funktionale Kausalitätskonzept hat also eine gewisse Nähe zu diesen beiden Kausalitätstheorien, Interventionstheorien und kontrafaktischen Theorien. Insgesamt legt es sich aber in keiner Weise so stark fest, wie der bisherige regularitätstheoretisch-eliminative Ansatz im Unterricht. Das funktionale Modell ist anschlussfähig an das gesamte Spektrum der philosophischen Kausalitätstheorien.

Ich werde nun in den nächsten drei Kapiteln einen didaktischen Zugang zum Thema der Kausalität in diesem funktionalen Verständnis skizzieren. In den nächsten vier Kapiteln stelle ich jeweils Materialen zum Thema vor, die ich didaktisch kommentiere und mit beispielhaften Aufgaben versehe. Das soll jeweils nur als Anregung dienen. Wegen der politischen Relevanz von Kausalitätsaussagen ist es an vielen Stellen nicht nur möglich, sondern auch ratsam, tagesaktuelle Probleme zu verwenden. Die folgende Skizze sucht aber die Aktualitätsfalle zu vermeiden, die mit einer Einarbeitung der tagespolitischen Debatten in systematische Konzeptionen immer verbunden ist. Aktuelle öffentliche Kausalitätsaussagen können jedoch bei der Arbeit mit diesem Material gut zum Einstieg oder als Beispiele dienen.

3 Zur metaphysischen Grundlegung der Kausalität: Konzepte der Zeitwahrnehmung

Im philosophiedidaktischen Kontext ist zur Vorbereitung des Themas der Kausalität ein Zugang über eine Philosophie der Zeit sinnvoll. Empirische Ergebnisse zeigen nämlich, dass Vorstellungen funktionaler Kausalität durch Schüler*innen nur unter Voraussetzung eines bestimmten Konzepts der Zeit begriffen werden können. Vereinfacht gesagt: Wenn Schüler*innen davon ausgehen, dass man gegen den Ablauf der Zeit nichts tun kann, dass man also seinem Schicksal ausgeliefert ist, dann ist ein funktionales Konzept von Kausalität für sie gar nicht verständlich. Ereignisse passieren dann einfach und es gibt keine Ursachen und Wirkungen. Wenn wir die Zeit also als nicht beeinflussbare Reihe von Ereignissen in einer unveränderlichen Dimension wahrnehmen, ist eine funktionale Kausalität konzeptuell ausgeschlossen (Modell: Schicksal). Wenn wir aber die Zeit als Reihe von Ereignissen begreifen, die sich gegenseitig beeinflussen und dem menschlichen Zugriff zugänglich sind, macht auch eine funktionale Kausalität konzeptionell Sinn (Modell: Des eigenen Glückes Schmied). Diese beiden Zeitmodelle hat zuerst J. Ellis McTaggart als B-Theorie und A-Theorie der Zeit beschrieben (McTaggart 1908). Shardlow et al. konnten in einer neueren Studie der Experimentellen Philosophie zeigen, dass die meisten ihrer erwachsenen Versuchspersonen (72,9 % der über 400 Vpn), die Zeit als Reihe von Ereignissen wahrnehmen, die sich gegenseitig beeinflussen, „time is itself something that undergoes change" (Shardlow et al. 2021, 10710). Dieses empirische Ergebnis sagt aber im Umkehrschluss auch, dass immerhin gut ein Viertel der Proband*innen der Schicksalsvorstellung der Zeit näherstanden. In einer Studie mit über 500 afrikanischen Schüler*innen fanden Lemmer et al. Ende der 1990er ebenfalls diese beiden Konzeptionen von Zeit, die sie mit zwei antiken Göttervorstellungen beschrieben: „chronos: the formal (mathematically quantified) time perception of classical Physics" (Modell: Schicksal; McTaggarts B-Theorie) und „kairos: time constituted by observations of events" (Modell: Des eigenen Glückes Schmied; McTaggarts A-Theorie) (Lemmer et al. 1999, 99). Zur Vorbereitung der Kausalität empfiehlt es sich auf der Grundlage der Ergebnisse aus der empirischen Forschung zunächst diese beiden Modelle der Zeit zu besprechen, weil ein funktionales Verständnis von Kausalität sonst möglicherweise von einem Teil der Schüler*innen gar nicht nachvollzogen werden kann. Übrigens könnte eine solche Philosophie der Zeit auch in Hinblick auf die Kausalitätstheorie im Physikunterricht hilfreich sein, weil hier an vielen Stellen die chronotische Zeit die Standarddarstellung ist, in der Quantenphysik aber der Beobachter und der Eingriff (kairotische Zeit) bedeutsam wird. In den nun folgenden Materialien (M) für den Philosophieunterricht wird hingegen ganz mit der kairotischen Zeit gearbeitet. Entsprechend lege ich hier jetzt auch den Fokus eher auf sie.

M1 Kairos und Chronos
Hinweis: Kairos und Chronos waren Götter und Allegorien der Zeit im alten Griechenland. Eine Form der Allegorie ist die künstlerische Darstellung eines abstrakten Begriffs.

a) Kairos auf einem Fresko von Francesco Salviati im Audienzsaal des Palazzo Sacchetti in Rom, 1552/54 (gemeinfrei), **b)** Wartender Chronos von Santo Saccomanno (1876), Skulptur im Monumentalfriedhof Staglieno, Genua (gemeinfrei)

Aufgaben

1. Beschreiben Sie die beiden Bilder der Götter einzeln. Wie wirken die Darstellungen auf Sie?
2. Interpretieren Sie jeweils die einzelnen Bildelemente. Hilfe: Recherchieren Sie die Kunstwerke im Internet.
3. Vergleichen Sie die beiden Darstellungen. Was soll über die Zeit jeweils ausgedrückt werden?
4. Beschreiben Sie Situationen, in denen Sie die Zeit auf die eine oder andere Weise wahrnehmen.

M2 Poseidippos von Pella – Ein Gespräch mit Kairos
Hinweis: Poseidippos (310 v. Chr. bis 240 v. Chr.) schrieb Epigramme, kurze Sinngedichte, dies ist eines davon (142; zitiert nach: Poseidipp 2015, 409). Ein Wanderer (links) spricht mit Kairos (rechts).

Und wer bist du? – Kairos, der alles Bezwingende.

Warum stehst du auf den Zehenspitzen? – Ich renne immer.

Warum hast du ein Paar Flügel an deinen Füßen? – Ich fliege so schnell wie der Wind.

Warum hältst du ein Rasiermesser in der rechten Hand? – Als Zeichen für die Menschen, dass ich schärfer bin als jede Schneide.

Warum fallen dir die Haare ins Gesicht? – Damit einer, der ‹mir› entgegenkommt, ‹mich› packen kann, beim Zeus.

Warum ist dein Hinterkopf kahl? – Bin ich einmal mit geflügelten Füßen vorbei gerannt, wird mich niemand von hinten ergreifen, wie sehr er es sich auch wünscht.

Aufgaben

1. Fertigen Sie einen Steckbrief an „Gesucht:Kairos!", auf dem die einzelnen Merkmale zu sehen sind.
2. Interpretieren Sie die Merkmale.

4   Kausalitätswahrnehmung im Alltag: Intuitive Theorien in kausalem Denken

Als Einstieg in die eigentliche Unterrichtsreihe zur Kausalität macht es Sinn, bei den Vorstellungen der Schüler*innen von Kausalität anzusetzen. Modelle der Kausalität sind erst einmal immer Teil intuitiven Denkens, das im Alltag mit „proficiency and ease" gemeistert wird (Gerstenberg und Tenenbaum 2017, 515). Es ist ein erstaunliches Ergebnis der psychologischen und neurowissenschaftlichen Forschung zu diesen Prozessen, wie komplex kausales Denken auch ohne viel Information sein kann. Man kann an diesen intuitiven Attributionen die grundlegenden Modi philosophischer Kausalitätstheorien im Unterricht ausgehend von den Vorstellungen der Lernenden behandeln, weil Kinder im Schulalter, wie psychologische Forschung zum kausalen Denken gezeigt hat, bereits elaborierte kausale Modelle verwenden. Dabei kann das von Gerstenberg und Tenenbaum angelegte Modell intuitiver Theorien zur Kausalität auch für den Unterricht eine hilfreiche Grundvorstellung kausalen Denkens sein:

„they [intuitive theories, M.B.] can be modeled as probabilistic, generative programs and [...] support various cognitive functions such as prediction, counterfactual reasoning, and explanation. [...] causal judgments can be modeled as counterfactual contrasts operating over an intuitive theory of physics, and [...] explanations of an agent's behavior are grounded in a rational planning model that is inverted to infer the agent's beliefs, desires and abilities." (Gerstenberg und Tenenbaum 2017, 515)

Dieses kausale Denken kann an der klassischen Animationsstudie zur Attribution von Kausalität von Fritz Heider und Marianne Simmel im Unterricht experimentell erfahren und philosophisch reflektiert werden. Heider hat in den 1940er Jahren die Grundlagen der Attributionstheorie in der Psychologie gelegt, seine Arbeiten fanden im Grenzgebiet zwischen Philosophie und Psychologie statt. Mit beiderlei Perspektive widmete sich Heider dem Thema der Kausalität (Malle und Ickes 2000). Die Originalpublikationen der Studie stammen aus den 1940er Jahren (Heider 1944; Heider und Simmel 1944). Die vollständige Animation von Heider und Simmel findet sich in zahlreichen YouTube-Videos. Am nächsten am Original ist wahrscheinlich die von der AI-Forscherin Caitlyn Clabaugh veröffentlichte Version (Clabaugh 2015).

Für Lehrer*innen ist zusätzlich interessant zu wissen, dass früher Kinder- und Jugendliche Heider und Simmels geometrische Figuren meist als Personen beschrieben; dieses experimentelle Ergebnis unterstützte damals das Konzept des sogenannten „kindlichen Animismus" in der Psychologie (Lück 2006, 189). In neueren Replikationen der Studie hingegen werden die Figuren mit geometrischen Bezeichnungen umschrieben. Lala Achmed-Zade, die eine solche Replikationsstudie durchgeführt hat, fand diese Vorstellung bei 37 von 41 ihrer jungen Versuchspersonen. Sie vermutet, dass „wegen der personalisierten Gegenstände in Zeichentrickfilmen und Computerprogrammen" (Achmed-Zade 2001, 28; zit. nach Lück 2006, 191) Kinder und Jugendlich heute gewohnt sind, auch Gegenständen Intentionen zuzuschreiben. Hier ist ein typisches Beispiel für eine Schülerbeschreibung des Gesehenen:

> „Ich habe gesehen ein großes Dreieck, das ein kleines Dreieck geärgert hat und den Ball. Und ein Sechseck oder so. Und da ist das kleine Dreieck rein und da war der Ball drin. Und dann hat das große Dreieck versucht rein zu kommen, dann ist es reingekommen und dann hat er halt den Ball immer angeschubst in die eine Ecke. Und dann ist das Dreieck, also das kleine Dreieck mit dem Ball rausgekommen. Und dann haben sie es zugesperrt kann man sagen. Und dann sind sie so rum, um das Eck. Und dann ist das Große raus und dann ist es immer ihnen nachgelaufen Und zum Schluß ist es so, dass da ist das kleine Dreieck mit dem Ball verschwunden, und das große Dreieck hat dann, sag ich mal, das Haus zerstört." (Achmed-Zade 2001, 31; zit. nach Lück 2006, 190).

Mit der Animation aus der Studie kann man im Unterricht die Trennung von physikalischen und psychischen Ursachen besprechen und auch einige erste Ideen kontrafaktischer und interventionistischer Kausalitätstheorien. Die folgende Aufgabenkonstruktion setzt jedoch erst einmal sehr basal mit einer Diskussion an, was Ereignisse und Ursachen überhaupt sind, nachdem diese an der Animation festgemacht wurden.

M3 Die Animationsstudie von Fritz Heider und Marianne Simmel (1944)

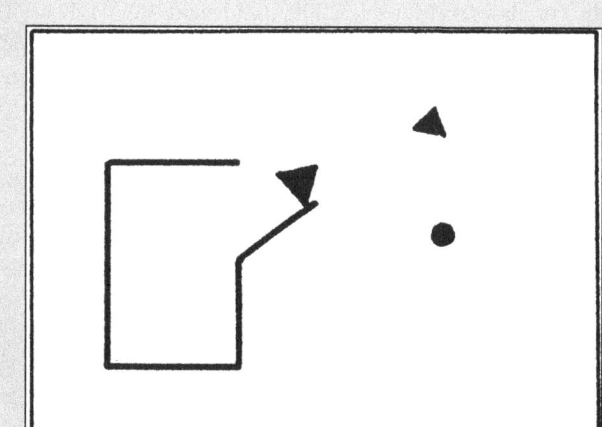

Schauen Sie sich das von Caitlyn Clabaugh auf Youtube hochgeladene Video der Animation an: https://www.youtube.com/watch?v=sx7lBzHH7c8 (Clabaugh 2015); Grafik von Heider und Simmel zur Darstellung ihrer Studie (Heider und Simmel 1944, 244).

Aufgaben

1. Beschreiben Sie, was Sie in der Animation von Heider und Simmel gesehen haben.
2. Markieren Sie in Ihrem Text aus (1) die Stellen, von denen Sie denken, dass es sich um die Beschreibung eines *Ereignisses* handelt.
3. Entwickeln Sie in Partnerarbeit eine Definition, was ein *Ereignis* ist. Sie können danach auch noch einmal Ihre Markierungen ändern.
4. Schauen Sie sich das letzte *Ereignis* Ihres Textes an. Erklären Sie, was die *Ursache* dieses *Ereignisses* ist.
5. Entwickeln Sie in Partnerarbeit eine Definition, was eine *Ursache* ist.

Peter Menzies argumentiert, dass die meisten Kausalitätstheorien eine intuitiv einleuchtende Common-Sense-Plattitüde über Kausalität voraussetzen, die ich in Kap. 1 mit Michael Heidelberger bereits als „Notwendigkeit oder Wirkungskraft" und als „Klebstoff" der Ereignisse in der Welt zu beschreiben versucht habe (Heidelberger 1989, 2 f.). Menzie zitiert hier eine Passage in Peter Strawsons klassischem Artikel „Causation and Explanation" (orig. 1992; dt. 1994), in dem diese Position der Kausalität als eine natürliche Relation zwischen Ereignissen entfaltet wird. Diese natürliche Kausalität sei aber tatsächlich kontingent und erschließe sich erst später durch Erklärung. Menzie setzt dem eine Passage von Hall und Honoré entgegen, in der Kausalität selbst bereits auf dem Niveau von Intuitionen mehr voraussetzt (Menzies 2009, 343 f. und 355 f.). Diese Gegenüberstellung ist gut geeignet, um auch in der Schule über die intuitive Wahrnehmung von Kausalität nachzudenken. Ist Kausalität eher vom Erklären oder vom Eingreifen her zu verstehen?

M4 Peter F. Strawson (1994): „Kausalität und Erklärung"

Meist setzen wir voraus, daß Kausalität ein natürliches Verhältnis ist, das in der Natur zwischen einzelnen Ereignissen oder Umständen ebenso besteht wie das Verhältnis zeitlicher Abfolge oder räumlicher Nähe. Wir verbinden Kausalität zu Recht auch mit Erklärung. Doch wenn Kausalität ein Verhältnis in der Natur ist, dann ist Erklärung etwas anderes. Man erklärt sich oder anderen etwas, und dieses Erklären ist etwas, das in der Natur geschieht. Aber wir sprechen auch davon, daß eine Sache eine andere erklärt oder deren Erklärung ist, als wäre Erklärung eine Beziehung zwischen Dingen. Das ist sie auch. Aber das ist kein natürliches Verhältnis in dem Sinne, in dem wir etwa über Kausalität als natürliches Verhältnis sprechen. Es ist ein intellektuelles oder rationales oder intentionales Verhältnis. Es besteht nicht zwischen Dingen der Natur-Welt, Dingen, denen wir Ort oder Zeiten in der Natur zuweisen können. Es besteht zwischen Tatsachen und Wahrheiten.

Die zwei Beziehungsebenen werden im philosophischen Denken oft und leicht durcheinander gebracht, weil sie im gewöhnlichen oder nicht-philosophischen Denken nicht klar unterschieden werden. Und im gewöhnlichen Denken werden sie nicht klar unterschieden, weil eine solche Unterscheidung meist keinem praktischen Zweck dient. Gleichwohl ist es gut, daß wir uns dieser Unterscheidung bewußt sind, sofern es unser philosophisches Ziel ist, unser nicht-philosophisches Denken zu verstehen.

(Strawson 1994, 146 f.)

Aufgaben:

1. Erklären Sie den Zusammenhang der Begriffe ‚Kausalität' und ‚Erklärung' nach Strawson. Fertigen Sie hierzu eine Tabelle mit Gemeinsamkeiten und Unterschieden an.
2. Erörtern Sie, welches Ereignis der Studie von Heider und Simmel (M3) erst dadurch klar wird, dass man es sich nachträglich erklärt. Nehmen Sie dabei Bezug auf den Text von Strawson.

M5 H.L.A. Hart und Tony Honoré: Kausalität und Eingreifen

In dem einfachen Fall, in dem wir einen gewünschten Effekt durch eine Manipulation eines Objektes in unserer Umgebung hervorrufen, ist das menschliche Handeln eine Einmischung in den natürlichen Lauf der Ereignisse, die *einen Unterschied macht* in der Art und Weise, wie sich die Ereignisse entwickeln. In fast schon wörtlichem Sinn ist solch eine Einmischung durch menschliches Handeln ein Eingriff oder ein Eindringen eines Dinges in den Bereich eines anderen, von ihm unterschiedenen Dinges. Die Erfahrung lehrt uns etwas: Wenn man die Dinge, die wir manipulieren, allein lässt, dann würden sie, weil sie eine „Natur" haben oder eine charakteristische Art sich zu verhalten, in einem bestimmten Zustand verharren oder Veränderungen ausführen. Und diese Veränderungen sind anders als jene, die wir an ihnen durch Manipulationen hervorzubringen gelernt haben. Der Verweis darauf, dass eine Ursache etwas ist, dass sich einmischt oder eingreift in den Ablauf der Ereignisse, der normalerweise stattfindet, ist zentral in dem Konzept einer Ursache, das wir haben, wenn wir einfach unseren gesunden Menschenverstand bedienen [...]. Analogien mit der Einmischung von Menschen in den natürlichen Ablauf der Ereignisse kontrollieren auch, selbst in solchen Fällen, in denen es tatsächlich gar keinen menschlichen Eingriff gibt, das, was wir als eine Ursache eines Vorfalls werten; die Ursache, obwohl nicht wirklich ein Eingriff, ist ein *Unterschied* zum normalen Lauf der Dinge, der verantwortlich ist für einen Unterschied im Ergebnis.
(Hart und Honoré 1985, 29, Übers. M.B.)

Aufgaben

1. Erklären Sie die Begriffe der Kausalität und des Eingriffs nach Hall und Honoré. Was unterscheidet Kausalität ausgelöst durch menschliches Handeln von einer Kausalität ohne menschlichen Eingriff?
2. Erörtern Sie, welches Ereignis der Studie von Heider und Simmel (M3) erst dadurch klar wird, dass man es sich wie einen menschlichen Eingriff vorstellt. Nehmen Sie dabei Bezug auf den Text von Hall und Honoré.

5   Experimentelle Designs: Die Rekonstruktion von Kausalität

Das Studiendesign der sogenannten randomisierten und kontrollierten Vergleichsstudien (Randomized Controlled Trials, oder kurz: RCTs) wird in der Medizin seit Archie Cochranes Reformansatz des britischen *Health Service* zur evidenzbasierten Medizin angewandt (Cochrane 1972). In den empirischen Sozialwissenschaften sind die RCTs seit den Arbeiten von Donald T. Campbell bekannt (Campbell 1957). Sie basieren heute statistisch auf dem eingangs bereits erwähnten Neyman-Rubin-Holland-Modell. Ich hatte ebenfalls bereits erwähnt, dass die methodologischen Grundlagen sehr viel älter sind und sich bereits bei dem britischen Statistiker Ronald A. Fisher finden (Fisher 1935). In *The Design of Experiments* findet sich das klassische Experiment „Lady Tasting Tea", an dem man den Aufbau experimenteller Studien und die Kausalitätsverbindung von Ursache und Wirkung gut im Unterricht erklären kann: „A LADY declares that by tasting a cup of tea made with milk

she can discriminate wether the milk or the tea infusion was first added to the cup"
(Fisher 1935, 11). Der Clou von Fishers Ansatz: Es braucht an dieser Stelle keinen
Beweis für die Fähigkeit der Lady, am Geschmack festzustellen, ob Tee oder Milch
zuerst eingeschüttet wurde. Man benötigt lediglich eine Widerlegung der sogenannten
Nullhypothese, dass nämlich die Lady diese Fähigkeit nicht habe. Ausgeschlossen
muss dabei der Fall sein, dass das Ergebnis auch durch Zufall erklärt werden kann.
Im Experiment sind es 8 Tassen, von denen 4 zuerst mit Milch und 4 zuerst mit Tee
befüllt wurden. Die Lady muss die 4 zuerst mit Milch befüllten Tassen benennen (die
4 zuerst mit Tee befüllten Tassen ergeben sich dann automatisch). In diesem Fall gibt
es 70 verschiedene Möglichkeiten. Wenn man nun den Fall nimmt, in dem die Lady
alle 4 Tassen korrekt benennt, dann liegt die Wahrscheinlichkeit dafür bei 1,4 % und
damit unter der statistischen Signifikanzmarke von 5 %. Wenn die Lady also alle vier
Tassen richtig benennt, dann ist ausgeschlossen, dass dies auch durch Zufall hätte
geschehen können. In diesem Fall ist die Fähigkeit der Lady nicht bewiesen, aber
der Versuch sie zu widerlegen ist gescheitert. Man kann dieses Experiment idealerweise in der Klasse durchführen und die einzelnen Schritte besprechen; es gibt aber
auch gute Darstellungen im Video (z. B. Digital Education Strategies at The G.
Raymond Chang School of Continuing Education 2011). Experimentelle Designs
liefern manchmal zwar die Identifikation von Ursachen und Wirkungen, ohne jedoch
Rückschlüsse zu erlauben, welcher *Mechanismus* hinter einer Wirkung steckt. Diese
Problematik wird in M7 mit der Einführung des Begriffs über eine kurze Definition
gezeigt (Machamer et al. 2000) In dem berühmten Experiment von Fisher kann man
zwar ausschließen, dass Mrs. Bristol durch eine sichtbare Veränderung der Flüssigkeit
zu dem Ergebnis kommt, weil diese Bedingung kontrolliert wurde. Es ist zumindest
statistisch auch ausgeschlossen, dass sie geraten hat. Man kann aber kaum genauer
sagen, *wie* die Fähigkeit der Lady aussieht, d. h. welcher sensorische Mechanismus dahinterstecken mag. Was genau nimmt der Geschmackssinn der Lady wahr
und warum können andere Menschen den Unterschied nicht schmecken? Geschieht
chemisch etwas bei der Verbindung der beiden Flüssigkeiten? Spielt der erstmalige
Kontakt mit dem kalten Tassenboden eine Rolle? Lady Bristol besteht den Test,
dabei wird ihre latente Kompetenz manifest; wie ihre Fähigkeit aber genau zustande
kommt, d. h. wie der Mechanismus dahinter funktioniert, bleibt unbekannt (vgl. Illari
und Williamson 2012).

M6 Ronald Fisher (1935): Das Experiment als Quelle unseres Wissens um Ursache und Wirkung

Als Ronald Fisher, der berühmte Statistiker, in das Agrarforschungsinstitut nach
Rothamstead in England kam, geschah es eines Nachmittags, dass er der Algenforscherin
Dr. Muriel Bristol eine Tasse mit Tee anbot. Sie lehnte aber ab und sagte, sie hätte lieber
eine solche, in die zuerst Milch und dann der Tee eingegossen worden sei. „So ein
Quatsch," sagte Fisher lächelnd, „das macht doch mit Sicherheit keinen Unterschied."
Aber sie behauptete felsenfest, dass es das doch tut. Von hinten erklang eine Stimme:
„Lass uns sie testen." Es war William Roach, der bald Miss Bristol heiraten sollte.
(Übers. M.B. aus: Box 1978; gefunden bei Nolan und Speed 2000, 101)

Das Experiment: Ungesehen von Mrs. Bristol und Mr. Roach präpariert Fisher acht Tassen, in vier von ihnen schüttet er zuerst Milch und dann Tee ein, in vier andere umgekehrt. Er sieht, dass die Tassen dabei durchmischt werden, so dass man optisch nicht mehr unterscheiden kann, ob Milch oder Tee zuerst eingeschüttet wurde. Unter den Tassen, in die Milch zuerst eingeschüttet wurde, bringt er eine Markierung an. Dann mischt er sie durch, so dass er sogar selbst nicht mehr weiß, welche Tassen welchen Inhalt haben. Von den acht Tassen soll Mrs. Bristol diejenigen vier benennen, in denen die Milch zuerst eingeschüttet wurde. Mr. Roach soll ebenfalls einmal den Versuch machen, ihm bleibt dabei wohl nichts anderes, als zu raten.

Eine der möglichen Anordnungen der Tassen vor dem Umrühren (Darstellung M.B.).

Aufgaben

1. Stellen Sie Fishers Experiment nach. Schafft Ihre Mrs. Bristol Fishers Test?
2. Nehmen wir einmal an, Mrs. Bristol schafft es tatsächlich, die vier Tassen richtig zu identifizieren. Benennen Sie mögliche Ursache(n) hierfür.
3. Für Fortgeschrittene und mathematisch Versierte: Errechnen Sie, wie groß die Wahrscheinlichkeit ist, dass man durch Raten die Tassen richtig trifft.

M7 Peter Machamer, Lindley Darden und Carl F. Craver (2000): Das Nachdenken über Mechanismen

Nach Mechanismen wird gesucht, um herauszufinden, wie ein Phänomen zustande kommt oder wie ein bestimmter Prozess funktioniert: Genauer: Mechanismen sind Entitäten und Aktivitäten, die so organisiert sind, dass sie produktiv an immer gleichen Veränderungen arbeiten von Anfangs- oder Startbedingungen zu End- oder Zielbedingungen. [...] Mechanismen setzen sich aus beidem zusammen, *Entitäten* (mit ihren Eigenschaften) und *Aktivitäten*. Aktivitäten sind das, was Veränderung erzeugt. Entitäten sind diejenigen Dinge, die an den Aktivitäten teilnehmen. [...] Funktionen sind die Rollen, die von Entitäten und Aktivitäten in einem Mechanismus gespielt werden. Eine Aktivität als eine Funktion zu sehen, bedeutet, sie als eine Komponente eines Mechanismus zu begreifen. (Machamer et al. 2000, 3–6, Übers. M.B.)

Aufgaben

1. Nehmen wir an, Celine will morgens kalte Milch trinken, dazu stellt sie diese abends nach dem Einkaufen in den Kühlschrank. Erklären Sie mit den Begriffen aus dem Text den Mechanismus:

a) Was ist die ‚Funktion' des Kühlschranks?

   b) Welche ‚Aktivitäten' finden statt? Was sind jeweils die ‚Veränderungen'?

   c) Welche Personen und Dinge (‚Entitäten') sind involviert?

3. Erläutern Sie, inwieweit man ein Wissen um den Mechanismus braucht, um zu sagen, dass der Kühlschrank die Ursache für die kalte Milch ist.

4. Kann man nach dem Test von Fisher (M6) schon etwas darüber sagen, welcher Mechanismus bei der Fähigkeit von Lady Bristol eine Rolle spielen mag? Kann man zumindest etwas ausschließen?

5. Welche Mechanismen könnten hinter der Fähigkeit der Lady (M6) stecken? Mit welchen Experimenten könnte man sie näher untersuchen?

---

6   Nicht-triviale Kausalität: Neuron-Diagramme

Ziel dieser Unterrichtsreihe soll es sein, letztlich auch nicht-triviale Ursache-Wirkungs-Beziehungen verstehen zu können. Dazu ist es aber zunächst einmal sinnvoll, sich erst ganz simple Ursache-Wirkungs-Zusammenhänge vorzustellen. In der philosophischen Forschung zur Kausalität wird immer wieder auf vier Merkmale der Ursache-Wirkungs-Beziehung rekurriert, die für ein triviales Verständnis und die allermeisten Fälle alltäglicher Ursachen und Wirkungen hinreichend sind: Raumzeitlichkeit, zeitliche Priorität, Produktion und Asymmetrie (schon Russell 1912a; Norton 2007; explizit Hüttemann 2013, 7). Die Fragen, inwieweit diese Merkmale in Frage stehen, ob es denkbare Fälle gibt, in denen sie nicht gelten und wie sie sich zu den Kausalitätsmodellen moderner Physik verhalten, sind jeweils Richtungen, in die dann das Forschungsprogramm philosophischer Kausalitätstheorien aufgespannt werden kann. Es ist von daher hier eine didaktische Basis, an die philosophische Bildung in der Folge anschließen kann.

Einige nicht-triviale Fälle von Ursache-Wirkungsbeziehungen sollten, wie ich eingangs geschrieben habe, auch bereits auf Schulniveau behandelt werden. Das ist mit Hilfe der von David Kellogg Lewis entwickelten Neuron-Diagramme möglich (erstmals Lewis 1986; Paul und Hall 2013, 9–10). Man stelle sich in diesen Diagrammen Ereignisse als das Feuern von Neuronen vor. Neuronen können also entweder feuern oder nicht, d. h., ein Mechanismus kann ausgelöst werden oder nicht; in der Darstellung sind sie dann grau (feuern) oder weiß (nicht-feuern). Ist das Neuron (also der Mechanismus) gemeint, dann wird das mit einem großen Buchstaben bezeichnet: (A), das Ereignis des Feuerns hingegen mit einem großen, kursiven Buchstaben: (*A*). Ursache-Wirkungsbeziehungen werden durch Pfeile dargestellt, während hemmende Einwirkung mit einem Punkt statt der Spitze des Pfeils dargestellt werden. Die Zeit läuft von links nach rechts. Unzählig viele Fälle unterschiedlicher Ursache-Wirkungsbeziehungen sind mit Neuron-Diagrammen darstellbar. In dem folgenden Material sind ein paar wichtige Fälle vorgeschlagen, die in der philosophischen Debatte um die Kausalität häufig diskutiert wurden. Mit den Neuron-Diagrammen kann man auch probabilistische Ursachen, Effekte unterschiedlicher Stärke oder Backup-Prozesse darstellen. Das ist hier nicht Ziel, könnte aber auf einer fortgeschrittenen Stufe stattfinden. Ich habe die Neuron-Diagramme aus didaktischen Gründen vereinheitlicht und manche irreführende Bezeichnung entfernt. Auch die Lewis-Schüler Hall und Paul nutzen die Neuron-Diagramme, wie sie schreiben „fairly freely" (Paul und Hall 2013, 9), ich habe hier eine etwas rigorosere Darstellung versucht. Man muss sich aber immer klar machen, dass die Darstellung in Neuron-Diagrammen eine Vereinfachung ist und so eine philosophische Diskussion des Problems anregen kann, aber keinesfalls ersetzt.

M8 Andreas Hüttemann (2013): Wie hängen Ursachen und Wirkungen zusammen

Wenn wir nun genauer fragen, was singuläre Ursachen als Ursachen auszeichnet, bzw. was die entsprechende Ursache-Wirkungs-Beziehung auszeichnet, so lässt sich vorläufig die folgende minimale Merkmalsliste aufstellen [...]:

1. *Raumzeitlichkeit*: Ursachen und Wirkungen haben einen Ort und einen Zeitpunkt.
2. *Zeitliche Priorität*: Ursachen gehen ihren Wirkungen gewöhnlich zeitlich vorher.
3. *Produktion*: Ursachen bringen ihre Wirkungen hervor. Sie erzwingen sie gewissermaßen. Vitamin C-Mangel bringt die Skorbut hervor, das Erdbeben den Tsunami.

4. *Asymmetrie*: Eine Ursache bringt eine Wirkung hervor, aber diese Wirkung bringt nicht auch ihre Ursache hervor. Wenn der Steinwurf eine Ursache für das Zerbrechen der Fensterscheibe ist, dann ist das Zerbrechen der Fensterscheibe keine Ursache für den Steinwurf. (Hüttemann 2013, 7)

Aufgaben

1. Stellen wir uns vor, der Beamer im Kursraum ist verschwunden. Erläutern Sie anhand der Suche nach der Ursache, wie die vier Dimensionen von Hüttemann eine Rolle spielen können.
2. Hüttemann sagt, dass Ursachen „gewöhnlich" ihren Wirkungen zeitlich vorausgehen. Kennen Sie Fälle, in denen das nicht so ist?

M9 L.A. Hall und Ned Paul (2013): Kausalbeziehungen mit Neuron-Diagrammen erklären

Quellen:

(I: Paul und Hall 2013, 16; Beispiel M.B.)

(II: Paul und Hall 2013, 71; Variante mit zwei notwendigen Ursachen; Beispiel M.B.)

(III–V: Paul und Hall 2013, 174 f.; Übers. M.B. mit leichter Modifikation)

(VI Paul und Hall 2013, 75; Beispiel M.B.)

I Hinreichende Ursache: Erkan probiert lange Zeit daran herum, ein Marmeladenglas zu öffnen (A). Dann gibt er es seiner Mutter, die es mit einer Handumdrehung aufbekommt (C). Erkan schmiert die Marmelade auf sein Brot (E).	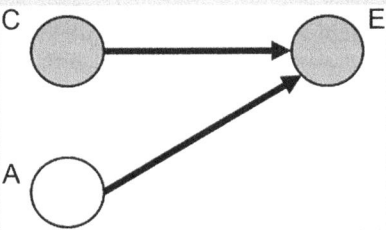
II Notwendige Ursachen: Mathilda läuft in einem Fußballspiel zum Elfmeter an, sie täuscht einen kräftigen Schuss in die linke Ecke vor (C), der Torwart springt in die linke Ecke, sie kickt den Ball aber langsam in die Tormitte (A) und trifft (E).	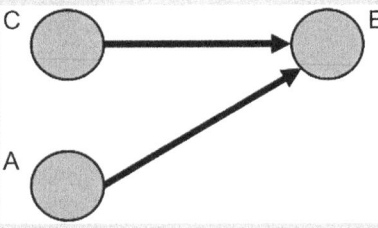

III Unterlassung: David will Kaffee trinken (C), also nimmt er einen Schluck aus seiner Tasse (E). Wenn Steffi, die neben ihm steht, wild gestikuliert hätte, wie sie es sonst immer tut (A), dann hätte sie die Kaffeetasse umgeschmissen und E wäre nie passiert.

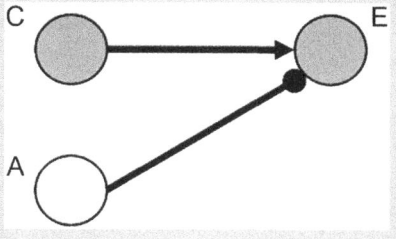

IV Einfache Prävention: James, die Katze, springt auf den Tisch (C) und schmeißt dabei die Tasse mit Kaffee um. Davids Verlangen nach Kaffee (A) wäre sonst die Ursache dafür gewesen, dass er einen Schluck aus der Tasse genommen hätte (E).

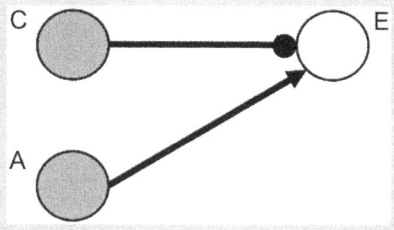

V Doppelte Prävention: David macht den Kaffee (A) und füllt seine Tasse, um zu trinken (E). Währenddessen schleicht sich Steffi an James, die Katze, an und verhindert im letzten Moment (C), dass er die Tasse mit einem Sprung, zu dem er bereits ansetzt (B), vom Tisch wirft (D).

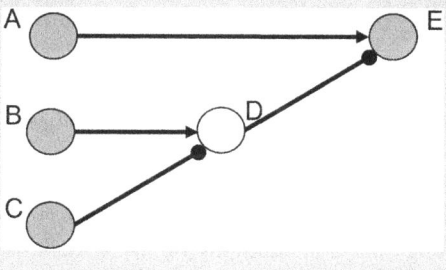

VI Präemption:
Büsra hat Lust auf Kuchen (C), Amira auch (A). Weil Büsra aber Geburtstag hat, einigen sich beide darauf, dass sie so viel Kuchen essen kann, wie sie will. Büsra hat auch noch beim letzten Stück Hunger und isst den ganzen Kuchen (D), sonst hätte Amira etwas vom Kuchen gegessen, so aber nicht (B). Der Kuchen wird ganz aufgegessen (E).

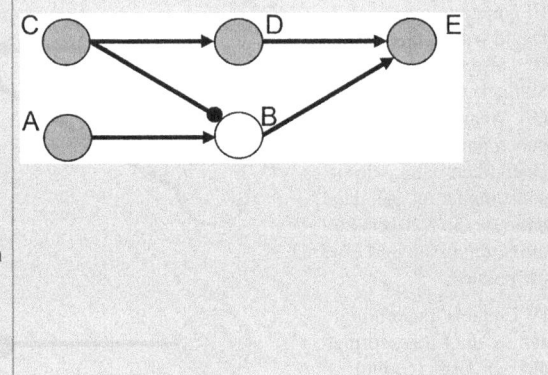

Aufgaben

1. Beurteilen Sie jeweils, ob A eine Ursache dafür ist, dass E eintritt.
2. Beurteilen Sie jeweils, ob C eine Ursache dafür ist, dass E eintritt.
3. Entwickeln Sie ein eigenes Beispiel für eine Ursache-Wirkungsbeziehung und stellen Sie den Fall in einem passenden Neuron-Diagramm dar.

7   Fazit und Ausblick

Ich habe in diesem Kapitel die Notwendigkeit gezeigt, Kausalität im Philosophieunterricht als Thema zu behandeln, das nicht nur als zu eliminierende Fehlvorstellung oder Hinleitung in die Wissenschaftstheorie über das Induktionsproblem relevant ist. Unsere Gegenwart ist geprägt von Kausalitätsaussagen aus der Wissenschaft, die nicht-trivial sind. Die didaktischen Möglichkeiten dieses Themas legen eine deutlich erweiterte Behandlung nahe. Ein Zugang über eine Philosophie der Zeit bietet sich an, eine Behandlung intuitiver Theorien im Selbstexperiment, eine Philosophie des Experiments als Suche nach Kausalität sowie ein rudimentärer Zugang zu einigen nicht-trivialen Kausalitätsmodellen, was mit Lewis' Neuron-Diagrammen geschehen kann. In der Folge dieses rein funktionalen Zugangs hier, der noch keine explizite Differenzierung in verschiedene Kausalitätstheorien vornimmt, kann weiterführend auf unterschiedliche Theorien der Kausalität eingegangen werden. Hier kann auch Humes Regularitätstheorie wieder eine Rolle spielen, sie müsste heute aber kontrastiert werden, insbesondere mit kontrafaktischen und interventionistischen Theorien. Deren Anfänge finden sich übrigens ebenfalls schon bei Hume: „if the first object had not been, the second never had existed" (Lewis 1973, 556; Hume 1999; Section 7, Part 2, 29, Text von 1772). Der Zugang über das von mir vorgestellte funktionale Kausalitätsmodell öffnet den Raum für die volle Breite philosophischen Nachdenkens über Kausalität.

Es wurden darüber hinaus bereits einige Ergebnisse zu Schülervorstellungen zur Kausalität aus anderen Disziplinen gezeigt, die im Philosophieunterricht fachspezifisch noch näher erforscht werden könnten. Ich habe eine erste Lernprogression skizziert, die ebenfalls empirisch überprüft werden kann. Auch liegt hier noch keine Modellierung von Kompetenzstufen vor, wie es ein Systematic Framework (vgl. Burkard et al. 2021) leisten könnte. So konnte hier letztlich nicht mehr entwickelt werden als ein erstes didaktisches Konzept funktionaler Kausalität, das aber hoffentlich selbst die Ursache für einige weitere Ereignisse in der fachdidaktischen Forschung zu diesem Thema sein wird.

Literatur

Achmed-Zade, Lala. 2001. *Attributionen des scheinbaren Verhaltens von Kindern. Eine modifizierte Replikation der Studie von Heider und Simmel. Magisterarbeit.* Hagen: FernUniversität.

Beebee, Helen, Christopher Hitchcock, und Peter Menzies. 2009. Introduction. In *The Oxford Handbook of Causation*, Hrsg. Helen Beebee, Christopher Hitchcock, und Peter Menzies, 1–18. Oxford: Oxford University Press.

Bekes, Peter, Volker Frederking, und Axel Krommer. 2015. *Philos. Qualifikationsphase.* Paderborn: Schöningh.

Box, Joan F. 1978. *R.A. Fisher: The Life of a Scientist.* New York: Wiley.

Brady, Henry E. 2002. Models of Causal Inference: Going Beyond the Neyman-Rubin-Holland Theory. http://polmeth.wustl.edu/media/Paper/brady02.pdf. Zugegriffen: 17. Jan. 2016.

Brady, Henry E. 2009. Causation and Explanation in Social Science. In *The Oxford Handbook of Political Science*, Hrsg. Robert E. Goodin, 1054–1107. Oxford: Oxford University Press.

Burkard, A., H. Franzen, D. Löwenstein, D. Romizi, und A. Wienmeister. 2021. Argumentative Skills: A Systematic Framework for Teaching and Learning. *Journal of Didactics of Philosophy* 5(2):72–100.

Bussmann, Bettina. 2019. Der wissenschaftsorientierte Ansatz. In *Moderne Philosophiedidaktik – Basistexte*, Hrsg. Martina Peters und Jörg Peters, 231–244. Hamburg: Meiner.

Bussmann, Bettina. 2020. Philosophische Probleme und Interdisziplinarität. In *Fachlichkeit und Fachdidaktik: Beiträge zur Lehrerausbildung im Fach Ethik/Philosophie*, Hrsg. René Torkler, 45–62. Stuttgart: Metzler.

Campbell, Donald T. 1957. Factors Relevant to the Validity of Experiments in Social Settings. *Psychological Bulletin* 54:297–312.

Cappelen, Herman. 2018. *Fixing Language: An Essay on Conceptual Engineering.* Oxford: Oxford University Press.

Clabaugh, Caitlyn. 2015. Heider & Simmel animation 1944 SD. *Youtube.* https://www.youtube.com/watch?v=sx7lBzHH7c8. Zugegriffen: 27. Jan. 2022.

Cochrane, Archibald L. 1972. *Effectiveness and Efficiency: Random Reflections on Health Services.* London: Nuffield Provincial Hospitals Trust.

Digital Education Strategies at The G. Raymond Chang School of Continuing Education. 2011. Lady Tasting Tea – Inferential Statistics and Experimental Design. *Ryerson University.* https://www.youtube.com/watch?v=lgs7d5saFFc. Zugegriffen: 26. Jan. 2022.

Farr, Matt, und Alexander Reutlinger. 2013. A Relic of a Bygone Age? Causation, Time Symmetry and the Directionality Argument. *Erkenntnis* 78:215–235.

Fisher, Ronald A. 1935. *The Design of Experiments.* London: Oliver and Boyd.

Floridi, Luciano. 2019. *The Logic of Information: A Theory of Philosophy as Conceptual Design.* Oxford: Oxford University Press.

Frisch, Mathias. 2014. *Causal Reasoning in Physics.* Cambridge: Cambridge University Press.

Frisch, Mathias. 2020. Causation in Physics. *Stanford Encyclopedia of Philosophy*. https://plato. stanford.edu/entries/causation-physics/. Zugegriffen: 25. Jan. 2022.

Geiß, Paul Georg. 2016. *Fachdidaktik Psychologie. Kompetenzorientiertes Unterrichten und Prüfen in der gymnasialen Oberstufe*. Bern: Haupt/UTB.

Geiß, Paul Georg. 2017. *Fachdidaktik Philosophie. Kompetenzorientiertes Unterrichten und Prüfen in der gymnasialen Oberstufe*. Opladen: Budrich.

Gerstenberg, Tobias, und Joshua B. Tenenbaum. 2017. Intuitive Theories. *The Oxford Handbook of Causal Reasoning* 515–547.

Goergen, Klaus. 2015. David Hume: Induktionsinstinkt und Kausalitätsregeln. Zum Problem induktiven und kausalen Schließens. *Praxis Philosophie & Ethik* 2:32–37.

Hart, Herbert Lionel Adolphus, und Tony Honoré. 1985. *Causation in the Law*, 2. Aufl. Oxford: Oxford University Press.

Heidelberger, Michael. 1989. Kausalität. Eine Problemübersicht. *erweiterte Version der Probevorlesung im Habilitationsverfahren*. https://uni-tuebingen.de/fileadmin/Uni_Tuebingen/ Fakultaeten/PhiloGeschichte/Dokumente/Downloads/veröffentlichungen/heidelberger/ Heidelberger_-_Kausalität._Eine_Problemüberischt.pdf. Zugegriffen: 20. Jan. 2022.

Heider, Fritz. 1944. Social Perception and Phenomenal Causality. *Psychological Review* 51:358–374.

Heider, Fritz, und Marianne Simmel. 1944. An Experimental Study of Apparent Behavior. *The American Journal of Psychology* 57:243–259.

Hoerster, Norbert. 2013. Karl Poppers problematische Sichtweise der Induktion. *Zeitschrift für Didaktik der Philosophie und Ethik* 4:64–70.

Hume, David. 1999. *An Enquiry Concerning Human Understanding. Oxford Philosophical Texts. Edited by Tom L. Beauchamp*. Oxford: Oxford University Press.

Hüttemann, Andreas. 2013. *Ursachen*. Berlin: De Gruyter.

Illari, Phyllis McKay, Federica Russo, und Jon Williamson. 2011. Why Look at Causality in the Sciences? A Manifesto. In *Causality in the Sciences*, Hrsg. Phyllis McKay Illari, Federica Russo und Jon Williamson, 3–22. New York: Oxford University Press.

Illari, PhyllisMcKay, und Jon Williamson. 2012. What is a Mechanism? Thinking about Mechanisms Across the Sciences. *European Journal for Philosophy of Science* 2:119–135.

Kincaid, Harold. 2012. Mechanisms, Causal Modeling, and the Limitations of Traditional Multiple Regression. In *The Oxford handbook of philosophy of the social sciences*, Hrsg. Harold Kincaid, 46–64. Oxford: Oxford University Press.

Kühnel, Steffen, und André Dingelstedt. 2019. Kausalität. In *Handbuch Methoden der empirischen Sozialforschung*, Hrsg. Nina Baur und Jörg. Blasius, 1401–1413. Wiesbaden: Springer Fachmedien.

Lemmer, M., J. Smit, und N. Vreken. 1999. Students' Perceptions of Time. In *Research in Science Education – Past, Present, and Future. Vol. 1*, Hrsg. Michael Komorek, Hauke Behrendt, Helmut Dahncke, Reinders Duit, und Wolfgang Gräber, 98–100. Kiel: IPN Kiel.

Lewis, David K. 1973. Causation. *Journal of Philosophy* 70:556–567.

Lewis, David K. 1986. Postscripts to „Causation". In *Philosophical Papers*, Hrsg. David K. Lewis, Bd. II, 172–213. Oxford: Oxford University Press.

Lück, Helmut E. 2006. Die Heider-Simmel-Studie (1944) in neueren Replikationen. *Gruppendynamik und Organisationsberatung* 37:185–196.

Machamer, Peter K., Lindley Darden, und Carl F. Craver. 2000. Thinking about Mechanisms. *Philosophy of Science* 67:1–25.

Malle, Bertram, und William Ickes. 2000. Fritz Heider: Philosopher and Psychologist. In *Portraits of Pioneers in Psychology. Volume 4*, Hrsg. G. A. Kimble und Max Wertheimer, 195–214. Washington D.C.: APA.

McTaggart, J. Ellis. 1908. The Unreality of Time. *Mind* 17:457–474.

Menzies, Peter. 2009. Platitudes and Counterexamples. In *The Oxford Handbook of Causation*, Hrsg. Helen Beebee, Christopher Hitchcock, und Peter Menzies, 341–367. New York: Oxford Univ. Press.

Ministerium für Kultus, Jugend und Sport Baden-Württemberg. 2016. *Philosophie Wahlfach in der Oberstufe. Bildungsplan 2016.* Bildungsplanheft Nr. 46 3/2016; Reihe G.

Neyman, Jerzy. 1925. On the Application of Probability Theory to Agricultural Experiments. Essay on Principles. Section 9. Übersetzung des polnischen Originals durch Dorota M. Dabrowska und Terence P. Speed. Erschienen in der Klassiker-Ausgabe 1990. *Statistical Science* 5:465–472.

Nolan, Deborah, und Terry Speed. 2000. *Stat Labs: Mathematical Statistics Through Applications.* New York: Springer.

Norton, John. 2007. Causation as Folk Science. In *Physics, and the Constitution of Reality. Russell's Republic Revisited,* Hrsg. Richard Corry und Huw Price, 11–44. Oxford: Oxford University Press.

Paul, L. A., und Ned Hall. 2013. *Causation. A User's Guide.* Oxford: Oxford University Press.

Platon. 1970. *Theaetetus. In: Werke in acht Bänden. Band 6. Hg. von Gunther Eigler. gr./dt., Übersetzung: Friedrich Schleiermacher (revidiert).* Darmstadt: Wissenschaftliche Buchgesellschaft.

Pörschke, Tim. 2020. Emotionen, Korrelation, Kausalität und Prognosen. Oder: Gibt es sichere Voraussagen? *Praxis Philosophie & Ethik* 5:48–50.

Poseidipp. 2015. Der Alte Poseidipp. Übersetzt von Urs Müller. In *Der Neue Poseidipp. Text – Übersetzung – Kommentar,* Hrsg. Bernd Seidensticker und Urs Müller, 396–410. Darmstadt: WBG.

Price, Huw. 2012. Does Time-Symmetry Imply Retrocausality? How the Quantum World Says "Maybe"? *Studies in History and Philosophy of Science Part B: Studies in History and Philosophy of Modern Physics* 43:75–83.

Renn, Ortwin, und Florian Keil. 2008. Systemische Risiken: Versuch einer Charakterisierung. *GAIA – Ecological Perspectives for Science and Society* 17: 349–354.

Richter, Paul. 1893. *David Hume's Kausalitätstheorie und ihre Bedeutung für die Begründung der Theorie der Induktion.* Halle a. S.: Niemeyer.

Rolf, Bernd. 2000. „Herr Hume, was ist eigentlich Kausalität?". Ein Interview mit dem schottischen Philosophen. *Zeitschrift für Didaktik der Philosophie und Ethik* 3:199–201.

Rolf, Bernd, und Jörg Peters. 2015. *philo. Qualifikationsphase.* Bamberg: C.C.Buchner.

Rubin, Donald B. 1974. Estimating Causal Effects of Treatments in Randomized and Nonrandomized Studies. *Journal of Educational Psychology* 66:688–701.

Russell, Bertrand. 1912a. On the Notion of Cause. *Proceedings of the Aristotelian Society* 13:1–26.

Russell, Bertrand. 1912b. *The Problems of Philosophy.* London: Thornton Butterworth.

Shardlow, Jack, et al. 2021. Exploring People's Beliefs about the Experience of Time. *Synthese* 198:10709–10731.

Strawson, Peter F. 1994. Verursachung und Erklärung (engl. 1992). In *Analyse und Metaphysik. Eine Einführung in die Philosophie. Übersetzt von Charlotte Hochkeppel,* Hrsg. Peter F Strawson, 146–176. München: Dt. Taschenbuch-Verl.

Thompson, R. Paul. 2011. Causality, Theories and Medicine. In *Causality in the Sciences,* Hrsg. Phyllis McKay Illari, Federica Russo, und Jon Williamson, 25–44. New York: Oxford University Press.

Woodward, James. 2003. *Making Things Happen.* Oxford: Oxford University Press.

Woodward, James. 2014. A Functional Account of Causation; or, A Defense of the Legitimacy of Causal Thinking by Reference to the Only Standard That Matters—Usefulness (as Opposed to Metaphysics or Agreement with Intuitive Judgment). *Philosophy of Science* 81:691–713.

Woodward, James. 2016. Causation in Science. In *The Oxford Handbook of Philosophy of Science,* 163–284. Oxford: Oxford University Press.

Teil IV
Wissenschaftsphilosophie: Aktuelle Kontroversen

„Das ist nicht unsere Welt!" Kritik an der globalen Dominanz eurozentrischer Wissenschaft und die Bedeutung indigenen Wissens

Bettina Bussmann

1 Kritik an der *westlichen* Wissenschaft: Worum geht es?

Wir können heute in wenigen Tagen um den ganzen Globus fliegen. Wo wir auch aussteigen, in den Städten der meisten Länder finden wir Autos, Krankenhäuser, Kaffeemaschinen und Bankautomaten. Das war vor 100 Jahren noch nicht so. Was war verantwortlich für diese rasante globale Entwicklung? Die meisten würden mit Recht behaupten, dass dies durch die großen Erkenntnisse und technischen Erfolge der Wissenschaften ermöglicht wurde, die ihren wesentlichen Ursprung im Europa des 17. Jahrhunderts hatte und die sich über den gesamten Erdball ausgebreitet haben. Diese Erfolge lassen sich nicht nur durch die Existenz von Bankautomaten und Krankenhäusern belegen, sondern auch durch die Ausbreitung der Institutionen, die diese Gegenstände hervorgebracht haben – den Universitäten. Schauen wir uns stichpunkthaft drei Universitäten an: Brasilia in Brasilien (https://international.unb.br/), Jakarta in Indonesien (https://www.unj.ac.id/en/) und Alberta in Kanada (https://www.ualberta.ca/index.html). Alle drei Universitäten unterscheiden sich in ihrem Auftritt und Angebot auf den ersten Blick nur unwesentlich von den Universitäten anderer Länder. In Brasilia wird damit geworben, „global knowledge in an interconnected world" zu fördern, die Uni von Jakarta bezeichnet sich als „one of the world's leading teaching and research institutions" und die Universität Alberta gehört laut Website zu den 150 besten weltweit. Man kann also annehmen, dass eine wissenschaftliche Ausbildung für jede*n Studierende*n an jedem Standort der Welt möglich ist – was für ein Erfolg!

B. Bussmann (✉)
Fachbereich Philosophie, Universität Salzburg, Salzburg, Österreich
E-Mail: bettina.bussmann@plus.ac.at

Ob es sich hier tatsächlich um eine Entwicklung handelt, die in dieser Form weitergeführt werden sollte, wird seit geraumer Zeit von einigen Wissenschaftler*innen aus einer Vielzahl an Disziplinen bezweifelt. Ihre Stimmen sind zwar noch nicht sehr laut, aber sie werden zunehmend lauter. Nehmen wir stellvertretend die vier oben erwähnten Universitäten, so zeigt sich, dass sie allesamt noch nicht sehr alt sind, Alberta wurde 1908, Brasilia 1962, Jakarta 1964 und Nairobi 1970 gegründet. Sie wurden nicht von den Einheimischen gegründet, sondern von Personen, die als Erben der Kolonialherren auftraten: In Jakarta waren das holländische Kolonisten, in Brasilia portugiesische, in Nairobi britische und in Alberta waren es französische und britische. Ganze Kontinente gelangten unter den Einfluss der europäischen Kultur – die USA, Neuseeland, Australien, Südamerika und Afrika. Im Gepäck der europäischen Einwanderer waren in der Regel die Traditionen, Konventionen, Religionen und Normen der einzelnen europäischen Länder, ihre *Wissenskulturen*. In Abschn. 9.6 hat Chimamanda Ngozi Adichie erzählt, dass sie in ihrem Heimatland Nigeria in der Schule nicht mit der Literatur ihres Landes aufwuchs, sondern mit der Literatur Europas. Aber Literaturkanones kann man ändern und auch in unserm Land ändert sich die Literatur, die Schüler*innen bis zu ihrem Schulabschluss gelesen haben sollten, ständig. Die kritischen Stimmen, die momentan laut werden, greifen noch tiefer. Der Vorwurf lautet, dass die europäischen Eroberer auch ihre Wissenschaft mitbrachten und mit ihr das tradierte Wissen der indigenen Bevölkerungsgruppen ausgelöscht oder verdrängt hätten. Sie haben dadurch nicht nur großes Unrecht begangen, sondern auch wertvolles Wissen zum Verschwinden gebracht und in der Folge den gesamten Globus mit ihrer Kultur überzogen. Da die westliche Kultur obendrein durch und durch kapitalistisch sei, sind in der Verbindung dieser Wirtschaftsform mit den Wissenschaften Produkte entstanden, die die Welt zerstört haben: Plastikmüll, CO_2- Ausstoß und Ernährungsschäden gehen laut Kritiker*innen letztlich alle auf das Konto des Westens und seiner willigen Dienstmagd: der Wissenschaft. Nicht nur indigene Völker, auch viele andere Menschen rufen deshalb: „Das ist nicht unsere Welt!" – und wollen Veränderungen sehen, um diese Spirale der Ungerechtigkeit und der Zerstörung aufzuhalten.

Indigene verstehen sich als Bewohner*innen eines bestimmten räumlichen Gebietes, in dem sie bereits vor der Eroberung, Kolonisierung oder Staatsgründung durch Fremde gelebt haben. Sie haben eine emotionale, wirtschaftliche und/oder spirituelle Bindung zu ihrem Lebensraum und eine ausgeprägte ethnischkulturelle Identität als Gemeinschaft (humanrights.ch). In Anlehnung an Martinez-Cobo (1986) sind indigene Personen also die ersten Bewohner eines Territoriums, die ihre besonderen Traditionen leben und in der Vergangenheit oder Gegenwart durch eine fremde Herrschaftsmacht diskriminiert und unterdrückt wurden. Wenn von „indigenem Wissen" gesprochen wird, soll damit das Wissen bezeichnet werden, das durch westliche Kolonisierung *marginalisiert*, d. h. an den Rand gedrängt, das als *unwichtig* betrachtet oder *ausgelöscht* wurde (Grosfoguel 2013). Viele Personen, in akademischen wie nicht-akademischen Kreisen, fordern, diese *epistemische* Herrschaft zu bekämpfen. Stellvertretend für eine ganze Reihe von Denker*innen, die die eurozentrische Wissenschaft kritisieren, schreiben Semali und Kincheloe, sie wollen die „normale Wissenschaft" herausfordern, indem sie indigenes Wissen als Gegenmittel stark machen, um die Zerstörungskraft westlicher Wissenschaft aufzuhalten. Indigene Völker würden die Beziehungen zwischen Menschen und ihrem Ökosystem ins Zentrum stellen, eine Grundlage, die die westliche Wissenschaft in den letzten vier Jahrhunderten konsequent ausgeblendet habe (Semali und Kincheloe 1999, 16). In ihrer umfassendsten Form wird *epistemische* Freiheit gefordert. Damit ist das Recht der indigenen Völker gemeint, die Welt ohne die Einmischung eurozentrischer Kultur und Wissenschaft zu denken und zu interpretieren. Indigene Kulturen sollen die Möglichkeit erhalten, eigene wissenschaftliche Methoden zu entwickeln, die von den Orten kommen und die sich auf die Orte beziehen, an denen die Kulturen leben (Ndlovu-Gatsheni 2018).

Auch wenn viele Völker mittlerweile also am Fortschritt der westlichen Wissenschaften partizipieren – insbesondere durch den medizinischen und den technischen Fortschritt –, und auch selber Wissenschaft im westlichen Stil betreiben, werden aus dem Vorwurf kolonialer Schuld eine Reihe von Forderungen abgeleitet, die es zu prüfen gilt. Ein Weg, um die kolonialen Ungerechtigkeiten wieder gut zu machen, ist es, die Universitäten zu „indigenisieren" (Widdowsen 2021). Damit sind Angebote gemeint, das bestehende Curriculum um „indigene Programme" zu erweitern. Dazu werden momentan besonders Universitäten der Länder aufgefordert, in denen viele Indigene leben, so z. B. auch die oben erwähnte Universität von Alberta. Was bedeutet diese Indigenisierung für die klassische wissenschaftliche Ausbildung? Gibt es so etwas wie *indigene Wissenschaften* als Konkurrenzmodell zu dem, was als westliche, *eurozentristische* Wissenschaft bezeichnet wird? Über diese Frage ist ein Grundsatzstreit entbrannt. An diesem Grundsatzstreit wollen sich allerdings nicht besonders viele Philosoph*innen beteiligen und das liegt vor allem an zwei Besonderheiten:

1. Darf eine europäische akademische Philosophin überhaupt über dieses Thema sprechen? Immerhin kann sie niemals die Erfahrung indigener Menschen teilen und zieht alle Kenntnis darüber aus Büchern und wissenschaftlichen Aufsätzen. Ja, sie darf und sie sollte es auch. Ich teile die momentan vorzufindende Überzeugung *nicht*, dass über ein so wichtiges und kontroverses Thema wie das vorliegende nur Personen sprechen können und dürfen, die selbst Indigene sind. Eine solche Auffassung wäre eine philosophische und wissenschaftliche Bankrotterklärung. Philosophische Arbeit wird gerade in besonders schwierigen und komplexen Fragen relevant, damit eine korrekte und geteilte Grundlage gefunden werden kann, um miteinander in einen konstruktiven Austausch zu treten. Dieser Austausch geschieht auf der Grundlage unvollständigen Wissens, dass durch den konstruktiven Austausch verbessert werden soll. Das hier vorliegenden Thema – die westliche Wissenschaft – ist ein Gegenstandsbereich, der allen Menschen mehr oder weniger bekannt ist. Sie betrifft alle Kulturkreise und alle sind dazu aufgerufen, sich über ihre Methoden, ihre Praktiken und Gefahren Gedanken zu machen. Dass jeder Mensch aus unterschiedlichen Erfahrungs- und Kulturräumen kommt und aus diesen seine Deutungsschemata entnimmt, ist selbstverständlich.

Diese zu hinter- und befragen, ist gerade das Ziel philosophischer Analyse. Wenn es das Ziel ist, Vorwürfe und Argumente anderer Kulturen zu verstehen, dann handelt es sich um kulturelle Wertschätzung (*cultural appreciation*) und nicht um kulturelle Aneignung (*cultural appropriation*). Nur noch über Themen sprechen und urteilen zu dürfen, die aus dem persönlichen Lebensumfeld und den persönlichen Lebenserfahrungen stammen, führt zu einer unhaltbaren Situation für die Bildung und für globale Verständigungsprozesse.

2. Das Problemfeld ist *transdisziplinär* Transdisziplinäre Forschung geht von lebensweltlichen Problemstellungen aus, bei denen aufgrund der Komplexität (und oft auch Neuartigkeit) des Themas eine Reihe unterschiedlicher Fragestellungen auftauchen, die wir normalerweise unterschiedlichen Disziplinen zuordnen würden. Sie rücken hier gleichsam alle auf einmal in den Fokus, so dass man den Wald vor lauter Bäumen nicht mehr zu sehen scheint. Ebenso ist eine Vielzahl an Personengruppen von dem Problemfeld betroffen, so dass zunächst nicht klar ist, welche Personengruppen welche Probleme haben und welche wissenschaftlichen Disziplinen Antworten und Lösungsvorschläge erarbeiten können (vgl. z. B. Rezaei 2022; Hirsch Hadorn et al. 2008). Deshalb ist eine der wichtigsten Aufgaben transdisziplinärer Arbeit, relevante philosophische Fragestellungen zu identifizieren, um den Gegenstandsbereich einzugrenzen. Hier sind zwei der wichtigsten Fragenbereiche und zunächst nur die wesentlichen philosophischen Disziplinen, die für die Beantwortung der vorliegenden Fragen hinzugezogen werden können:

- Handelt es sich beim Siegeszug der westlichen Wissenschaft um „kulturellen Chauvinismus" bzw. „zivilisatorische Arroganz", der nur mit der Forderung nach epistemischer Freiheit begegnet werden kann? Kann es, wie Sousa de Santos und Meneses behaupten „keine soziale Gerechtigkeit ohne kognitive Gerechtigkeit [geben]?" (Sousa Santos und Meneses 2020, xv). Was kann man unter „kognitiver Gerechtigkeit" überhaupt verstehen? Schließt eine Wiedergutmachung historischen Unrechts auch die Freiheit ein, nach westlichen Maßstäben unwissenschaftlich zu arbeiten? Und schließt kognitive Gerechtigkeit nicht auch die Freiheit mit ein, dass auch westliche Wissenschaftler*innen über indigene Themen sprechen dürfen? (*Verzahnung Praktische Philosophie [Gerechtigkeit], Erkenntnistheorie, Wissenschaftsethik, Wissenschaftstheorie*).
- Sollten oder müssen die Curricula unserer Bildungssysteme das Wissen indigener Völker aufnehmen? Um welches Wissen handelt es sich dabei überhaupt? Wenn ja, aus welchen Gründen geschieht die Aufnahme? Aus Wiedergutmachungsgründen? Oder weil die westlichen Wissenschaften dieses Wissen für Ihre Erkenntnisgewinnung benötigen? (*Verzahnung Wissenschaftspolitik, Politische Philosophie, Ethik, Erkenntnistheorie, Wissenschaftstheorie*)

Ziel dieses Kapitels ist es, unterschiedliche Vorwürfe, Thesen und Forderungen einzelner Autor*innen und Gesprächspartner*innen zu identifizieren. Genau hier greift das transdisziplinäre Unterfangen, denn viele der Autor*innen, die sich mit der Thematik beschäftigen, kommen aus den Sozialwissenschaften, den Postcolonial Studies, der Ethnologie und vielen anderen Disziplinen, deren Denkansätze und Hintergrundannahmen ganz verschieden sind und die man natürlich nicht alle kennen kann. Sich mit diesem Thema zu befassen verlangt, sich fremden Wissenskulturen zu öffnen und mit ihnen in einen Dialog zu treten. Ziel einer wissenschaftsphilosophischen Auseinandersetzung mit diesem Thema ist aber nicht nur die Sensibilisierung für dieses eher neue Thema. Es gilt, mit philosophischen Unterscheidungen und Argumenten Fehlschlüsse und Missverständnisse zu vermeiden. Auch wenn das Problem um indigene Wissenszugänge hierzulande (noch) nicht in dem Ausmaß diskutiert wird, wie z. B. in Kanada, den USA oder Afrika, in denen die ehemaligen europäischen Kolonialerben mit ihren unterworfenen Ureinwohnern zusammenleben, so handelt es sich sicherlich nicht um ein „Minderheitenproblem". Es handelt sich vielmehr um eine ganze Reihe philosophischer Grundsatzprobleme, deren philosophische Wurzel den Universalitätsanspruch der westlichen Wissenschaft betrifft. Damit dieser wissenschaftsphilosophische Aspekt deutlicher wird, soll eine weitere Fokussierung in Form einer Leitfrage ins Zentrum gestellt werden:

> **Sind die Erkenntnismethoden der westlichen Wissenschaft universal, weil sie die erfolgreichsten Erkenntnismethoden anbieten, die wir haben?**
> Wenn ja, ist damit ihre epistemische Hegemonie gerechtfertigt? Sollte sie weiterhin weltweit verbreitet und die nachfolgenden Generationen nach ihren Standards ausgebildet werden? Wenn nein, sollten dann andere Welterschließungsmethoden, d. h. andere Wissenssysteme, als die der westlichen Wissenschaft, ebenso gelehrt und unsere Bildungsinhalte überdacht werden?

Diese Leitfrage bewegt sich an der Schnittstelle zwischen Wissenschaftstheorie, Ethik und Politik und eignet sich deshalb besonders zur Schulung *wissenschaftsreflexiver Kompetenzen*. Grundlage für die Beschäftigung mit dieser Frage ist ein Verständnis von Wissenschaftsphilosophie wie es in der Einführung (s. Kap. 11) dargelegt wurde. Dieser Hinweis ist wichtig, denn bestimmte Forschungsfelder in den Sozial- und Geisteswissenschaften (z. B. de- und postkoloniale Ansätze) verwenden häufig entweder einen anderen Wissenschaftsbegriff oder sie wollen die in diesem Buch verwendete Auffassung von Wissenschaftsphilosophie gerade kritisieren und auf einen blinden Fleck aufmerksam machen. Der blinde Fleck ist für sie dieser: Die moderne westliche Wissenschaft leidet an einem Geburtsfehler. Er zeigt sich darin, dass sie eine Form von Rationalität etabliert und kolonial verbreitet hat, die sich in Abgrenzung zu einer vermeintlich irrationalen und unzivilisierten Welt definiert. Die höchste Form der Zivilisation komme aus Europa, der Rest der Welt müsse folgen. Historisch betrachtet ist ihr Fundament damit rassistisch (Philipps 2024). Im Folgenden soll dieser Vorwurf näher unter-

sucht werden. Gibt es Zusammenhänge zwischen dieser historischen Ungerechtigkeit und den Wahrheitsansprüchen wissenschaftlicher Erkenntnis, die universal
sein, d. h. für alle Menschen gelten sollten? Oder wird hier das Kind mit dem
Bade ausgeschüttet, weil diese historische Ungerechtigkeit zwar besteht, diese
aber vollkommen unabhängig von den Wahrheitsansprüchen der westlichen
Erkenntnismethoden verhandelt werden müssen? Ziel ist, ein wenig Klarheit in
diese Debatte zu bringen, indem häufig genannte Kritikpunkte dargestellt und
wichtige wissenschaftsphilosophische Unterscheidungen eingeführt werden, um
dann diskutieren zu können, welche Kritik berechtigt ist und welche nicht. Da
das Thema komplex ist, soll der Fokus darauf gelegt werden, grundlegende Sichtweisen und Probleme erst einmal zu erarbeiten und Fragen zu generieren, die
zum Philosophieren anregen. Es soll – mit Ausnahme des 3. Abschnitts – keine
dezidiert philosophische Position vertreten werden.

Der Beitrag besteht neben dieser Einleitung aus drei weiteren Kapiteln mit
drei anschließenden Aufgabenblöcken, die das komplexe Themenfeld ordnen,
Problemstellungen identifizieren sowie Implikationen diskutieren und reflektieren.
Im zweiten und dritten Kapitel werden einige Kritikpunkte an einer euro-
zentristischen Wissenschaft formuliert, um zu verstehen, aus welchen Gründen
die westliche Wissenschaft kritisiert wird. Dazu werden Argumente vorgestellt,
die für und die gegen eine Aufnahme indigenen Wissens in universitäre Bildungs-
programme sprechen. Im Schussteil wird ein philosophisches Modell präsentiert,
das helfen soll, zentrale Unterscheidungen in dieser Debatte zu beachten, um Fehlschlüsse zu vermeiden.[1]

Lernziele
Nach den drei Aufgabenblöcken können Studierende/Schüler*innen vor allem

1. ihr Vorwissen und ihre Ideen zu indigenem Wissen recherchieren und darlegen
   und erste Auffassungen und Hypothesen formulieren,
2. zentrale Kritikpunkte an der eurozentrischen Wissenschaft verstehen und
   anhand von Materialien kritisch reflektieren,
3. die wissenschaftsphilosophischen Erwiderungen an dieser Kritik nachvollziehen und kritisch prüfen,
4. Argumentationen beider Seiten anhand von (Fall-)Beispielen rekonstruieren
   und beurteilen,
5. die Komplexität transdisziplinärer Problemstellungen erkennen und
6. zwischen Wahrheitsfragen (erkenntnistheoretische und methodologische
   Dimension) und Machtfragen (ethische und politische Dimension) in
   deskriptiver und normativer Hinsicht unterscheiden.

---

[1] Alle englischsprachigen Quellen wurden von mir übersetzt.

Abb. 1 Cover ZeitWissen Nr. 5/2021

Aufgabenblock 1: Einstieg in die Thematik

Aufgabe 1) Das Cover (Abb. 1) ist eine Collage. Beschreiben Sie, welche Elemente Sie erkennen können, und notieren Sie alle Gedanken, die bei der Betrachtung entstehen.

Aufgabe 2) Welche Vorstellungen haben Sie von den Lebensweisen indigener Völker? Auf welche Weise – vermuten Sie – entsteht Wissen und wird Wissen weitergegeben im Unterschied zur westlichen Form? Nehmen Sie den untenstehende Text „Tod eines Freundes" des Chefredakteurs des ZeitWissen-Magazins hinzu und formulieren Sie philosophische, psychologische und/oder politische Fragestellungen.

Tod eines Freundes

Er war stark und schön, weise und gerecht. Seine Einstellung zu den Menschen, den Pflanzen, den Tieren, sogar zum Boden und zum Schnee war voller Respekt. Wer diesen Mann zum Freund hatte, fühlte sich sicher und aufgehoben in dieser Welt. Als der Mann starb, pfefferte ich das Buch, in dem er gestorben war, in die hinterste Ecke meines Kinderzimmers. Beinahe hätte ich geweint. Die Rede ist von Winnetou, dem Häuptling der Apachen. Er wurde in der Fantasie des Schriftstellers Karl May geboren, durchstreifte die Prärie Nordamerikas und wurde von einem weißen Schurken erschossen. Mit mir durchstreifte Winnetou das Gebiet meiner Kindheit, den Wald, das Ufer des reißenden Flusses. Meine Freunde und ich bauten ein Tomahawk aus einem Weidenstock und einem flachen Stein – wie er es getan hatte. Heute wird zu Recht diskutiert, ob es schadet, wenn fiktionale Bilder wie das von Winnetou ständig wiederholt werden und unsere Vorstellung von den indigenen Völkern Amerikas prägen. Falsche Vorstellungen. Nicht nur die, dass Winnetou niemals weint. Später lass ich andere Texte: wie die Einwanderer aus Europa Menschen wie den Apachen alles geraubt haben – das Land, die Lebensgrundlagen, sogar die Kinder. Heute berauben wir uns selbst all dessen. Und längst ist aus einer dumpfen Ahnung Gewissheit geworden: Wir müssen umdenken, uns selbst wieder neu finden. Kann das Wissen indigener Völker dabei helfen? Die Rückbesinnung auf Erkenntnisse alter Kulturen und vergangener Epochen? (Lebert 2021)

Aufgabe 3) Recherchieren Sie, welche Merkmale wissenschaftliches Wissen auszeichnet (s. Kap. 12). Bilden Sie Tandems oder Gruppen und überlegen Sie, was mit „altem Wissen" gemeint sein könnte. Worin könnte es sich vom westlichen, wissenschaftlichen Wissen unterscheiden?

Aufgabe 4) Der flämische Philosoph Justus Lipsius (1583) erklärt in seinem Werk *De Constantia* (1998, 71), dass man gegenüber seiner Heimat keine Ehrfurcht haben kann und sagt: „[Ich] weiß, daß die Ehrfurcht eine vortreffliche Tugend ist und in nichts anderem besteht als in der rechtmäßigen und geschuldeten Ehre und Liebe zu Gott und zu den Eltern". Stimmen Sie dieser Auffassung zu oder glauben Sie, dass man vor „altem Wissen", vor Geisteskraft, Erfindertum und Intelligenz Ehrfurcht haben kann?

Aufgabe 5) Überlegen und diskutieren Sie, inwiefern uns das Wissen indigener Kulturen persönlich und gesellschaftlich weiterbringen könnte. Geben Sie einige Beispiele. Mögliche Themen sind „Umgang mit der Natur", „Medizin" oder „Weltanschauung".

2   Kritik an der westlichen Wissenschaft: die Vorwürfe

Die Kritik an der westlichen Wissenschaft kommt aus vielen Ecken. In unserem Kulturkreis zeigt sie sich in den letzten Jahren besonders dominant in Form verschiedener Spielarten, die bis zur *Leugnung* ihrer Erkenntnisse und Erkenntnismethoden reichen (vgl. Christian und Gawel 2024). Um diese Form der Wissenschaftskritik geht es in diesem Kapitel *nicht*. Hier soll es darum gehen aufzuzeigen, welche Gründe es geben kann, die Vorherrschaft der westlichen Wissenschaft in ehemals kolonisierten Ländern abzulehnen und welche Gründe es gibt, indigenes Wissen stärker zu berücksichtigen. Dafür muss man zunächst den historischen Kontext umreißen.

Die historische Erzählung lautet in etwa so: Zur Zeit der europäischen Aufklärung (ab ca. 1700) entstand ein Modell von Wissenschaft, das sich auf die *Vernunft* bzw. die *wissenschaftliche Rationalität* stützt. Sie war, wie man heute weiß, maßgeblich verantwortlich für die wissenschaftlichen Revolutionen und die daraus erwachsenen technischen Fortschritte. Im 17. und 18. Jahrhundert wurde in den Gebieten der Physik, Chemie, Physiologie usw. ein Prozess in Gang gesetzt, der die Gesetzmäßigkeiten der Natur in rasanter Geschwindigkeit immer besser verstand und prognostizieren konnte. Im Zuge des Kolonialismus wurde diese Form der wissenschaftlichen Rationalität zur „politischen und kulturellen Herrschaft, die die Diversität anderer Wissenssysteme, anderer Lebensvorstellungen und anderer Lebenspraktiken zugunsten einer eurozentrischen Perspektive eingeschränkt hat" (Higgins 2021, vii). Die Kolonialherren trafen auf indigene Bevölkerungsgruppen, deren Lebensweisen und Erkenntnismethoden nicht mit den Standards wissenschaftlicher Rationalität vereinbar waren. Sie wurden als unzivilisiert, primitiv und in jedem Fall rückständig betrachtet. Durch die Kolonialisierung wurde die indigene Bevölkerung unterjocht, ihre Geschichte und ihr traditionell überliefertes Wissen vielfach ausgelöscht und durch europäische Denkmodelle und -kategorien ersetzt. Dies garantierte eine „eurozentrische geopolitische Darstellung" über die neuen Gebiete und ihre Einwohner*innen (Chakrabarty 2000, 3 ff.). Statt einer Vielzahl an Wissenssystemen gab es nurmehr ein dominantes, nämlich westliches, d. h. eurozentrisches Wissenssystem. Es wird als *universal* proklamiert, da der Anspruch besteht, dass die Art und Weise, wie Wissen erworben wird (Methodologie), unabhängig von den Personen und Orten ist, an denen Wissenschaft betrieben wird. Dieser universalistische Anspruch wird nun in Frage gestellt.

Walter Mingolo und Catherine Walsh formulieren die häufig geteilte Überzeugung, dass universelle Ansprüche auf Totalität abzielten und wer auf Totalität abziele, werde schnell *totalitär*, indem andere „Kosmologien" geleugnet und abgelehnt werden (Mingnolo und Walsh 2018, 167). Mit „Kosmologien" und „Wissenssystemen" sind andere Weltanschauungen gemeint, die gerade *nicht* die philosophischen Grundannahmen der europäischen Aufklärung teilen. Sie stellen *nicht* die wissenschaftliche Rationalität ins Zentrum. Ihre metaphysischen Grundlagen sind sehr oft nicht naturalistisch, sondern religiös oder spirituell. Und sie gehen nicht von einer Trennung des erkennenden Subjekts vom Gegenstand der Erkenntnis aus (häufig zurückgeführt auf René Descartes), sondern sie vertreten eine *relationale* Auffassung von Existenz, in der der Mensch nicht getrennt von seiner Umwelt gedacht werden kann. Im Zentrum steht nicht die Autonomie des Individuums und seiner Fähigkeiten, sondern das Individuum, das *immer* in seine Gemeinschaft und Umwelt eingebettet ist. Dipesh Chakrabarty betont, dass die europäische Philosophie bzw. ihre Wissenschaften insbesondere seit der Industrialisierung einen Dualismus hervorgebracht hätte, der das Denken und Forschen über Menschen vom Denken und Forschen der Natur getrennt habe, was in der Folge maßgeblich zum Klimawandel beigetragen habe (Chakrabarty 2009).

Wenn indigene Menschen in ihrer natürlichen Umwelt leben, dann hat das Leben in dieser Umwelt eine Bedeutung für sie, die westliche, europäische Menschen nur sehr schwer nachvollziehen können. Natürlich leben viele Indigene heutzutage ebenso westlich wie wir, die oben genannten Universitäten sind dafür ein lebhaftes Beispiel. Selbstverständlich hat jede Umwelt eine je andere Bedeutung für Personen aus den verschiedenen Kulturkreisen. Das Problem stellt sich den Kritiker*innen aber gerade darin, dass die Vielzahl dieser Umwelten ausgeblendet wird zugunsten einer *Dominanz* westlicher Wissenschaft. Unser Denken würde so von der Wissenschaft geprägt sein, dass unser Leben in und mit Natur und Gemeinschaft nurmehr rational und berechnend (im Sinne von messbar) erlebt und bestimmt werden würde. Diese Kritik ist auch in der westlichen Philosophie oft geübt worden und nicht erst durch die Postolonial Studies bekannt geworden (vgl. z. B. Böhme 1985). Diese westliche wissenschaftliche Dominanz wird als Gefahr gesehen, weil es erkenntnistheoretische *Einseitigkeit* bedeutet. „Die Erkenntnislehren des Südens", so de Sousa Santos und Menses, „beginnen mit der Prämisse, dass weder die moderne Wissenschaft noch irgendeine andere Wissensform fähig ist, die unerschöpfliche Erfahrung und Vielfalt der Welt einzufangen. Jedes Wissen ist unvollständig: Je umfangreicher das Wissen über die Vielfalt der Wissensformen, umso klarer ist das Bewusstsein darüber, dass ihre Natur konstruiert ist. Ein besseres Verständnis der Vielfalt der Wissensformen, die in der Welt in Umlauf sind, verhilft zu einem besseren Verständnis ihrer Grenzen und dem Nichtwissen, das damit einhergeht" (de Sousa Santos und Meneses 2020, xix). Dies würde implizieren, dass wir Abstand nehmen müssten von „Eine-Welt-Konzepten", wie z. B. Globalisierung oder Global Studies, damit wir Konzepte – und das heißt auch: Vorstellungen von Wissenschaft – entwickeln können, die ein Pluriversum zugrunde legen (Escobar 2021, 49). Mit der Forderung eines erkenntnistheoretischen Pluriversums ist eine Aufwertung von *lokalem* Wissen gemeint, d. h. von *Erfahrungswissen* aus den jeweiligen Kulturkreisen.

Mit der Aufwertung von lokalem Wissen ist auch die Hoffnung verbunden, dass dadurch die Zerstörungskraft der westlichen Wissenschaft durch die Etablierung eines anderen Verhältnisses zur Natur aufgehalten werden kann. „Einige indigene Lehrer*innen und Philosoph*innen drücken es prägnant aus: Wir wollen indigenes Wissen nutzen, um der Zerstörung der Erde durch die westliche Wissenschaft etwas entgegenzusetzen" (Semali und Kincheloe 1999, 16). Dies könne dadurch erreicht werden, dass der Fokus auf die Beziehungen zwischen Mensch und Öko-system gelegt werde, etwas, dass der Westen zugunsten kapitalistischer Werte wie „Effizienz" und „internationale Wettbewerbsfähigkeit" in seinen Bildungs- und Ausbildungskonzepten zu wenig beachte. Moderne Wissenschaft und indigenes Wissen müsse eine Symbiose eingehen, um den globalen Herausforderungen begegnen zu können. Wie eine solche Symbiose allerdings auszusehen hat, wird kontrovers und noch viel zu wenig diskutiert. Denn es stellt sich die Frage: Welche Wissensbestände sind es, die möglicherweise a) ein anderes Mensch/Naturver-hältnis begünstigen und die b) für die Lösung unserer globalen Probleme notwendig sind? Der Geograph und Klimaforscher Jan Petzold beschäftigt sich mit der letzten Frage und betont die Wichtigkeit tradierten indigenen Wissens – zum

Beispiel das Wissen um spezielle Anbaumethoden, Pflanzen oder Bauweisen – für die Anpassung an den Klimawandel. Dieses Wissen sei mittlerweile auch vom IPCC (International Panel on Climate Change) anerkannt, finde aber aufgrund ihrer mündlichen Überlieferung keinen Eingang in die Peer-Review-Verfahren des IPCC. Dies scheint sich momentan zu ändern. So berücksichtigt der Internationale Bericht über die globale Bewertung der biologischen Vielfalt und der Ökosysteme (IPBES) nicht nur die konventionellen Wissenschaften, sondern auch Beiträge indigener Völker und traditioneller Gemeinschaften (Petzold 2021). Das Erfahrungswissen nicht nur indigener Bevölkerungsgruppen, sondern jeglicher Personen, die an ihrem Lebensort wichtige Erkenntnisse über ihre Umwelt gewonnen haben, ist eine zentrale Grundlage jeglicher Wissenschaft. Diese sind als Daten für erfolgreiche Modellbildung und Vorhersagen notwendig. Wir sehen in der Rekonstruktion dieser Debatte, dass zwei Fragen streng auseinandergehalten werden müssen: zum einen die Frage nach der Bedeutung von *Erfahrungswissen* und zum anderen die Frage nach den *Methoden*, mit denen dieses Wissen generiert und weiterentwickelt wird und ihren zugrundeliegenden *metaphysischen Annahmen*.

In Abschn. 14, 4.1 haben wir gelernt, dass bäuerliche Kreise schon aus Erfahrung wussten, dass die Ansteckung mit Kuhpocken vor der Ansteckung mit Menschenpocken schützt, bevor der medizinisch-wissenschaftliche Beweis und vor allem - die Erklärung, warum das so ist - gegeben wurde (siehe Abschn. 14, 4.1).

Fassen wir die wichtigsten philosophischen Thesen zusammen und formulieren für die Überleitung in den nächsten Abschnitt einige Grundlagenfragen, die der Kritik an den westlichen Wissenschaften zugrundeliegen:

1. Die Unterdrückung von Wissenssystemen indigener Völker (Global South) durch das westliche Herrschaftssystem (Global North) ist eine **historische Ungerechtigkeit**.
   Philosophische Frage: Was sind die richtigen Handlungen, um mit historischen Ungerechtigkeiten umzugehen?
2. Durch diese historische Ungerechtigkeit wurde die Vielfalt indigener Wissenssysteme marginalisiert oder ausgelöscht und das westliche Wissenschaftssystem konnte sich mit universalem Anspruch verbreiten. Universalität bedeutet **Einseitigkeit** und sei aus mehreren Gründen schlecht:
   2.1. Sie sei schlecht, weil das Aufzwingen einer nur westlichen Welterschließungsmethode eine **epistemische Ungerechtigkeit** ist.
        Philosophische Frage: Hat sich die westliche Wissenschaft nur mit Hilfe von Macht und Unterdrückung durchgesetzt oder weil sie erfolgreichsten Erkenntnismethoden liefert?
   2.2 Sie sei schlecht, weil Indigene das Recht haben, **epstemische Freiheit** zu fordern, um nach ihren eigenen Wissenssystemen zu leben.
        Philosophische Frage: Stehen westliche Wissenschaft und indigene Wissenssysteme als zwei unterschiedliche Systeme nebeneinander oder kann es nur *eine* Wissenschaft geben, die alle anderen Wissenssysteme aus guten Gründen entweder integriert oder verwirft?

2.3   Sie sei schlecht, weil die westliche Wissenschaft das Wissen indigener
      Völker benötigt, um die **globale Zerstörungskraft** aufzuhalten, die sie in
      Gang gesetzt hat (z. B. den Klimawandel).
      Philosophische Frage: Ist die Zerstörungskraft der westlichen Wissen-
      schaft auf ihre fehlgeleiteten Grundsätze, Normen und Werte zurück-
      zuführen oder auf die Tatsache, dass ihre Erkenntnisse von bestimmten
      Personengruppen falsch oder missbräuchlich angewendet werden?

Wir haben es also sowohl mit moralischen und politischen Fragen (epistemische
Ungerechtigkeit, epistemische Freiheit), als auch mit erkenntnistheoretischen
bzw. wissenschaftsphilosophischen (Universalismusanspruch) zu tun. Beides aus-
einanderzuhalten ist äußerst schwierig und bereits ein Ziel philosophischer Analyse. Bevor wir im nächsten Abschnitt insbesondere den universalen Anspruch der
Wissenschaften stark machen, soll der folgende Aufgabenblock 2 anhand unterschiedlicher Texte und Medien die eben vorgestellten Überzeugungen vertiefend
darstellen und kritisch diskutieren.

Aufgabenblock 2: Indigenes und westliches Wissen und Leben
Aufgabe 1a) Recherchieren Sie im Internet, was unter „indigenen Epistemologien"
oder „Wissenssystemen" verstanden wird. Notieren Sie sich die wichtigsten Punkte
und markieren Sie diejenigen, die sich besonders stark von der westlichen Weise,
Wissen zu erlangen, unterscheiden.
Aufgabe 1b) Fassen Sie den Inhalt des untenstehenden Textes so zusammen, dass
deutlich wird, welche Rolle die westliche Wissenschaft für den Genozid in Ruanda
spielte.

Kolonialismus als historischer Kontext
Die koloniale Erfahrung zeigt die Macht der Wissenschaft sehr deutlich. Die koloniale Anthropologie beispielsweise erforschte die Körper
der kolonisierten Völker, um sie in unterschiedliche „Rassen" einzuteilen,
in überlegene und unterlegene Kategorien entlang der rassistischen Ideologie der damaligen Zeit. Diese wissenschaftlichen Arbeiten und Theorien
hatten langzeitliche Folgen: die koloniale „Hamitentheorie" beispielsweise spielte eine wichtige Rolle für den Genozid der Hutu an den Tutsi in
Ruanda 1994. Sie erklärte die präkolonialen Zivilisationen und Errungen-
schaften staatlicher Entwicklung in Afrika, die den kolonialen Vorurteilen
eines ‚unzivilisierten' Afrikas widersprachen, mit äußeren Einflüssen durch
die sogenannten Hamiten, einer überlegenen Rasse, die in einer früheren
Zeit aus dem Norden eingewandert sei und Fortschritt mit sich gebracht
hätte. Diese vermeintlichen Hamitenvölker wurden nach Möglichkeit zu
Komplizen der Kolonialherren gemacht und gegen die anderen Bantu-
Volksgruppen ausgespielt. In Ruanda wurden die Tutsi, zunächst unter der
deutschen und später unter der belgischen Kolonialherrschaft, zum Hamiten-
volk erklärt, als „Europäer mit schwarzer Haut", wie es Vater François

Menard 1917 ausdrückte. Tutsi bekamen einen besseren Zugang zu Bildung und wurden auch im Rahmen der Missionen bevorzugt. In den staatlichen und kirchlichen Institutionen wurde betont, dass die Tutsi eine Herrscherrasse gegenüber den unterlegenen Hutu seien. Die von den Kolonialherren hervorgehobene These, dass die Tutsi von außen kamen, wurde seit der Unabhängigkeitsbewegung in Ruanda zu einem Politikum. Das „Bahutu-Manifest" von 1957 beschrieb eine doppelte Kolonisierung der Hutu, durch die weißen Kolonialherren wie durch die ausländischen Tutsi, und ab der Unabhängigkeit Ruandas 1962 propagierte die Regierung das Bild einer Hutu-Nation. Die Hutu identifizierten sich nun über den kolonial etablierten Rassenunterschied zu den Tutsi als indigene Mehrheit, die sich von der Dominanz einer fremden Rasse befreien musste. Der Genozid 1994 wuchs auf dem Nährboden dieser Rasseneinteilung, einem Konstrukt der kolonialen Wissenschaft. So gerne die Anthropologie als koloniale Wissenschaft hervorgehoben wird, so sehr ist zu betonen, dass der Rassismus der Wissenschaft im kolonialen Kontext transdisziplinär war, mit starken Verbindungen zwischen Biologie, Eugenik, und Philosophie, um nur einige wenige Disziplinen zu nennen, und mit ebenso wichtigen Verbindungen in die nichtwissenschaftliche Welt. […] Die Idee, dass sich die Menschen des Orients, Afrikas, Lateinamerikas und des globalen Südens nicht selbst repräsentieren können, mangels Bildung, mangels Wissens, mangels Technik, und mangels des westlichen Weitblicks über den eigenen Tellerrand hinaus, und dass sie daher der westlichen oder „internationalen" Expertise bedürfen, um sich zu zivilisieren und zu entwickeln, war und ist einer der Grundpfeiler westlicher Dominanz. (Philipps 2023 [im Erscheinen], o. S.)

Aufgabe 1c) Recherchieren Sie Beispiele für die These, dass der Rassismus der Wissenschaft im kolonialen Kontext „transdisziplinär war, mit starken Verbindungen zwischen Biologie, Eugenik, und Philosophie und ebenso wichtigen Verbindungen in die nichtwissenschaftliche Welt".

Aufgabe 1d) Diskutieren Sie, ob und wenn ja, welche Unterschiede bestehen zwischen dem Expert*innenproblem (s. Kap. 10) und den im Text beschriebenen Problemen.

Aufgabe 1e) Der Genozid von 1994 wuchs auf dem Nährboden der westlichen wissenschaftlichen (und seit Mitte des 20. Jh.s widerlegten) Rassentheorie. Sie sollen als Mitglied einer Ethikkommission beurteilen, welche Rückschlüsse sich aus dieser Tatsache für heutige Wissenschaftler*innen ableiten lassen. Entwickeln Sie in Gruppen einen 5-Punkte-Plan und diskutieren Sie Ihre Ergebnisse im Plenum.

Aufgabe 2a) Geben Sie wider, was Escobar unter einer „relationalen Ontologie" versteht. Nehmen Sie dabei Bezug auf den Vorwurf von Chakrabarty, die westliche Philosophie und Wissenschaft habe einen Dualismus zwischen Mensch und Natur befördert.

Abb. 2 Kinder. (© Jan Tomaschoff/toonpool.com)

Relationale Ontologie

Stellen Sie sich eine scheinbar einfache Szene an einem der vielen Flüsse vor der westlichen Andenkette in Richtung Pazifik in Kolumbiens südlicher Regenwaldregion vor […]: Ein Vater und seine sechsjährige Tochter paddeln mit ihren Canaletes (Rudern) in ihren Potrillos (einheimische Einbäume) am späten Nachmittag flussaufwärts, um die steigende Flut auszunutzen […].

Lassen Sie uns zu diesem Fluss reisen, tief in ihn eintauchen und ihn mit Augen der Relationalität erfahren. So entsteht für uns eine ganz neue Art der Welterschließung […].

Dieses dichte Netz von Wechselbeziehungen kann als relationale Onto-logie bezeichnet werden. Die Welt der Mangroven, um es kurz zu nennen, spielt sich Minute für Minute ab, Tag für Tag, durch eine unendliche Reihe von Praktiken. Sie wird von allen Arten von Lebewesen und Lebensformen in Kraft gesetzt, die eine komplexe organische und anorganische Materiali-tät von Wasser, Mineralien, Salzgehalten, Energieformen (Sonne Gezeiten, Mond Beziehungen) und mehr aufweisen […].

Abstrakt ausgedrückt kann eine solche relationale Ontologie wie folgt definiert werden: Als eine, in der nichts vor den Beziehungen steht, die sich konstituieren. Anders ausgedrückt: Dinge und Wesen sind ihre Beziehungen, sie existieren nicht vor ihnen. Um auf die Flussszene zurückzukommen kann man sagen, dass Vater und Tochter ihre lokale Welt nicht durch distanziertes Nachdenken kennenlernen, sondern indem sie sich in ihnen bewegen, das heißt, indem sie ihre Welt lebendig erleben. Diese Welten bedürfen nicht der Trennung zwischen Natur und Kultur, um zu existieren – tatsächlich existieren sie als solche, weil sie durch Praktiken verwirklicht werden, die sich nicht auf eine solche Trennung stützen. In einer relationalen Ontologie besetzen Wesen die Welt nicht einfach, sie bewohnen sie. (Escobar 2020, S. 43–57)

Aufgabe 2b) Escobar zeichnet das harmonische Bild einer Mensch/Umwelt-Symbiose und stellt dieses dem „distanzierten Nachdenken" gegenüber. Diskutieren Sie die Korrektheit und Fruchtbarkeit dieser Gegenüberstellung, wenn es darum geht, den Wert wissenschaftlichen Denkens zu beurteilen.

Aufgabe 2c) Diskutieren Sie diese mögliche Reaktion auf die Behauptungen von Escobar: *„Vorsicht vor einem solchen Romantizismus! Die Tatsache, dass eine sogenannte relationale Ontologie positive Konsequenzen für unseren Umgang mit der Natur haben kann, sollte uns auf keinen Fall dazu bewegen, unser westliches Wissenschaftsverständnis zu verändern. Erst der distanzierte Blick erlaubt Erkenntnisfortschritt."*

Aufgabe 2d) Diskutieren Sie, ob „relationale Erfahrungen" für westliche wissenschaftliche Erkenntnisprozesse und Theoriebildung eine Rolle spielen kann bzw. spielen sollte.

Aufgabe 3a) Der Comic in Abb. 2 verdeutlicht eine verkürzte Auffassung, die von Kritiker*innen der westlichen Wissenschaft häufig vorgebracht wird: Die westliche Wissenschaft führt zur Entwicklung von Produkten und Lebensweisen, die für den Menschen (hier: Kinder) schädlich sind. Diskutieren Sie diese Auffassung und ziehen Sie dafür folgende zentrale philosophische Unterscheidungen heran:

- *Entstehungszusammenhang* (WER hat etwas WO entdeckt/erkannt? Spielt es eine Rolle, welche Personen bestimmte physikalische Theorien und Naturgesetze entdeckt haben, die Grundlage für diverse Technologien sind?)
- *Geltungszusammenhang* (Welche Gültigkeit haben diese Erkenntnisse? Würden z. B. andere Personen andere Theorien und Naturgesetze entdecken bzw. hätten diese dann nur für diese Personengruppe oder deren Umwelt Geltung?)
- *Verwertungszusammenhang* (Was wird mit den Erkenntnissen gemacht? Können z. B. schädliche Anwendungen auf die Erkenntnisse selbst zurückgeführt werden oder nur auf die Personen, die sich entscheiden, mit ihnen etwas zu machen? Ist der westlichen Wissenschaft ihr Gefahrenpotenzial automatisch mitgegeben?)

Aufgabe 3b) Beschreiben Sie die Unterschiede zwischen diesen beiden westlichen Einflüssen: der in Aufgabe 1 beschriebenen „Rassentheorie" und den aus wissenschaftlichen Erkenntnissen entstandenen Technologien wie dem Smartphone.

Aufgabe 4) Der Film *Avatar* des kanadischen Regisseurs James Cameron gehört zu den kommerziell erfolgreichsten Filmen der Filmgeschichte. Cameron hat sich umweltpolitisch engagiert und z. B. indigene Stämme in Brasilien besucht.

In seinem Film *Avatar* stellt er das Lebens- und Wertesystem der westlichen Welt dem der indigenen, bedrohten Welt der Na'vi gegenüber. Die Wissenschaftlerin Grace kennt beide Lebenswelten. Als Wissenschaftlerin arbeitet sie mit den Standards westlicher normativer Prinzipien und Technologien, ist aber mit dem spirituellen Hintergrund der Na'vi vertraut.

Transkription Avatar: 1:31:55–1:33:18

GRACE	Diese Bäume sind den Omaticaya so heilig wie wir es uns kaum vorstellen können.
PARKER	Also, mal ehrlich. Hier braucht man nur einen Stock in die Luft zu werfen und er landet garantiert auf irgendeinem heiligen Farn oder so was, Herrgott!
GRACE	Nein, ich rede nicht einfach nur von irgendeinem heidnischen Voodoozauber, sondern von etwas ganz Realem, etwas Messbarem in der Biologie dieses Waldes.
PARKER	Und was genau soll das sein?
GRACE	Wir glauben zu wissen, dass eine, wie auch immer geartete Form von elektrochemischer Kommunikation zwischen den Wurzeln der Bäume existiert. Wie die Synapsen zwischen Nervenzellen. Jeder Baum hat zehntausende Verknüpfungen mit den Bäumen, die um ihn herum sind, und der Baumbestand hier auf Pandora beträgt 10 hoch 12.
PARKER	Was viel ist, nehm' ich an.
GRACE	Das sind mehr Verknüpfungen als im menschlichen Gehirn. Verstehen Sie das? Das ist ein Netzwerk. Es ist ein globales Netzwerk und die Na'vi haben Zugang dazu. Sie können Daten hoch- und runterladen. Zum Beispiel Erinnerungen. An Orten wie dem, der eben von Ihnen zerstört worden ist. Ja!
PARKER	Was in Herrgottsnamen habt ihr Typen da draußen geraucht? Das sind nur Bäume, verdammte Scheiße!
GRACE	Sie müssen endlich aufwachen, Parker.
PARKER	Nein, Sie müssen aufwachen.
GRACE	Der Reichtum dieser Welt liegt nicht in der Erde. Er umgibt uns überall. Die Na'vi wissen das, und sie kämpfen, um ihn zu verteidigen. Wenn Sie diese Welt mit ihnen teilen wollen, müssen Sie sie verstehen.

(Cameron, J. et al. Avatar. Widescreen. Beverly Hills, CA.: 20th Century Fox Home Entertainment, 2010. DVD)

a) Beschreiben Sie, wie Parker auf die Erklärungen von Grace reagiert.
b) Grace spricht in einem Atemzug von Heiligkeit, von Voodoo-Zauber und von Realem, Messbarem. Erklären Sie, was den Unterschied ausmacht und geben Sie weitere Beispiele.

c) Nehmen Sie kritisch Stellung zu Graces Analogie zwischen der elektrochemischen Kommunikation der Bäume, dem menschlichen Gehirn und Erinnerungen.

d) Entwickeln Sie Argumente, die diese Einschätzung stützen oder entkräften, z. B.:

„Filme wir Avatar sind ziemlich naiv und unwissenschaftlich. Zum einen, weil ein Idealbild von Indigenen beschrieben wird, das es bereits im 16. Jahrhundert gab und das eben nicht stimmt. Auch indigene Völker treiben Raubbau an ihrer Umwelt, sie sind genauso gut und schlecht wie alle Menschen auf der Welt und leben nicht immer im ‚Einklang mit der Natur'. David Cameron will mit diesem Film unsere sogenannte Wohlstandsgesellschaft wachrütteln und kümmert sich leider nicht um wissenschaftliche und historische Erkenntnisse. "

3 Kritik an der westlichen Wissenschaft: Erwiderungen

3.1 Die normativen Prinzipien von Wissenschaft sind universal

Wissenschaftliches Wissen ist etwas anderes als Alltagswissen bzw. Erfahrungswissen. Und doch können wir auf Erfahrungswissen natürlich nicht verzichten. Das oberste Erkenntnisziel der Wissenschaft besteht in der Findung möglichst wahrer und gehaltvoller Aussagen, Gesetzen oder Theorien, über einen bestimmten Gegenstandsbereich. Möglichst wahr sind sie, wenn ihre Hypothesen Prognosen zulassen, die von allen Menschen überprüft werden können. Es wird also ein *minimaler Empirismus* zugrunde gelegt: Die zu untersuchenden Gegenstände müssen der Erfahrung zugänglich sein, damit sie intersubjektiv überprüft werden können (Schurz 2014, 23 ff.).

Im Unterschied zu Alltags- bzw. Erfahrungswissen erzeugt die globale wissenschaftliche Community als Institution ‚wissenschaftliches' Wissen, das ihre Mitglieder zur Einhaltung einer Reihe methodologischer Prinzipien verpflichtet, d. h. es sind Normen. Für die wissenschaftliche Erkenntnis und den wissenschaftlichen Fortschritt sind diese Prinzipien zentral, denn sie garantieren, dass wir Theorien entwickeln, die von der gesamten Community überprüft und weiterentwickelt werden können. Würde es keinen Unterschied geben zwischen dem, was die Erfahrung *zeigt*, und dem, was man theoriegelenkt vermutet, so wäre Erfahrungswissenschaft eine *permanente Selbsttäuschung*. „Einer Theorie der Erfahrungswissenschaften, welche diesen zentralen Unterschied nicht erklären kann, haftet etwas äußerst unbefriedigendes an" (Schurz 2014, 17). Wäre Wissenschaft lediglich die erfolgreiche Prognose gesammelter Erfahrungen, dann wäre jeder Mensch ein*e Wissenschaftler*in. Erfahrungen benötigen Theorien, um zu möglichst wahren Erkenntnissen zu gelangen und Theorien müssen von Erfahrungen überprüft und an der Erfahrung scheitern können (Karl Popper).

Um wissenschaftlich sauber und möglichst fehlerfrei zu arbeiten, halten sich Wissenschaftler*innen deshalb an *methodologische Gütekriterien*. Diese Kriterien sind Rationalitäts- und Verfahrensstandards, ohne die intersubjektive Verständigung und wissenschaftlicher Fortschritt nicht möglich sind.

Hier ist ein kleiner, aber zentraler **Ausschnitt aus der Menge normativer methodologischer Prinzipien**, die universal gelten sollten, d. h. für alle Menschen, die behaupten, sie betreiben Wissenschaft (vgl. Weingartner 1980, 217 ff.; Literatur zur vertiefenden Auseinandersetzung mit dem Universalitätsanspruch der westlichen Wissenschaft und ihr Verhältnis zu indigenen Wissenssystemen ist am Ende des Kapitels aufgeführt):

1. Fasse deine Begriffe so klar wie möglich.
Bei Nichtbeachtung: Mehrdeutigkeiten von Begriffen, so dass falsche Schlussfolgerungen und Ergebnisse folgen können.

2. Gründe deine Hypothese auf alle verfügbaren wissenschaftlichen Informationen.
Bei Nichtbeachtung: Hypothesen gründen auf bloßen *Verallgemeinerungen*, d. h. man leitet aus Einzelbeobachtungen Regeln ab, die immer und für alle gelten sollen. Bei Nichtbeachtung besteht ebenso die Gefahr, dass neue Informationen ignoriert werden, die die Hypothese widerlegen (oder stützen) könnten.

3. Gib deinen Gedanken eine logisch-argumentative Struktur.
Bei Nichtbeachtung: Die Wissenschaftssprache ist logisch-argumentativ aufgebaut. Wer diese nicht erlernt, ist anfällig für alle Formen von Denkfehlern. Ohne eine logische Struktur kann weder die interne Konsistenz der Hypothesen noch die externe Konsistenz (die Übereinstimmung mit anderen Hypothesen, Theorien oder Erkenntnissen) garantiert werden.

4. Versuche Hypothesen aufzustellen, die neue Vorhersagen machen und die zu neuen Tests (Überprüfungen) oder sogar zu neuen Überprüfungsmethoden anregen.
Bei Nichtbeachtung: Das Ziel der Wahrheitsfindung kann verfehlt werden (z. B. Aufstellen falscher, nicht überprüfbarer Hypothesen) oder es gibt keinen Erkenntnisfortschritt.

Die These derjenigen, die eine universalistische Auffassung von Wissenschaft haben, lautet nun, dass es mehrere verschiedene Wissenschaften gar nicht geben kann, sondern nur *eine*. Zwar gibt es historisch und geografisch bedingt verschiedene Wissenssysteme und Wissenstraditionen – aber nur eine Wissenschaft. Zwar gibt es eine Vielzahl an Erfahrungswissen als *ein* Bestandteil dieser Wissenstraditionen und dieses ist immer notwendiger Bestandteil wissenschaftlicher Forschung. Aber akkumuliertes Erfahrungswissen ist keine Wissenschaft. Deshalb sollte Wissenschaft auch nicht als ,westlich' bezeichnet werden, obwohl sie ihren Ursprung in der heutigen Form in Europa hatte. Die Idee, es gäbe eine europäische, eine afrikanische und irgendeine andere nationale oder lokale Wissenschaft ist absurd und – wie im Falle des Nationalsozialismus erlebt – auch gefährlich. Im Folgenden sollen zwei Gefahren aufgezeigt werden, die entstehen, wenn man normative Wissenschaftsprinzipien nicht als verbindlich ansieht – was im Falle einer Inklusion indigener Wissenssysteme passieren kann. Deren (wertvolles) überliefertes Wissen ist häufig mündlich weitergegeben und muss von westlich ausgebildeten Wissenschaftler*innen übersetzt und geprüft werden. Eine ideale Verbindung besteht, wenn indigene Personen über dieses Wissen verfügen und gleichzeitig wissenschaftlich ausgebildet wurden. Dies ist z. B. der Fall bei der Botswanerin Bagele Chilisa (2012), von der einige Texte in diesem Lehrbuch zu finden sind.

3.2   Schlechte Wissenschaft und Pseudowissenschaft als Gefahren

Die Abgrenzung zwischen wissenschaftlichem und pseudowissenschaftlichem Wissen, bekannt als Demarkationsproblem (s. Abschn. 12.2.1), hat eine lange Geschichte (z. B. Pigliucci und Boudry 2013). Wir wollen uns hier auf die zwei Vorwürfe konzentrieren, die ins Feld führen, dass indigene Wissenssysteme deshalb keine Wissenschaften sein können, weil a) ihre Theorien meistens Übernatürliches, Heiliges und andere nicht empirisch beobachtbare oder messbare Kräfte beinhalten und weil sie b) einige normative Grundlagenprinzipien nicht beachten. Schauen wir uns – stellvertretend für eine Vielzahl an ähnlichen Texten zu dieser Thematik – zwei Thesen aus einem Text des Biologen Root Gorelick (2021) an, der behauptet, dass indigene Wissenssysteme die Bezeichnung „Wissenschaft" verdienen und dass diese keine Pseudowissenschaften sind. Es folgen zwei seiner wichtigsten Punkte und eine Erwiderung:

Auffassung 1: In vielen praktischen Hinsichten übertreffen die nordamerikanischen (Turtle Island) Wissenschaften die westlichen Wissenschaften. Zum Beispiel wissen die Inuit-Fischer viel mehr über scheue grönländische Haie als westliche Personen. Das liegt zweifelsohne daran, dass es etwas anderes ist, Haie tatsächlich zu sehen und mit ihnen zu leben, als vor Computern und Gensequenzierern zu sitzen (Gorelick 2021, 180–183).

Erwiderung 1: Hier haben wir es mit einer sprachlichen Ungenauigkeit bzw. einer falschen Dichotomie zu tun (s. o., erstes normatives methodologisches Prinzip): Praktisches Wissen über Haie ist etwas ganz anderes als das Wissen, das man benötigt, um Computerdaten zu verwalten oder Gene zu sequenzieren. Lokales Wissen und wissenschaftliches Wissen schließen sich nicht aus, sondern bedingen einander. Wissenschaft kann sich nicht, wie Gorelick behauptet, auf praktisches, lokales Wissen beschränken. Dieses Wissen ist wertvoll und wird als „traditional ecological knowledge" (TEK) bezeichnet. Wissenschaft hingegen ist der umfassende Versuch, auf Basis systematischer Beobachtung und kontrollierter Experimente Theorien zu entwickeln, die bestätigt, widerlegt oder verbessert werden. Dazu zählen Theorien der Genetik ebenso wie Modelle, deren Daten am Computer verarbeitet werden (Pigliucci 2021, 204). Dieses wissenschaftliche Wissen wird TEK mittlerweile als „academic ecological knowledge" (AEK) gegenübergestellt. Man könnte Gorelick allerdings unterstellen, er karikiere westliche Wissenschaftler*innen als bloße Wissensverwalter (vor Computern), die den Bezug zu ihren realen Untersuchungsgegenständen (Haien) verloren hätten.

Auffassung 2: Für fast alle indigenen Wissenschaftler ist Spiritualität ein gewollter und fester Bestandteil indigener Wissenschaft, wohingegen Popper westliche Wissenschaft bewusst so definiert, dass Religion ausgeschlossen wird. Indigene Wissenschaften umfassen alle Arten des Wissens über die natürliche Welt. Westliche Menschen sind häufig nicht in der Lage, indigene Werte oder Kosmologien zu verstehen, außer sie als „Mythen" abzutun oder als „Daten" zu verwenden. Der Einwand des Spiritualismus ist bloß eine Entschuldigung, um traditionelles Wissen abzuwerten (Gorelick 2021, 180–183).

Erwiderung 2: Wissenschaftliche Erkenntnis lehnt spirituelle, mystische, übernatürliche, heilige oder transzendente Erklärungen ab. Und dies nicht, weil Wissenschaft *per se* atheistisch ist (es gibt sehr viele gläubige Wissenschaftler*innen), sondern weil es keine verlässliche empirische Erklärung für sie gibt und weil ihre Annahmen der Erklärung selbst nichts hinzufügen: Wenn man behauptet, dass Gegenstände auf die Erde fallen in der Weise wie Newtons Gleichungen sie beschrieben hat, dann fügt der Zusatz „und das liegt daran, dass Gott es wollte" nichts hinzu. Ihr Fallen gehorcht den Gesetzen der Gravitation. Warum das Gesetz so ist wie es ist, ist eine ganz andere, nicht-wissenschaftliche Frage (Pigliucci 2021, 207). Gerade die Berufung auf übernatürliche Gegenstände und Prozesse machen Theorien pseudowissenschaftlich. Dass westliche Wissenschaftler*innen das indigene Wissen lediglich als „Daten" verwenden, wenn diese hilfreich sind (Wissen über Haie) ist also ein Zeichen von Wissenschaftlichkeit. Was man hier erneut heraushören kann, ist ein Mangel an *Respekt*, den Gorelick den westlichen Wissenschaftler*innen durch die Nichtanerkennung der indigenen Weltanschauung unterstellt. Doch diese Fragen gehören nicht mehr in den Bereich der Wissenschaftstheorie, sondern in den Bereich der Psychologie. Ebenso könnte man hier erneut die auch in Abschn. 2 beschriebene Generalkritik heraushören, dass die westliche Wissenschaft durch ihren Fokus auf menschliche Rationalität und der daraus entstandenen technischen Lebenswelt den Kontakt zur Natur verloren hat und alles „abwertet", was nicht ihren Maßstäben entspricht.

3.3 Zusammenfassung der Ergebnisse

Sammeln wir die Ergebnisse aller drei Kapitel und versuchen, die eingangs gestellte Leitfrage zu beantworten:

1. Traditionelles lokales Wissen (TEK) betrifft in der Regel Wissen über Lebensraum, Tiere und Pflanzen und ist als akkumuliertes Erfahrungswissen, das sich

durch Versuch und Irrtum bewährt hat, und das für die Wissenschaften wichtig ist.

2. ‚Wissenschaft' ist die Bezeichnung für ein universales, globales Unterfangen, das umfassender ist als das Erfahrungswissen, das durch den direkten Kontakt mit der Natur gewonnen wurde.

3. Aus der Tatsache kolonialer Schuld wird abgeleitet, dass die westlichen Wissenschaftsinstitutionen indigene Wissenssysteme integrieren sollen. Die westlichen Wissenschaftsinstitutionen integrieren TEK bereits. Viele Indigene sind wissenschaftlich ausgebildet und bewegen sich in beiden Welten.

4. Wenn man indigenes Wissen in die Bildungscurricula integriert, sollte streng darauf geachtet werden, dass dieses nicht unter der Bezeichnung eines gleichwertigen Konkurrenzmodells zur westlichen Wissenschaft geschieht. Dies birgt die Gefahr, unwissenschaftliche oder pseudowissenschaftliche Methodologien zu verbreiten.

5. Die Kritik am Eurozentrismus ist eine Chance. Sie trägt dazu bei, klassische und neue Fragen der Wissenschaftsphilosophie zu diskutieren, die in einer global vernetzten Welt auftreten.

Wie kann man den Ausruf „Das ist nicht unsere Welt!" jetzt verstehen? Wenn mit ‚Welt' die wissenschaftliche Welt gemeint ist, dann ist das meistens Ausdruck einer generellen Ablehnung gegen die Wissenschaft, die es in jedem Land der Welt gibt. Die Kritik kommt von Personen, die esoterische oder pseudowissenschaftliche Überzeugungen haben oder die wissenschaftliche Erkenntnisse leugnen. Wer mit ‚Welt' die Umwelt meint, der lehnt in der Regel den westlichen Lebensstil ab, der als ein Ergebnis wissenschaftlicher Erkenntnisse gesehen wird. Die wissenschaftliche Erkenntnismethode wird mit der Zerstörung der Umwelt in Verbindung gebracht, alle positiven Entwicklungen, die es ja auch gibt, werden in der Regel ausgeblendet. „Das ist nicht unsere Welt!" wird dann nicht nur von indigenen Personen ausgerufen, sondern von allen Menschen, die von einer zunehmend mathematisierten, technologischen und wissenschaftszentrierten Lebenswelt überfordert sind und die ein (verständliches) Bedürfnis nach so etwas wie einem harmonischen Leben in einer vom Menschen noch nicht zerstörten Natur haben. Die kolonisierten Länder trifft der westliche Lebensstil allerdings besonders stark, da sie nicht nur ihres Landes und ihrer Lebensweise beraubt wurden, sondern auch der Möglichkeit, freiwillig zu entscheiden, ob sie sich dem westlichen, wissenschaftlichen Lebensstil anschließen wollen oder nicht. Diese Möglichkeit gibt es jetzt nicht mehr. Heute leben wir mehr und mehr in einer Welt, die sich gemeinsam um die Probleme von Klima, Umwelt- und Artenschutz, Gesundheit, Pandemien und Ernährung kümmern muss. Um diesen Herausforderungen begegnen zu können, sind wir aufgerufen, die besten wissenschaftlichen Methoden zu verwenden, die wir haben.

Aufgabenblock 3: Kritische Prüfung der Vorwürfe
Aufgabe 1) Evaluieren Sie das untenstehende Argument, das uns überzeugen soll, indigene Wissenssysteme *nicht* in westliche Bildungscurricula zu integrieren.

a) Bilden Sie zwei Gruppen. Die eine Gruppe versetzt sich in die Lage einer Person, die indigene Wissenssysteme auf jeden Fall in die westlichen Bildungscurricula integrieren will. Wie kann diese Person das Argument angreifen? Welche Annahme(n) sollte sie aus welchen Gründen ablehnen?
Die andere Gruppe verteidigt die oben dargestellte Argumentation. Finden Sie weitere Punkte, die das Argument stützen.

b) Führen Sie eine Debatte durch, in der beide Gruppen ihre Argumente vorbringen. Überlegen Sie bei der Vorbereitung, wie Sie auf mögliche Einwände gegen Ihre Argumente reagieren können.

c) Nehmen Sie selbst Stellung zu der Qualität des vorgebrachten Arguments (s. Kasten). Halten Sie es für überzeugend? Wie stehen Sie zur Konklusion K? Begründen Sie Ihre Meinung.

Gefahr von Pseudowissenschaft

1. Indigene Wissenssysteme setzen häufig andere metaphysische Annahmen voraus (z. B. Geister, Seelenverwandschaften, relationale Ontologien), die den westlichen Gütekriterien wissenschaftlicher Wahrheitssuche widersprechen.

2. Was als falsch oder zu den westlichen Kriterien widersprüchlich gilt, sollte nicht gelehrt werden (Demarkationsdebatte).

K: Also sollten diese Wissenssysteme nicht als Diversifizierungsangebot in die westlichen Bildungscurricula aufgenommen werden.

Aufgabe 2)

Reflektieren Sie über den von der Botswanischen Sozialwissenschaftlerin Bagele Chilisa definierten Begriff „akademischer Imperialismus".

Akademischer Imperialismus

Der Begriff *akademischer Imperialismus* bezeichnet die ungerechtfertigte und letztlich kontraproduktive Tendenz intellektueller und gelehrter Kreise, alternative Theorien, Perspektiven oder Methodologien abzuwerten, abzulehnen und zunichte zu machen […]. Für kolonisierte, historisch unterdrückte und marginalisierte Gruppen bedeutet intellektueller Imperialismus die Tendenz, das in ihren kulturellen Erfahrungen eingebettete Wissen der Menschen auszuschließen und abzulehnen […]. Die Leugnung der Existenz anderer Wissenssysteme ist nicht nur ein Merkmal, welches in der Philosophie vorherrschend war. Es gehört immer zur vorherrschenden Praxis euro-westlicher Überzeugungssysteme und Methodologien, das Wissen ehe-

> mals kolonisierter, indigener Völker und historisch unterdrückter Gruppen als unbedeutend abzulehnen. Susan Easterbrooks et al. (2006) bemerken zum Beispiel, dass Forschung über taube Menschen auf die Fähigkeiten fokussiert, die den tauben Menschen fehlen, und nicht auf die Fähigkeiten, die sie haben; Taubheit als einen Mangel zu betrachten ist ein Mittel der Menschen, mit Macht, ihre Kontrolle über akademisches Wissen und ihre Macht zu behalten. (Chilisa 2012, S. 55)

a) Identifizieren Sie *deskriptive* und *normative* Elemente der Definition.
b) Nehmen Sie Stellung zu der Aussage eines akademischen Imperialisten, der sagt: „Akademischer Imperialismus ist in Ordnung. Viele alternative Zugangsweisen sind einfach schädlich."
c) Vergleichen Sie die Definition mit anderen gängigen Definitionen von ‚Rassismus', ‚Sexismus', ‚Pseudowissenschaft' und ‚Gewalt'. Inwiefern ähnelt die Struktur dieser Definitionen Chilisas Definition des akademischen Imperialismus? Gibt es auffällige Unterschiede?
d) Chilisa behauptet, dass westliche Überzeugungssysteme das Wissen historisch unterdrückter Völker zunehmend ablehnen. Reflektieren Sie über ihr Beispiel der Taubheit: Inwiefern zeigt dieses Beispiel, dass Chilisa Recht hat? Versuchen Sie weitere Beispiele zu finden, die Chilisas Behauptung stützen.

4 Schlussbemerkung in fachdidaktischer Absicht

Dieser Beitrag endet mit der Vorstellung eines *fachdidaktischen Basiserkenntniskonzepts*, das auch an den Anfang hätte gestellt werden können. Es ist die Grundlage gewesen für all die Überlegungen und Materialien, die in diesen Aufsatz eingeflossen sind. Es bringt zentrale philosophische Kategorien und Fragestellungen in eine Ordnung, so dass mit seiner Hilfe komplexen Untersuchungsgegenstände analysiert und Material erschlossen werden kann. Für den Problemkreis „Indigenes und westliches Wissen" ist es wichtig, *Fragen der Macht* und *Fragen nach Wahrheit* in ihren *deskriptiven* und *normativen* Formen zu unterscheiden. Dies ist auch deshalb wichtig, damit man nicht fehlerhaft, z. B. aus faktischen Praktiken, normative Geltung ableitet oder normative Maßstäbe fordert, die Menschen in der realen Welt nicht erfüllen können (s. Abb. 3, schwarze Doppelpfeile, für eine konkrete Anwendung vgl. Bussmann 2024).

Das Basiserkenntniskonzept ist eine Grundlage für Lehrkräfte und Dozierende, eigene und neue Themen und Fokussierungen zu entwickeln und diese vier Kategorien bzw. Fragestellungen dabei stets zu berücksichtigen.

Ebenso lassen sich die Themenstellungen aller Aufsätze dieses Bandes problemlos in dieses Konzept einordnen. Die Grundunterscheidung zwischen deskriptiven und normativen Wahrheitsfragen sind paradigmatisch für die Philo-

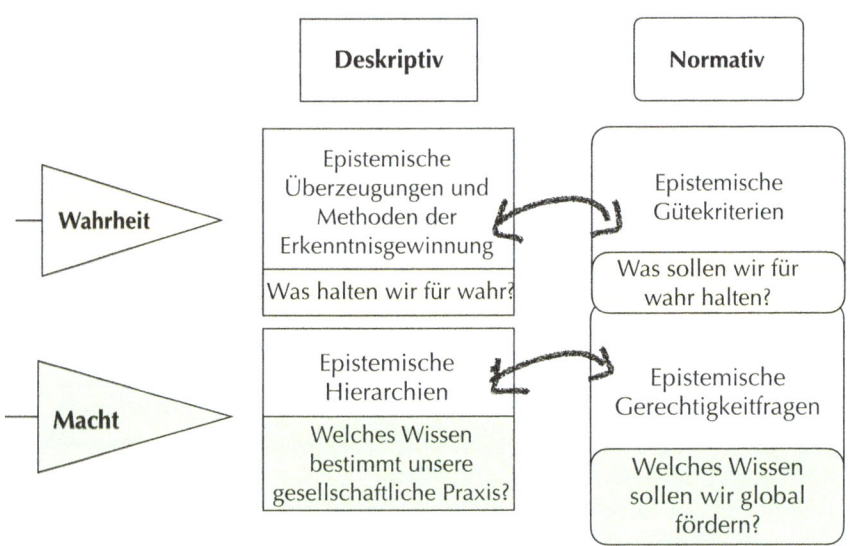

Abb. 3 Philosophisches Basiserkenntniskonzept „Epistemische Grundlagenunterscheidungen".
(© Bettina Bussmann)

sophie, weshalb hier auch ihr genuiner Bildungsbeitrag liegt. Kein weiteres
(Schul-)Fach beschäftigt sich systematisch mit normativen epistemischen Gütekriterien, weshalb für die meisten Aufsätze die oberen Fragebereiche zentral sind.
Der Aufsatz von Jaster und Lanius (s. Kap. 3) analysiert die normativen Gütekriterien von „Wissen", der Aufsatz von Mayr (s. Kap. 4) untersucht, was wir für
wahr halten, ob wir uns an Wahrheit überhaupt orientieren können und was wir für
wahr halten sollten, der Aufsatz von Alexander Christian (s. Kap. 13) untersucht
die Frage, was schlechte und was gute wissenschaftliche Praxis ist, also was uns
für wahr ‚verkauft' wird und welche epistemischen Gütekriterien unbedingt ein-
gehalten werden sollten.

Die unteren Fragebereiche der Macht sind eine Schwerpunktsetzung, die nicht
bei allen Aufsätze eine Rolle spielen, aber doch bei vielen. Unsere globale und
digitalisierte Welt steht zunehmend vor erkenntnistheoretischen und wissenschaftsphilosophischen Fragen. So sind philosophische Überlegungen zur
Evidenz (s. Kap. 14) und zur Evidenz in der Medizin (s. Kap. 17) notwendig,
um epistemische Hierarchien zu analysieren und zu bewerten und um festzu-
legen, welche epistemischen Maßstäbe global gelten sollten. Dasselbe gilt für das
Expert*innenproblem (s. Kap. 10) und für die Frage, ob wir uns an den Wissenschaften orientieren und ihre Annahmen und Methoden global fördern sollen (s.
Kap. 12). Basiserkenntniskonzepte wie das vorliegende sind besonders wichtig,
wenn unterschiedliche Disziplinen und Wissenskulturen in einen Dialog bzw.
Polylog treten, weil sie Ansprüche geltend machen, die zunächst geprüft werden
müssen. Die Streitfrage, ob indigene Wissenssysteme Wissenschaft sind und als

gleichberechtigter Teil in unsere Bildungscurricula Eingang finden sollen, ist ein paradigmatisches Beispiel für einen solchen transdisziplinären Polylog. Basiserkenntniskonzepte wie das vorliegende helfen dabei, in komplexen Problemlagen die philosophischen Grundlagenfragen zu identifizieren, um an gemeinsamen Lösungen arbeiten zu können.

Literatur

Böhme, G. 1985. *Anthropologie in pragmatischer Hinsicht*. Frankfurt am Main: Suhrkamp.

Bussmann, B. 2024. Warum lebensweltlich – wissenschaftsorientiertes Philosophieren in der Schule notwendig ist. Bildungsphilosophische Legitimation, Klärung von Missverständnissen und ein Anwendungsbeispiel. In *Wissenschaftsleugnung – Fallstudien, philosophische Analysen und Vorschläge zur Wissenschaftskommunikation* (Hg.) Christian, A. und Gawel I. Walter de Gruyter.

Chakrabarty, D. 2000. *Provincilializing Europe. Postcolonial Thought and Historical Difference*. Princeton University Press.

Chakrabarty, D. 2009. The Climate of History: For Theses. In: *Critical Inquiry*. Vol. 35, No. 2. The University of Chicago Press. 197–222.

Chilisa, B. 2012. *Indigenous Research Methodologies*. London: Sage.

Christian, A. und Gawel, I. (Hg.). 2024. *Wissenschaftsleugnung. Fallstudien, philosophische Analysen und Vorschläge zur Wissenschaftskommunikation*. Walter de Gryter.

De Sousa Santos, B., und M. P. Meneses, Hrsg. 2020. *Knowledges Born in the Struggle. Constructing the Epistemologies of the Global South*. New York and London: Taylor & Francis.

Easterbrooks, S., B. Stephenson, und D. Mertens. 2006. Master Teacher´s Responses to Twenty Literacy and Scinece/Mateaticss Practices in Deaf Education. *American Annals of the Deaf* 151(4):398–409. https://doi.org/10.1353/aad.2006.0044.

Escobar, A. 2020. Thinking-Feeling with the Earth. Territorial Struggles and the Ontological Dimension of the Epistemologies of the South. In *Knowledges Born in the Struggle. Constructing the Epistemologies of the Global South*, Hrsg. B. De Sousa Santos und M. P. Meneses, 41–57. New York and London: Taylor & Francis.

Gorelick, R. 2021: Indigenous Sciences are not Pseudoscience. In *Indigenizing the University. Diverse Perspectives*, Hrsg. F. Widdowson, 175–192. Winnipeg: Frontier Centre for Public Policy.

Grosfoguel, R. 2013. Structure of Knowledge in Westernized Universities. Epistemic Racism/Sexism and the Four Genocides/Epistemicides of the Long 16th Century. *Human Architecture: The Journal of the Sociology of Self-Knowledge* XI(1):73–90.

Higgins, M. 2021. Unsettling Responsibility in Science Education. Indigenous Science, Deconstruction, and the Multicultural Science Education Debate. https://doi.org/10.1007/978-3-030-61299-3.

Hirsch Hadorn, G. et al. (Hg.) 2008. *Handbook of Transdisciplinary Research*. Springer Science + Business Media B. V.

Lebert, A. 2021. Editorial in *Die Zeit Wissen*. September/Oktober, Nr. 05. 3.

Lipsius, Justus. 1583. *De Constantia. Übersetzt von Florian Neumann. 1998. Exzerpta Classica, 16*. Mainz: Dieterich'sche Verlagsbuchhandlung.

Martinez-Cobo, J. 1986. Discrimination Against Indigenous People. UN-Dokumnet Nr. E/CN.4/Sub.2/1986/87.

Ndlovu-Gatsheni, S. 2018. *Epistemic Freedom in Arica. Deprovincialization and Decolonization*. London: Routledge.

Petzold, J. 2021. *As Climate Change Progresses, Living Conditions are Changing Around the Globe. Communities Must Learn to Adapt.* Universität Hamburg. https://www.cen.uni-hamburg.de/en/about-cen/news/10-news-2021/2021-02-24-abendblatt-petzold.html.

Philipps, J. (im Erscheinen). Postkoloniale Wissenskulturen. Die Macht und Ohnmacht im postkolonialen Kontext. In *Wissenskulturen. Stile, Methoden und Vermittlung von Wissenschaft*, Hrsg. B. Bussmann und F. Gmainer-Pranzl, SID 20. Berlin: Lang.

Pigliucci, M., und M. Boudry. 2013. *Philosophy of Pseudoscience: Reconsidering the Demarcation Problem.* Chicago: University of Chicago Press.

Pigliucci, M. 2021. Is Indigenous Science Pseudoscience? A Response to Gorelick. In *Indigenizing the University. Diverse Perspectives*, Hrsg. F. Widdowson, 199–212. Winnipeg: Frontier Centre for Public Policy.

Rezaei, N. (Hg.). 2022. *Transdisciplinarity.* Springer Cham.

Schurz, G. 2014. *Einführung in die Wissenschaftstheorie.* Darmstadt: WBG.

Semali, L.M., und J.L. Kincheloe. 1999. *What is Indigenous Knowledge? Voices from the Academy.* New York and London: Falmer Press.

Weingartner, S. 1980. Normative Characteristics of Scientific Activity. In *Rationality in Science*, Hrsg. R. Hilpinen, 209–230. D. Reidel Publishing Company.

Widdowsen, F., Hrsg. 2021. *Indigenizing the University. Diverse Perspectives.* Winnipeg: Frontier Centre for Public Policy.

Literatur zur Vertiefung aus dem Bereich „Nature of Science"

Aikenhead, G. S. 2001. Integrating Western and Aboriginal Sciences: Cross-Cultural Science Teaching. *Research in Science Education* 31:337–355.

Cobern, W. W., und C. C. Loving. 2001. Defining "Science" in a Multicultural World: Implications for Science Education. *Science Education* 85(1):50–67.

Irzik, G., und S. Irzik. 2002. Which Multiculturalism? *Science & Education* 11(4):393–403. https://doi.org/10.1023/A:1016060516735.

Mignolo, W. D. und Walsh, C. 2018. *On Decononiality: Concepts, Analytics, Praxis.* Duke University Press.

Nola, R., und G. Irzik. 2006. Philosophy, Science, Education and Culture. In *Science & Technology Education Library*, Bd. 28, Kap. 14. Dordrecht: Springer.

Siegel, H. 2002. Multiculturalism, Universalism, and Science Education: In Search of Common Ground. *Science Education* 86(6):803–820. https://doi.org/10.1002/sce.1052.

Zeyer, A. 2009. Public Reason and Teaching Science in a Multicultural World: A Comment on Cobern and Loving: "An Essay for Educators…' in the Light of John Rawls' Political Philosophy. *Science & Education* 18(8):1095–1100. https://doi.org/10.1007/s11191-008-9159-1.

Evidenz in der Medizin

17

Benedikt Leitgeb und Bettina Bussmann

1 Einleitung

Der hippokratische Eid ist die älteste Form einer ärztlichen Ethik. Mit diesem medizinethischen Eid schwuren antike Ärzte unter anderem gegenüber dem Gott Apollo, dass sie medizinische Behandlungen ausschließlich zum Vorteil der Kranken durchführen. Er enthält wichtige Verbote und Gebote, wie z. B. die Schweigepflicht oder die Pflicht, Kranke vor Schaden und willkürlichem Unrecht zu schützen. Auch wenn der hippokratische Eid heute nicht mehr in Gebrauch ist, geloben Ärzt*innen zum Beispiel in der Genfer Deklaration des Weltärzte-bundes bis heute, ihren Beruf „nach bestem Wissen und Gewissen, mit Würde und im Einklang mit guter medizinischer Praxis aus[zu]üben."[1] Auch wenn sie nicht mehr dem Apollo schwören, die Medizin als Wissenschaft und Praxis versucht seit jeher, Krankheiten besser zu verstehen, um Leben zu schützen, zu retten, zu ver-bessern und gleichzeitig den Schaden zu minimieren. Die große Frage, die sich stellt, ist diese: Mit welchen Methoden kann man diese Ziele am besten umsetzen? Welche sind die besten Methoden, um mehr über Krankheiten zu lernen? Und wie müssen Entscheidungsfindungsprozesse aussehen, damit Ärzt*innen nach „bestem Wissen und Gewissen" handeln? (Cavanaugh 2018, 55).

---

[1] https://www.bundesaerztekammer.de/presse/pressemitteilungen/news-detail/weltaerztebund-verabschiedet-neues-aerztliches-geloebnis/

B. Leitgeb (✉) · B. Bussmann
Fachbereich Philosophie, Universität Salzburg, Salzburg, Österreich
E-Mail: benediktrupert.leitgeb@plus.ac.at

B. Bussmann
E-Mail: bettina.bussmann@plus.ac.at

In diesem Kapitel wird es um die *evidenzbasierte Medizin* gehen. Evidenzbasierte Medizin ist ein junges, jedoch das heute dominante medizinische Paradigma (= Leitidee, Richtschnur), um genau diese Fragen zu beantworten. Evidenzbasierte Medizin zeichnet sich dadurch aus, dass sie klare Regeln zu geben versucht, wie Ärzt*innen Evidenz generieren, um die besten Heilungsmethoden zu empfehlen, die das Patientenwohl maximieren.

2   Evidenzbasierte Medizin

Was heißt es, „nach bestem Wissen und Gewissen" zu handeln? Das „beste Wissen" zu besitzen, bedeutet, die besten Methoden zu kennen, mit denen man dieses Wissen erlagen kann. Nach „bestem Gewissen" zu handeln, bedeutet, dieses Wissen anhand ethischer Maßstäbe und Folgenabwägungen einzusetzen. Ein hierbei wichtiger Aspekt ist, ob die in der Situation verfügbare Evidenz auch richtig verwendet wurde, um zwischen verschiedenen Handlungen abzuwägen. Eine wichtige Funktion von Evidenz (s. Kap. 14) ist es, uns zu helfen, eine Entscheidung zu fällen und diese zu rechtfertigen. Vor allem in der Medizin, wo es oft um das Leben der Patient*innen geht, ist der richtige Umgang mit Evidenz wichtig, denn Fehler können tragische Folgen haben.

In den 1950ern glaubten manche Ärzte, dass ein synthetisches Östrogen namens Diethylstilboestrol (im weiteren Verlauf DB) bei Frauen, die zuvor eine Fehl- oder Totgeburt hatten, die Chancen auf eine erfolgreiche Geburt erhöhen könnte. Es wurde argumentiert, dass DB Störungen in der Plazenta beheben würde, die ansonsten zu Fehlgeburten führen könnten. Diese Argumentation, zusammen mit Erfahrungsberichten einzelner Frauen, die nach der Verschreibung des Östrogens eine erfolgreiche Schwangerschaft hatten, schien viele Ärzte an die Wirksamkeit von DB glauben zu lassen. Vielen Schwangeren wurde somit DB verschrieben. Gute zwanzig Jahre später häuften sich jedoch die Hinweise darauf, dass DB nicht nur die Chancen für eine Fehl- oder Totgeburt nicht verringerte, sondern auch zu schweren Nebenwirkungen bei Kindern führen kann, deren Mütter DB genommen hatten. Bis heute haben mehrere Studien festgestellt, dass es eine Verbindung zwischen DB in der Schwangerschaft und seltenen Krebsarten gibt (Evans et al. 2006, 14–15). Die Frage in diesem Fall lautet, ob die Ärzt*innen „nach bestem Wissen und Gewissen" gehandelt hatten. Oder spezieller: Hatten sie für ihre Entscheidung, den Frauen DB zu verschreiben, genügend (gute) Evidenz?

Wir würden heute wahrscheinlich nicht sagen, dass dies der Fall war. Mechanistische Argumentationen (Verweise auf die Funktionsweise und „Störungen" der Plazenta) und Berichte von Müttern allein sind sicherlich keine ausreichende Evidenz für die Sicherheit und Effektivität einer medizinischen Behandlung. Die Medizin ist ein Feld, in dem falsche Entscheidungen schädlichen Folgen nach sich ziehen können: Behinderung, Langzeitstörungen, psychische Belastungen, sogar den Tod. Wir sollten also in der Medizin sehr hohe Standards für Evidenz und den Umgang mit ihr erwarten.

Fälle wie der oben beschriebene ließen zunehmend die Meinung erstarken, dass Evidenzstandards in der Medizin oft zu niedrig sind. Dies wurde zur Motivation für die sogenannte *evidenzbasierte Medizin* (engl. *evidence-based medicine*, kurz EBM). EBM ist heute eines der am weitesten verbreiteten Paradigmen, obwohl sie noch relativ jung ist. Erst seit den 1990ern spricht man von EBM. Das heißt natürlich nicht, dass die Medizin zuvor das Konzept von Evidenz nicht kannte. EBM unterscheidet sich nicht durch die Verwendung von Evidenz von anderen medizinischen Paradigmen. Es geht den Vertreter*innen von EBM besonders darum, die verschiedenen Arten von Evidenz, die es in der Medizin gibt, nach ihrer Stärke zu klassifizieren. EBM geht es also darum, klare *Standards* für Evidenz und ihre Verwendung zu definieren. So sollen Fälle wie der obige in Zukunft soweit wie möglich verhindert werden (Howick 2011).

Die *Methodologie der Wissenschaften* als Teilbereich der Wissenschaftsphilosophie untersucht die Methoden der Wissenschaften, um Fehler und Probleme zu erkennen und die besten Methoden für ein bestimmtes Anwendungsgebiet bestimmen zu können. EBM ist deshalb auch eines ihrer Untersuchungsgegenstände.

2.1 Medizinische Evidenz

Die Medizin kennt viele Quellen potenzieller Evidenz. Von Argumentationen bezüglich der Funktionsweise gewisser Substanzen auf körperliche und psychische Prozesse über Tierversuche und Grundlagenforschung bis hin zur Meinung von Expert*innen, verschiedenen Studien und Meta-Analysen dieser Studien. Medizinische Studien werden in verschiedene Arten unterteilt, wobei es nicht sofort klar ist, welche Studienart besser ist.[2] Folgende Grundkenntnisse einiger wichtiger Studienarten sind aber für das Verständnis der Forderungen von und Kritik an EBM notwendig:

1. Beobachtungsstudien Beobachtungsstudien untersuchen und vergleichen verschiedene Bevölkerungsgruppen. Meistens sind sie beschreibend und zeigen Unterschiede und Ähnlichkeiten zwischen verschiedenen Gruppen auf – aber nichts über kausale Zusammenhänge. *Kohortenstudien* und *Fall-Kontrollstudien* sind Beispiele für „kontrollierte" Beobachtungsstudien. Eine Studie nennt man kontrolliert, wenn es eine Gruppe, die sogenannte Kontrollgruppe gibt, mit der die Daten der Testgruppe verglichen werden (Grimes und Schulz 2002). In *Kohortenstudien* wird eine Gruppe von Personen über einen längeren Zeitraum beobachtet. Dabei haben die Personen dieser Gruppe mindestens eine Eigenschaft gemein, für

---

[2] Für mehr Informationen über die verschiedenen Studiendesigns mit ihren Vor- und Nachteilen siehe die Website des Centre for Evidence-Based Medicine der Universität Oxford: https://www.cebm.ox.ac.uk/resources/ebm-tools/study-designs.

die untersucht wird, ob sie Einflüsse auf eine Krankheit besitzt. Diese Eigenschaft kann das Alter der Personen sein oder ein gewisses Erlebnis. Die Ergebnisse dieser Gruppe werden dann mit den Ergebnissen einer anderen Gruppe verglichen, die diese Eigenschaft(en) nicht aufweist. Wir könnten zum Beispiel die Gruppe von Rauchern mit der Gruppe von Nichtrauchern vergleichen und analysieren, ob gewisse Krankheiten wie Krebs in der Gruppe der Raucher häufiger vorkommen (Grimes und Schulz, 2002, 58).

In einer *Fall-Kontrollstudie* werden die Gruppen nicht wie in einer Kohorten-studie nach ähnlichen Eigenschaften wie Alter oder Umwelteinflüssen identifiziert, sondern bereits nach der Krankheit sortiert. Es wird dabei versucht, mögliche Gründe für die Krankheit zu finden. Die Gruppe der Kranken wird mit der Gruppe der Gesunden verglichen, um zu sehen, ob es in der Gruppe der Kranken gewisse Faktoren häufiger gibt. Wir könnten zum Beispiel krebskranke und gesunde Personen hinsichtlich ihres Rauchverhaltens überprüfen, um zu sehen, ob krebs-kranke Personen öfter rauchen. Sowohl in Kohortenstudien als auch in Fall-Kontrollstudien erhalten wir aber keine Daten bezüglich der kausalen Wirkung verschiedener Faktoren, wir erhalten nur Ergebnisse darüber, ob eine Krankheit mit einer Eigenschaft *korreliert*. Diese *Korrelation* muss aber nicht kausal sein. Die Studien können Ergebnisse über mögliche Risikofaktoren liefern, die für weitere Zwecke relevant sein können (Grimes und Schulz 2002, 59).

2. Klinische Studien Im Gegensatz zu Beobachtungsstudien bestimmen die Studienleiter*innen in einer klinischen Studie selbst, welche Teilnehmer*innen gewisse Interventionen erhalten. Dafür werden die Teilnehmer*innen der Studie üblicherweise in verschiedene Gruppen eingeteilt, welche dann verschiedene Interventionen oder auch gar keine Intervention erhalten. Die Ergebnisse der ver-schiedenen Gruppen werden anschließend miteinander verglichen, um die Sicherheit und Effektivität der Interventionen festzustellen. Wenn die Zuordnung der Personen in die Gruppen zufällig passiert, spricht man von *randomisierten (d. h. durch Zufall kontrollierten) Studien*. Eine andere Art der klinischen Studie ist die *N-of-1-Studie*. Während es in den oben diskutierten Studienarten immer um Gruppen von Personen geht, handelt eine N-of-1-Studie nur von einer einzigen Person, der Patient*in selbst. In dieser werden verschiedene Therapien und Medikamente an nur einer*m Patient*in getestet und die Ergebnisse dokumentiert. Diese Ergebnisse sind daher zwar für die eine Patient*in sehr relevant, aber nur sehr schwer verallgemeinerbar (Grimes und Schulz 2002, 58–59; Lillie et al. 2011).

3. Meta-Analyse Werden die Ergebnisse mehrerer (klinischer) Studien zusammengefasst und nach gewissen Kriterien ausgewertet, erhalten wir eine Meta-Analyse. Ein Vorteil von Meta-Analysen ist es, einen großen Überblick über die vorhandene Literatur und ihre Ergebnisse zu erhalten. Allerdings gibt eine Meta-Analyse nicht nur einen Überblick über die vorhandene Literatur, sondern versucht diese auch mithilfe gewisser Kriterien und statistischer Methoden so zusammenzufassen, dass sich eine Schätzung der untersuchten Effektivi-tät gewisser Interventionen ergibt. Grob gesagt versucht man in Meta-Analysen, die Daten vieler einzelner Studien so auszuwerten und zusammenzufassen, als hätte man nur eine einzige große Studie vor sich (Haidich 2010, 30). Eine für Lehrpersonen z. B. sehr bekannte und wichtige Meta-Analyse ist die international einflussreiche Hattie-Studie, in der mit evidenzbasierten, quantitativen Forschungsmethoden die Einflussfaktoren auf die Leistung von Schüler*innen ermittelt wurden (Hattie 2014).

2.2   Evidenzhierarchien

Vertreter*innen von EBM versuchen nun, die verschiedenen Arten von Evidenz nach ihrer Stärke zu ordnen und klare Regeln für ihre Verwendung zu etablieren. Die Klassifizierung von stärkster zu schwächster Evidenz führt zu sogenannten *Evidenzhierarchien*. Diese sind grundsätzlich nichts anderes als Listen, die Evidenz nach ihrer Stärke anordnen. Ein Beispiel einer solchen Hierarchie von starker zu schwacher Evidenz ist die folgende (Guyatt et al. 2015, 15, in Jerkert 2021, 3; Übers. B.L.):

- N-of-1 klinische Studie
- Randomisierte Studie mit mehreren Patient*innen
- Beobachtungsstudien: für Patient*innen relevante Resultate
- Grundlegende Forschung: Labor, tier- und menschliche Physiologie
- Klinische Erfahrung

Eine weitere Evidenzhierarchie des American College of Cardiology und der American Heart Association sieht so aus (nach Hannan 2008, 212, Table 1; Übers. B.L.):

Evidenzlevel: A	Daten erhoben durch mehrere randomisierte, klinische Studien und Meta-Analysen
Evidenzlevel: B	Daten erhoben durch einzelne randomisierte Studien oder nicht randomisierte Studien
Evidenzlevel: C	Konsensmeinung von Expert*innen, Fallstudien oder Behandlungsstandards

Für EBM ist ‚gute‘ Evidenz die Evidenz, die hilfreich ist, klinische Entscheidungen zu treffen. Was das heißt, ist natürlich nicht allzu leicht zu klären. Howick (2011) argumentiert, dass gute Evidenz im Sinne von EBM „*klinisch effektiv*" sein muss. Damit meint er, dass die Evidenz für eine gewisse Behandlung (1) patienten-relevante Vorteile zeigen soll, die möglichen Schaden aufwiegen, (2) für die Patient*in, die behandelt wird, auch relevant ist und (3) die Behandlung die bestmögliche Option darstellt.

Es gibt, wie oben auch zu sehen ist, verschiedene Hierarchien, die sich in den inkludierten Quellen von Evidenz unterscheiden oder diese teilweise verschieden anordnen und zusammenfassen. Was jedoch in jeder Evidenzhierarchie konstant bleibt, ist die Auffassung, dass *systematische* klinische Studien besser sind als nicht systematische Quellen, wie Expertenmeinungen, Behandlungsstandards und Ähnliches. Dieser Ansatz ist eine der Grundannahmen von EBM.

Bevor wir uns im nächsten Kapitel mit dem *Goldstandard* methodischer Forschung – den randomisierten, kontrollierten Studien – befassen, sollen einige vertiefende Wiederholungsübungen zu Evidenz (s. Kap. 14) darauf vorbereiten (Evans 2003, 78).

Aufgaben: Evidenzhierarchien
Einige Erwartungen
Nach der Unterrichtssequenz können Studierende/Schüler*innen vor allem

- Evidenzhierarchien erklären
- unterschiedliche Aussagen in Bezug auf ihre Evidenzstärke analysieren und reihen
- anhand einer persönlichen Evidenzhierarchie die Güte von Wissensquellen begründen
- Probleme identifizieren, die mit der Begründung der Reihung und der Reihung selbst verbunden sind

Aufgabe 1
Folgend finden Sie eine Reihe von fiktiven und tatsächlichen Aussagen, die Sie auf ihre Evidenzkraft hin überprüfen sollen.

1. Bilden Sie zwei Gruppen und verteilen Sie die rechte und die linke Hälfte der Aussagen je einer Gruppe zu. Die Gruppen reihen die Aussagen nach Evidenzstärke und begründen ihre Entscheidungen.
2. Stellen Sie ihre Gruppenergebnisse im Plenum vor und diskutieren Sie über Unterschiede und Probleme bei der Reihung und der Begründung für die Reihung.
3. Erstellen Sie anhand Ihrer Ergebnisse eine finale Evidenzhierarchie und notieren Sie die grundsätzlichen Fragen und Probleme, die Sie nicht lösen konnten.

Tatsächliche und fiktive Aussagen über Wissensquellen

Beispiel	Gruppe A	Gruppe B
1	„Ich kann mich nur wiederholen: Das sagen alle Modelle. Und denen sollten wir jetzt einfach glauben." (Prof. Dr. Wieland Lothari)	„Ärzte verlangen die sofortige Aufhebung aller Corona-Zwangsmaßnahmen!" (aus: Wegwarte, Folge 4, Juni 2020)

Tatsächliche und fiktive Aussagen über Wissensquellen

Beispiel	Gruppe A	Gruppe B
2	„Die westliche Medizin ist beherrscht von technologischen Allmachtsfantasien. Je mehr wir uns auf Studien, Modelle und Technik verlassen, desto weniger verstehen wir uns noch selber. Lassen Sie diese Entmündigung nicht zu. Wählen Sie den Weg der Freiheit, Selbsterkenntnis und der Naturheilung." (Bethi Shanti Rama)	Im Dezember 2014 erschien der Aufsatz „Jenseits des Elfenbeinturms – der wissenschaftliche Konsens zum Klimawandel" von der Wissenschaftshistorikerin Naomi Orestes. Sie wertete zehn Jahre Fachliteratur zur Klimaforschung aus mit dem Ergebnis: Unter Klimaforscher*innen besteht ein weitgehender Konsens darüber, dass der Klimawandel menschengemacht ist.
3	„Mein Bauchgefühl sagt mir, wir sollten das jetzt abbrechen. Aber ich bin auch kein Experte."	„Mein Bauchgefühl sagt mir, wir sollten das jetzt abbrechen. Immerhin habe ich 30 Jahre Berufserfahrung."
4	„Ich habe durch eigene Erfahrung entdeckt, dass Viren und Bakterien am besten durch gesunde Ernährung bekämpft werden."	„Ich habe mit eigenen Augen gesehen, dass es ihr danach viel besser ging."
5	„Wir sind in der Endzeit angekommen. Lest es nach in der Bibel, das kann kein Zufall sein."	„Viele denken diesbezüglich so wie ich."

Aufgabe 2

Unten finden Sie eine Auflistung mehrerer möglicher Quellen von Evidenz.

1. Ordnen Sie diese Quellen in einer selbstständig erstellten, für ihre eigenen Entscheidungen brauchbaren, vierstufigen Evidenzhierarchie ein. Dabei können sie auch einzelne Quellen weglassen, sofern Sie denken, dass diese Quelle keine Evidenz produziert.
2. Vergleichen Sie Ihre Ergebnisse in Zweiergruppen und begründen Sie Ihre Entscheidungen.
3. Erörtern Sie im Anschluss, ob und wenn ja, welche grundsätzlichen Probleme Sie mit Evidenzhierarchien haben. Gibt es Situationen, in denen auf sie verzichtet werden muss? Welche und warum?
   a) Sinneswahrnehmung
   b) Aussage einer entfernten Bekannten
   c) Aussage eines Familienmitgliedes/Freundes/Freundin
   d) Öffentlich-rechtliche Nachrichten (Tagesschau, Zeit im Bild, BBC usw.)
   e) Wissenschaftliche Studien (RCTs, Fallstudien usw.)
   f) Logisch korrekte Argumente
   g) Expert*innenmeinung
   h) Gesunder Menschenverstand/Common Sense
   i) Aussagen von Politiker*innen/politischen Parteien
   j) Zeitungskolumnen und Blogs

k) Intuition

l) Postings auf Sozialen Netzwerken (Facebook, Instagram, Twitter, Reddit usw.)

m) Aussagen von Nichtregierungsorganisationen

n) Aussagen von Schaman*innen und Heiler*innen

o) Zusammenfassung wissenschaftlicher Studien in Zeitungen und Magazinen

p) Eigene Erfahrungen

q) Aussagen von Unternehmen/Firmen

r) Aussagen von Prominenten

s) Horoskop

t) Lehrkräfte und Professor*innen

u) Aussagen religiöser Würdenträger*innen und religiöser Institutionen

v) Aussagen staatlicher Institutionen und Organisationen

3 Der Goldstandard: Randomisierte, kontrollierte Studien

3.1 Was sind RCTs?

In der Frage um die beste Evidenz sind sogenannte *randomisierte, kontrollierte Studien* (engl. *randomized controlled trial*, kurz RCT) heiße Anwärter auf einen Spitzenplatz, weshalb sie auch oft als der **Goldstandard** für medizinische Evidenz bezeichnet werden. „RCT" ist ein Überbegriff für verschiedene Studien-aufbauten, die gewisse Gemeinsamkeiten aufweisen. In einem RCT werden die Teilnehmer*innen der Studie zufällig (randomisiert) einer Gruppe von Personen zugeteilt. Je nach genauem Ziel der Studie und dem gewählten Studienaufbau kann es auch mehrere Gruppen geben oder gewisse Kriterien, welche Personen überhaupt an der Studie teilnehmen können. In einer der Gruppen gibt es dann eine Intervention. Das kann z. B. die Verabreichung des Medikaments sein, eine Therapie oder was auch immer im RCT auf seine Wirkung getestet werden soll. Die andere(n) Gruppe(n) erhält/erhalten nach genauem Ziel und Versuchsaufbau

- eine alternative Intervention,
- ein Placebo, d. h. ein Medikament oder eine Behandlung *ohne* Wirkstoff bzw. Wirksamkeit oder eine Behandlung mit dem gängigen Wirkstoff bzw. den gängigen Verfahren,
- keine Intervention.

Über den Zeitraum der Intervention werden die Teilnehmer*innen der Studie beobachtet. Am Ende der Studien werden die Daten der Gruppe(n) mit der Inter-vention mit denen der Kontrollgruppen verglichen.

Würde man im Falle des Östrogens DB ein RCT machen, um zu sehen, ob es Fehl- und Totgeburten verhindern kann, würde man die schwangeren Personen in zwei oder mehr Gruppen zufällig aufteilen (was ethisch problematisch ist, aber hier ausgeblendet wird). Ein paar der Gruppen würden DB erhalten, aber womöglich in verschiedenen Dosen und Zeitabständen. Die anderen Gruppen bekommen ein Placebo oder gar keine Intervention. Gäbe es nun in einer der Gruppen, die DB erhalten hat, statistisch gesehen signifikant weniger Fehl- und Totgeburten, wäre dies eine gute Evidenz für die Wirksamkeit von DB. Idealerweise würde dieses RCT mehrmals durch verschiedene Teams wiederholt werden, um die Ergebnisse in einer Meta-Studie zu vergleichen. Würde diese ebenfalls signifikant weniger Fehl- und Totgeburten bei Frauen finden, so wären wir in unserer zweiten Evidenzhierarchie sogar in Level A, der höchsten Stufe.

3.2   Kontrolle von Bias

Die hohe Stellung von RCTs in Evidenzhierarchien ist charakteristisch für EBM. Der Grund, weshalb RCTs so hohe Bedeutung zugemessen wird, liegt daran, dass sie sehr gut bestimmte verzerrende Faktoren (*Bias*) ausschließen. In der Medizin gibt es viele verschiedene solche Bias. Für medizinische Studien sind der *Allokationsbias* und der *Selektionsbias* sehr problematisch. Liegt ein Selektionsbias vor, unterscheiden sich die untersuchten Personen in gewissen, relevanten Aspekten von der eigentlich zu untersuchenden Gruppe der Bevölkerung. So kann es vorkommen, dass z. B. Frauen, bestimmte Berufsgruppen, bestimmte ethnische oder andere Gruppen nicht in die Untersuchungsgruppe aufgenommen wurden und dadurch verzerrte Ergebnisse entstehen. Bei vielen Krankheiten wurden früher z. B. vornehmlich Männer untersucht und die Ergebnisse der Studien auf die Frauen übertragen – was in vielen Fällen zu Fehldiagnosen geführt hat, weil Frauen häufig andere Symptome zeigen als Männer. Daraufhin ist die Gendermedizin entstanden, die den Einfluss und die Zusammenhänge von Geschlechtsunterschieden auf Erkrankungen, Behandlungsmethoden und Prävention erforscht. Der Allokationsbias hingegen kann auftreten, wenn die Forscher*innen Wissen über die Teilnehmer*innen in die Entscheidung der Zuordnung in die verschiedenen Gruppen einfließen lassen. Zum Beispiel könnten Forscher*innen bestimmte Personen eher der Testgruppe zuordnen, weil sie vermuten, dass sie besonders von der Intervention profitieren können. Verzerrungen wie der Allokationsbias oder der Selektionsbias können dazu beitragen, Effekte medizinischer Interventionen stärker oder schwächer darzustellen, deshalb liefern sie dann keine repräsentativen Daten (Sedgwick 2013).

Der Selektionsbias kann in vielen Fällen verhindert werden, wenn anfangs bei der Auswahl und Suche nach Teilnehmer*innen ein klares Augenmerk daraufgelegt wird, wer an der Studie teilnimmt. Der Allokationsbias kann verhindert werden, wenn darauf geachtet wird, dass die Proband*innen zufällig in bestimmte Gruppen eingeteilt werden. Selektionsbias ist ein Problem für jede Art von medizinischer Studie, Allokationsbias kann hingegen besonders gut durch RCTs verhindert werden. Da bei einzelnen Studien nicht alle Verzerrungen vollständig ausgeschlossen werden können, werden Meta-Analysen als noch bessere Evidenz gesehen als einzelne RCTs. Diese fassen mehrerer RCTs zu einem Thema zusammen und bewerten sie. Selbst wenn es in einzelnen RCTs zu Verzerrungen kommen sollte, ist es noch unwahrscheinlicher, dass dies in mehreren RCTs der Fall sein wird (Howick 2011; Grimes und Schulz 2002, 59).

Evidenzbasierte Medizin gibt sich also klare Richtlinien, wie verschiedene Arten von Evidenz nach Aussagekraft bewertet werden sollen. *Sie ist damit ein gutes Beispiel, wie sich eine Wissenschaft basierend auf theoretischen und praktischen Überlegungen eigene methodologische Standards auferlegt, um der Wahrheit möglichst nahe zu kommen.* Dabei werden den Ergebnissen des RCTs aufgrund ihrer Effektivität, etwaigen Bias auszuschließen, in EBM die besten Chancen gegeben, verlässliche Aussagen über die Wirkung und Effektivität einer Intervention zu geben, die helfen kann, medizinische Entscheidungen zu treffen.

Aufgaben: Überlegungen zum Goldstandard RCT
Einige Erwartungen
Nach der Unterrichtssequenz können Studierende/Schüler*innen vor allem

- anhand zweier Studien das Vorhandensein oder Fehlen wesentlicher Kriterien für eine gute Studie identifizieren und reflektieren
- anhand von möglichen Forschungsgebieten die Grundstruktur eines RCT erstellen
- Probleme erkennen, die die Ergebnisse verzerren könnten
- ethische Probleme erkennen, die mit der Durchführung von RCTs in bestimmten Gebieten verbunden sein können

Aufgabe 1
Unten finden Sie zwei fiktive Studienbeschreibungen, für die Sie die Beachtung wissenschaftlicher Gütekriterien und Verfahrensweisen bewerten sollen.

1. Übertragen Sie die Tabelle in Ihr Heft/Ihre Datei und tragen Sie Ihre Ergebnisse dort ein.
2. Vergleichen Sie Ihre Ergebnisse im Plenum und diskutieren Sie, *ob* und *wie* Fall A und/oder Fall B verbessert werden könnten.

Fall A
Panikattacken haben seit der Corona-Pandemie stark zugenommen. Da besonders viele junge Menschen betroffen sind und die Gabe von Beruhigungsmitteln und Antidepressiva nicht das Mittel der Wahl ist, hat das Krankenhaus Waldeben eine neue, nicht-medikamentöse Therapieform gegen Panikattacken im Jugendalter implementiert, von der es sich viel erhofft. Um die Wirksamkeit dieser Therapie zu ermitteln, führen die behandelnden Ärzt*innen mit ihren Patient*innen eine Interviewstudie durch (N = 39). Dazu soll jede Ärzt*in ihre Patient*innen mit einem von der Krankenhausleitung entwickelten Fragebogen befragen. Die Krankenhausleitung hat bereits Überlegungen zur Vermarktung der neuen Therapie angestellt und um Förderungen angefragt.

Fall B

Sogenannte anti-irritative Wirkstoffe werden wegen ihrer beruhigenden Wirkung auf Juckreiz der Haut häufig in kosmetische Cremes integriert. Allerdings gibt es kaum repräsentative Dokumentationen für ihre Wirksamkeit. Glyralogin scheint in Experimenten an Tierhäuten eine sehr gute anti-irritative Wirkung zu haben. Die Studie des Pharmaunternehmens *Skin* konnte diese Befunde nun bestätigen. Drei Gruppen (eine Interventionsgruppe, eine Gruppe ohne Wirkstoff und eine Gruppe mit dem Standardwirkstoff Bisalbolol, N = 589) wurden über einen Zeitraum von vier Wochen behandelt. Dafür wurde am Unterarm mit Hagebuttensamenlösung dreimal täglich ein Juckreiz ausgelöst, der für vier Wochen erhalten wurde. Im Anschluss an jede Waschung erhielt die Interventionsgruppe Glyralogin. 87 % der Interventionsgruppe hatte nach Anwendung von Gyralogin kaum eine Reizung, die Bisalbolol-Gruppe behielt eine mittelschwere und die Gruppe ohne Wirkstoff eine starke Reizung. Der Juckreizgrad wurde über Peak Pruritus NRS quantifiziert.

Kriterien für den Studienvergleich			
	Fall A	**Fall B**	**Anzahl der Verstöße**
Ziel der Forschung			
Studiendesign			
Stichprobenauswahl			
Intervention			
Bias			

Aufgabe 2

In der folgenden Liste befinden sich mehrere Forschungsgebiete.

1. Entwickeln Sie in Einzel- oder Partnerarbeit, wie ein mögliches RCT aussehen könnte.
2. Identifizieren Sie mögliche Probleme, die das Ergebnis verzerren könnten.

3. Gibt es ethische Bedenken gegen ein RCT in einem dieser Bereiche? Begründen Sie Ihre Vorbehalte.

Forschungsgebiete für ein RCT	
Beispiel	**Mögliche Forschungsgebiete**
1	Die Anwendung eines Beatmungsgeräts verringert die Sterblichkeit von Säuglingen, die bei der Geburt Atemprobleme haben.
2	Feuchtigkeitscremes führen zu merklich weicherer Haut.
3	Depressionen erhöhen das Suizidrisiko.
4	Lange Aufenthalte in der Schwerelosigkeit erhöhen die Chance auf Bluthochdruck.

Forschungsgebiete für ein RCT	
Beispiel	**Mögliche Forschungsgebiete**
5	Computerspiele, die Gewalt zeigen, erhöhen die Aggressivität von Kindern.
6	Menschen mit psychischen Krankheiten sind anfälliger für Verschwörungstheorien.

4 Kritik an EBM

EBM ist heute das bedeutendste Paradigma in der Medizin, was natürlich auch bedeutet, dass es einige Kritik gibt, sowohl in praktischer als auch in theoretischer Hinsicht. Im folgenden Abschnitt werden zwei philosophische Kritikpunkte behandelt. Wir nennen sie die *Begründungskritik* und das *Keine-Ideale-Welt-Argument*.

4.1 Begründungskritik

EBM behauptet, dass Meta-Analysen und RCTs bessere Evidenz darstellen als z. B. Expertenmeinungen. Es gibt mehrere Versuche, diese *Begründung* zu kritisieren.

1. *Übergeneralisierungen* Manchmal wird argumentiert, dass RCTs nur Durchschnittswerte produzieren können und diese Resultate deshalb nur eingeschränkt auf Einzelpersonen angewandt werden können. Jede*r Patient*in ist anders und reagiert womöglich anders auf verschiedene Interventionen. Nehmen wir zum Beispiel an, dass in einem RCT gezeigt wurde, dass DB zu weniger Fehlgeburten führt. Dies ist jedoch ein Durchschnittswert – es gibt auch Schwangere, die trotz DB Fehlgeburten haben oder Nebenwirkungen von DB erleben. Ob nun eine gewisse Person von der Vergabe von DB profitieren wird oder nicht, sagt das RCT nicht, schließlich ist es sehr gut möglich, dass sie nicht von DB profitiert. Aber eine Ärzt*in möchte wissen, ob DB ihrer Patientin hilft – und nicht, ob DB *in den meisten Fällen* hilfreich ist (Cohen et al. 2004, 40).

2. *Mangelnder Mehrwert* Ein weiterer Kritikpunkt lautet, dass es keinen guten Grund gibt, RCTs Beobachtungsstudien vorzuziehen. Ein klassisches Argument für die Bevorzugung von RCTs ist, dass Beobachtungsstudien dazu tendieren würden, die Effekte von Interventionen verzerrt darzustellen. Kritiker*innen merken aber an, dass es auch (Meta-)Studien gibt, die zeigen, dass gute Beobachtungsstudien sehr ähnliche Resultate wie klinische Studien liefern. Wenn dies stimmt, dann ist der Fokus auf RCTs *erkenntnistheoretisch* problematisch, da eine ähnlich gute Quelle falsch gewichtet wird. Aber auch praktisch wäre ein geringer Mehrwert von RCTs ein Problem. RCTs sind üblicherweise viel teurer und zeitintensiver als Beobachtungsstudien. Diese Mehrkosten für RCTs wären schwer zu rechtfertigen,

wenn Beobachtungsstudien qualitativ ähnlich hoch sind (Williams 2010, 108; Cohen et al. 2004, 38; Benson und Hartz 2000, 1883–1884).

3. *Selbstanwendung* Die Begründungskritik geht allerdings viel weiter als lediglich die Anwendbarkeit von RCTs in einzelnen Fällen oder der Zweifel an der Behauptung einer besseren Evidenz: Es geht darum, dass *EBM auch selbst Evidenz für die eigene Effektivität* vorlegen muss, nach den eigenen Regeln, die sich EBM gibt. Wenn wir uns für ein medizinisches Paradigma entscheiden, dann sollten wir auch davon ausgehen können, dass EBM Gründe dafür angeben kann, warum es zu insgesamt besseren Entscheidungen führt als andere Paradigmen. Und nach den eigenen Regeln können diese Gründe nicht nur aus Argumentationen bestehen, sondern müssen echte Evidenz, d. h. Studien, enthalten, die zeigen, dass es insgesamt zu besseren Entscheidungen führt, den Prinzipien von EBM zu folgen. Und diese Evidenz gibt es, laut Kritiker*innen nicht. EBM sei also ironischerweise nicht auf Evidenz aufgebaut und würde so seinen eigenen Grundsätzen nicht genügen (Cohen et al. 2004, 39–41). Doch muss EBM tatsächlich nach den eigenen Regeln evaluiert werden? Eine Antwort lautet: EBM ist ein medizinisches *Paradigma* und keine medizinische Intervention. Und da es sich nicht um eine medizinische Intervention im engeren Sinne handle, muss es sich auch nicht mithilfe von guter Evidenz selbst begründen (Cohen et al. 2004, 39–40).

4.2 Keine-Ideale-Welt-Argument

Die nächste Kritik ist weniger eine Kritik an den Grundsätzen von EBM, sondern an ihrer Umsetzbarkeit. Aus Problemen, die sich in der Umsetzung ergeben, so das Argument, folge, dass EBM gescheitert sei. Nicht unbedingt, weil deren Annahmen und Ideen schlecht sind, sondern weil die Annahmen zu ideal sind und reale Probleme nicht genügend berücksichtigt werden. Diese Art der Kritik ist bereits aus der Politischen Philosophie bekannt und kann auch hier angewendet werden. Was ist die Kernidee?

Insbesondere seit John Rawls (1921–2002) gibt es eine intensive philosophische Diskussion über ideale und nicht-ideale Theorien. Eine ideale Theorie, wie z. B. die Rawlsche Theorie der Gerechtigkeit, entwirft sehr gute, ideale Rahmenbedingungen, in denen Personen handeln. Beispielsweise wird für die Entscheidungsfindung bei Gerechtigkeitsfragen angenommen, dass alle Personen wirklich versuchen, die Regeln zu befolgen und dass ein gewisses Maß an Frieden und Wohlstand herrscht. Eine ideale Theorie sei aus Sicht ihrer Kritiker daher nicht anwendbar auf reale lebensweltliche Situationen. Ideale Theorien machen Annahmen, die der Realität nicht entsprechen. Gerechtigkeit in einer Utopie, in der niemand lügt oder betrügt und alle versuchen, ihren Teil zu leisten, sähe gänzlich anders aus als in einer nicht-idealen Welt, in der es vorkommt, dass sich manche nicht an die Regel halten oder Umstände herrschen, die wenig Wahl- und Entscheidungsfreiheit zulassen. Aus Sicht derer, die skeptisch oder kritisch gegenüber idealen Theorien sind, benötigen wir keine Theorie der Gerechtigkeit in einer Utopie, sondern eine Theorie der Gerechtigkeit für die echte, leider nicht utopische Welt. Welche Beziehung es zwischen idealer und nicht-idealer Theorie gibt wird dabei heiß diskutiert (Valentini 2012, 654–656).

Angewendet auf EBM lautet der Vorwurf, dass deren Grundsätze einer idealen Theorie entstammen, die zu ideal sei für die praktische Anwendung. Was man in der Medizin brauche, seien Vorschriften und Regeln, die für den tatsächlichen, alltäglichen Gebrauch bestimmt sind. EBM könne dies nicht ausreichend tun und sei deshalb als Paradigma an den realen Problemen des menschlichen Lebens gescheitert. Zwei Beispiele sollen das veranschaulichen:

1. Die Annahme, RCTs und Meta-Analysen seien weitgehendst resistent vor Bias und somit zuverlässiger korrekt, habe sich de facto als falsch herausgestellt. Es mag vielleicht sein, dass der Allokationsbias kein echtes Problem darstellt, andere Bias aber schon. So ist seit einiger Zeit bekannt, dass gewisse persönliche Interessen der Wissenschaftler*innen, z. B. das Verlangen nach *wissenschaftlichem Ansehen* oder *finanzielle Interessen*, den genauen Studienaufbau, die Studienfragen und die somit erhaltenen Daten und Interpretation beeinflussen können. Um an Forschungsgelder oder an bestimmte Posten zu kommen, müssen sie sich das Ansehen innerhalb ihrer Community erkämpfen. Das erhält man leichter durch spektakuläre Forschung, wodurch (oft wohl auch unbewusst) Einfluss auf die Forschung und die Ergebnisse genommen wird. In manchen Fällen kann sogar von klarem Betrug gesprochen werden. Ein spektakulärer Betrugsfall in der Medizin ist zum Beispiel der ‚MMR scare' in Großbritannien in den späten 1990ern. Der Arzt Andrew Wakefield hatte Studiendaten gefälscht um die Dreifachimpfung gegen Masern, Mumps und Röteln in Verbindung mit Autismus zu bringen. Es stellte sich heraus, dass Wakefield finanzielle Gründe für diesen Betrug hatte und im Zuge seiner Forschung nicht nur Daten fälschte, sondern auch ethische Vorgaben brach. All dies kam erst im Zuge journalistischer Nachforschungen ans Tageslicht. Die Reflexionsaufgabe am Ende des Kapitels widmet sich diesem Betrugsfall näher (Kofi Bright 2021, 120).

Erschwerend kommt hinzu, dass es gerade in der Medizin verschiedene *Interessen aus dem Pharma- und Industriesektor* gibt, die ihre eigenen Produkte gerne auf dem Markt sehen wollen. Studien, die für eine mögliche Zulassung die Effektivität und Sicherheit gewisser Medikamente und Therapien untersuchen sollen, werden dabei immer öfter von den Unternehmen selbst in Auftrag gegeben. Es gibt mittlerweile beunruhigende Daten, dass die von der Industrie in Auftrag gegebenen Studien öfter positive Resultate erhalten als unabhängige Studien (Every-Palmer und Howick 2014, 909–910). Der Vorwurf lautet: Auf solche Vorkommnisse kann EBM nicht reagieren.

2. Ein weiterer Bias, der für EBM ein Problem darstellt, ist der sogenannte *Publikationsbias*. Studien, die große Effekte und ‚interessante' Ergebnisse liefern, werden viel wahrscheinlicher und in besseren Journalen veröffentlicht als Studien, die nur kleine oder gar keine Effekte von Interventionen zeigen (unabhängig von der Qualität der Studien). Eine Meta-Analyse, die auf Basis der vorhandenen Literatur stattfindet, wird also eher auf Basis der ‚interessanten' Studien zu ihren

Ergebnissen kommen und die anderen ignorieren. Das Resultat kann eine verzerrte Darstellung der relevanten Literatur sowie der relevanten Effekte einer Intervention sein. Auch werden in der Literatur manche Fragen, die wichtig wären, nicht näher behandelt oder gar erforscht, da sie momentan medizinisch oder gesellschaftlich nicht relevant sind oder für die Forscher*innen uninteressant. Dadurch erhält diese Forschung keine Finanzierung. Es stellt sich also die Frage, ob diese Probleme unlösbar sind, weil sie ideale Bedingungen, d. h. uneigennützige, nur im Sinne der Wahrheit forschende Wissenschaftler*innen voraussetzt oder ob es Möglichkeiten gibt, diese Verzerrungen und Missstände zu beheben. Dennoch sind die Kritikpunkte an EBM ziemlich tiefgreifend. Ist eine Entscheidung auf Basis von EBM trotzdem besser als auf Basis anderer Richtlinien? Man kann hier drei Positionen einnehmen: Entweder man teilt diese Kritik und lehnt EBM als Standard-Paradigma ab, da die praktischen Probleme zu groß sind. Oder man strebt EBM als Ideal weiterhin an, um auf ihrer Basis de-idealisierte Versionen zu errichten. Oder aber wir schließen uns Karl Popper an, der sagte, alles Leben (und erst recht die Wissenschaft) ist Problemlösen (Popper 1994). Es ist sicherlich empfehlenswert, die Probleme, die EBM plagen, langfristig zu lösen.

5 Wie geht es weiter für EBM?

Sind die Standards von EBM also zielführend, damit Ärzt*innen tatsächlich nach „bestem Wissen und Gewissen" die besten Entscheidungen für ihre Patient*innen treffen können? Folgen wir den Kritiker*innen, dann lautet die Antwort wahrscheinlich: nein. Die Standards sind entweder zu hoch, einfach falsch, nicht praktisch anwendbar oder (ironischerweise) nicht durch Evidenz belegt.

Es ist dennoch – trotz aller Kritik – nicht davon auszugehen, dass EBM als dominantes Paradigma in der Medizin bald schon an Bedeutung verlieren wird. Dafür ist es heute innerhalb der Medizin zu populär und fest verankert. Und gerade im Zuge der Coronapandemie wurden Rufe nach evidenzbasiertem Handeln immer lauter. Aus wissenschaftsphilosophischer Sicht sind die Diskussionen und die Kritik an EBM selbst dann wichtig, wenn sie EBM nicht zu Fall bringen. Die Diskussion um EBM und RCTs zeigt, dass die Standards, die sich eine Wissenschaft gibt, oft nicht in Stein gemeißelt sind – und das macht gute wissenschaftliche Praxis und damit den wissenschaftlichen Erfolg aus. Ähnliche Diskussionen gibt es in jeder anderen Wissenschaft auch. Die Regeln und Praktiken, die wir in den Wissenschaften anwenden, um Erkenntnisse zu erhalten und Entscheidungen zu treffen, sind nicht perfekt, was nicht weiter verwunderlich ist. Schließlich sind wir auch keine perfekten Wesen mit perfekten Wahrnehmungen und Denkleistungen. Diskussionen über die Zuverlässigkeit und Sinnhaftigkeit gängiger Methoden, Praktiken und Standards zur Evidenzgenerierung und -interpretation können helfen, Fehler zu erkennen und unsere wissenschaftliche Arbeit zu verbessern. In Anlehnung an ein Gleichnis des Philosophen Otto Neurath (1882–1945) kann man die Wissenschaft (und auch die Medizin) als ein Schiff auf offener See bezeichnen. Immer wieder müssen

Balken und Planken ausgetauscht werden, jedoch kann man das Schiff nicht von Grund auf neu bauen. Morsche Balken, also sich als problematisch herausstellende Annahmen, Methoden oder Standards, müssen mit dem restlichen Schiff als Stütze sukzessive ersetzt werden. Womit wir die morschen Balken ersetzen, müssen wir durch Überlegungen und Diskussionen herausfinden, in der Hoffnung, dass wir eines Tages ein Schiff erhalten, welches keine morschen Teile mehr aufweist. Auch wenn es im ersten Moment also bedenklich wirkt, weil EBM als dominantes Paradigma so heftig kritisiert wird, und womöglich nicht insgesamt zu besseren Entscheidungen führt, so sind die Diskussionen wichtig, um EBM und die gesamte Medizin zu verbessern. Nur dadurch ist es Ärzt*innen auf Dauer möglich, tatsächlich nach bestem Wissen und Gewissen dem Wohle der Kranken zu dienen.

Aufgaben: Kritik und Reflexionen zur EBM
Einige Erwartungen
Nach der Unterrichtssequenz können Studierende/Schüler*innen vor allem

- den Ablauf und die Ergebnisse der SAIL-Studie wiedergeben
- Wissenschaftsmethodologische und ethische Fragestellungen entwickeln und deren Relevanz reflektieren
- Kritik an EBM durch Argumente oder konkrete Handlungsvorschläge entkräften oder stützen
- den Wakefield-Skandal verstehen und wissenschaftsphilosophische und wissenschaftspolitische Fragen dazu entwickeln
- mit Hilfe unterschiedlicher Rollen, die verschiedenen Konsequenzen des Skandals durchdringen und Handlungsvorschläge zur Verbesserung entwickeln

Aufgabe 1: Ein ethisch-methodologisches Dilemma?
Unten finden Sie die Beschreibung einer Studie mit Frühgeborenen, die in der Wissenschaftscommunity für viel Aufsehen gesorgt hat und zu einigen Grundsatzfragen führt.

1. Lesen Sie die Studie und geben Sie den Studienablauf und die Probleme in eigenen Worten wieder.
2. Entwickeln Sie methodologische und ethische Fragestellungen zu dieser Studie und tragen Sie Ihre Ergebnisse in die untenstehende Tabelle ein.
3. Diskutieren Sie, welche Implikationen bzw. Erkenntnisse aus dieser Studie für die weitere Forschung gezogen werden können.

Die SAIL-Studie
Frühgeborene müssen zur Zeit ihrer Geburt eine regelmäßige Atmung entwickelt haben. Ist das nicht der Fall, droht der Tod oder eine Erkrankung des Bronchial- und Lungensystems (BPD). Es wurde vermutet, dass eine

kontinuierliche Beatmung einen positiveren Einfluss auf das Lungen-
wachstum hat als die herkömmlichen diskontinuierlichen Beatmungsstöße.

Ziel dieser sogenannten SAIL-Studie war es, zu bestimmen, ob durch
eine kontinuierliche Beatmungsstrategie im Vergleich mit der Standard-
strategie eine BPD oder der Tod von Frühgeborenen reduziert werden kann.

Studiendesign Randomisierte klinische Studie (2014–2017, inklusive
Follow-Up 2018) in 18 Frühgeborenenstationen in 9 Ländern. Teilnehmer*innen: Frühgeborene der 23. bis 26. Schwangerschaftswoche mit
ungenügender Atmungsfunktion oder verlangsamten Herzschlag (N = 600).

Interventionen Zwei Gruppen, die jeweils eine der oben genannten
Beatmungsstrategien erhielten.

Die Studie wurde bei 426 Frühgeborene gestoppt, weil absehbar war,
dass die alternative Beatmungsstrategie ineffektiv zu sein scheint. In der
kontinuierlichen Beatmungsgruppe starben 137 Säuglinge oder überlebten
mit BPD. In der Standard Gruppe 125. Der Tod innerhalb der ersten 48
Stunden nach Geburt trat bei sechs Säuglingen ein, in der Standardgruppe
bei drei.

Ergebnis Die alternative Methode konnte das Risiko von BPD oder
Tod nicht reduzieren. Diese Befunde unterstützen nicht den Einsatz einer
kontinuierlichen Beatmung, obwohl der frühe Studienabbruch keine
definitiven Ergebnisse erlaubt.

(Quelle: JAMA. 2019. 321(12):1165–1175.
https://doi.org/10.1001/jama.2019.1660, übers. und zusammengefasst von
B.B.)

Methodologische und ethische Fragen zur SAIL-Studie

Methodologische Fragen (Qualität der Forschung)	Ethische Fragen (Nutzen/Wohlergehen für die Proband*innen und die Gesellschaft)
1. Besteht eine kausale Verursachung zwischen alternativer Beatmung und dem Tod bzw. BPD?	1. War es richtig, die Studie vorzeitig abzubrechen?
2.	2.
3.	3.
4.	4.
5.	5.

Aufgabe 2: Sind die Probleme der EBM per se unlösbar?
Stellen Sie zwei oder drei Gruppen zusammen, die sich mit der oben genannten
Kritik an EBM auseinandersetzen. Entwickeln Sie Argumente oder konkrete
Handlungsvorschläge, um

1. der Begründungskritik zu begegnen
2. den Einfluss von Unternehmen und Pharmaindustrie zu kontrollieren
3. den Publikationsbias zu verhindern

Sie können Ihre Argumente und Vorschläge *für* oder *gegen* EBM entwickeln.

Aufgabe 3: Was lernen wir aus Andrew Wakefields MMR-Skandal?
Unten finden Sie eine Zusammenfassung des MMR-Skandals.

1. Schildern Sie Ihrer*m Lernpartner*in den Wakefield-Skandal in eigenen
   Worten und schließen Sie mit ein bis zwei spontanen Fragen, die sich Ihnen
   hier stellen.
2. Veranstalten Sie eine Talkshow, in der sie diese zwei Fragen diskutieren:
   Wie sollte man auf eine mögliche Evidenz für Nebenwirkungen – z. B. bei
   Impfungen – reagieren? Welche Faktoren müssen berücksichtigt werden, wenn
   man angemessen handeln will? Eine Moderator*in führt durch Show. Eine
   Gruppe von Zuschauer*innen macht sich Notizen und sammelt die wichtigsten
   Argumente. Diese werden in der nächsten Stunde vorgestellt und diskutiert.
   Alle Teilnehmer*innen bekommen ca. 20 Minuten Zeit, um sich auf ihre Rollen
   vorzubereiten.
   Nehmen Sie für die Talkshow folgende Positionen ein:

   – Moderator*in
   – Wissenschaftler*in
   – Herausgeber*innen der wissenschaftlichen Zeitschrift
   – Journalist*in
   – Politiker*in

Der MMR-Skandal
Im Jahr 1998 wurde ein Artikel in der renommierten Fachzeitschrift *The
Lancet* veröffentlicht, Hauptautor der Studie war ein Arzt namens Andrew
Wakefield, der am angesehenen Royal Free Medical Hospital praktizierte.
Der fünfseitige Artikel mit dem Titel „Ileal-lymphoid-nodular hyperplasia,
non-specific colitis, and pervasive developmental disorder in children"
erschien als ein „early report" in der Zeitschrift. Der Artikel untersuchte
12 Kinder, 11 davon männlich, mit Autismus und stellte einen Zusammenhang zwischen Autismus, einer unspezifischen Darmentzündung und der
Masern, Mumps, Röteln Dreifachimpfung (MMR-Impfung) her. Die Hypothese war, dass der MMR-Impfstoff eine Darmerkrankung, ‚autistische

Enterocilitis', auslösen könnte, die Autismus verursachen könnte. Die Studie endete jedoch mit der Klarstellung, dass keine kausale Verbindung gezeigt wurde (Wakefield et al. 1998; DeStefano und Shimabukuro 2019, 589–590).

The Lancet wusste, dass es sich um eine kontroverse Studie handelt. Sie wurde mehrmals von den Herausgebern diskutiert, schließlich entschied man sich für eine Veröffentlichung. In derselben Ausgabe wurde aber ein Kommentar zu der Studie veröffentlicht, die einige methodologische Probleme der Studie benennt. Darunter fällt u. a. die geringe Anzahl an Teilnehmer*innen, ein mögliches Selektionsbias, der Umstand, dass elterliche Urteile bezüglich eines Zusammenhangs zwischen Autismus und der MMR-Impfung wenig zuverlässig sind, oder das Fehlen virologischer Untersuchungen (Chen und DeStefano 1998, 611–612).

Kurz nach der Veröffentlichung der Studie in *The Lancet* kam es zu einer Pressekonferenz des Royal Free Medical Hospitals, in der fünf Ärzt*innen, darunter auch Wakefield, die Forschungsergebnisse besprachen. Obwohl sie anfangs für eine Fortsetzung der MMR-Impfung argumentierten, wich Wakefield von diesem Punkt gegen Ende der Pressekonferenz ab. Er empfahl Eltern Einfachimpfungen gegen Masern, Mumps und Röteln in jährlichen Abständen zu geben anstatt der Dreifachimpfung. „Für mich ist es ein moralisches Problem. Und ich kann die weitere Verwendung dieser drei Impfungen, zusammen verabreicht, nicht befürworten, bis dieses Problem nicht gelöst wird." (Deer 2020, 74, Übers. B.L.) Im Zuge der Pressekonferenz wurde Journalisten auch ein 20-minütiges Video gezeigt, in der zwar nominell für die weitere Verwendung der MMR-Impfung argumentiert wurde, aber auch Bilder von übergroßen Nadeln und weinenden Kindern im Zusammenhang der MMR-Impfung gezeigt wurden (Laurance 2010; Brian Deer 2004).

Die britischen Medien berichteten daraufhin monatelang von den Gefahren der MMR-Impfung. Wakefield wiederholte seine Aussagen in vielen Interviews und empfahl weiterhin eine Aussetzung der Dreifachimpfung und eine Verwendung von Einzelimpfungen. In vielen Artikeln und Sendungen wurden die Geschichten von Kindern erzählt, die angeblich aufgrund der Impfung Autismus entwickelt hätten, wobei Autismus oft sehr negativ dargestellt wurde. Die Studie selbst und ihre methodologischen Probleme wurden so gut wie nie analysiert. Wakefield wurde hingegen als Held besorgter Eltern hochstilisiert (Goldacre 2010).

Die große britische Boulevardzeitung *The Sun* startete zum Beispiel die „Give us a choice"-Kampagne, mit der Forderung, die Möglichkeit von Einzelimpfungen zuzulassen. Die *Daily Mail*, eine weitere Boulevardzeitung, titelte „New alert on MMR jab". Aber auch seriösere Zeitungen berichteten ausgiebig über mögliche Nebenwirkungen und erzählten tragische Geschichten. Aussagen von Wissenschaftler*innen, die kritisch gegenüber der Impfung waren, bekamen viel Aufmerksamkeit. Am Höhepunkt des sogenannten ‚MMR-Schreckens' vermittelten viele Medien den Eindruck, dass selbst in der Wissenschaft eine etwa 50:50-Spaltung vorlag – was nicht der Fall war. Die meisten Wissenschaftler*innen sahen keinen Beleg für einen Zusammenhang zwischen der MMR-Impfung und Autismus. Diese Studie zusammen mit der ihr gewidmeten medialen Aufmerksamkeit führte allerdings zu einem signifikanten Rückgang der Impfbereitschaft: von über 90 % geimpfter Personen zu unter 80 %, in manchen Regionen noch weniger, was zu neuerlichen Masernausbrüchen in England führte (O'Neill 2006; briandeer.com [07.02.2022]).

Durch die Arbeit des Journalisten Brian Deer kam schließlich ans Licht, dass die britische Öffentlichkeit einem Betrug aufgesessen war. Wakefield war von einer impfkritischen Gruppe und ihrem Anwalt beauftragt worden, die MMR-Impfung in Vorbereitung für eine Sammelklage gegen die Hersteller der Impfung anzugreifen. Die Kinder waren durch diese Impfgegnergruppe ausgewählt worden, und die Daten der Kinder waren überdies durch Wakefield teilweise gefälscht worden, um eine klare Assoziation zwischen MMR und Autismus herstellen zu können. Außerdem hatte Wakefield wenige Monate zuvor ein Patent für eine Konkurrenzimpfung zur herkömmlichen Masernimpfung angemeldet. Keine der finanziellen Interessen war bekannt gewesen. Wakefield verlor seinen Job am Krankenhaus 2001, nachdem er sich weigerte, seine Studie mit mehr Teilnehmer*innen zu wiederholen. Er wurde 2010 vor Gericht wegen mehrerer Vergehen schuldig gesprochen. Er verlor seine Arztlizenz und den Doktortitel. *The Lancet* zog den Artikel im selben Jahr zurück. Wakefield ging in die USA, wo er bis heute gut von seiner Impfkritik lebt. Die Impfquote in Großbritannien erholte sich im Zuge von Deers Recherchen wieder (briandeer.com, [07.02.2022]).

3. Betrachten Sie die folgenden fünf Headlines zur MMR- und COVID-19-Impfung. Überlegen Sie sich, welche Effekte dieses Framing haben kann – vor allem wenn ein großer Teil der Berichterstattung ähnlich ist und von großem gesellschaftlichem Interesse. Clustern Sie Ihre Ergebnisse nach Themenbereichen. Entwickeln Sie Standards für eine verantwortungsvolle wissenschaftliche Berichterstattung.

- „Neue Angst über Nebenwirkungen von MMR!"
- „Im Stich gelassen – die Covid-Impfopfer"
- „Die Wahrheit über MMR"
- „12-jähriger Bub geimpft – drei Tage später war er tot. Obduktion angeordnet, Ergebnis steht noch aus"
- „Gefahr für Herzmuskelentzündung bei COVID-Impfung?"

Literatur

Benson, Kjell, und Hartz, Arthur J. 2000. A Comparison of Observational Studies and Randomized, Controlled Trials. *The New England Journal of Medicine* 342:1878–1886

Cavanaugh, T. A. 2018. *Hippocrates 'Oath and Asclepius' Snake. The Birth of the Medical Profession.* Oxford University Press.

Chen Robert, T., und DeStefano Frank. 1998. Vaccine Adverse Events: Causal or Coincidental? *The Lancet* 351(9103):611–612.

Cohen, Aaron Michael, P. Zoë Stavri, und William R. Hersh. 2004. A Categorization and Analysis of the Criticisms of Evidence-Based Medicine. *International Journal of Medical Informatics* 73:35–43.

Deer, Brian. 2014. Brian Deer's 2004 Film on Andrew Wakefield – Full Film. https://www.youtube.com/watch?v=7UbL8opM6TM. Zugegriffen: 7. Febr. 2022.

Deer, Brian. 2020. *The Doctor Who Fooled the World.* UK: Scribe.

Deer, Brian. 2022. Andrew Wakefield: The Fraud Investigation. https://briandeer.com/mmr/lancet-summary.htm. Zugegriffen: 7. Febr. 2022.

DeStefano, F., und T. T. Shimabukuro. 2019. The MMR Vaccine and Autism. *Annual Review of Virology* 6(1):585–600. https://doi.org/10.1146/annurev-virology-092818-015515.

Evans, David. 2003. Hierarchy of Evidence: A Framework for Ranking Evidence Evaluation Healthcare Interventions. *Journal of Clinical Nursing* 12:77–84.

Evans, Imogen, Hazel Thornton, Ian Chalmers, und Paul Glasziou. 2011 [2006]. *Testing Treatments: Better Research for Better Healthcare*, 2. Aufl. London: British Library.

Every-Palmer, Susanna, und Howick, Jeremy. 2014. How evidence-based medicine is failing due to biased trials and selective publication. *Journal of Evaluation in Clinical Practice Practice* 20(6):908–914

Goldacre, Ben. 2010. Expert View: The Media are Equally Guilty Over the MMR Vaccine Scare. *The Guardian.* https://www.theguardian.com/science/2010/jan/28/mmr-vaccine-ben-goldacre. Zugegriffen: 12. Febr. 2022.

Grimes, David, und Schulz, Kenneth. 2002. An overview of clinical research: the lay of the land. *Lancet* 359/(9300): 57–61

Guyatt, Gordon H., Kristian Thorlund, Andrew D. Oxman, Stephen D. Walter, Donald Patrick, Toshi A. Furukawa, Bradley C. Johnston, Paul Karanicolas, Elie A. Akl, Gunn Vist et al. 2013. "GRADE Guidelines: 13. Preparing Summary of Findings Tables and Evidence Profiles—Continuous Outcomes." *Journal of Clinical Epidemiology* 66, 2:173–183.

Haidich, Anna-Bettina. 2010. Meta-Analysis in Medical Research. *HIPPOKRATIA* 14(Suppl 1):29–37.

Hannan, Edward L. 2008. Randomized Clinical Trials and Observational Studies: Guidelines for Assessing Respective Strenghts and Limitations. *JACC: Cardiovascular Interventions* 1(3):211–217.

Hattie, John. 2014. *Lernen sichtbar machen für Lehrpersonen.* Hohengehren, Baltmannsweiler: Schneider.

Howick, Jeremy. 2011. *The Philosophy of Evidence-Based Medicine*, Kindle Aufl. Wiley-Blackwell.

Jerkert, Jesper. 2021. On the Meaning of Medical Evidence Hierarchies. *Philosophy of Medicine* 1–21.

Kofi Bright, Liam. 2021. Why do Scientists Lie? *Royal Institute of Philosophy Supplement* 89:117–129.

Laurance, Jeremy. 2010, I was There When Wakefield Dropped his Bombshell. *The Independent* (07.02.2022).

Lillie, Elizabeth O., Bradley Patay, Joel Diamant, Brians Issell, Eric J. Topol, und Nicholas J. Schork. 2011. The N-of-1 Clinical Trial: The Ultimate Strategy for Individualizing Medicine? *Per Med* 8(2):161–173.

O'Neill, Brendan. 2006. The Media's MMR Shame. *The Guardian.* https://www.theguardian. com/commentisfree/2006/jun/16/whenjournalismkills. Zugegriffen: 12. Febr. 2022.

Popper, Karl. 1994. *Alles Leben ist Problemlöser. Über Erkenntnis, Geschichte und Politik.* München: Piper.

Sedgwick, Philip. 2013. Selection Bias Versus Allocation Bias. *BMJ* 2013.

Valentini, Laura. 2012. Ideal vs. Non-ideal Theory: A Conceptual Map. *Philosophy Compass* 7(9):654–664.

Wakefield, A. J., et al. 1998. RETRACTED: Ileal-Lymphoid-Nodular Hyperplasia, Non-Specific Colitis, and Pervasive Developmental Disorder in Children. *The Lancet* 351(9103):637–641.

Weltärztebund verabschiedet neues ärztliches Gelöbnis. 2017. Bundesärztekammer Deutschland. https://www.bundesaerztekammer.de/presse/pressemitteilungen/news-detail/weltaerztebund-verabschiedet-neues-aerztliches-geloebnis/.

Williams, Ben A. 2010. Perils of Evidence-Based Medicine. *Perspectives in Biology and Medicine* 52(1):106–120.

GPSR Compliance

The European Union's (EU) General Product Safety Regulation (GPSR) is a set of rules that requires consumer products to be safe and our obligations to ensure this.

If you have any concerns about our products, you can contact us on ProductSafety@springernature.com

In case Publisher is established outside the EU, the EU authorized representative is:

Springer Nature Customer Service Center GmbH
Europaplatz 3
69115 Heidelberg, Germany

The manufacturer's authorised representative in the EU is Springer
Nature Customer Service Centre GmbH, Europaplatz 3, 69115 Heidelberg,
Germany. If you have any concerns regarding our products, please
contact ProductSafety@springernature.com

Printed and bound by CPI Group (UK) Ltd, Croydon, CR0 4YY
24/04/2026
02096352-0004